高等学校教材

# 电力牵引传动及控制

张喜全　主编

中国铁道出版社有限公司

2024年·北京

## 内 容 简 介

本书突出轨道列车牵引动力专业特色，以现代轨道列车电力传动与控制为主线，全面分析了电力传动与控制系统的工作原理。全书由7章内容组成，分别介绍了轨道列车电力传动系统的基本组成与发展趋势；交—直流传动系统的基本运行过程控制基础；相控电力机车、EMU电路与控制特性；现代交流传动系统的基本组成模式及异步牵引电动机的调速问题；牵引变流器电路及设计；牵引变流器的控制策略；HXD、CRH系列电力机车、EMU的交流传动控制系统。

本书可作为高等院校车辆工程牵引动力类各专业方向（电力机车、动车组、内燃机车、城市轨道列车等）的专业教材，也可供相关专业研究生及从事电力拖动的有关技术人员参考。

**图书在版编目（CIP）数据**

电力牵引传动及控制/张喜全主编．—北京：中国铁道出版社，2012.8（2024.1重印）
高等学校教材
ISBN 978-7-113-15029-7

Ⅰ.①电… Ⅱ.①张… Ⅲ.①电力牵引-电力传动系统-高等学校-教材 ②电力牵引-控制系统-高等学校-教材 Ⅳ.①TM922

中国版本图书馆CIP数据核字（2012）第169548号

**书　　名：电力牵引传动及控制**
**作　　者：**张喜全

---

**策　　划：**阚济存
**责任编辑：**阚济存　　**编辑部电话**（010）51873133　**电子邮箱：**td51873133@163.com
**封面设计：**郑春鹏
**责任校对：**孙　玫
**责任印制：**高春晓

---

**出版发行：**中国铁道出版社有限公司（100054，北京市西城区右安门西街8号）
**网　　址：**http：//www.tdpress.com
**印　　刷：**北京铭成印刷有限公司
**版　　次：**2012年8月第1版　2024年1月第4次印刷
**开　　本：**787 mm×1 092 mm　1/16　**印张：**14.75　**字数：**368千
**书　　号：**ISBN 978-7-113-15029-7
**定　　价：**38.00元

---

# 前　言

轨道列车电力传动控制系统作为电气传动控制系统的一个分支,已经历了直流传动、交流传动两个主要阶段。直流传动系统由于受直流牵引电动结构、容量等因素的限制,已不能满足现代列车牵引传动的需要,正在被先进的交流传动系统所取代,交流传动系统已成为牵引动力的主流。交流传动技术作为现代轨道列车的核心技术与标志,在轨道列车传动控制领域占据着十分重要的地位。在"和谐"系列机车、电动车组关键技术的吸收、消化与再创新中,涉及很多关键技术问题,有许多技术壁垒需要突破。交流传动及控制技术在各关键技术中占据了很大的比重,构建轨道列车自主研发平台,占领技术产业链的高端以至掌控整个产业链,攻克交流传动及控制技术壁垒是关键之一。

本书将突出轨道列车牵引动力专业特色,重点讨论轨道列车的交流传动控制系统,以"和谐"系列机车、电动车组为主线,兼顾城市轨道交通列车。以典型车型为例,对交流传动控制系统进行全面剖析,尽可能反映轨道列车电力传动控制技术的最新发展。

本书以电气传动控制基本原理为基础,根据电能供给形式方面存在的差异,融合电动车组与电力机车的共同点,以大机车的视角,探讨各类牵引动力装置的本质及内在联系,系统讨论了轨道列车电力传动控制系统的基本理论、高速动车组和现代机车交流传动控制的工作原理;同时结合铁路牵引动力技术的变革和现场运用实际,继承现有技术,对交—直流传动主型机车的技术特征加以归纳分析,方便读者全面了解轨道列车电力传动控制技术发展的脉搏。

本书由7章内容组成,各章节相对独立,兼顾车辆工程各专业方向共性,系统地分析了轨道列车的交—直流传动与交—直—交流传动系统。教学安排时可根据车辆工程各专业方向培养侧重点、差异性进行删选,以满足专业教学需要。

本书由兰州交通大学张喜全主编,其余参编也均来自兰州交通大学。参加编写的有张喜全(第1章、第2章、第7章)、王保民(第3章)、穆渭荣(第4章)、刘雁翔(第5章)、熊力(第6章)。

由于编者水平有限,书中难免会有疏漏和不足之处,恳请广大读者指正。

编　者

2012年4月

# 目　录

# 1 轨道列车电力传动系统概述

在交通运输领域采用电动机驱动的电气传动系统，是以牵引电动机作为控制对象，通过开环或闭环等手段对牵引电动机的转速、转矩实施控制，达到对驱动对象的控制与调节的目的，这种电气传动控制系统称为电力传动控制系统。根据牵引电动机工作电流的不同，电力传动系统可分为直流传动系统和交流传动系统。电力传动控制系统作为电气传动控制系统的一个独立分支，其覆盖范围包括干线铁道牵引动力装置、城市轨道交通列车和非轨道电动车辆等领域的电气传动控制。干线铁道牵引动力装置主要有电力机车、电传动内燃机车和动车组，动车组主要有电力动车组(EMU)和内燃动车组(DMU)；城市轨道交通列车主要有地铁、轻轨、有轨电车及中低速磁悬浮列车等；非轨道电动车辆主要有无轨电车、双动力汽车及电动汽车等。干线铁道机车、动车组和城市轨道交通列车在传动控制方式上具有相似性，一般将它们统称为轨道列车。轨道列车电力传动系统是一个需要广调速的大功率传动系统，调速系统要保证列车在可运行速度范围内实现高效、平稳的速度调节，具有良好的静态、动态性能，满足列车牵引运行需要。

本书将以轨道列车为主线，系统分析电力机车、EMU、城轨列车的电力传动与控制系统。

## 1.1 轨道列车电力传动系统基本组成

轨道列车电力传动系统一般由能源供给单元、能源变换单元、动力输出单元和控制单元等几部分组成，如图 1.1 所示。能源供给单元为系统提供合适的一次或二次工作能源，一般为石油或电能。一次工作能源主要为柴油，二次工作能源主要为电能，通过接触网线供给；能源变换单元是将工作能源通过相应的装备变换成为负载所需要的电能，提供给动力输出单元。柴油机将柴油的化学能转换为机械能，拖动牵引发电机组工作产生电能。接触网线上的二次工作能源电能通过车载受电装置引入车内，经变流处理变换为合适的电能，提供给动力输出单元。动力输出单元主要由牵引电动机、传动装置和动力轮对组成，牵引电动机接受电能并将其转换为机械能从转轴上输出，通过传动装置带动车轮旋转，在轮轨之间产生牵引力，牵引列车运行。控制单元是电力传动系统的中枢神经，承担着整个系统各单元内部及相互间的控制和通讯任务。

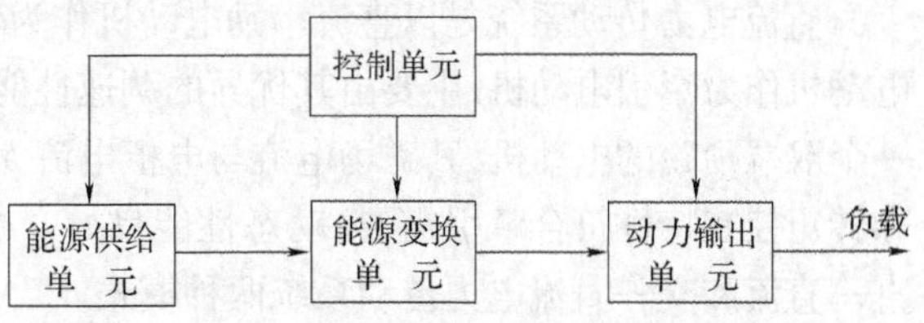

图 1.1 轨道列车电力传动系统的基本组成

### 1.1.1 轨道列车电力传动系统分类

轨道列车电力传动系统可以按电能供给方式、牵引电动机工作电流的性质进行分类。

1. 按电能供给方式分

按电能供给方式的不同，轨道列车电力传动系统可分为自备电源系统和外供电源系统。

自备电源系统主要为电力传动内燃机车，外供电源系统主要有电力机车、电力动车组(EMU)、城市轨道列车和中低速磁悬浮列车等。

内燃机车为自备能源的机车，目前大功率内燃机车的传动装置主要有电力传动和液力传动两种传动方式。受制造能力和技术习惯的影响，不同国家对两种传动方式的认识也有所不同。液力传动具有质量轻、铜耗少、运营维护简单及成本低等诸多优点；电力传动具有效率高、工作可靠、自动化程度高和综合性能优异等优点。一般机械制造、液压技术能力强的国家，如德国、奥地利、日本等，倾向于生产和应用液力传动内燃机车，其他绝大多数国家主要生产和使用电力传动内燃机车。我国一直以发展电力传动内燃机车为主，曾经也生产、进口过一些液力传动内燃机车，现已全部退出干线牵引。曾经倾向于液力传动的国家，由于受市场销售影响以及电力传动技术的不断进步，也逐步放弃液力传动而转向电力传动内燃机车的研制与应用，因此，电力传动已成为内燃机车的主流传动模式。电力传动内燃机车是由柴油机拖动一台牵引发电机，将柴油机输出的机械能转换为电能供给变流装置，经变流装置变换后供给牵引电动机，牵引电动机获得电能后将其转换为机械能，通过传动装置驱动机车动轮旋转，在轮轨之间产生牵引力，驱动列车运行。

电力机车、电力动车组及城市轨道列车为外供电能的动力装置。现代电力机车、电力动车组均采用单相交流供电制式，城市轨道列车一般采用直流 750/1 500 V 供电方式。

2. 按牵引电动机工作电流性质分

按照牵引电动机的工作电流性质不同，轨道列车电力传动系统可分为直流传动系统和交流传动系统。结合外供电源电压或牵引发电机输出电压的不同性质，电力传动系统可有多种组合形式。在单相交流供电制式下，电力机车、电力动车组的电力传动系统可分为交—直流传动系统和交流传动系统；城市轨道列车的电力传动系统可分为直—直流传动系统和直—交流传动系统。在内燃机车中，牵引发电机、牵引电动机都有直流、交流之分，其电力传动系统可分为直—直流传动、交—直流传动和交流传动系统。

### 1.1.2 直流电力传动系统

直流电力传动系统是以直流串励电动机作为牵引电动机的传动系统。轨道列车以直流串励电动机作为牵引电动机，主要由其优异的调速性能所决定。从电磁过程来看，直流牵引电动机是一个双端励磁的电动机，其磁场电流与电枢电流无耦合关系，可独立进行控制，其起动、调速性能和转矩控制特性符合牵引需要，动态性能良好。由于电源性质不同，直流电力传动系统可分为直—直流和交—直流电力传动系统两种模式。

1. 直—直流电力传动系统

直—直流电力传动系统是由直流电源向直流牵引电动机供电的传动系统，在我国电气化铁路中没有采用过这种供电方式。在内燃机车中，直—直流传动曾经是主要的传动形式，牵引发电机采用直流发电机，曾生产和进口了 $DF_1$、$DF_2$、$DF_3$ 和 $ND_1$、$ND_2$ 型内燃机车。直流牵引发电机因受换向条件、机车限界尺寸及轴重等因素限制，单机功率被限制在 2 200 kW 以下，致使机车功率受限制。直—直流传动内燃机车工作原理如图 1.2 所示。在城轨列车

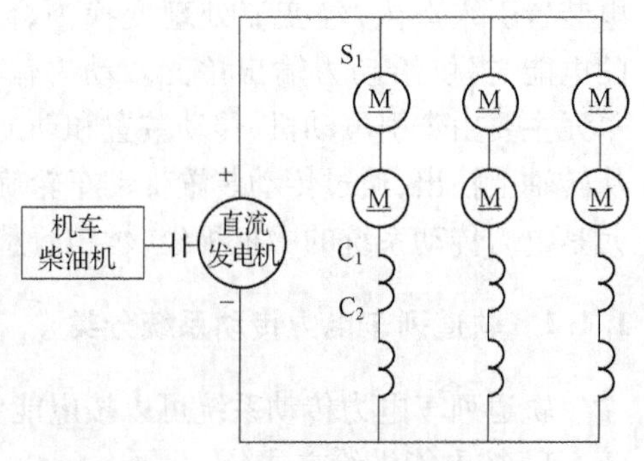


图 1.2 直—直流传动内燃机车工作原理

牵引中,直—直流传动作为主要传动形式持续了很长时间。

2. 交—直流电力传动系统

交—直流电力传动系统是由交流电源经整流后向直流牵引电动机供电的传动系统,是继直—直流传动之后的又一直流传动模式,作为轨道列车电力传动系统的主要传动模式,至今仍在许多国家和地区使用。我国干线列车牵引机车仍以交—直流电力传动系统为主,交—直流电力传动机车保有量很大。尽管直流电力传动系统具有理想的牵引性能,但不可否认,直流牵引电动机由于电枢结构复杂、惯量较大,存在接触式的机械换向器,换向过程复杂,运行中不可避免地产生换向火花,很容易发生环火故障,这在一定程度上降低了牵引电动机运行的可靠性;同时,直流牵引电动机又受电枢机械强度的限制,其输出功率和最高转速都基本达到了极限值,使直流传动系统遇到了不可逾越的障碍。至今直流牵引电动机的设计制造能力很难超过1 000 kW,最高运行转速均在3 000 r/min以下,制约了直流传动机车功率的进一步增加。

交—直流电力传动系统中,电力机车与内燃机车的电源均为交流电,但在性能上存在着较大的差异。电力机车通过接触网获得单相高压交流电,需经牵引变压器降压;内燃机车采用三相同步发电机,输出电压较低、频率较高的三相交流电,额定频率一般为工频的2倍以上。

电力机车由接触网提供单相高压交流电能,通过车载受电弓将单相高压交流电引入车内牵引变压器原边绕组,经变压器降压后在副边绕组上输出1 000 V左右的单相交流电,供给可控整流器,进行相控调压,输出交流分量较大的脉动电压,经平波处理后送给直流(脉流)牵引电动机,完成机电能量转换,驱动列车运行。交—直流传动电力机车的工作原理如图1.3所示。交—直流传动电力机车曾经持续发展了许多年,技术非常成熟,成为许多国家客货运输的主型电力机车。我国生产的$SS_{3B}$ ~ $SS_{9G}$型机车都属于此类电力机车,仍在承担着繁重的客货运输列车的牵引任务。

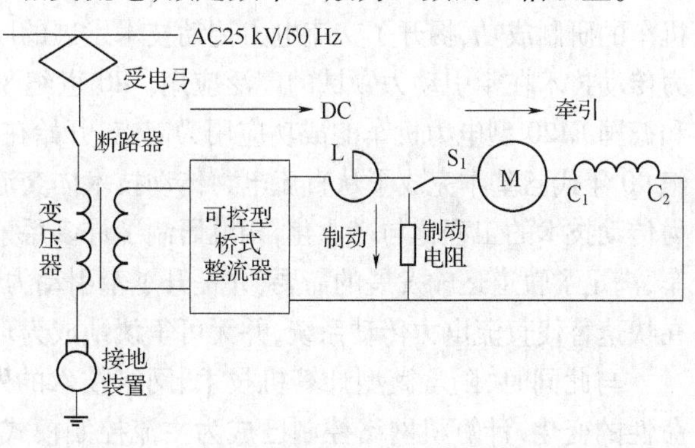

图1.3 交—直流传动电力机车工作原理

交—直流传动内燃机车是由柴油机驱动三相同步发电机产生三相交流电,通过大功率硅整流器将三相交流电变换为直流电,供给各直流牵引电动机,其工作原理如图1.4所示。该型内燃机车既保留了直流牵引电动机,又采用交流牵引发电机与硅整流器取代了直—直流电力传动系统中的直流牵引发电机,使得传动系统结构简单、运行可靠、省铜、维护保养简单。在同等功率条件下,交流牵引发电机的质量只有直流牵引发电机的1/2。在总体布置限界范围内,交流牵引发电机的功率不受2 200 kW的限制,不再制约机车功率的增大。因此,交—直流电力传动一度成为国内外大功率内燃机车的主要传动方式,曾研制生产了许多用途的此类机车,保有量巨大,在许多国家至今仍为主型机车。美国GE公司的Dash8系列、GM公司的EMD—60系列,我国生产的$DF_4$ ~ $DF_{11G}$型以及进口的$ND_4$、$ND_5$型内燃机车均采用交—

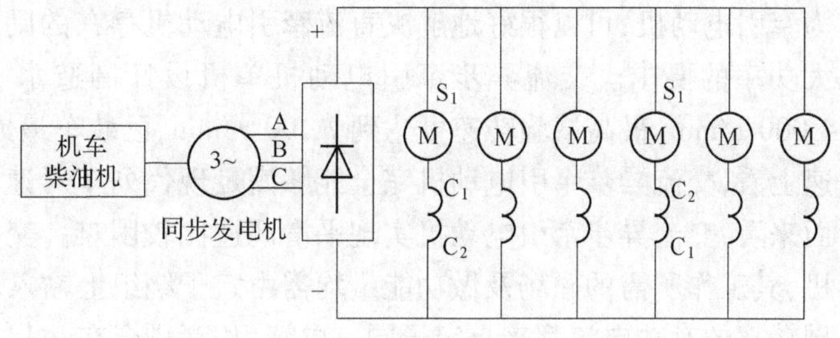

图1.4 交—直流传动内燃机车工作原理

直流电力传动方式。

交—直流传动的内燃机车、电力机车,由于供电电源方面的差异,其电流变换、调压电路结构不同,供给牵引电动机的电源品质差异较大,导致主电路结构不尽相同。牵引电动机同为直流(脉流)串励电动机,能够获得良好的牵引性能,但直流(脉流)牵引电动机固有的不足,诸如电枢结构复杂、换向问题及可靠性等,制约了其单机功率、转速的进一步提高,不能适应高速、重载运输对牵引动力的更高要求。解决这一问题,只有从提高牵引电动机的功率、转速着手,采用交流牵引电动机是最佳选择。只有采用交流传动才能使电力机车、内燃机车再创辉煌。

### 1.1.3 交流电力传动系统

随着铁路运输向着高速化、重载化方向发展,对牵引动力装置也提出了速度、功率的更高要求,即提高牵引电动机单机功率与转速,这对直流电力传动系统而言是难以实现的。

寻求新的电力传动方式是解决铁路运输高速、重载发展的关键之一。从20世纪70年代开始,以德国、法国、日本为代表的发达国家相继开展了交流电力传动技术、变频电源的工程研究与应用,在异步牵引电动机的研发、控制策略方面取得了突破性进展。1971年德国DE2500型内燃机车的研制成功,揭开了交流电力传动技术发展的序幕,其优异的技术性能极大地促进了交流电力传动技术在牵引动力领域的广泛应用。20世纪80年代,交流电力传动技术以法国TGV列车和德国E120型电力机车的成功应用为起点,开始在全球范围内广泛应用。德国、法国等在20世纪90年代已基本完成了从直流电力传动技术向交流电力传动技术的过渡与跨越,实现了交流电力传动技术的工程化与产业化,相继研制了许多系列的交流电力传动机车、动车组及城市轨道列车,满足了轨道运输发展的需要,并提升了牵引动力装置的技术水平。所以交流电力传动系统正在快速替代直流电力传动系统,并无可争议地成为现代轨道列车的主流牵引传动方式。

与此同时,随着微型计算机技术、网络技术的发展与广泛应用,列车控制技术也发生了革命性的变化,计算机网络控制已成为主流控制模式。作为列车运行的重要载体,轻量化流线型车体、高性能走行部设计制造技术取得了重大突破,以高速转向架、径向转向架为代表的现代转向架技术,在高速、重载列车的发展中发挥着重要作用。因此,采用交流电力传动技术、现代转向架技术和网络控制技术已成为现代列车的主要技术标志。

轨道列车交流电力传动系统就是采用交流牵引电动机作为驱动电动机的电力传动系统,其优点主要由交流牵引电动机的优点而体现出来。牵引电动机以三相异步牵引电动机为主,同步牵引电动机应用较少,永磁同步牵引电动机正在发展中。

目前,交流牵引电动机大都采用三相交流异步笼式转子电动机,其相对于直流牵引电动机而言,具有结构简单、惯量小、转速高、功率大以及运行可靠等优点。因其没有换向器,故不存在换向问题,且单机功率大,可在更高转速下运转。因此采用三相交流笼式转子异步电动机作为牵引电动机,可以很好地解决直流牵引电动机存在的问题,能满足现代列车牵引对于高速、大功率的要求。交流异步牵引电动机单机设计制造水平已超过2 000 kW,运行转速超过4 000 r/min,最高试验转速可达到7 100 r/min,已装车最大轴功率达到1 840 kW。从功率、转速上看,交流异步牵引电动机完全能够满足现代列车对速度、牵引力的需求;但从调速性能方面来看,交流异步牵引电动机实现平滑调速比较困难。交流异步电动机属于单端励磁的电动机,其工作所需的磁场及做功能量均需由定子绕组上输入,建立磁场的无功电流与对外输出机械功率的有功电流都来自定子同一电流,相互耦合在一起,不能对励磁电流与有功电流进行独立控制,使得平滑调速异常困难。改变频率调速是异步电动机实现平滑调速的唯一途径。与改变磁极对数调速和改变转差率调速有着本质上的不同,改变频率调速在高低速范围内都可以保持很小的转差率,具有调速范围大、效率高、调速精度高等优点,是交流异步电动机最理想的平滑调速方法。但这需要一套高性能的变频电源,即交流异步牵引电动机实现平滑调速的关键是变频电源,这也是交流电力传动技术发展的关键。

根据供电电源性质及变流方式的不同,交流电力传动系统主要可分为交—交流传动、交—直—交流传动和直—交流传动三种形式。

1. 交—交流传动系统

交—交流传动系统是将某一频率的交流电源直接经逆变器变换以后,获得频率可调的三相交流电源,供给交流牵引电动机。对于采用单相交流供电的系统,变频器只能改变频率提供单相变频电源,不能向三相交流牵引电动机供电,所以此交流传动方式不适合作为电力机车的传动。对于三相交流电源而言,经过变频器可直接改变输出频率,为交流牵引电动机供电,从工作原理上看适合内燃机车的交流传动。

在交—交流传动中,变频器的输入频率与输出频率之间有着直接的关系,变频器的输出频率一般仅为输入频率的1/3。对于自备发电系统的牵引动力装置而言,当原动机的转速足够高时,交流同步发电机将可输出频率较高的三相交流电,经直接变频后可获得调速所需的频率范围,满足牵引调速需要。因此,交—交流传动系统适合于由高速原动机驱动的动力系统,如燃气轮机驱动的牵引动力系统—燃气轮机车等 。以柴油机作为原动机的传统内燃机车,因柴油机额定转速较低,三相交流同步发电机的输出电压频率很有限,使牵引电动机的最高运行转速很低,因此不能满足机车调速要求。也就是说,交—交流传动系统不适合作为当前内燃机车的传动系统,至今也没有应用的范例。

2. 交—直—交流传动系统

交—直—交流传动系统是具有中间直流环节的间接变流系统,输入的交流电源与输出的交流电源之间完全独立,在频率上没有任何关系,其变流过程由交—直流变换和直—交流变换两部分组成。交—直流变换是将输入交流电源通过变流器变换为直流电,此变换为整流过程;直—交流变换是将平直的直流电通过变流器转换为频率、电压均可调节的三相交流电,即VVVF,供给三相交流牵引电动机实现机电能量转换和对转速、转矩的控制,为列车运行提供动力,此变换为逆变过程。因此,交—直—交流传动系统是由电源侧整流器、中间直流环节和负载侧逆变器组成的,逆变器直接从中间直流环节获得电能。

根据中间直流环节采用的滤波元件不同,其性能及逆变器的工作特性也不同。滤波元件采用电容器时,中间直流环节的电压始终维持稳定,相当于电压源,此时的逆变器称为电压型逆变器;滤波元件采用电感时,中间直流环节的电流始终维持稳定,相当于电流源,此时的逆变器称为电流型逆变器。电压型逆变器与电流型逆变器的工作过程和输出特性完全不同,电路结构差异很大。在交—直—交流传动系统发展之初采用的是电压型逆变器,此传统一直延续至今。电压型逆变器更适合于异步电动机工作,故交—直—交流传动系统基本都采用电压型逆变器。电流型逆变器电路结构相对简单一些,它更适合为同步电动机供电。

交—直—交流传动的电力机车、EMU 以及内燃机车都具有动力制动能力。电力机车、EMU 采用再生回馈制动,将列车的惯性能量最终变换为电能,回送到接触网以供再利用;内燃机车只能采用电阻制动,将列车的惯性能量变换为直流电能,输入到车载制动电阻被消耗掉。

交—直—交流传动的电力机车、EMU 以及内燃机车一般采用架控方式或轴控方式供电。

交—直—交流传动电力机车、EMU 的工作原理相同,如图 1.5 所示。通过受电弓从接触网受电,将单相高压交流电源引入车内牵引变压器,经降压后输入到四象限脉冲整流器,完成交流到直流的变换。经中间直流环节的滤波、稳压处理,得到稳定的直流电压,供给逆变器。控制逆变器输出频率、电压可调的三相交流电,供给牵引电动机,对其转矩、转速进行控制,将电能转化成机械能产生牵引力。

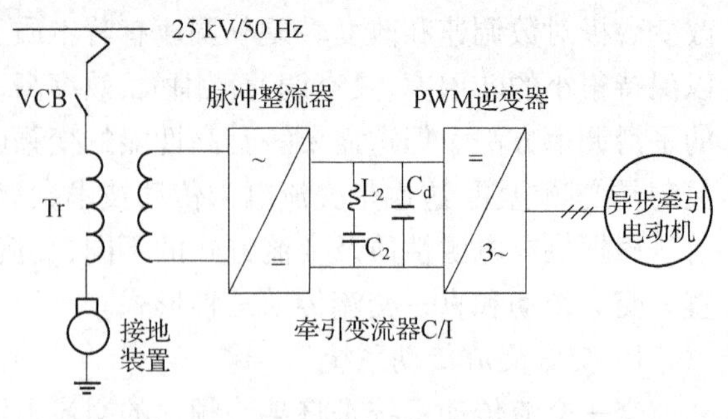


图 1.5 交—直—交流传动电力机车、EMU 工作原理

交—直—交流传动内燃机车采用交流同步发电机和交流牵引电动机,同步发电机输出的三相交流电通过硅整流器整流为直流电,经稳压、滤波处理后,输入数台电压型逆变器,将稳定的直流电变换为频率、电压均可调的三相交流电,供给三相交流牵引电动机。牵引电动机将电能转换为机械能,产生牵引力,驱动机车运转。交—直—交流传动内燃机车工作原理如图 1.6 所示。

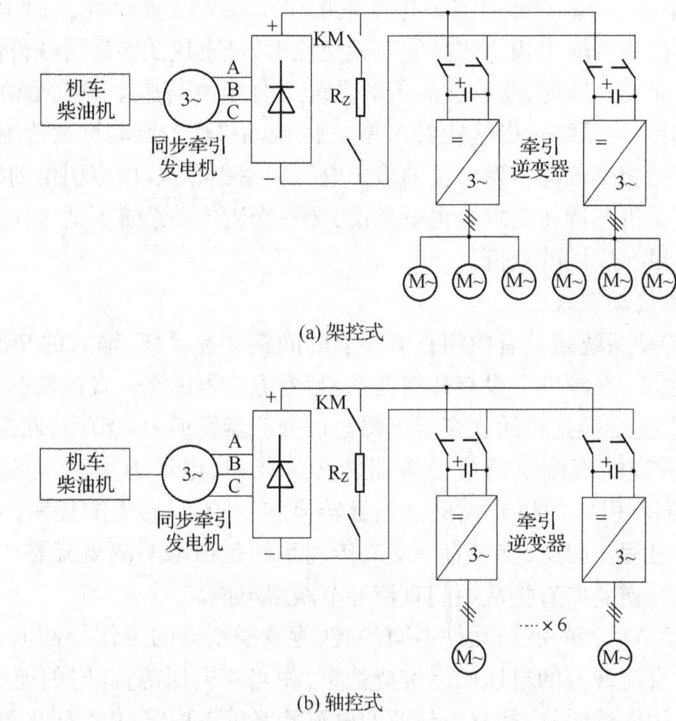


图 1.6 交—直—交流传动内燃机车工作原理

3. 直—交流传动系统

直—交流传动系统是指采用直流电网供电的交流传动系统,主要应用于地铁、轻轨列车和中低速磁悬浮列车。直流电源通过受电弓或第三轨从电网引入,经高速断路器、滤波电抗器等高压电器再接入逆变器。在传动控制单元的控制下,逆变器将输入的直流电能变换成频率、电压可调的三相交流电,供给异步牵引电动机,完成机电能量转换,产生牵引动力,实现对异步牵引电动机的转速与转矩控制。

地铁、轻轨列车直—交流传动系统的工作原理如图 1.7 所示。直—交流传动地铁、轻轨列车设置了再生制动和电阻制动,使用时,优先采用再生制动,电阻制动作为备用、补充。

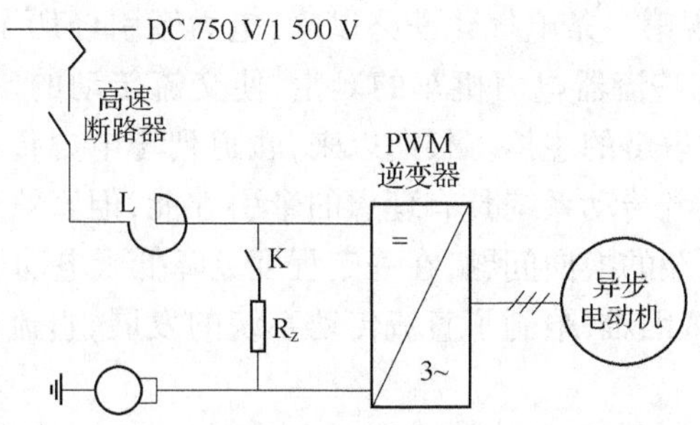


图 1.7　直—交流传动城轨列车工作原理

### 1.1.4　高速列车动力配置模式

高速列车动力配置模式可分为动力集中和动力分散两大类。动力集中是将列车动力集中于列车两端动力车的动轴上,形成推挽式牵引。在动力集中配置模式中,法国 TGV、德国 ICE 列车和摆式动车组最具代表性。动力分散就是将列车动力分散置于各车辆轴或大部分车辆轴上的一种牵引方式。日本新干线高速列车是动力分散的典型。

动力集中型高速列车为世界许多国家广泛采用,其运行速度可达 330 km/h。在现行电气化铁路的技术条件下,动力集中型列车完全能满足目前和今后很长一段时间内铁路运营的需要,可与普通铁路运营管理模式实现无缝隙对接。动力集中型列车技术成熟,编组较动力分散型动车组更为灵活;另外在成本方面优势明显,动力集中型动车组两端为动力车,设备集中布置、动力设备数量少,设备成本及维护费用较低;在车内环境方面,动力集中型列车驱动装置集中在两端,远离旅客坐席区,噪声小、舒适性好。

动力分散型高速列车轴重小,牵引动力大,起动加速快,驱动轴多,黏着性能比较稳定,容易实现高速运转;其动力设备均可安装于地板底下,所有车辆(包括头车和中间车)均可作为客车使用,这样可提高列车定员。但其驱动设备分布在动力车底板之下,存在一定的振动因素,在舒适性方面也有一定影响。

动力集中与动力分散模式各有特点。运行速度为 200 km/h 等级的高速列车,动力集中模式可以成为主要动力配置模式;运行速度在 250 ~ 300 km/h 之间,两种模式均可应用;运行速度在 300 km/h 及以上时,动力分散模式具有显著的优势。

一贯坚持动力集中模式的德、法两国,在新一代高速动车组的开发中,已放弃了动力集中模式,转为动力分散模式。德国 ICE3 新一代高速动车组采用动力分散方式(2M2T),最高运行速度达 330 km/h;法国 AGV 动车组也改用动力分散模式,速度在 320 ~ 360 km/h 之间。CRH 系列高速动车组全部采用动力分散模式。

由此可见,运行速度在 300 km/h 以上的高速列车采用动力分散模式是发展趋势,也是新型高速列车的发展方向。

## 1.2　电力传动技术的发展趋势

电力传动技术诞生于 19 世纪,20 世纪初被广泛应用于工业、农业、交通运输和日常生活中。受当时科学技术的制约,直流电力传动应用于高性能的可调速传动系统,而交流传动多用于不需要平滑调速的传动系统。

自1879年世界上出现第一条电气化铁路以来,电力牵引经历了将近60年交流传动的初期探索,20世纪50年代初整流器电力机车的诞生,使交流传动的研究暂告一段落。至此,直流传动成为电力牵引无可争辩的主体。长期以来,轨道列车电力传动系统以直流牵引电动机作为驱动电动机。尽管直流传动系统具有理想的牵引性能,但直流牵引电动机由于电枢结构复杂、惯量较大、存在着复杂的换向问题,在一定程度上降低了电动机运行可靠性,进一步提高单机功率、转速面临着很多困难,限制了直流传动系统的发展,直流传动已不能满足现代铁路高速、重载的需要。

随着电力电子技术的发展、控制理论的不断完善以及微型计算机技术的广泛应用,变频电源技术取得了突破性进展,为交流电动机的平滑调速提供了可靠支撑。交流传动技术性能完全可以和直流传动相媲美,在铁路高速、重载运输中发挥着巨大作用。

### 1.2.1 交流传动技术是发展方向

交流传动技术是一门跨学科的综合技术,涉及电力电子器件、变流器电路、交流牵引电动机、控制理论及计算机网络等诸多学科领域。电力电子器件是交流传动技术发展的基础与支柱,传动技术的发展总是随着新型器件的应用而发展。20世纪下半叶,高性能电力电子器件的不断更新和迅猛发展,为交流传动技术提供了重要的物质基础。交流传动系统是一个多变量、非线性且强耦合的系统,输入量与输出量之间以及与气隙磁链、转子磁链、转子电流等内部变量之间都是非线性耦合,使得系统模型非常复杂,而且在运行中又不可能准确测定。传统控制理论都是基于反馈来实现对传动系统的控制,只能保证系统的静态性能,并不能保证其动态性能。现代控制理论解决了传统控制理论所不能解决的问题,矢量控制、直接转矩控制都是建立在现代控制理论基础上的很有发展前景的控制方法,因此控制策略的发展,为交流传动技术提供了坚实的理论基础。微型计算机不仅能够实现对控制参数的检测、处理、存储等一般控制,而且能够快速、精确地对建立在现代控制理论基础上的复杂控制算法及方案进行优化。微型计算机及网络控制技术的广泛应用,为交流传动技术发展提供了技术保证,推动并加速了交流牵引电动机在广调速领域的应用。

20世纪70年代初,德国DE2500型交流传动内燃机车的研制成功,揭开现代交流传动技术发展的新篇章,开创了交流传动技术应用的先河。20世纪80年代,以德国E120型电力机车、法国TGV列车的成功应用为起点,交流传动技术开始在全球范围内广泛应用。20世纪90年代以来,发达国家已经全面实现了交流传动,采用交流传动系统的机车、动车组已成为主型牵引动力。

交流牵引传动技术在不断完善性能的基础上,向着结构简单、运行可靠和轻量化的方向发展,已在无速度传感器控制技术、软开关技术、永磁同步电动机直接驱动技术、变压器小型化和轻量化技术、无变压器技术等方面取得一定的进步。

迄今为止,三相交流异步笼式电动机是唯一仍在得以继续拓展中的牵引电动机,其性能将会更加优良。随着稀土永磁材料技术的突破和产业化,采用新型永磁材料钴、钐制成的交流同步永磁电动机,性能更好。永磁同步牵引电动机相对于交流异步异步电动机,具有极对数多、转矩密度高的特点,在同等条件下,其体积、质量可减小约1/3。永磁电动机没有励磁电流,功率因数较高,特别在低速时尤为突出;在稳态运行时无转子铜耗,总损耗较低,其效率可提高2% ~8%,同时在25% ~120%额定负载范围内均可以保持较高的功率因数与效率,在宽负载范围持续运行时节能效果显著。永磁同步牵引电动机将会挑战异步笼式电动机,引领交流传动技术发展潮流。法国新一代高速列车AGV已采用永磁同步牵引电动机,节能15%,效果明显，技术经济性能优越。

### 1.2.2　电力、内燃机车平台通用化

采用新技术、新工艺改进控制系统，使电力传动装置趋向小型化、微型化及组件模块化，提高其工作可靠性及性价比。同时，融合电力机车、内燃机车结构平台，将电力机车与内燃机车结构平台通用，通过更换牵引变压器或柴油机一发电机组，就可在同一平台上实现电力机车与内燃机车的相互转换。将各种功率等级以及不同类型的机车采用统一、通用的零部件，实行集中规模化生产，充分利用先进工艺设备，提高产品质量。在电力机车与内燃机车上实现主要零部件完全通用，诸如牵引电动机、牵引变流器、控制及通信系统、辅助系统、制动系统、转向架、司机室等，降低运营及维修成本。

庞巴迪公司的 TRAXX 平台首次将内燃机车与电力机车结构平台通用，只需更换柴油发电机组或牵引变压器就可实现机车类型的转换。在 TRAXX 平台上，车体、转向架、牵引电动机、牵引变流器、司机室及操作台、控制通信系统均完全相同。TRAXX DE 内燃机车有 70% 的部件与 TRAXX AC 电力机车相同，可作为客运、货运机车使用，牵引相同定数的列车时可产生 300 kN 的牵引力。

### 1.2.3　内电型双动力通用机车

电气化铁路与非电气化铁路之间由于能源供给形式不同，不能实现一种机车贯通牵引，需要更换适合的机车来完成牵引任务，需要配置大量的电力机车、内燃机车，从机务管理、运输组织上来看都是不经济的。如何实现机车在电气化铁路与非电气化铁路间的通用问题，采用双动力机车就是一个很好的解决方案。所谓双动力机车，就是在一台机车上同时设置柴油发电机组和牵引变压器，在不同的线路区段进行切换，既可作为内燃机车使用，也可作为电力机车使用，实现真正意义上的通用。由庞巴迪公司研制的世界上第一台双动力机车已在北美地区应用，2011 年，北美地区有 46 台双动力通用机车投入运营。该双动力机车当按电力机车方式运行时，采用单相交流 25 kV 接触网供电，轮轴功率可达到 3 942 kW；当按内燃机车运行时，将由 2 台 1 544 kW 的柴油发电机组提供动力。

纵观交流传动技术的发展以及寿命周期成本、可靠性、可维护性等新的设计理念的应用，将进一步提高轨道列车传动系统性价比，将会有更多、更先进的交流传动系统不断出现，满足轨道交通日益发展的需要。

# 2 交—直流传动系统

交—直流传动系统是指采用交流电源供电的机车、动车组，经整流器将交流电压变换为直流电压供给直流牵引电动机，驱动机车、动车组运行的传动系统，它是轨道列车直流传动系统的主要传动方式。由于交流电源供给方式分为外供电源与自备电源 2 种，相应的牵引动力装置也分为电力机车、EMU 与内燃机车、DMU 两大类别。

交—直流传动的电力机车、EMU 属于采用外部单相高压交流电源供电的直流传动系统，一般采用可控式整流器，通过调节可控元件的控制角大小，完成整流及输出电压的调节。随着变流器件技术性能的不断提高，整流调压电路的结构、形式相应地发生了变化，先后经历了调压开关与二极管组合的有级调压、调压开关与晶闸管结合的级间平滑调压和相控无级调压 3 个阶段。调压开关与二极管组合的有级调压属于单拍全波整流方式，在早期的电力机车、EMU 上曾有应用，国产电力机车 $SS_1$、$SS_2$型及日本新干线 0 系动车组均采用此电路。因调压开关为机械式有触点开关，其结构复杂、输出电压不连续、可靠性低等原因，早已被淘汰。调压开关与晶闸管结合的级间无级调压属于双拍全波整流方式，是介于有级调压与无级调压方式之间的一种过渡调压方式，应用较少，国产电力机车中只有 $SS_3$型电力机车采用此电路。晶闸管相控无级调压属于双拍全波整流方式，它作为交—直流传动电力机车、EMU 的主要调压方式，技术成熟、运行可靠，仍有大量的相控调压电力机车、EMU 在应用，国产电力机车$SS_{3B}$ ~ $SS_{9G}$型及日本新干线 100、200、400 系动车组均采用相控无级调压方式。

直流传动内燃机车经历了直—直流传动、交—直流传动 2 个阶段。直—直流传动内燃机车因受直流牵引发电机容量、技术性能的限制，已被淘汰。交—直流传动内燃机车、动车组是采用交流同步发电机供电的直流传动系统，具有技术成熟、性能可靠等优点，保有量很大，目前仍在许多国家、地区作为主型机车继续服役。

纵观电力牵引传动技术的发展历程，它随着电力电子技术、控制理论以及计算机技术的发展而发展。欧、美、日等发达国家在 20 世纪 90 年代已经实现了向交流传动系统的转换与跨越，全面实现了交流传动系统的产业化，其交流传动机车、动车组的应用已很成熟。我国目前在线运用的机车大多数仍属于交—直流传动机车。交流传动机车、动车组在我国还处于起步发展阶段。在铁路跨越式发展之前，我国曾研发了一些采用交流传动系统的机车、EMU，但由于受关键技术、成本等因素制约，只在机车型谱里占据了一个位置，没有形成批量。我国已停止了交—直流传动机车的生产，当前正在发展的和谐系列机车、动车组均采用了先进的交流传动系统，这将成为我国牵引动力装置的发展方向。

交—直流传动系统由许多特定功能的电气线路组成，按其功能作用可分为主电路、辅助电路和控制电路 3 部分。

主电路是产生牵引力和制动力的主体大功率动力回路，其结构、性能在很大程度上决定着机车的性价比。主电路由交流电源供给、电源变换装置、工况转换开关、牵引电动机、制动电阻等组成，具有功率大、控制复杂、工作条件恶劣及空间受限制等特点。电力机车、EMU依靠接触网获得单相高压交流电源，经由受电弓、主断路器、避雷器、高压互感器将电源引入主变压器，通过牵引变流装置获得脉流，由平波电抗器滤波后供给牵引电动机；内燃机车依靠三相同步发电机提供三相交流电源，经三相桥式硅整流器，将交流变换为直流供给牵引电动机。牵引电动机输入直流电流后，将电能转换为机械能，驱动动轮旋转，在轮轨之间产生牵引力，驱动机车运转。主电路应满足机车起动、调速及制动3个基本工作状态的要求。

辅助电路是为机车的辅助机械装置提供电能的电路，属于机车自用电部分，不会产生牵引力，是保证主电路发挥功率和实现牵引性能所必需的电路。在交—直流传动电力机车、EMU中，主要由产生三相交流电的劈相装置和各辅助机械的拖动电动机等组成，其辅助电路依靠劈相装置将单相交流电变换为三相交流电，供给各辅助机械拖动电动机，驱动通风机、油泵、空压机等装置工作，为保障主电路的正常工作提供冷却条件以及控制动力。劈相装置是一个单—三相交流电源变换装置，一般有旋转机组劈相机和静止变流劈相机2种形式。旋转机组劈相机是一台单相异步电动机与一台三相发电机的组合，静止变流劈相机是一套交—直—交流变换装置。国产SS系列电力机车主要采用旋转机组劈相机；在交—直流传动内燃机车系统中，辅助电路主要由起动发电机提供DC110 V电能。

控制电路是执行司机的控制命令或意图，完成对主电路、辅助电路间接控制的低压主令电路。它由各种主令电器及功能控制模块组成，承担着机车传动系统的控制以及与外部行车指挥系统的信息传输、储存任务。

起动、调速及制动是列车运行的基本规律，是通过机车主电路、控制电路和辅助电路共同作用实现的。起动、调速及制动过程也是电力传动控制系统的主要任务，与主电路结构、牵引电动机的配置与供电方式、调速方式、动力制动方式都有着密切关系。

为了充分发挥机车的牵引性能，实现多拉快跑，要求机车不仅能在不同的线路和载荷条件下改变牵引力，而且还要求在相同的牵引力下能得到不同的速度。因此，机车主电路必须要保证牵引电动机具有宽广的调速范围。

## 2.1 交—直流传动系统的速度调节

调速是指人为地改变牵引电动机的工作参数使其转速发生改变的运行过程，它区别于因外部扰动（如接触网电压变化、线路纵断面参数变化等偶然因素）引起的转速适应性变化。

交—直流传动系统的速度调节是主电路的重要任务之一，是通过调节直流（脉流）牵引电动机的转速来实现的，因此，机车、动车组的调速问题归根到底就是对牵引电动机如何调速的问题。

调速时要求：调速应平滑且牵引力连续变化，尽量减小冲击；调速范围要尽可能大一些，能够满足列车牵引要求；调速的经济性能指标要高，调速系统要求简单、运行可靠。

### 2.1.1 直流牵引电动机的特性分析

直流牵引电动机的性能取决于励磁方式，即励磁绕组的供电方式，不同励磁方式的牵引电动机，性能差异很大。电力机车、EMU采用的直流牵引电动机在结构上与普通直流电动机基本相同，一般采用串励方式，只有个别系统采用他复励方式。直流牵引电动机的励磁方式如图

2.1 所示。直流牵引电动机的运转状态取决于机车的运行工况。对于串励牵引电动机而言，当机车工作在牵引工况时，牵引电动机将按照电动机状态运转；当机车工作在动力制动工况时，牵引电动机将按他励发电机状态运转。他复励牵引电动机的主磁极上有 2 套励磁绕组：一套与电枢绕组串联，称为串励绕组；另一套与电枢绕组无连接关系，称为他励绕组。他复励牵引电动机的特性总是介于串励与他励电动机特性之间，主要以串励成分为主，既保持了串励和他励方式的优点，又克服了各自的缺点与不足，可以灵活地获得优异的工作特性。

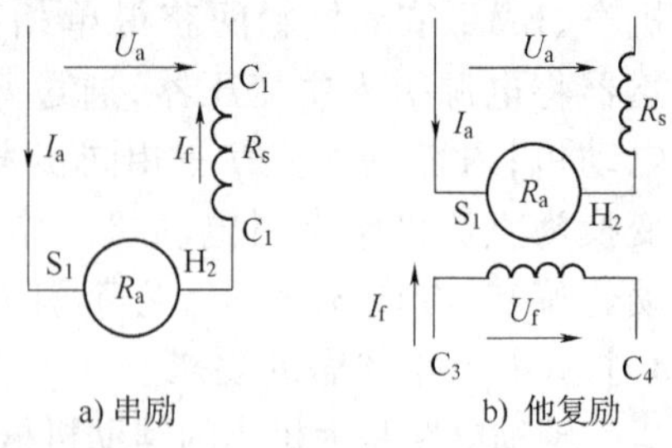


图 2.1 直流牵引电动机的励磁方式

1. 直流牵引电动机的工作特性

直流电动机的工作特性是指当电源电压及励磁电流不做人为调节时，电动机的转速 $n$、电磁转矩 $T_{em}$ 随电枢电流 $I_a$ 的变化关系。工作特性由速率特性 $n=f(I_a)$ 和转矩特性 $T_{em}=f(I_a)$ 组成。

(1)速率特性 $n=f(I_a)$

由直流电动机电势公式 $U_a=E_a+I_aR_a$ 及 $E_a=C_e\Phi n$ 可得出转速为：

$$n=\frac{U_a-I_aR_a}{C_e\Phi}=\frac{U_a}{C_e\Phi}-\frac{R_a}{C_e\Phi}I_a$$

对于他励电动机，若不计电枢反应的影响，$\Phi=C$，则有：

$$n=n_0-\beta' I_a$$

式中 $n_0=U_a/C_e\Phi$——理想空载转速；

$\beta'=R_a/C_e\Phi$——特性曲线的斜率。

显然，他励电动机其速率特性是一条斜率为 $\beta'$ 的直线，斜率的大小取决于电枢回路的总电阻值。

对于串励牵引电动机，$I_f=I_a$，即气隙主磁通随电枢电流而变化。若不考虑磁路饱和的影响，$\Phi=K_fI_f=K_fI_a$

$$n=\frac{U_a-I_aR'_a}{C_e\Phi}=\frac{U_a}{C_e\Phi}-\frac{R_a+R_s}{C_e\Phi}I_a=\frac{U_a}{C_eK_f}\cdot\frac{1}{I_a}-\frac{R_a+R_s}{C_eK_f} \tag{2.1}$$

式中 $R'_a$——电枢回路总电阻，$R'_a=R_a+R_s$，其中 $R_s$ 为串励绕组的电阻。

由式(2.1)可看出，串励牵引电动机的速率特性是一条等边双曲线，即软特性。当负载电流 $I_a$ 增加时，其转速随负载的增加而迅速下降。当负载电流很小时，主磁通也很小，使其转速很高，将产生“飞速”失控现象，后果十分危险。因此，串励牵引电动机不允许空载运行或轻载运行。在选择传动方式时不允许采用皮带传动或链条传动等间歇传动方式。

(2) 转矩特性 $T_{em}=f(I_a)$

对于串励牵引电动机，若不考虑磁路饱和因素的影响，$\Phi=K_fI_a$，则有 $T_{em}=C_TK_fI_a^2$，即转矩特性是一条关于电枢电流的二次方函数曲线。

当磁路高度饱和以后，$\Phi=C$，$T_{em}=C_T\Phi I_a\approx C'_TI_a$，此时电磁转矩与电枢电流成正比。所以，串励牵引电动机其电磁转矩与电枢电流之间的关系总是大于一次方而小于二次方，即 $T_{em}\propto I_a^{\alpha}$，$1<\alpha<2$。也就是说，在相同条件下，串励牵引电动机的起动能力、过载能力都大于其他电动机。

串励牵引电动机的工作特性如图 2.2 所示。

2. 牵引电动机的机械特性 $n=f(T_{em})$

串励牵引电动机的机械特性是指当 $U_a=U_N$ 时，转速与转矩之间的变换关系 $n=f(T_{em})$。

根据串励牵引电动机的电压方程可知：

$$U_a=E_a+I_a(R_a+R_s)=C_e\Phi n+I_a(R_a+R_s)=(C_eK_fn+R_a+R_s)I_a$$

式中　$\Phi=K_fI_a$，未考虑磁路饱和因素的影响。因此电磁转矩可表示为：

$$T_{em}=C_TK_fI_a^2=C_TK_f\left(\frac{U_a}{C_eK_fn+R_a+R_s}\right)^2$$

由此可导出机械特性表达式为：

$$n=\frac{1}{C_eK_f}\left[\sqrt{\frac{C_TK_f}{T_{em}}}U_a-(R_a+R_s)\right] \tag{2.2}$$

串励牵引电动机的机械特性也是一条软特性，随着电磁转矩的增加，电动机的转速将迅速下降，即 $n\propto1/\sqrt{T_{em}}$，如图 2.3 所示。

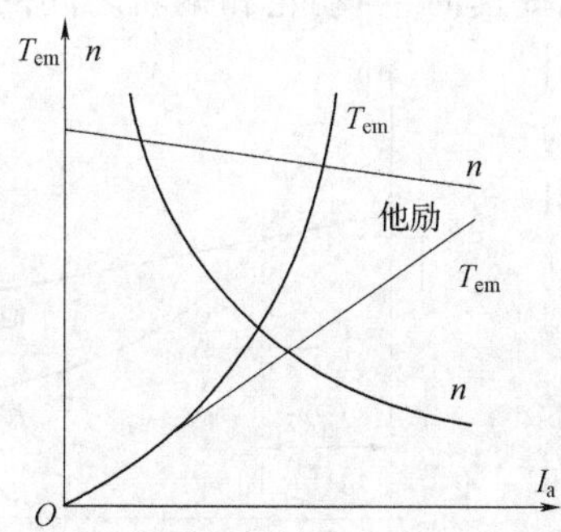


图 2.2　串励牵引电动机的工作特性

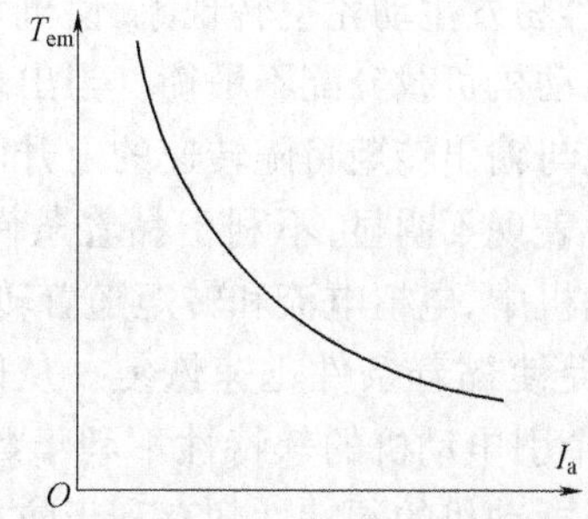


图 2.3　串励牵引电动机的机械特性

3. 牵引电动机的特性分析

因为串励牵引电动机具有"软特性"，因此与他励牵引电动机相比，在相同的负载变化时，串励牵引电动机可有更大的转速和转矩变化。在交—直流传动系统中，当电源电压发生较小变化时，将使得牵引电动机的转速和转矩产生较大的变化，具有调速容易、调速范围大的特点，可见串励牵引电动机更适合机车、动车组的牵引。

在交—直流传动系统中，一般采用集中供电或局部集中供电的车控或架控方式，总有几台牵引电动机并联运行。由于各牵引电动机的特性不可能完全一致，或者牵引电动机驱动的动轮直径不完全相等，这些因素都将使并联运行中的各电动机之间的负载分配不均匀，影响电动机的输出及可靠性。

图 2.4 给出了特性存在差异的 2 台电动机并联运转时的负载分配情况，其中，电动机 1 的速率特性高于电动机 2，电动机 1、2 的电枢电流分别为 $I_{a1}$、$I_{a2}$，对应的电磁转矩分别为 $T_{em1}$、$T_{em2}$。当这 2 台并联运行的电动机转速相同时，由于性能的差异而导致负载电流分配出现偏差，速率特性较高的电动机承担的电流及输出转矩均大于特性较低的电动机，即 $I_{a1}>I_{a2}$、$T_{em1}>T_{em2}$。速率特性较高的电动机容易出现过载现象，过载程度不仅和特性差异程度有关，而且还和励磁方式有着直接关系。在不同励磁方式下，并联运转电动机之间的过载差异表现不同，软特性电动机的过载程度要比硬特性电动机小很多。从图 2.4(a)、(b)中可看到串励牵引电动机、他励牵引电动机在并联运转中的负载分配情况，串励牵引电动机由于具有软特

性,这种负载分配的不均匀性相对他励牵引电动机小得多,可防止因特性差异的电动机在运行时发生严重过载现象。

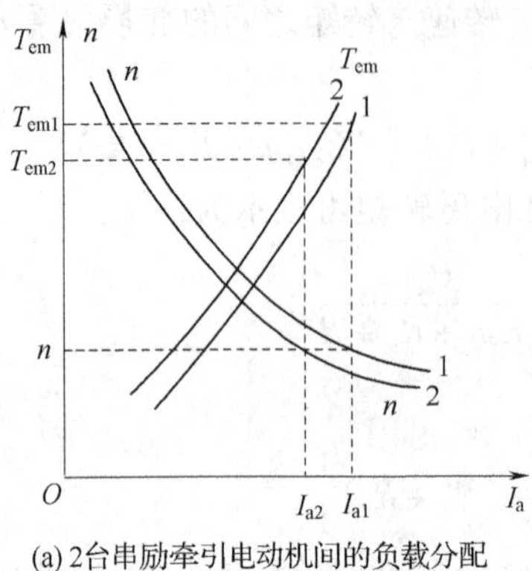

(a) 2台串励牵引电动机间的负载分配

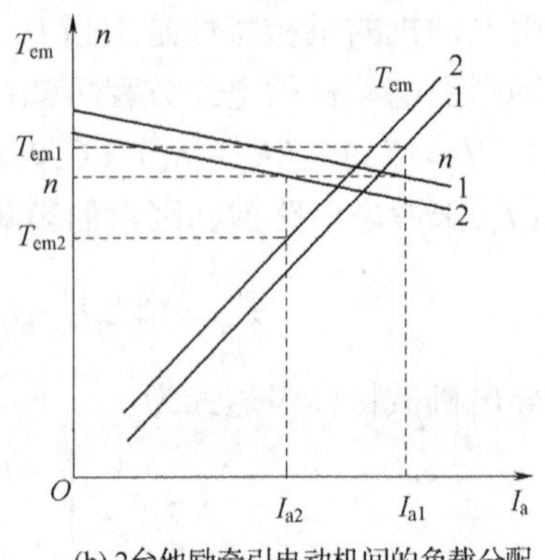

(b) 2台他励牵引电动机间的负载分配

图 2.4 并联运行时牵引电动机之间的负载分配情况

对于采用车控或架控方式的机车、动车组,在起动或提速时,当动轮和钢轨之间的黏着条件破坏,容易发生动轮空转现象,使机车输出功率降低,引起牵引电动机负载分配不平衡。当出现空转时,电动机的电枢电流与输出转矩将随转速的上升而下降,在串励牵引电动机中表现不明显,不利于黏着条件的恢复;而在他励牵引电动机中,电枢电流和转矩随着转速的微小增加而急剧下降,促使黏着条件迅速恢复。从防止空转的角度来看,串励牵引电动机的软特性不利于黏着条件的恢复,而他励牵引电动机的硬特性却有利于防止动轮空转。因为,对于采用直流串励牵引电动机的传动系统,必须要有可靠、灵敏的防空转检测、保护装置,以保证传动系统可靠运行。串励、他励牵引电动机的防空转能力比较如图 2.5 所示。

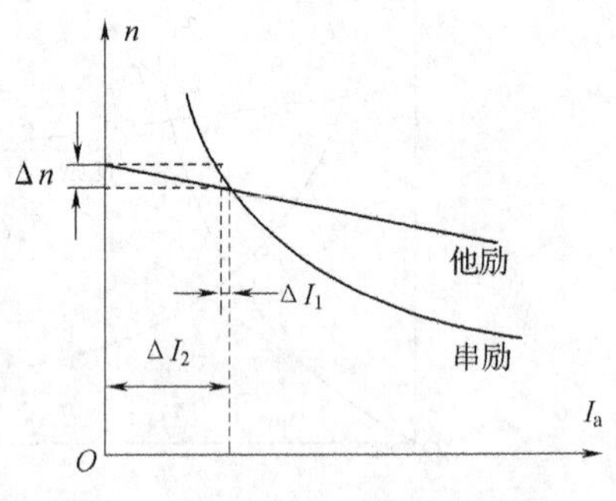

图 2.5 直流牵引电动机防空转能力

### 2.1.2 直流牵引电动机的调速

根据直流牵引电动机转速表达式

$$n=\frac{U_a}{C_e\Phi}-\frac{R_a+R_s}{C_e\Phi}I_a=\frac{U_a}{C_e\Phi}-\frac{R'_a}{C_e\Phi}I_a$$

可知,改变电枢两端电压和减小磁通都可改变直流牵引电动机的转速。

1. 改变电枢电压调速

根据式(2.1)可知:当负载一定时,若忽略电枢回路的电阻压降,可以认为牵引电动机的转速与电枢端电压成正比。提高(降低)电枢端电压将提高(降低)转速。电枢端电压的最大值受高压额定电压的限制,其对应的转速为调节电压所能达到的最高转速,即改变电枢端电压调速是以高压额定电压对应转速为最高转速的调速方法。

调速时,直流牵引电动机的电磁转矩 $T_{em}=C_T\Phi I_a=C_TK_fI_a^2$。当牵引电动机在电枢端电压 $U_1$、电枢电流 $I_{a1}$ 下,拖动某一负载以转速 $n_1$ 在 $a$ 点稳定运行时,若将电枢电压提高到 $U_2$,则原有的平衡状态被破坏。由于电动机机械惯性很大,在电压发生突变的瞬间,电动机转速来不及变化,其反电势 $E_a$ 也将保持不变,而电枢电流 $I_a$ 必将突然增大到 $I_{a2}$,电动机的工作点由 $a$ 点

跳变到电压 $U_2$ 对应的速率特性曲线上的 $b$ 点。在 $b$ 点,$I_{a2} \gg I_{a1}$,电动机的电磁转矩也远大于负载转矩,电动机将加速运行,转速沿着电压 $U_2$ 对应的速率特性曲线上升。若负载未变仍为 $I_{a1}$,随着电动机转速的上升,其电枢电流和电磁转矩逐渐减小,加速度减小。直到加速度变为零时,电动机转速上升到了 $n_2$,此时电动机的输出转矩与负载转矩相平衡,电枢电流恢复到了 $I_{a1}$,电动机将在 $c$ 点稳定运行,此时转速因电压提高而升高到了 $n_2$。提高电枢电压调速时的速率特性如图 2.6 所示。

降低电枢电压时的调速过程与提高电压调速过程相反。

2. 磁场削弱调速

在交—直流传动系统中,当牵引电动机的电枢电压调至最高后,若需要进一步提高运行速度,只能采用磁场削弱的方式,即只有当调压资源用尽后才能开始实施磁场削弱调速。进行磁场削弱调速时,电枢电压已达到最大值且保持不变,若不考虑电枢回路的电阻压降,则有:

$$\frac{n_1}{n_2} \approx \frac{\Phi_1}{\Phi_2} \tag{2.3}$$

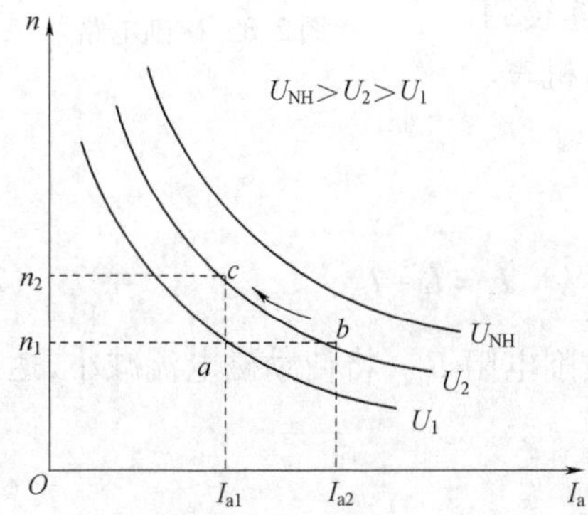


图 2.6 牵引电动机提高电压时的速率特性

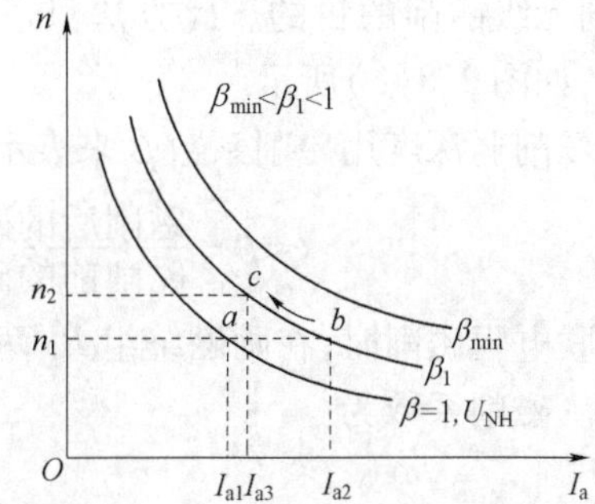


图 2.7 牵引电动机磁削时的速率特性

即磁削后电动机转速升高,转速与磁通基本成反比关系。磁削后的转速都高于额定磁场时的转速,磁削后的人为特性总是处于固有特性(额定磁通之特性)的上方。磁削调速就是以额定电压、额定磁通对应的转速为最低转速的一种调速方法,磁通越小,转速越高。牵引电动机磁削时的速率特性如图 2.7 所示。

当牵引电动机在额定电压、额定磁场下,拖动某一负载以转速 $n_1$ 稳定运行在特性曲线上的 $a$ 点,若突然进行磁削,磁削系数变为 $\beta_1$($\beta_1<1$)。在磁削的瞬间,因牵引电动机的机械惯性远大于电磁惯性,磁通立即减小而转速维持 $n_1$ 不变,对应的电动机反电势即刻减小,此时电枢电流将迅速增大至 $\beta_1$ 对应的特性曲线上 $b$ 点的电流 $I_{a2}$,使得电动机的转矩也相应增大。若负载转矩不变,此时电动机的转矩远大于负载转矩,电动机开始以较高的加速度加速运转。转速将沿着 $\beta_1$ 对应的特性曲线不断升高,反电势随之增大,电枢电流、励磁电流以及分路电流均在下降,电动机转矩也在减小,加速度减小,一直持续到加速度为零、电动机转矩与负载转矩相平衡为止,电动机将在 $c$ 点建立新平衡点且以转速 $n_2$ 稳定运行。注意,尽管 $c$ 点与 $a$ 点的负载转矩相同,但调速后的电枢电流要比调速前大一些,即 $I_{a3}>I_{a1}$。

在负载一定时进行磁削,电动机的电磁转矩保持不变。若磁削前、后对应的电磁转矩和磁通分别为 $T_{em1}$、$\Phi_N$ 和 $T_{em2}$、$\Phi_1$,即

$$T_{em1}=T_{em2} \qquad C_T\Phi_N I_{a1}=C_T\Phi_1 I_{a3}$$

$$\frac{I_{a1}}{I_{a3}}=\frac{\Phi_1}{\Phi_N} \tag{2.4}$$

也就是说,磁削前、后电动机的电枢电流与磁通成反比关系。磁削后电枢电流将会增大,转速升高,这对牵引电动机换向带来困难。因此,实施磁场削弱调速时,一定要考虑电动机的可靠换向与电枢机械强度问题,对磁削深度要加以限制。

直流牵引电动机磁场削弱就是对串励绕组中的电流进行分流,一般采用在串励绕组两端并联分流电阻或可控元件的方法实现,磁削电路如图 2.8(a)所示。

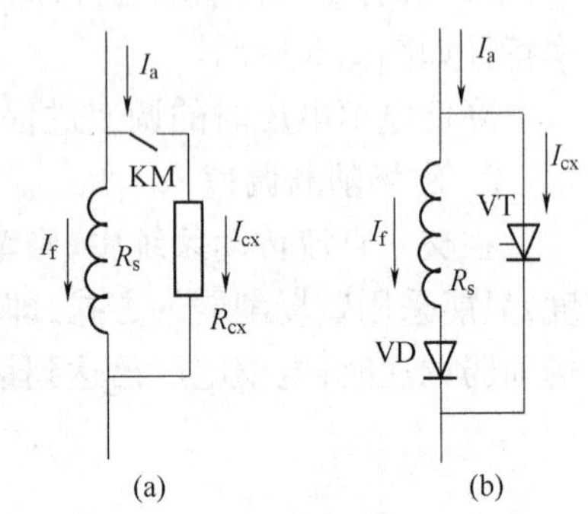


图 2.8 磁削电路

若在串励绕组两端并联固定阻值的分流电阻,其磁通不能连续变化,只能有级变化,这种磁削方法称为电阻有级磁削。电阻磁削适用于交—直流传动的内燃机车、货运电力机车。

若在串励绕组两端并联可控元件,通过改变其导通角的大小来调节所通过的电流,就可以实现对励磁电流的连续调节,达到无级磁削的目的。此方法只适合于相控电力机车、动车组,如图 2.8(b)所示。

磁场削弱深度用磁削系数 $\beta$ 来表示:

$$\beta=\frac{\text{磁削后的磁势}}{\text{磁削前的磁势}}=\frac{I_fN}{I_aN}=\frac{I_f}{I_a} \qquad I_a=I_f+I_{cx} \tag{2.5}$$

并联电阻磁削时,在励磁绕组 $R_s$ 两端并联分路磁削电阻 $R_{cx}$,将使励磁电流减小,达到磁削目的。磁削系数为:

$$\beta=\frac{I_f}{I_a}=\frac{R_{cx}}{R_s+R_{cx}}$$

即磁削系数 $\beta$ 值取决于励磁绕组电阻与分流电阻的阻值大小。

电阻磁削时,为了减小电枢电流突然增大而产生的冲击,磁削电阻一般都是采取分级并入的方法。磁削深度一定时,磁削电阻的并入级数越多,产生的冲击电流越小,电动机调速越平滑;但所需的电磁开关器件的数量相应增加,不仅增加了设备成本,而且使得电路结构复杂化,影响电路的可靠性。故一般磁削电阻并联的级数以 1~3 级为宜。

并联可控元件磁削时,在励磁绕组两端并联可控元件,调节可控元件的控制角 $\alpha$ 就可以连续改变励磁电流的大小,实现无级磁场削弱。可控元件一般采用晶闸管,依靠电源电压过零点时自然换相,要求主整流桥必须工作在全开放状态。$SS_8$、$SS_9$ 型客运电力机车均采用无级磁削方式。

无论采用何种磁削方式,对磁削深度必须要加以控制。在保证牵引电动机可靠换向的前提下,尽可能采用较深的磁削深度,以提高牵引电动机的调速范围,一般 $\beta_{min}>40\%$。

采用磁场削弱的调速方法,调速范围较大,调速在励磁回路中进行,附加能耗较小,调速前后电动机的效率变化不大,是一种经济的调速方法;但在调速过程中将引起牵引电动机出现过载现象,使换向条件恶化,容易发生环火而造成故障。

机车在平直线路上进行磁削可提高运行速度,在上坡线路上进行磁削可实现恒速运行。

## 2.2 交—直流传动系统的起动

起动与制动是机车、动车组运行中的两个基本状态。在起动时,要求传动系统能够充分利用黏着条件,使机车产生足够的牵引力,保证机车顺利起动。

### 2.2.1 起动的基本要求和起动方式

1. 起动的基本要求

起动过程要求平稳,能够产生足够大的起动牵引力,获得一定的起动加速度。

2. 起动方式

机车、动车组的起动一般采用恒牵引力起动,即恒电流起动。起动电流可以接近于受黏着限制的最大起动电流,能够产生很大的起动牵引力,获得较大的起动加速,即 $I_{st}=C$、$I_{st}\approx I_{st\,max}$(黏着限制)。

### 2.2.2 起动保护

交—直流传动系统采用恒电流起动时,一旦发生空转,由于起动电流维持不变,牵引电动机特性较软,必将使空转转速进一步上升、加速空转,不利于黏着条件的再恢复。因此,必须要有可靠的防空转检测、保护措施,以保证机车可靠、顺利起动。

## 2.3 交—直流传动系统的动力制动

在交—直流传动系统中,动力制动是利用电机的可逆原理,将牵引电动机改为他励发动机运行,将列车的惯性能量转换为电能的一种非摩擦制动方式,在动力轴上产生与列车运行方向相反的阻力性转矩,阻碍列车运行,对列车实施制动。动力制动属于非摩擦性的黏着制动,可以提高列车运行的安全性,提高列车的下坡速度,最小限度地使用空气制动,以减少轮轨磨损,有利于降低运输成本。根据电能消耗的形式不同,动力制动可分为电阻制动和再生制动。电阻制动是将发电机输出的电能消耗在制动电阻上,以热能的形式散失掉;再生制动是将制动过程产生的电能经变换处理后回馈到接触网上,供其他负载再利用。

### 2.3.1 动力制动的基本要求及稳定性

1. 动力制动的基本要求

在实施电气动力制动时,制动系统必须要满足以下几点:

(1)要求制动系统具有较高的稳定性,制动过程要求平稳,冲击力要小;

(2)制动调节范围要尽可能大一些;

(3)牵引电动机在工况转换时转换电路要简单、操作方便。

2. 制动系统的稳定性

列车制动时,由于线路纵断面变化等偶然因素将引起列车速度发生变化,破坏了原有的稳定运行状态,制动力要能够适应速度的变化。此时制动系统若能够建立起新的平衡状态,或当偶然因素消失后能恢复到原来的平衡状态,这种系统就是稳定系统,否则为不稳定系统。

制动稳定性的判定条件为 $\frac{dB}{dv}>0$,即制动力具有向上的特性时,制动过程是稳定的。

### 2.3.2 电阻制动

在交—直流传动的机车、动车组中,牵引电动机基本都采用直流串励牵引电动机。由于串励牵引电动机的特性很软,若作为发电机运行时,输出电压稳定性很差。因此,在进行电阻制动时,不仅要将牵引电动机的运行工况由电动机转换为发电机,还需要将励磁方式由串励改为他励,并在电枢绕组中串入制动电阻。牵引电动机以他励发电机方式运行时,励磁电源由主变压器或牵引发电机提供。

电阻制动时的制动力取决于电动机的电磁转矩,它与励磁磁通和制动电流有关,即

$$T_{em}=C_T\Phi_D I_Z$$

式中 $I_Z$——制动电流;

$\Phi_D$——励磁磁通。

电磁转矩 $T_{em}$ 的大小可以通过 2 种方法来调节:一是改变牵引电动机的励磁磁通可改变制动转矩;二是改变制动电流可以改变制动转矩。

1. 电阻制动时的制动特性

制动特性是指制动力与机车运行速度之间的关系,即

$$B=f(v)$$

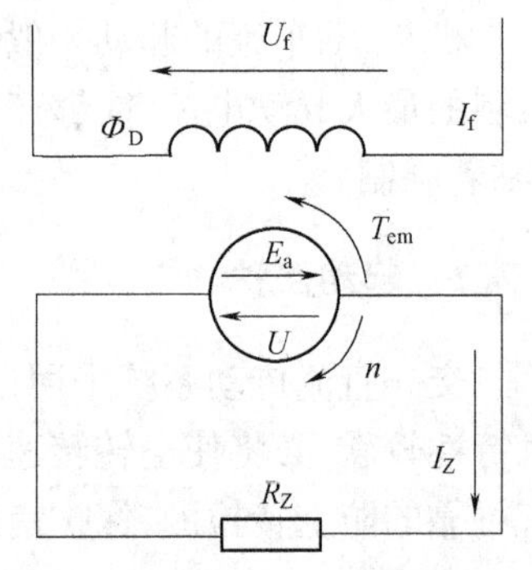


图 2.9 电阻制动电路工作原理

制动时牵引电动机按他励发电机方式运行,所发出的电能供给制动电阻,电路工作原理如图 2.9 所示。

根据制动电路可列出电势平衡方程式:

$$E_a=C_e\Phi_D n_D=I_Z(R_a+R_Z)=I_Z R'_Z \tag{2.6}$$

式中 $R_Z$——制动电阻;

$R_a$——电枢回路总电阻;

$R'_Z$——制动电路总电阻。

将式(2.6)代入转矩方程式可得到:

$$T_{em}=\frac{C_e C_T}{R'_Z}\Phi_D^2 n_D \tag{2.7}$$

或

$$T_{em}=\frac{C_T R'_Z}{C_e}\cdot\frac{I_Z^2}{n_D} \tag{2.8}$$

考虑到机车制动力 $B$、速度 $v$ 与电动机电磁转矩 $T_{em}$、转速 $n_D$ 的关系:

$$B=\frac{2Zu}{\eta D_K}T_{em} \qquad (\text{kN})$$

$$v=\frac{60\pi D_K}{\mu\times 10^3}n_D \qquad (\text{km/h})$$

式中 $Z$——牵引电动机台数;

$\mu$——牵引齿轮传动比;

$D_k$——动轮直径,mm。

$\eta$——传动效率,齿轮传动效率与电动机效率的乘积。

故机车、动车组的制动力(制动特性)可表示为:

$$B=\frac{2Z\mu}{\eta D_{\mathrm{K}}}T_{\mathrm{em}}=\frac{2Z\mu}{\eta D_{\mathrm{K}}}\cdot\frac{C_{\mathrm{e}}C_{\mathrm{T}}}{R'_{\mathrm{Z}}}\Phi_{\mathrm{D}}^{2}\cdot\frac{\mu\times10^{3}}{60\pi D_{\mathrm{K}}}v=10.6\,\frac{C_{\mathrm{e}}C_{\mathrm{T}}Z\mu^{2}}{\eta R'_{\mathrm{Z}}D_{\mathrm{K}}^{2}}\Phi_{\mathrm{D}}^{2}v \tag{2.9}$$

或

$$B=\frac{2Z\mu}{\eta D_{\mathrm{K}}}T_{\mathrm{em}}=377\times10^{3}\,\frac{C_{\mathrm{T}}ZR'_{\mathrm{Z}}}{\eta C_{\mathrm{e}}}\cdot\frac{I_{\mathrm{Z}}^{2}}{v} \tag{2.10}$$

由制动力特性可知,制动力的调节可通过改变牵引电动机的磁通 $\Phi_{\mathrm{D}}$ 或制动电流 $I_{\mathrm{Z}}$ 来实现。当磁通或励磁电流不变时,制动力与机车运行速度成正比例关系;当制动电流不变时,制动力与机车运行速度成反比例关系。

2. 电阻制动的范围

制动力的大小与机车运行速度、电动机的制动电流和励磁电流有关。同时在高速运行时,还受到牵引电动机稳定换向限制及机车结构强度的限制,因此制动力的大小有一定的限制范围。

制动力特性是在理想情况下所获得的特性,列车实际制动时,制动特性受到牵引电动机、制动电阻和机车自身一些因素的限制,只允许在一定的范围内使用电阻制动。制动过程一般受到以下 5 个因素的制约。

(1)最大励磁电流的限制

根据式(2.9),若励磁电流不变,则从牵引电动机空载及负载特性上得到的 $\Phi_{\mathrm{D}}$ 也几乎不变,因此 $B$ 和 $v$ 成正比,即呈线性关系,但 $\Phi_{\mathrm{D}}$ 受最大励磁电流的限制。

根据牵引电动机允许的最大励磁电流,求出制动力与机车速度的关系,如图 2.10 中曲线 $OA$ 所示。最大励磁电流根据牵引电机励磁绕组在制动工况时的允许温升而定,$OA$ 线的右下方为励磁电流的允许工作区域。

(2)最大制动电流限制

最大制动电流根据牵引电动机电枢绕组和制动电阻的允许发热容量来确定。由于牵引电动机的热容量较大,因此最大制动电流一般取决于制动电阻的热容量。只要制动电阻发热容量允许,电枢电流在制动时适当过载是允许的。为了充分发挥电阻制动的效果,制动功率一般等于或大于机车小时功率。

根据式(2.10),保持 $I_{\mathrm{Z}}$ 不变,并视其余参数为常数,则 $B$ 和 $v$ 成反比,即双曲线关系,但 $I_{\mathrm{Z}}$ 受最大制动电流的限制。由最大制动电流确定的制动力与机车速度的关系如图 2.10 曲线中 $A'C$ 线所示,$A'C$ 线的下方为制动电流的允许工作区域。

(3)黏着力限制

根据《列车牵引计算规程》规定,计算制动时的黏着系数 $\Psi_{\mathrm{jT}}$ 应比牵引时低 20%,即

$$\Psi_{\mathrm{jT}}=0.8\mu_{\mathrm{j}}=0.8\left(0.24+\frac{12}{100+8v}\right) \tag{2.11}$$

由此得出机车能够实现的最大黏着制动力为:

$$B_{\mu\max}=\Psi_{\mathrm{jT}}P_{\mu} \tag{2.12}$$

式中　$P_{\mu}$——机车黏着质量;

$B_{\mu\max}$——计算最大黏着制动力,如 2—10 图中曲线 $FAB$ 所示。

(4)牵引电动机换向条件的限制

直流牵引电动机在高速运行时的换向条件取决于电抗电势 $e_r$ 和片间最高电压 $U_{Hmax}$，前者可能引起火花，后者可能会造成环火。对于装有补偿绕组的牵引电动机，由于气隙中磁场畸变不严重，片间电压较小，所以随着机车速度增加，首先起限制作用的是电抗电势 $e_r$。对于未装补偿绕组的牵引电机，片间最高电压 $U_{Hmax}$ 起限制作用。

电抗电势 $e_r$ 正比于机车速度与制动电流的乘积，即 $e_r \propto vI_Z$。要维持 $e_r$ 在一定的允许值内，必须随着机车速度的提高，相应地减小制动电流。

令 $e_r = kvI_Z$，将其带入式(2.10)，可得到制动力与电抗电势之间的关系：

$$B = 377 \times 10^{-3} \frac{C_T Z R'_Z e_r^2}{\eta C_e k^2} \cdot \frac{1}{v^3} \quad (\text{kN}) \tag{2.13}$$

当电抗电势 $e_r$ 一定时，制动力 $B$ 与速度 $v$ 的三次方成反比，此时制动力曲线要比恒制动电流时的曲线陡。在保证牵引电动机可靠换向时，其最高电抗电势所对应的制动力关系曲线与最大制动电流下的制动曲线相比，制动力随速度的增加而下降得更快，其变化关系如图2.10中曲线 $CD$ 段所示。

片间最高电压与制动电流成正比，而与励磁电流成反比，即 $U_{Hmax} \propto I_Z/I_f$。因为 $I_z$ 增大，电枢反应加剧；$I_f$ 减小，将使主磁场变弱，磁路饱和程度下降，磁场畸变严重。最高片间电压 $U_{Hmax}$ 限制一般出现在磁场削弱运行的最高速度工况下。

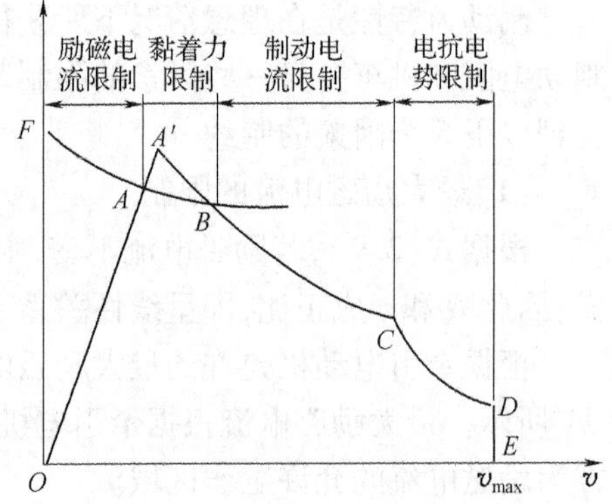

图2.10 电阻制动的工作范围

(5)构造速度的限制

构造速度的限制主要是指受到机车走行部机械强度的限制，实际上还可能受到线路允许速度的限制。如图2.10中曲线 $DE$ 所示。

综合以上5个限制条件，可以获得机车在电阻制动时的工作范围区域为 $OABCDEO$，其制动特性是按照制动电阻等于固定阻值时求得的。制动工作范围所限定的面积等于制动功率，该面积越大，表示制动功率越大、调节范围越大。

3. 电阻制动特性类型

电阻制动的工作范围受上述5种因素的限制，但在它允许的工作范围内，究竟采用何种类型的制动特性，则是根据需要来确定。电阻制动特性主要有3种类型，即恒励磁电流（恒磁通）制动、恒电流制动和恒速度制动。

(1) 恒励磁电流制动特性

恒励磁电流制动特性为过坐标原点的一簇直线，在最大励磁电流允许的范围内，励磁电流越大，直线的斜率也越大。恒励磁电流制动时，制动力与机车运行速度成正比例关系，具有较好的机械稳定性，适合于机车在下坡道上调节运行速度的要求。

恒励磁电流制动广泛应用于机车在下坡时的速度调节，在速度较高区域内其制动效果很明显；但在低速区，制动力随机车速度下降而快速下降，其制动作用快速减弱。因此恒励磁电流制动不能作为停车制动，主要作为减速辅助制动方式。恒励磁制动特性曲线如图2.11所示。

(2) 恒电流制动特性

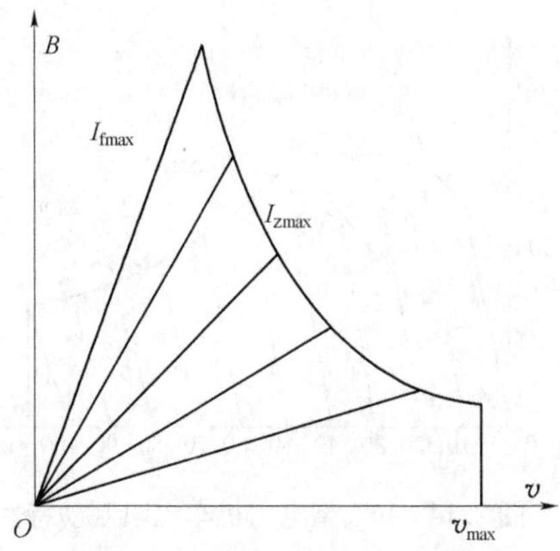


图 2. 11　恒励磁电流制动特性

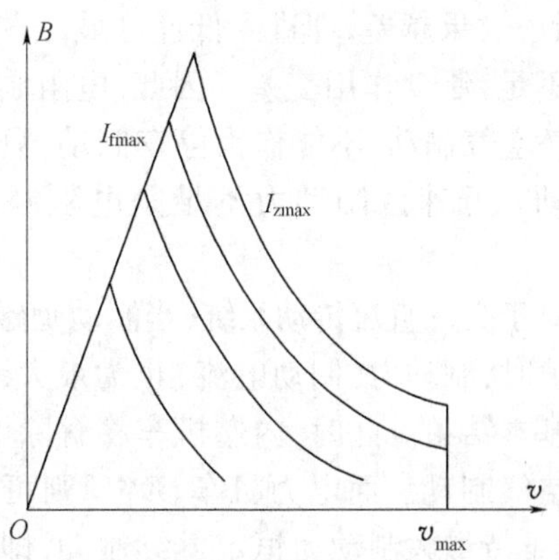


图 2. 12　恒电流制动特性

恒电流制动特性曲线如图 2. 12 所示。此制动特性中制动力与机车运行速度成反比关系，即双曲线关系。制动电流越大，双曲线的位置越高。恒电流制动特性的制动力在很宽广的范围内随着速度的升高而降低，制动稳定性较差，但这种制动特性能够充分利用其制动功率，特别适合于采用恒功率供电方式的机车、动车组的制动。$DF_4$、$DF_8$、$DF_{11}$ 系列内燃机车电阻制动的主要区域基本上都采用恒电流制动。

(3)恒速度制动特性

恒速度制动就是指制动力自动与加速力始终保持平衡的一种制动形式。只要设定机车在下坡时的运行速度，不论线路运行条件如何变化，机车将按照预定速度运行，是一种比较理想的制动特性。但恒速特性只适合在制动功率足够大的系统上使用才有意义，因为只有制动功率足够大时，才能依靠电阻制动独立完成在下坡道上的调速任务。若制动功率不足时，还需要借助于空气制动等其他制动方式的作用，但这时机车速度将不能自动调节。恒速制动特性曲线如图 2. 13 所示。

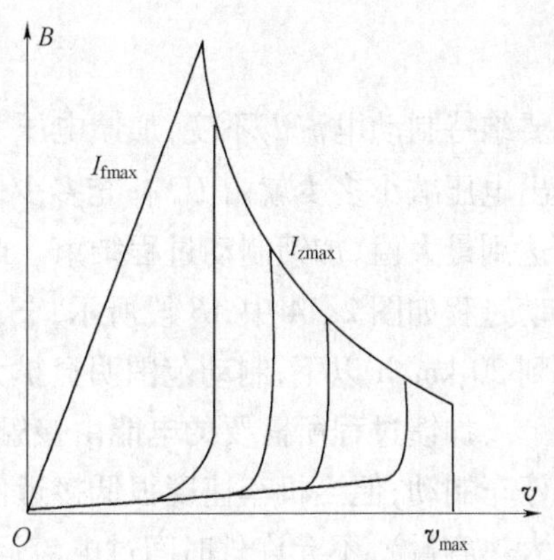


图 2. 13　恒速度制动特性

比较上述 3 种制动特性，恒速制动是一种比较理想的制动特性，但所需的制动功率应足够大。在交—直流传动系统中，由于受功率的限制较难满足要求。内燃机车不可能采用恒速制动，相控电力机车采用恒速制动也存在一定困难，一般都采用限流准恒速制动特性。如 $SS_{3B}$ 型电力机车的电阻制动特性(限流准恒速控制)为：

$$I_a=\begin{cases}45.5v-455(n-1)\\420\end{cases}\tag{2.14}$$

式中　$n$——制动级位数，$n=11\sim1$；

$v$——机车速度(km/h)。

$SS_{3B}$ 型电力机车的电阻制动特性如图 2. 14 所示。

4. 电阻制动的不足

当机车、动车组制动速度较低时，其制动励磁电流已接近或达到最大值，电阻制动将按照最大励磁电流特性制动，制动力与机车速度成正比关系。速度越低，制动电流越小，制动力越小,制动效果越差,即进入低速区域。在低速区制动力不足,制动作用变差。因此,电阻制动不能完全代替空气制动,不能作为停车制动,只能作为减速制动。低速区制动力不足是电阻制动的一大缺陷。

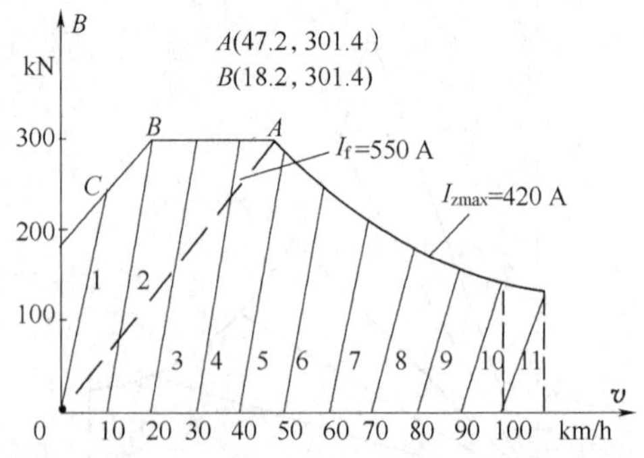


图 2.14 $SS_{3B}$型电力机车电阻制动特性

对于交—直流传动系统,当制动励磁电流达到最大值时,制动力(制动电流)也为最大,电阻制动过程基本结束。此时,内燃机车将解除电阻制动,转入空气制动。而电力机车、EMU 则可利用自身资源,维持最大制动力恒定继续制动,即进行加馈制动,以改善电阻制动的不足,提高电阻制动效果,进而扩大电阻制动范围。在低速区实施加馈电阻制动是电力机车、EMU 改善低速制动性能的有效措施。

电力机车进行电阻制动,当制动电流达到最大时,将转入加馈电阻制动。只要维持制动电流不随机车速度降低而下降,就可以改变低速时的制动能力。要维持制动电流不变,必须要有外部电源对制动回路补充供电,以使制动电流(电枢电流)不变,实现恒制动力制动。加馈电源由主变压器和主整流桥输出整流电压 $U_d$ 提供,对制动回路实施电流加馈,以维持制动电流不变,即达到恒制动力特性。加馈电阻制动时,制动电流可表示为:

$$I_Z = \frac{U_d + E_a}{R_Z} \tag{2.15}$$

要维持制动电流 $I_Z$不变,加馈电压 $U_d$ 必须要与发电机感应电势 $E_a$同步反向变化,即发电机输出电压减小多少就由 $U_d$ 补充多少,直至加馈整流桥输出电压达到最大值为止,加馈制动功率达到最大值,加馈制动过程结束。此后,电力机车将按照最大励磁电流特性进行制动。加馈制动过程如图 2.14 中 *AB* 段所示,$SS_{3B}$型电力机车从 *A* 点恒制动力运行到 *B* 点,机车速度已降低到 20 km/h 以下,制动范围明显扩大。

加馈过程所需要的电能由接触网、牵引变压器提供,从理论上讲,加馈电阻制动可以作为停车制动;但当机车速度很低接近停车时,需要考虑牵引电动机换向片的载流能力(允许的最大热容量),不允许长时间过电流运行。

### 2.3.3 交—直流传动系统的再生制动

再生制动是电力机车、EMU 及城轨列车等外供电源系统采用的另一种动力制动形式,可将列车运行中的惯性能量转换为电能,经适当处理后回馈到电网。根据前苏联运用经验,再生制动的相控电力机车可节能 10% ~15%,减少闸瓦(片)磨耗 1/3 ~1/2 倍。在直流传动系统中,再生制动因技术方面存在较为严重的问题,制约了其推广与应用。目前在线运营的相控电力机车中,只有少量的车型使用再生制动;但在交流传动电力机车、EMU 中,再生制动已成为主要的制动方式,空气制动只占 3% 左右。

1. 再生制动的基本原理

采用再生制动的系统,必须要采用全控式整流电路,其原理电路如图 2.15 所示。

当控制角 $\alpha > 90°$ 时,整流电压的平均值为负值,即 $U_d = 0.9U_2\cos\alpha$。制动电流可表示为:

$$I_d = \frac{E_a - |U_d|}{R} \tag{2.16}$$

式中　$E_a$——牵引电机感应电势,$E_a = C_e \Phi n$;

$R$——制动回路总电阻,包括电机电枢绕组电阻、平波电抗器电阻、附加稳定电阻。

由式(2.16)可知,欲调节制动电流 $I_d$,可通过调节他励发电机励磁电流 $I_f$、改变磁通 $\Phi$ 或调节逆变器改变控制角 $\alpha$、改变输出电压 $U_d$ 来实现。再生制动回路的电阻值一般不变,但附加稳定电阻要从制动效率和稳定性2方面综合考虑。8 K电力机车 $R_{wd} = 0.45\ \Omega$,消耗制动功率约1/3。

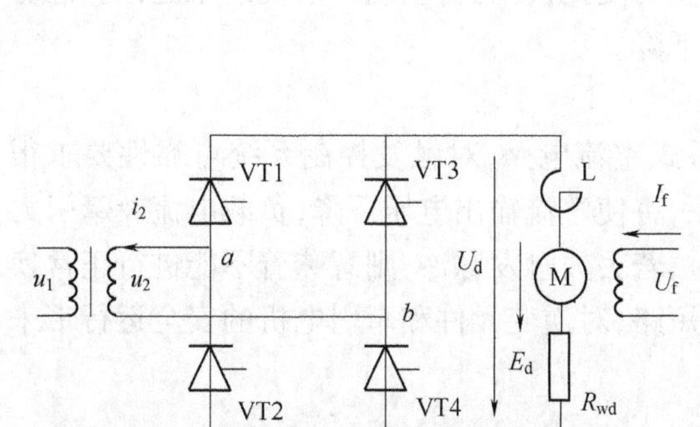


图2.15　单相桥式全控再生电路

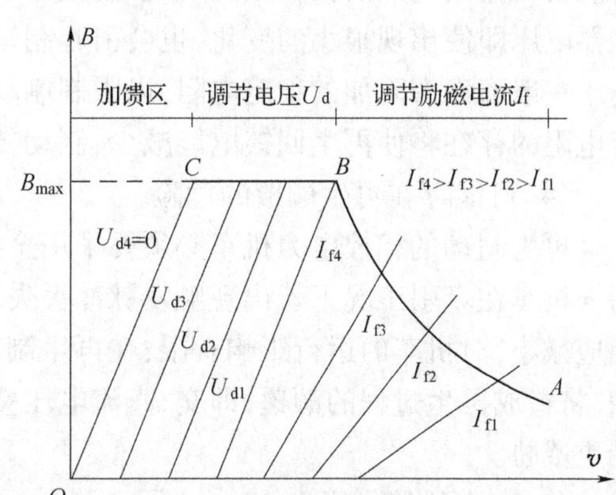


图2.16　再生制动的调节特性

再生制动的调节过程一般分为3个调节阶段,如图2.16所示。

(1)调节励磁电流 $I_f$

电力机车在高速时进行再生制动,为了提高功率因数,可保持逆变器输入电压 $U_d$ 基本恒定且为最大值,通过改变励磁电流来调节制动电流 $I_d$,如图2.16中 $AB$ 段所示。随着机车速度的下降,相应地增加励磁电流,直至达到额定值为止。励磁电流最小值受牵引电机可靠换向的限制,一般不应小于牵引电机额定电流的40%。在这一区段,制动力受到制动功率及牵引电机可靠换向的限制,随着机车速度的增加,制动力相应地要减小。

(2)调节逆变器输出电压 $U_d$

当励磁电流调节到额定值后维持恒定,然后调节控制角 $\alpha$ 改变逆变器电压 $U_d$,减小 $U_d$ 可维持制动电流恒定,即制动力不变,直至控制角 $\alpha = \pi$、$U_d = 0$ 为止。其特性如图2.16中 $BC$ 段所示。

(3)加馈电阻制动

当逆变器输出电压变为0时,将逆变器转变为整流工况运行,电压 $U_d$ 极性改变。从式(2.16)可知,此时制动电流由电枢电势和整流电压共同产生,相当于进入加馈制动过程,继续保持机车在低速时制动力不变,如图2.16中虚线 $CB_{max}$ 所示。图中 $U_d = 0$ 的 $OC$ 线的斜率取决于制动回路电阻的大小,电阻值越小,相应 $C$ 点的速度越低。此电阻值一般小于电阻制动机车的制动电阻。

上述3种工况中,只有前2种工况为再生工况,其功率因数取决于控制方式。其控制方式包括提前角恒定控制和晶闸管恢复阻断角恒定控制2种,功率因数也不尽相同。

2. 再生制动在相控电力机车、EMU中存在的技术问题

(1)再生制动时功率因数很低

相控电力机车的主要缺点之一是功率因数偏低,在再生制动工况时功率因数更低,一般只有0.5左右,后期所需的补偿容量将很大。

(2)谐波分量增加

再生制动时电网电压与电流波形畸变比牵引时严重,特别是在换相期间波形畸变更为严重,谐波分量急剧增加,对电网产生严重干扰。

(3)再生制动的控制系统较复杂

再生制动系统的稳定性较差,制动力的调节既可通过调节牵引电机的他励电流,也可通过对逆变器输出电压的调节来实现,控制过程较复杂且控制精度要求较高。因为励磁电流或逆变器电压即使出现很小的变化,也会引起制动电流(制动力)产生很大的波动。为此在制动电路中一般都设有附加的稳定电阻,以限制制动电流的变化,提高再生制动系统的稳定性。但稳定电阻的存在将使再生回馈电能减少,制动效率下降。

(4)可能存在再生颠覆的危险

再生制动的相控电力机车必须要采用全控桥式整流电路,对触发控制系统可靠性要求很高。机车在牵引工况下若出现触发脉冲丢失现象,将使整流输出电压下降,负载电流及牵引力相应减小,对机车的运行影响有限;在再生制动时,若丢失触发脉冲,则意味着不能进行正常换相,将造成再生过程的颠覆,即交、直流电压叠加短路,对逆变元件和牵引电机的安全运行带来严重威胁。

(5)存在线路作用力

动力集中式EMU、电力机车采用电气制动时,对线路和车辆的要求较高。因为制动力集中于机车动轮上,不像空气制动,制动力是通过闸瓦(片)均匀地作用于整个列车上,也不像动力分散式的EMU,制动力合理地分布在列车各动轴上。在线路曲线上实施电气制动时,机车后面的车辆惯性力将产生横向作用力,直接作用于线路,需要线路具有更高的强度和稳定性。

由于再生制动在相控电力机车、EMU中存在着功率因数很低、控制过程复杂等技术问题,使得其节能效果大打折扣,制约了其应用。目前我国干线相控电力机车中,只有$SS_7$系列中的部分车型采用再生制动。

## 2.4 交—直流传动系统控制基础

交—直流传动机车、动车组控制系统采用闭环控制,由调节装置和调节对象2部分组成。调节装置在系统中的作用是根据给定的控制指令去控制调节对象,诸如牵引电动机、变流器或牵引发电机、辅助电机等,所以调节装置是一种信息处理装置。调节装置元件按其功能可分为3种,即检测元件、控制元件和执行系统元件,它们承担着系统的测量、给定和控制执行等任务。在调节装置中单元器件的工作可靠性和精度,在很大程度上决定着电力传动系统运行的可靠性和精确度。一个控制量不可能调节得比给定值或测量值更精确,单元器件自身的误差是无法用任何调节器来校正的。

在轨道列车电力传动系统中,为了改善和提高列车的牵引性能,简化司机的操作过程,提高列车控制的智能化、自动化水平,自动控制技术发挥着重要作用。轨道列车自动控制是在手动控制基础上发展起来的,按照控制系统有无反馈环节,可分为开环控制和闭环控制两种类型。早期的机车主要以开环控制为主,虽然结构简单、成本低,但其控制性能较差,已被性能更优良的闭环控制系统所取代。采用闭环系统不仅可提高列车的控制性能，而且可提高列车的技术经济效果。以列车起动过程为例，干线相控电力机车、EMU 均采用恒电流闭环控制，随着列车速度的逐步提高，牵引电动机的反电势也在不断提高，这时恒电流闭环系统将自动调节整流器的输出电压，使牵引电动机电枢电压相应地提高，使牵引电动机电枢电流一直保持在黏着条件允许的最大值上，起动牵引力也保持最大，使得黏着条件得到充分利用，这样可实现大而恒定的起动牵引力，列车可以快速而平稳的起动。在闭环控制系统中，反馈检测元件的精度对闭环控制系统的调节精度起着决定性作用，高精度的控制系统必须要有高精度的检测元件作为保证。

### 2.4.1　基本检测元件

在交—直流传动系统中，采用了许多检测元件，即传感器，主要包括电量和非电量两大类。电量传感器主要是对交、直流参量进行检测与变换，将其被测量变换为控制系统能够接受的标准信号；非电量传感器是将转速、位移、压力、流量、温度等参量线性变换为标准电信号。

1. 电流与电压检测传感器

在交—直流传动系统中，电流与电压是最基本的电参量，分为交流与直流 2 种。交流电流和电压可以分别采用交流电流、电压互感器来检测；直流电流和电压一般都采用霍尔元件来检测直流电压和电流。

三相交流电流的测量采用将 3 台交流电流互感器接成星形接法，通过三相桥式整流电路将其整流成直流，从精密电位器上取出所需的电压，作为电流检测信号，检测电路如图 2.17 所示。

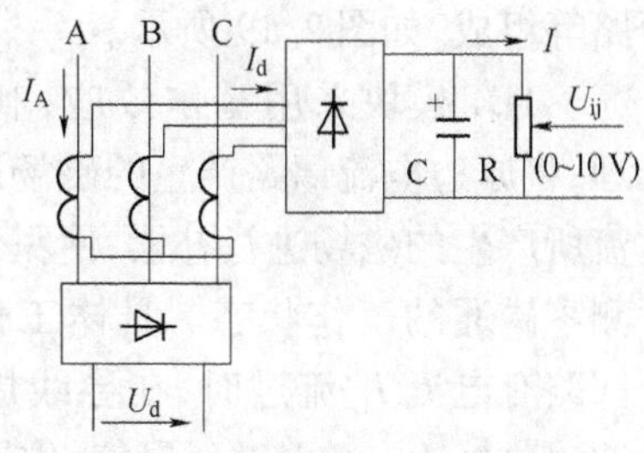

图 2.17　交流电流检测电路

2. 转速传感器

转速测量可分为模拟式和数字式 2 种。模拟式主要是采用直流、交流测速发电机测速；数字式主要是采用光电传感器或电磁感应传感器测速。数字式测速可分为接触式与非接触式。接触式数字测速传感器，其实就是一台永磁式交流脉冲测速发电机，输出信号为脉冲信号，如 CZP-1 型传感器，12 P/r，100 r/min 时输出信号幅值大于 4 V/AC。非接触式数字转速传感器采用永磁式电磁感应原理，当被测铁质齿轮的齿顶扫过传感器端部时，设置在磁路上的线圈感应出电势，经电子电路放大整形，输出方波脉冲，通过检测脉冲的数量达到测速之目的。如 TQG2 型磁电式传感器，要求被测铁质齿轮应满足如下基本要求：$m = 2.5$，$\alpha = 20°$，$z = 60$，齿顶与传感器端头间距 1.2 mm。

3. 霍尔传感器

霍尔传感器是利用半导体元件中的电磁效应（霍尔效应）而制成的。在一个半导体基片上的 3 个互相垂直面作用有 3 个物理量：控制电流 $I_C$、磁场密度 $B$ 和霍尔电压 $U_H$，如图 2.18 所示。当磁密的方向与霍尔元件平面垂直时，上述 3 个物理量之间的关系可表示为：

$$U_H = K_H I_C B \tag{2.17}$$

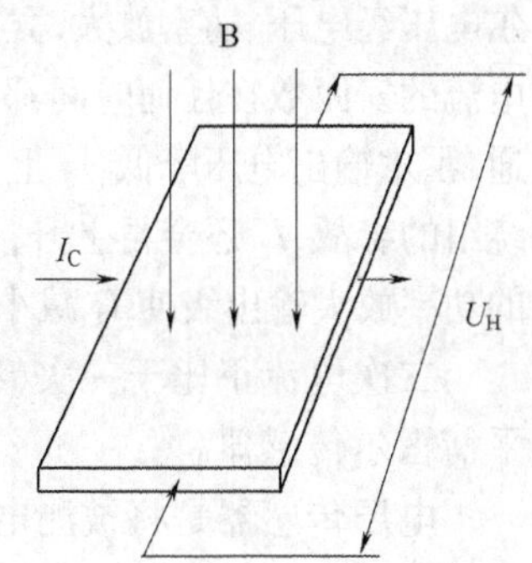

图 2.18　霍尔效应原理

式中　$K_H$——霍尔元件的灵敏度（mV/mA · T）；

$I_C$——控制电流（A）；

$B$ ——磁场密度(T)。

$K_H$ 表示霍尔元件在单位磁感应强度和单位控制电流下的霍尔电势大小,一般要求 $K_H$ 值越大越好。

当控制电流 $I_C$ 或磁场密度 $B$ 改变方向时,霍尔电势 $U_H$ 的极性也将发生改变。因此,霍尔元件传感器可应用于检测电流、电压、功率和磁场,也可用于数字式转速表和接近开关。

霍尔电势一般只有几十毫伏,需要经过比例放大后方可作为控制信号使用。霍尔元件具有响应速度快、线性度好、结构简单和无触点等优点,已广泛应用于冶金、化工、电力设备及工业自动化控制系统等领域。在机车、动车组及城轨列车上大量应用的 TET 磁平衡霍尔电流电压传感器模块,就是霍尔元件的典型应用之一。

TET 模块是一种高精度的测量回路与主回路高度绝缘的电流电压传感器,是在引进瑞士 LEM 公司机车用电压、电流传感器制造技术的基础上经消化而国产化的一个产品,能够对直流、交流、脉动以及各种不规则波形的电压、电流信号进行电隔离精确测量和控制。TET 模块由原边电路、聚磁环、位于空隙中的霍尔元件的磁路、次级线圈和放大电路等组成,如图 2.19 所示。

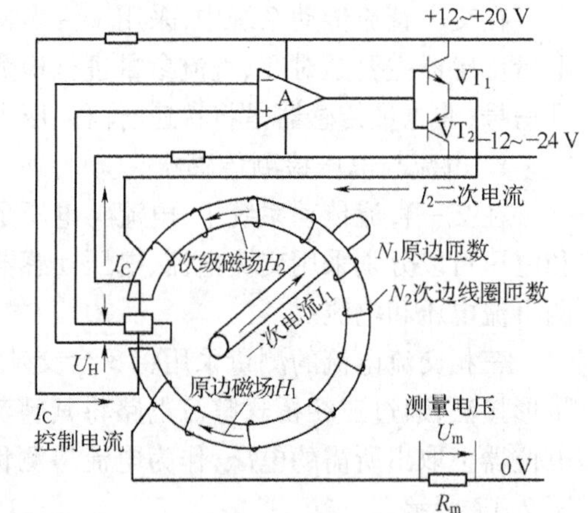


图 2.19　磁平衡式霍尔元件传感器工作原理

TET 模块采用霍尔效应,利用磁平衡补偿原理,将原边电流回路产生的磁场通过次级线圈的电流所产生的磁场进行补偿,使霍尔元件始终处于检测零磁通的工作状态。具体工作过程为:当原边回路有电流 $I_1$ 流过时,在导线周围产生一个强的原边磁场 $H_1$,经聚磁环聚集,作用于导磁体气隙中的霍尔元件,在一定的控制电流 $I_C$ 下,其霍尔输出电压经放大器 A 进行电压放大及互补三极管 $VT_1$、$VT_2$ 功率放大后,输出的补偿电流 $I_2$ 经次边(补偿)绕组 $N_2$ 产生与原边磁场相反的磁通,补偿了原边磁场,使霍尔元件输出电压逐渐减小。直到一、二次侧磁通相等时,二次电流不再增加,这时霍尔元件起到了指示零磁通的作用,且有 $I_1N_1 = I_2N_2$ 或 $I_2 = (N_1/N_2)I_1 = kI_1$。

上述电流补偿的过程是一个动态平衡过程,这一平衡过程的建立是在 1 μs 内完成的。原边电流 $I_1$ 的任何变化都会破坏这一平衡磁场,一旦磁场失去平衡,霍尔元件就有电压信号输出,霍尔电压经电压、功率放大,立即有相应的电流流过次级线圈对其进行补偿,从宏观上看次级补偿电流的安匝数在任何时间都与原边电流的安匝数相等。次边产生的磁通抵消(补偿)原边的磁通,霍尔输出电压降低,$I_2$ 上升减慢。当 $I_1N_1 = I_2N_2$ 时,磁通为零,霍尔输出电势为零。由于二次绕组的缘故,$I_2$ 还会再上升,这样 $I_2N_2 > I_1N_1$ 补偿过量,霍尔输出电压改变极性,互补晶体管组成的功率放大输出级使 $I_2$ 减小,如此反复在平衡电流附近振荡,动态平衡将迅速建立。

二次电流正比于一次(被测)电流,采用霍尔元件、导磁体、放大电路和补偿绕组构成了磁平衡霍尔传感器。

电压传感器是将被测电压信号通过电阻及原边线圈转变为原边磁场,再通过 2 个霍尔元件、放大器及补偿绕组(二次线圈)产生次边磁场,平衡原边磁场,达到检测原边电压信号的目的。

### 2.4.2 基本控制电路

在交—直流传动系统中,大量采用了以集成运算放大器为基础的功能性运算电路,对控制信号进行放大、比较、运算处理。主要有反/同相放大器、积分器、比例积分器等。

1. 反相放大器

反相放大器是指完成反相比例运算的放大器。由集成运放构成的反相放大器如图 2.20 所示。输入信号 $U_1$ 通过输入电阻 $R_1$ 接到运放的反相输入端,输出信号 $U_0$ 通过反馈电阻 $R_f$ 接到反相输入端,构成一闭环系统。

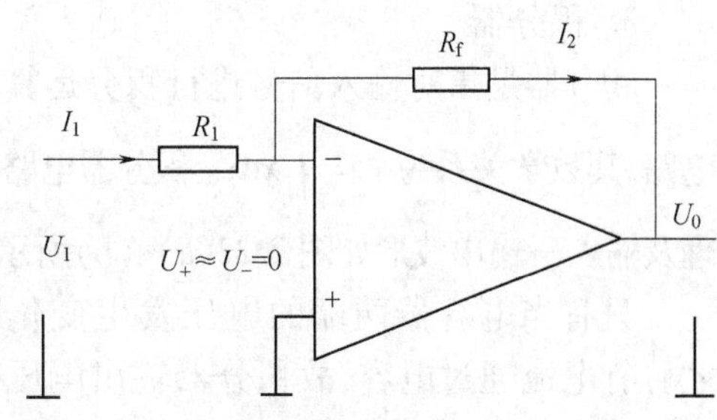

图 2.20 反相放大器

假定电路在某一时刻处于稳定状态,输出电压是由输入电压 $U_1$ 的作用而获得的。由于同相输入端接地,$U_+ = 0$。根据运放输入—输出特性,要使输出电压 $U_0$ 处于线形范围内,对于任意的输入电压 $U_1$ 必须应使 $U_+ - U_- \approx 0$,即 $U_- \approx 0$,所以通常称反相输入端为"虚地"点。因此,当 $U_1$ 为正值时,则 $U_0$ 必须是负值去维持 $U_- \approx 0$。同样当 $U_1$ 为负值时,则 $U_0$ 必须是正值,即输入信号与输出信号极性总是相反的。同时由于运放的输入阻抗很大(一般在 $10^6\ \Omega$ 以上),故可认为运放内部电流为零,$I_1 = I_2$,便可得到如下关系:

$$\frac{U_1}{R_1} = -\frac{U_0}{R_f} \tag{2.18}$$

式中负号表示输入电压与输出电压极性相反。经整理可得到:

$$G_- = \frac{U_0}{U_1} = \frac{R_f}{R_1} \tag{2.19}$$

式中 $G_-$——反相输入放大器的闭环放大倍数。

可见,反相放大器完成了反相比例运算,$U_0$ 与 $U_1$ 成正比,即 $U_0 = G_- U_1$。若将其表示为一般数学表达式,则有:

$$y = -kx$$

式中 $y$——输出量;

$k$——放大器闭环放大倍数;

$x$——输入量。

当反相放大器电路在直流条件下稳定工作时,只要在输入端产生一个偏差信号,就可使得输出信号朝相反方向成比例变化。反相放大器的放大倍数取决于反馈电阻 $R_f$ 与输入电阻 $R_1$ 之比。当运放的放大倍数非常高时,运放闭环电路的特性主要取决于反馈回路的元件值,而与运放本身性能无关。这一特性对设计者而言是非常重要的,因为设计时允许运放参数有较大差异,诸如开环放大倍数不同等,这并不影响其闭环特性。

2. 同相放大器

输出信号与输入信号同相位的放大器称为同相放大器,其数学表达式为 $y = kx$。同相放大器电路如图 2.21 所示。

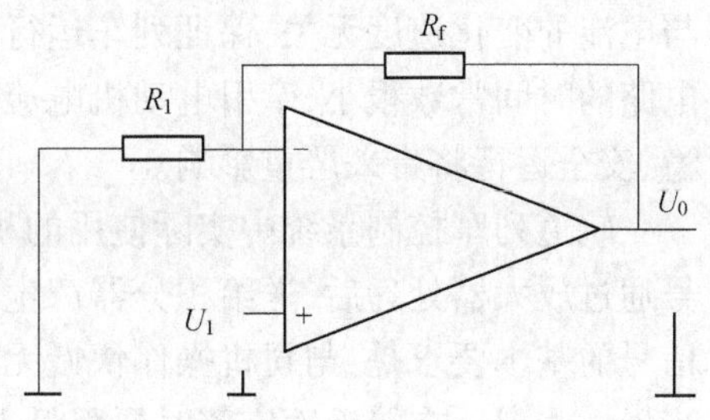

图 2.21 同相放大器

当输出电压为 $U_0$ 时,在反相输入端的反馈电压

为 $U_f$,$U_f=R_1U_0/(R_1+R_f)$。当输出电压处于线性范围内时,$U_f\approx U_-=U_1$,因此可得:

$$U_0=\frac{R_1+R_f}{R_1}U_f=\left(1+\frac{R_f}{R_1}\right)U_1=G_+U_1 \tag{2.20}$$

式中　$G_+$——同相放大器的闭环放大倍数,$G_+=1+R_f/R_1$。

3. 积分器

积分器是指对输入信号进行积分运算的电路,其数学关系为 $y=\int_0^t x\mathrm{d}x$。积分器电路原理及输入—输出波形如图 2.22(a)、(b)所示。

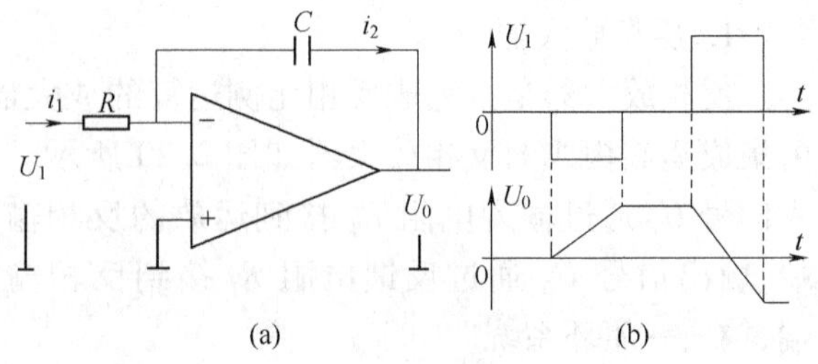


图 2.22　运放构成的反相积分器及输出关系

只有当电容器两端的电压发生变化时才可有电流通过电容,故积分器输出电压变化的速率与输入电压呈正比,其输入输出关系应为:

$$U_0=-\frac{1}{RC}\int_0^t U_1\mathrm{d}t \tag{2.21}$$

式中　$RC$——积分电路的时间常数。

由于输出电压的变化率与输入电压反相,又称为反相积分器。当输入信号以阶跃变化时,输出电压的变化速率应为:

$$\frac{\Delta U_0}{\Delta t}=-\frac{U_1}{RC} \tag{2.22}$$

需要注意:输出电压的任何瞬间均取决于输入电压的过去状态。当输入电压为零时,输出电压并不回到零,而是保持当前现状不再变化。

积分调节器具有延缓、积累和记忆作用。

延缓作用是指输入信号为阶跃信号时,输出信号不能突变,而是按照逐渐积分线形渐增,这种滞后特性就是积分器的延缓作用。

积累作用是指只要有输入信号,即使很小,调节器也会工作进行积分运算,直至输出值达到限制值为止。只有当输入信号为零时,积分运算才会停止。这一特性在调节器中是非常可贵的,故将积分器用于控制系统,就能完全消除静态偏差。

记忆作用是指在积分过程中,若输入信号突然变为零,则输出始终保持在输入信号改变前的那个瞬间的值。记忆作用可以理解为:输入信号为零,输出信号可以为任意数值,此值就是当输入量为零时的输出值。

积分器在轨道列车司机操作控制系统中可作为给定器。当列车起动时,对牵引电动机的电流变化进行限制,使牵引电动机电流按照预定的速度变化,这样可使得司机的操作动作快慢与电流的变化速度无关,保证列车运行平稳。若列车控制系统没有积分给定环节,由于列车主电路的时间常数很小,牵引电动机电流的变化随着司机操作动作的节奏而急剧变化,对列车平稳、安全运行将带来严重影响。

轨道列车控制系统中实际使用的积分给定环节是以积分电路为基础,将司机操作给定信号通过放大器处理后,送给积分器产生参考指令值,作为控制信号去控制列车的运行。对控制信号的基本要求是:与司机操作快慢无关;上升、下降的速率不同,一般是上升快一些,下降适当慢一些点。在接近额定值时要降低上升速率,这对牵引电动机的安全可靠运行有利。

如果适当变更积分器的电路结构,还可以构成其他形式的积分器,如差动积分器、求和积分器、比例积分器等。

4. 比例积分器

比例积分器是指对输入信号进行比例运算与积分运算的一种复合运算电路，它综合了比例放大器与积分器二者的优点。在无静差调节自动控制系统中，比例积分器的应用十分广泛，常用做调节器。比例积分器相当于一个放大倍数可自动调节的放大器，动态时放大倍数很低，静态时放大倍数很高，相当于无穷大。比例积分器的典型电路如图 2.23 所示，它是由高放大倍数直流运放 A 和反馈电路 $R_f$、$C_f$ 组成。其输入—输出关系为：

$$U_0 = -U_1\left(\frac{R_f}{R} + \frac{1}{RC_f}\int_0^t U_1 \mathrm{d}t\right) \tag{2.23}$$

在运放反相输入端，即相加点 $\Sigma$，输入给定信号电压 $u_1$ 和负反馈信号电压 $u_{1f}$ 二者进行比较，其偏差值 $\Delta u_1$ 对反馈电容 $C_f$ 进行充、放电，对运放的输出电压进行调节。在偏差量作阶跃变化时，运放输出电压的变化如图 2.24 所示。

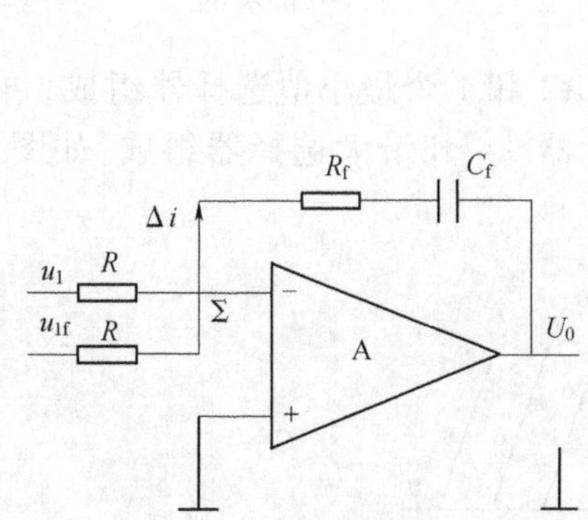


图 2.23 比例积分器

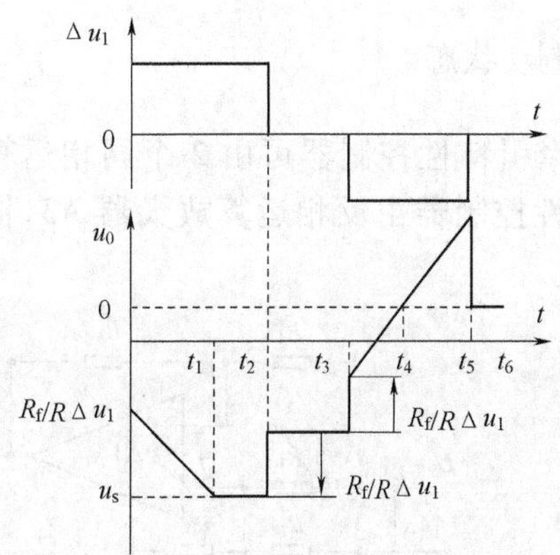


图 2.24 比例积分器在阶跃输入时的输出

在 $t=0$、$\Delta u_1$ 阶跃瞬间，由于反馈电容 $C_f$ 两端电压不能突变，故在反馈电阻 $R_f$ 两端产生阶跃电压，其大小为 $\Delta u_1 R_f/R$，随着电容两端电压的建立，充放电电流 $\Delta i$ 将按指数规律衰减，直至消失。因此，运放输出电压 $u_0$ 在 $t=0$ 处有跃变，而极性相反；在 $0 \sim t_1$ 期间，输出电压 $u_0$ 呈直线变化。在 $t=t_1$ 处运算放大器输出饱和电压 $u_0=u_s$，并维持不变，其大小接近于运算放大器的电源电压（±15 V）；在 $t=t_2$ 处输入电压 $\Delta u_1=u_1-u_{1f}$ 突降为零，输出电压 $u_0$ 首先呈比例突降，然后保持不变；在 $t=t_3$ 处 $\Delta u_1$ 做负向跳变，输出电压 $u_0$ 则先正向跳变，在 $t_3 \sim t_4$ 期间直线增长，由于 $\Delta t=t_5 \sim t_4$ 持续时间较短，故输出信号电压 $u_0$ 未达到饱和就开始下降。

根据以上分析可知，在 $\Delta u_1=u_1-u_{1f}$ 的阶跃作用下，输出电压 $u_0$ 开始按比例 $R_f/R$ 跳变。如果 $R_f \neq 0$ 有跳变，此时反馈电阻 $R_f$ 起着按比例调节的作用，使系统的响应迅速。如果只有反馈电阻，而无反馈电容，则该系统为有差调节系统，误差的大小取决于放大倍数 $R_f/R$。若采用了反馈电容，系统属无静差系统。因为只要输入（给定）信号与反馈信号的大小不相等，就会有偏差电压和电流出现，它将对反馈电容进行充放电，只要运放没有饱和，其输出电压将有相应的变化。在给定值与反馈值大小相等时（因为是负反馈，符号相反），偏差电流 $\Delta i$ 才等于零，反馈电容两端电压保持稳定不变，该电压等于运放的稳定输出电压 $u_0$。

由此可见，调节反馈电阻 $R_f$ 和电容 $C_f$ 的大小，可改变调节器的响应速度，这可以影响系统的稳定性和调节性能。设计一个合理的自动控制系统，必须要对反馈电阻 $R_f$ 和电容 $C_f$ 进行合理的选择，一般是参照类似系统的参数，经过一定的理论分析与计算，估算出一个近似值，然后在实际调试中进行必要的修正。

5. 特性控制器

特性控制器是电力机车、EMU 完成牵引力控制和速度控制的一个复合控制单元，其作用是建立操作机车运行状态（起动、牵引与制动）与电流、速度之间的函数关系。起动时采用恒电流控制，牵引或制动时采用准恒速控制，构成所谓的恒流准恒速控制模式。

恒流准恒速控制模式源于法国电力机车，通过引进 8K 电力机车已完全消化并接受了此控制模式，在国产电力机车中得到了推广应用，成为国产电力机车、EMU 的通用控制模式。

8K 型电力机车采用单手柄特性控制器，顺时针转动为牵引工况，逆时针转动为制动工况，均分为 0 ~ 11 级位，其控制函数为：

牵引状态 $v \approx 10n$ (km/h)

$$I_a = \begin{cases} 200n \\ 900n - 90v \end{cases} \quad \text{取最小值} \tag{2.24}$$

制动状态

$$I_a = \begin{cases} 83v - 830n + 1\,030 \\ 130 \end{cases} \quad \text{取最大值} \tag{2.25}$$

牵引特性控制器可由 2 个同相运算放大器 A1、A2 和 1 个最小值选择器组成，再生制动特性控制器由反相运算放大器 A3、同相运算放大器 A4 和最大选择器组成，如图 2.25 所示。

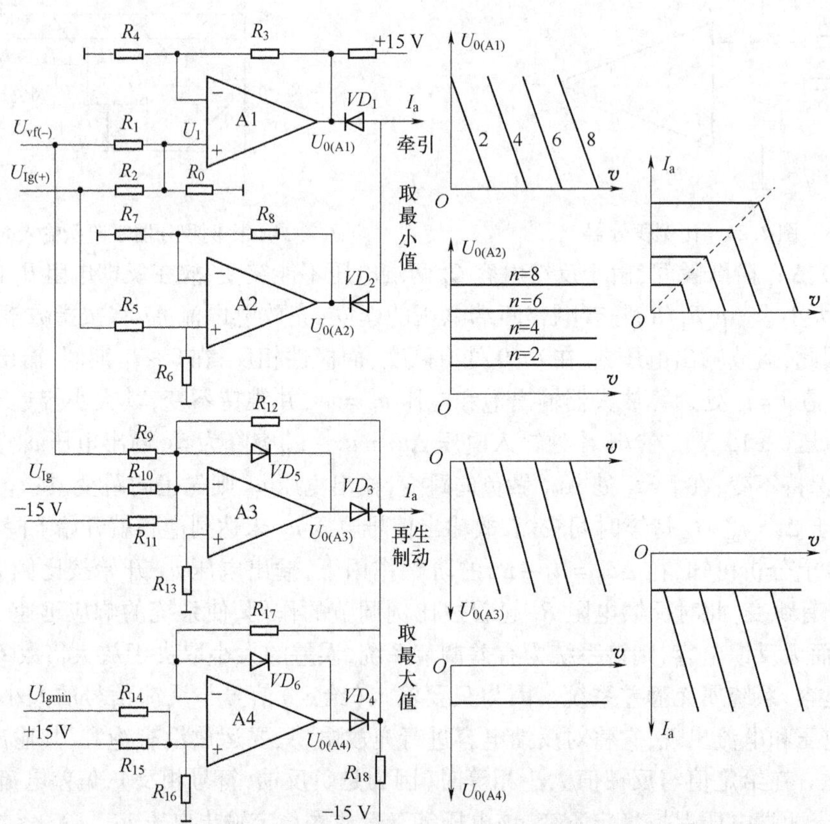


图 2.25 8K 型电力机车特性控制器电路原理

在牵引特性控制器中，运算放大器 A1 的同相端输入牵引电流指令给定信号 $U_{Ig}$（正值）和机车速度反馈信号 $U_{vf}$（负值），运算放大器 A2 的同相端只输入牵引电流指令给定信号 $U_{Ig}$（正值)。在制动特性控制器中,运算放大器 A3 的反相端接有制动电流给定信号 $U_{Ig}$ 和机车速度反馈信号 $U_{vf}$(负值),运算放大器 A4 同相端输入最小制动电流限制信号,以避免车钩冲击,保证车钩始终处于压缩状态。

机车速度信号采用二选一模式,由来自不同转轴的两路信号综合得出。牵引工况取两速度中的最小值作为反馈信号,制动工况取两路信号中的最大值作为反馈信号,这样可有效地消除因空转、滑行造成的实际速度偏差,获得真实的机车运行速度。

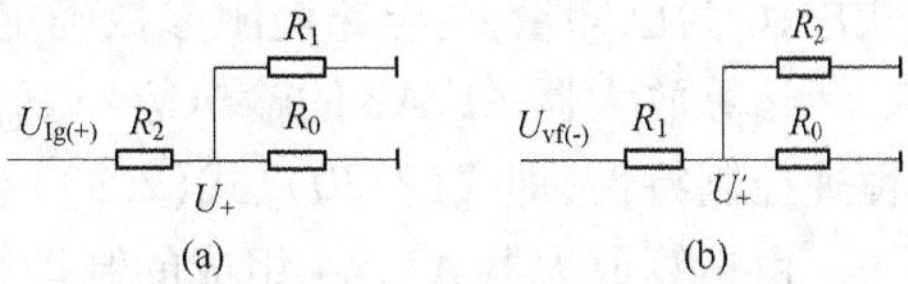

图 2.26　两信号同相输入时的等效电路

对于运算放大器 A1,采用线性叠加法可计算出其输出电压信号 $U_{0(A1)}$。

设 $U_{Ig}\neq 0, U_{vf}=0$,此时运算放大器同相输入端电路可等效为图 2.26(a)所示。其同相端输入电压应为:

$$U_+=\frac{R_1//R_0}{R_2+R_1//R_0}U_{Ig}=k_I U_{Ig} \tag{2.26}$$

式中　$k_I$——电流比例系数,$k_I=\dfrac{R_1//R_0}{R_2+R_1//R_0}$。

设 $U_{vf}\neq 0, U_{Ig}=0$,此时运算放大器同相输入端电路可等效为图 2.26(b)所示。其同相端输入电压应为:

$$U'_+=\frac{R_2//R_0}{R_1+R_2//R_0}(-U_{vf})=-k_v U_{vf} \tag{2.27}$$

式中　$k_v$——速度比例系数,$k_v=\dfrac{R_2//R_0}{R_1+R_2//R_0}$,负号表示负反馈。

当 $U_{Ig}$、$U_{vf}$ 同时作用于 A1 同相端时,输入信号将是两信号单独作用的线性叠加,即

$$U_1=U_++U'_+=k_I U_{Ig}-k_v U_{vf} \tag{2.28}$$

根据式(2.20)表示的同相运算放大器的输出关系,A1 的输出电压为:

$$U_{0(A1)}=\left(1+\frac{R_3}{R_4}\right)U_1=k(k_I U_{Ig}-k_v U_{vf})=k'_I U_{Ig}-k'_v U_{vf} \tag{2.29}$$

式中,$k=1+R_3/R_4$、$k'_I=kk_I$、$k'_v=kk_v$ 均为与电路电阻有关的比例系数。

对于不同的控制手柄级位,有相应的电流指令给定值 $U_{Ig}$,$k'_I U_{Ig}$ 只与手柄级位有关,是与机车速度没有关系的一定值,$k'_v U_{vf}$ 则是与机车速度呈正比例关系变化。因此,可得到不同控制手柄级位 $n$ 下的一组准恒速控制关系

$$I_a=An-Bv \tag{2.30}$$

其中 $A$、$B$ 为已知量,由电路电阻参数确定。

对于运算放大器 A2,同相端输入端只有电流指令给定信号 $U_{Ig}$,经电阻分压后加于同相输入端,可计算出同相输入信号 $U_+$、运算放大器输出信号 $U_{0(A2)}$:

$$U_+=\frac{R_6}{R_5+R_6}U_{Ig}=K_I U_{Ig} \tag{2.31}$$

$$U_{0(A2)}=\left(1+\frac{R_7}{R_8}\right)U_+=KK_I U_{Ig}=K' U_{Ig} \tag{2.32}$$

式中，$K'$为常数，由电路电阻值决定。$U_{0(A2)}$只与控制手柄级位对应的电流指令给定值呈正比关系，与机车速度无关。因此，可得到不同手柄级位下的一组恒电流控制关系：

$$I_a = Cn \tag{2.33}$$

式中，$C$为已知量，由电路电阻参数确定。

运算放大器 A1、A2 的输出信号$U_{0(A1)}$、$U_{0(A2)}$经过最小选择器，可获得所需要的恒电流准恒速控制特性，即式(2.30)、式(2.33)组合表达式，取计算结果最小者。

由运算放大器 A3、A4 组成的制动特性控制器，也可按照上述处理方法，根据输入信号条件，得到不同控制级位下的准恒速控制直线族和最小制动电流限制水平线，并经最大选择器选择，其中最大者作为控制信号输出。

根据 8K 型电力机车所采用的电路参数，可以得到式(2.24)、式(2.25)所示的牵引工况、制动工况的特性控制函数。

## 思 考 题

1. 试分析交—直流传动系统的调速方法及相互关系。
2. 分析电阻制动的影响因素及制动范围。
3. 何谓加馈电阻制动？分析加馈电阻制动的作用及工作过程。
4. 分析电阻制动特性类型、特点及适用范围。
5. 分析再生制动的特点及存在问题。
6. 熟悉霍尔传感器的工作原理，分析磁平衡时传感器的工作过程。
7. 试分析特性控制器的工作原理。

# 3　相控电力机车、EMU 电路与控制特性

交—直流传动的电力机车、EMU 为单相高压交流电源供电的直流传动系统，通过受电弓从接触网受流，经主变压器降压供给可控整流器，调节可控元件的控制角大小，完成整流及输出电压的调节。交—直流传动的电力机车、EMU 采用转速、电流无静差双闭环控制模式，实现恒电流、恒电压供电，为直流牵引电动机提供直流电能。

## 3.1　交—直流传动电力机车、EMU 工作原理

电力牵引系统是由牵引供电部分和牵引动力装置两大部分组成，如图 3.1 所示。牵引供电部分主要实现交流电能的变换、分配与传输，为牵引动力装置提供适合的单相交流电能。牵引动力装置是实现电能与机械能转换的载体，通过变流系统和牵引电动机将电能转换为机械能，驱动电力机车、电动车组(EMU)运行。一般习惯上以车载受电弓为分界点，受电弓以上为供电部分，由接触网线、回流线、牵引变电所等组成；受电弓及以下为牵引动力装置部分，包括由受电弓、高压电器、牵引变压器、牵引变流器、牵引电动机及开关等组成的主电路系统，还包括辅助系统及控制系统。

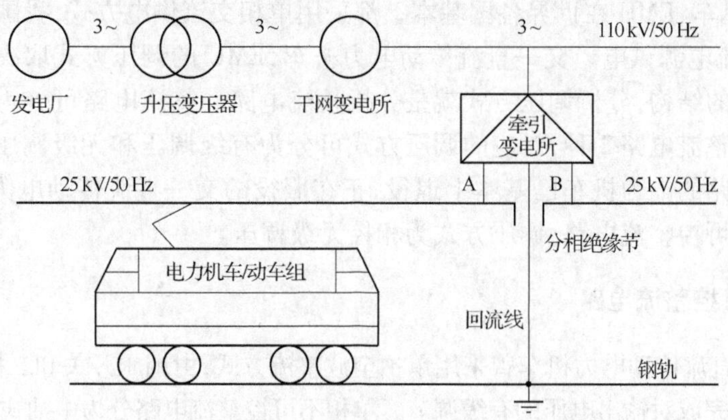


图 3.1　电力牵引系统组成

交—直流传动电力机车、EMU 的工作原理如图 3.2 所示。

牵引变电所将来自于国家电网的三相高压交流电，经变压器降压变换成 25 kV，并以单相形式供给接触网。通过受电弓、主断路器等高压电器，将接触网上 25 kV/50 Hz 单相交流电引入车载牵引变压器的原边绕组，电流流过原边绕组，经车体接地装置、钢轨及回流线流向牵引变电所，形成高压供电回路。同时经牵引变压器的降压作用，在副边绕组上产生牵引及辅助系统所需交流电压，供给主整流器。依靠主整流器将单相交流电变换为直流(脉流)，并经滤波电抗器处理，为直流牵引电动机提供较为平直的电能。直流牵引电动机接受电能将其转换为机械能，产生转矩驱动轮对旋转，在轮轨间产生牵引力，驱动机车运行。

起动、调速及制动是列车运行的基本规律，它是通过电力机车、EMU 主电路、辅助电路和控制电路共同作用实现的。主电路是产生牵引力和制动力的主体大功率动力回路，由受电弓、

主断路器、避雷器、高压互感器、主变压器、牵引变流装置、牵引电动机、平波电抗器、制动电阻及其相连接的电气开关等组成。主电路的核心任务是变流，接受单相交流电能，进行调节与分配，并将其转换为直流电能，为直流牵引电动机供电，实现对机车速度、牵引力的调节与控制。辅助电路是为电力机车、EMU 的辅助机械装置提供电能的电路，也是保证主电路发挥功率和实现牵引性能所必需的电路，属于机车自用电部分，不会产生牵引力，主要由产生三相交流电的劈相装置和各辅助机械的拖动电动机等组成。控制电路就是执行司机的控制命令或意图，完成对主电路、辅助电路间接控制的低压主令电路。

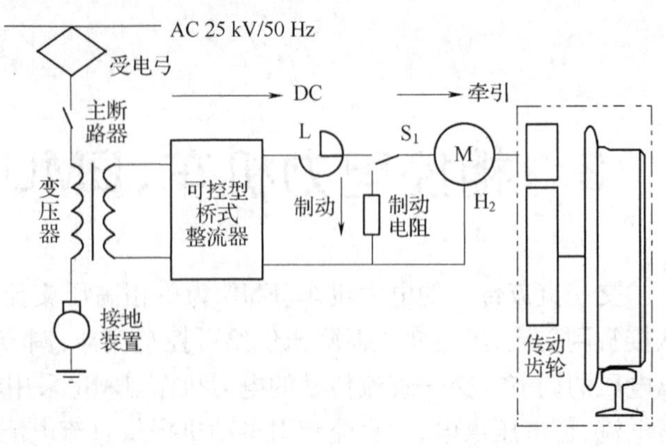


图 3.2 交—直流传动电力机车、EMU 工作原理

电力机车、EMU 的运行状态与主电路的结构、调压方式有着密切关系。起动、调速以及制动离不开对主电路输出电压的调节与控制，调压过程就是对机车控制的过程。

## 3.2 交—直流传动电力机车、EMU 的调压方式

目前，电力机车、EMU 在世界各国基本上都采用单相交流供电方式，我国一直采用 25 kV/50 Hz 的单相交流电源供电。交—直流传动电力机车、EMU 的调压方式取决于整流电路和主变压器二次绕组的结构，分析调压方式就是分析整流电路。整流电路可分为单相不可控整流电路和单相可控整流电路 2 种，对应的调压方式可分为有级调压和无级调压两大类。采用单相不可控整流电路的电力机车已基本上退役，正在服役的交—直流传动电力机车、EMU 整流电路均采用单相可控整流电路，调压方式为相控无级调压。

### 3.2.1 单相不可控整流电路

早期的交—直流传动电力机车曾采用单拍全波整流方式，由调压开关和二极管组合构成单相不可控整流电路，完成对输出电压的有级调节。单相不可控整流电路分为中抽式和桥式整流 2 种。

1. 单相中抽式不可控整流电路

在单相中抽式整流电路中，主变压器二次侧绕组由对称的 2 段绕组构成，每一段绕组中串联一个整流二极管作为整流元件，与牵引电动机构成中抽式电路。二次绕组在电源正负半波交替工作，整流元件 $VD_1$、$VD_2$ 也是正负半波轮流工作，变压器绕组的利用率只有 50%。在一个周期中，正负半波整流元件各工作一次，而输出波形为 2 个半波，故此工作方式称为单拍全波整流。整流电路与波形图如图 3.3 所示。

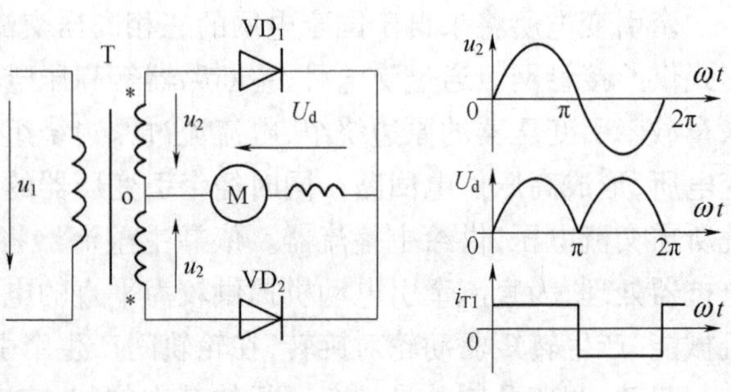


图 3.3 中抽式不可控整流电路与波形

单相中抽式不可控整流电路的输入电压 $u_2$、输出电压 $U_d$（整流电压平均值或理想空载直流电压）可表示为：

$$u_2 = \begin{cases} \sqrt{2}U_2 \sin \omega t & 0 \leqslant \omega t \leqslant \pi \\ -\sqrt{2}U_2 \sin \omega t & \pi < \omega t < 2\pi \end{cases} \tag{3.1}$$

$$U_d = \frac{1}{\pi}\int_0^{\pi} u_2 d(\omega t) = \frac{1}{\pi}\int_0^{\pi}\sqrt{2}U_2 \sin \omega t d(\omega t) = \frac{2\sqrt{2}}{\pi}U_2 = 0.9U_2 \tag{3.2}$$

整流元件承受的反向电压为 2 倍的二次绕组电压，即 $U_{RM} = 2.22U_2$。

单相中抽式不可控整流电路的功率因数为：

$$PF = \frac{P}{S} = \frac{U_1 I_1 \cos \varphi_1}{U_1 I} = \frac{I_1}{I}\cos \varphi_1 = \lambda \cos \varphi_1 = \lambda \cdot DF \tag{3.3}$$

式中 $I_1$——基波电流的有效值；

$I$——电流有效值；

$\cos \varphi_1$——基波电压与基波电流之间的相位系数，用 DF 表示；

$\lambda$——电流畸变系数，表示电流波形中含有高次谐波的程度。$\lambda$ 也可用谐波系数 HF 表示为：

$$HF = \sqrt{I^2 - I_1^2}/I_1 = \sqrt{1-\lambda^2}/\lambda$$

通过对此整流电路工作过程的分析，变压器一次绕组中流过的电流中除基波电流外，还存在着高次谐波电流，其波形为非正弦的方波，交流电压的波形基本为正弦波；但变压器一次绕组中流过的方波电流与接触网电压之间的相位相同，即 DF = 1。

若将变压器一次绕组中流过的方波电流进行分解，可计算出电流波形的畸变系数，即

$$\begin{aligned} i_{T1} &= \frac{4}{\pi}I_{T1}\left(\sin \omega t + \frac{1}{3}\sin 3\omega t + \frac{1}{5}\sin 5\omega t + \cdots + \frac{1}{v}\sin v\omega t\right) = \\ & I_{m1}\left(\sin \omega t + \frac{1}{3}\sin 3\omega t + \frac{1}{5}\sin 5\omega t + \cdots + \frac{1}{v}\sin v\omega t\right) \end{aligned} \tag{3.4}$$

$$I_1 = \frac{4}{\pi}I_{T1}\frac{1}{\sqrt{2}} = \frac{2\sqrt{2}}{\pi}I_{T1}$$

$$\lambda = \frac{I_1}{I_{T1}} = \frac{2\sqrt{2}}{\pi} = 0.9 \quad HF = 0.4843$$

$$PF = DF \cdot \lambda = 0.9$$

即单相中抽式单相不可控整流电路的功率因数恒为 0.9。

在电网流过的电流中，只有基波电流能产生有功功率，谐波电流消耗电网无功功率，使得电流波形发生畸变，功率因数总小于 1。

单相中抽式不可控整流电路的功率因数恒为 0.9，变压器一次侧方波电流与一次侧电压同相位，基波相位系数 DF = 1。

2. 单相桥式不可控整流电路

在单相桥式不可控整流电路中，变压器二次绕组采用一个完整绕组，电源正负半波始终工作。从输出关系上看，它属于双拍全波整流，其电路与波形如图 3.4 所示。变压器二次侧电流与电

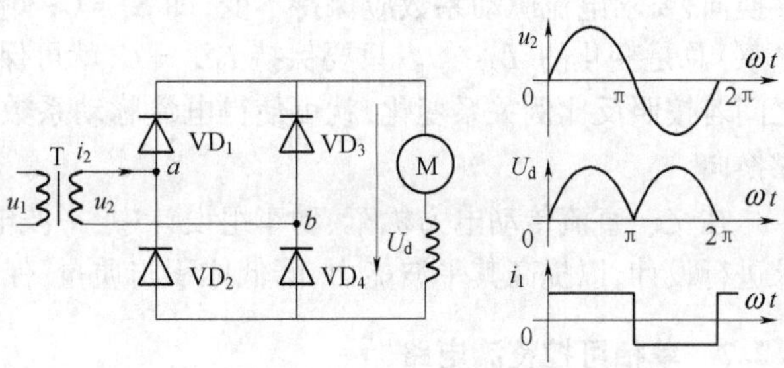


图 3.4 单相桥式不可控整流电路与波形

压分布情况与单相中抽式不可控整流电路相同,即 DF = 1、$\lambda = 0.9$。二次绕组中交替流过整流电流 $I_2 = I_d$,二次侧电压 $u_2$、直流输出电压 $U_d$ 分别表示为:

$$u_2 = \sqrt{2}U_2 \sin \omega t$$

$$U_d = U_{d0} = 0.9U_2$$

整流元件承受的反向电压 $U_{RM} = U_2 = 1.11U_d$。

功率因数与单相中抽式整流电路相同,$PF = DF \cdot \lambda = 0.9$。

3. 整流电压、电流的脉动情况

在一个周期中,单相整流电路输出电压最多只有 2 个脉波,因此电压波动较大,这必将引起负载电流的脉动。电流的脉动与负载的性质有关。阻感性负载时整流电流的波形如图 3.5 所示。整流电流的脉动程度用脉动系数来表示,脉动系数是指输出电流波形中交流分量的脉动幅值与直流分量幅值之比,即:

$$K_i = \frac{交流分量脉动幅值}{直流分量幅值}$$

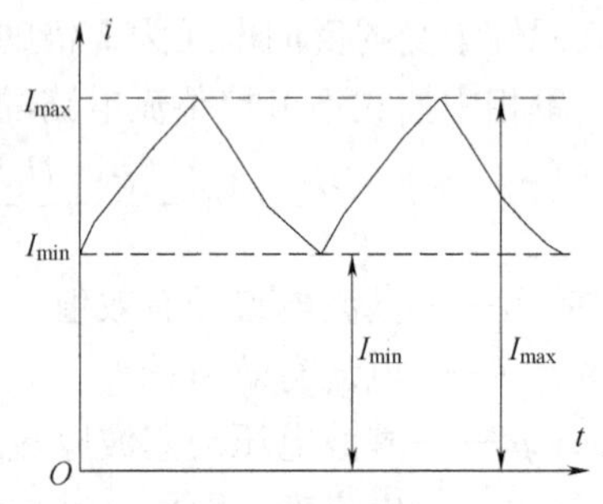

图 3.5 阻感性负载时整流电流波形

对于阻感性负载,整流电流的脉动系数可表示为:

$$K_i = \frac{(I_{max} - I_{min})/2}{I_d} \times 100\% = \frac{I_{max} - I_{min}}{I_{max} + I_{min}} \times 100\% \tag{3.5}$$

式中 $I_{max}$——电流的最大值;

$I_{min}$——电流的最小值;

$I_d$——平均电流。

对于电力机车、EMU,整流电路的负载为反电势负载,若不串入平波电抗器,整流电流的脉动要比电阻性负载大一些。

电流的脉动不利于牵引电动机换向,在电枢回路串入平波电抗器是减小电流脉动程度的有效措施。当电枢回路中串入平波电抗器后,若电流发生变化时,平波电抗器产生的自感电势将阻止电流的变化,可减小电流的脉动。

在工程设计中,电流脉动系数按照下列经验公式计算:

$$K_i = 0.33 \frac{U_{d0}}{\omega L_d I_d} \tag{3.6}$$

从式(3.6)可看出,电流的脉动程度与整流器输出电压、输出电流的比值,即整流器的等效输出阻抗呈正比,与负载回路电感量的大小呈反比。

当负载电流的变化范围较大时,为了保证电力机车、EMU 采用的脉流牵引电动机能够可靠换向,要求电流脉动系数应保持不变,即 $K_i = C$;实际上电路的电感量(主要是平波电抗器的电感)总是变化的,$L_d \neq C$。只要保持 $I_d L_d = C$,就可保证 $K_i = C$,即负载电流与平波电抗器电感之间若按照反比例关系变化,就可使得电流脉动系数保持恒定不变,保证牵引电动机稳定、可靠换向。

在交—直流传动电力机车、动车组设计中,平波电抗器按照电流与电感成反比关系变化要求进行设计,以提高其平波能力,降低体积与质量,保证 $K_i \leqslant 25\%$。

### 3.2.2 单相可控整流电路

单相可控整流电路采用可控性元件,通过调节可控元件的控制角相位,对整流输出电压进行控制。从变压器的绕组结构和利用率来看,桥式整流电路要优于中抽式。单相可控整流主要采用桥式整流电路,根据采用可控元件桥臂数量的不同,可分为半控型桥式、全控型桥式整流电路两大类。半控型桥式整流电路只能单向工作在整流状态,采用半控桥式整流调压的电力机车只能进行电阻制动;全控型桥式整流电路可逆向工作,既可工作在整流状态也可工作在逆变状态,采用此整流电路调压的电力机车可以进行再生制动。

我国现服役的干线交—直流传动电力机车,绝大多数车型采用半控型桥式整流电路,采用全控型桥式整流电路的车型相对较少。

1. 单相全控型桥式整流电路

单相全控型桥式整流电路如图3.6所示。可控元件$VT_1$—$VT_4$组成一对桥臂,$VT_2$—$VT_3$组成另一对桥臂。

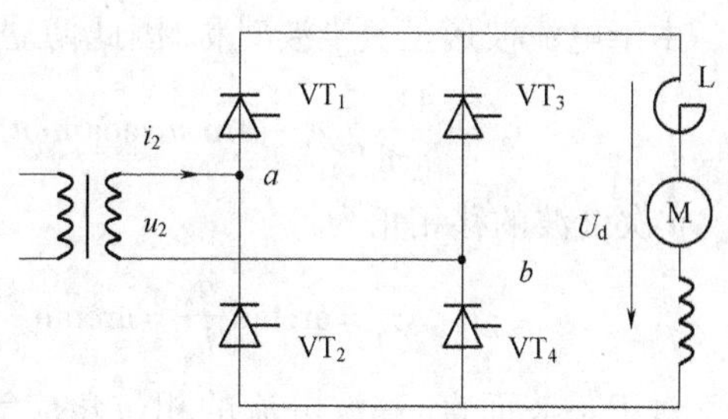


图3.6 单相全控型桥式整流电路

在$u_2$的正半波,在控制角$\alpha$处给$VT_1$—$VT_4$施加触发脉冲使其开通,$u_2=U_d$。由于负载中电感的影响,使得负载电流不能突变,电感对负载电流起到平波作用。假设负载电感足够大,负载电流将连续且波形近似为一水平线。

在$u_2$过零位进入负半波时,由于电感上产生感应电动势,使得$VT_1$—$VT_4$仍承受正向电压而继续导通,输出电压中$U_d$出现负值部分,负载上仍有电流$I_d$流过,$VT_1$—$VT_4$并不能关断,此时$VT_2$—$VT_3$虽已承受正向电压,因触发脉冲未到,不能导通,一直要延续到$\omega t=\pi+\alpha$时刻,给$VT_2$—$VT_3$施加触发脉冲后,$VT_2$—$VT_3$导通。通过$VT_2$—$VT_3$分别向$VT_1$—$VT_4$施加反向电压迫使$VT_1$—$VT_4$关断,负载电流从$VT_1$—$VT_4$上迅速转移到$VT_2$—$VT_3$上,完成整流的换流(换相)过程。下一周期重复上述过程,如此循环下去。输出波形如图3.7所示。输出电压的平均值为:

$$U_d=\frac{1}{\pi}\int_{\alpha}^{\pi+\alpha}\sqrt{2}U_2\sin\omega t\mathrm{d}(\omega t)=\frac{2\sqrt{2}}{\pi}U_2\cos\alpha=0.9U_2\cos\alpha \tag{3.7}$$

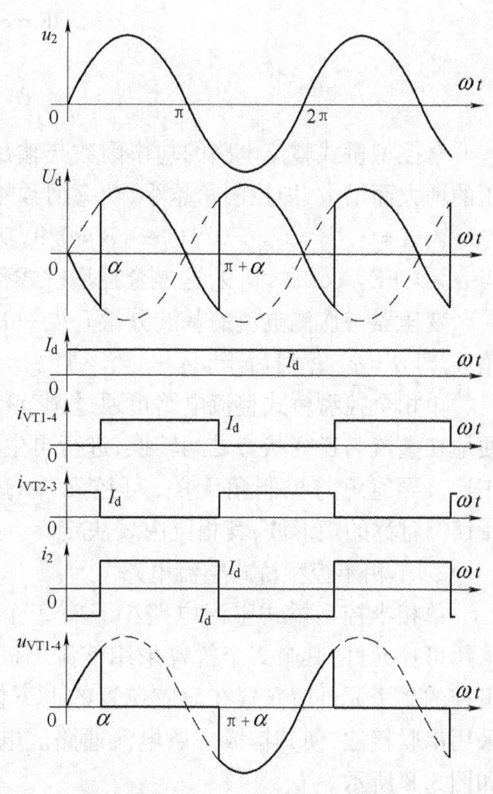


图3.7 单相全控型桥式整流电路带阻感负载时的工作波形

整流输出电压随控制角$\alpha$的变化呈周期性变化。当$\alpha=0$,$U_d=U_{d0}=0.9U_2\cos\alpha$,相当于不可控;当$\alpha=\frac{\pi}{2}$,$U_d=U_{d0}=0$,整流电压波形中正、负2部分面积相等,故其平均值为零。所以,全控型桥式整流电路的移相范围为$0\leqslant\alpha\leqslant\pi/2$。

当$\alpha>\pi/2$,$U_d<0$,进入逆变状态。

由于牵引电动机电枢回路中存在着很大的电感,故整流电流的波形基本为一直线,变压器二次绕组中流过的电流为正、负各 180°的矩形波,其相位由 $\alpha$ 角决定,有效值 $I_2 = I_d$。可控元件承受的最高正反相电压均为$\sqrt{2}U_2$。

可控元件的导通角与控制角无关,均为 180°,即每次导通 180°。

从图 3.7 可看到,网侧(变压器二次侧)电流为方波电流,幅值等于负载电流 $I_d$,利用傅立叶级数对网侧方波进行分析。

由于电流波形正负半波对称,因此傅立叶级数中将不含常数项与偶次项,只有奇次项,即

$$i_2 = \frac{4I_d}{n\pi}\sum_{n=1}^{\infty}(-\sin n\alpha\cos n\omega t + \cos n\alpha\sin n\omega t) \quad (n = 1,3,5,\cdots) \tag{3.8}$$

$n$ 次谐波的移相角为:

$$\varphi_n = \arctan\frac{a_n}{b_n} = \arctan\frac{\sin n\alpha}{\cos n\alpha} = -n\alpha \quad (n=1,3,5,\cdots) \tag{3.9}$$

对于基波而言,基波电流的相位角应等于控制角,且基波电流滞后于电源电压,即 $\varphi_1 = -\alpha$。

根据功率因数、相位移系数及电流畸变系数的定义,全控型桥式整流电路的电路参数为:

$$\begin{gathered} PF = \lambda \cdot DF = 0.9\frac{U_d}{U_{d0}} \\ DF = \cos\varphi_1 = \cos\alpha \\ \lambda = \frac{I_1}{I_T} = 0.9 \end{gathered} \tag{3.10}$$

全控型桥式整流电路的功率因数与输出电压呈正比关系,$PF \propto U_d$,功率因数随着输出电压的增大而增大,即控制角越小,功率因数越大。

当 $\alpha = 0, U_d = U_{d0} = 0.9U_2\cos\alpha = 0.9$,功率因数达到最大值 0.9,与不可控整流电路相等;当 $\alpha > 0, PF \propto \cos\alpha < 0.9$,这是全控型桥式整流电路的最大不足。

变压器一次侧电流的基波分量 $i_1$ 与一次侧电压 $u_1$ 之间的相位差角就是可控元件的触发角 $\alpha$,即 $\alpha = \varphi_1$,$i_1$ 滞后于 $u_1$。

单相全控型桥式整流电路可通过调节控制角的大小,改变整流输出电压的平均值,还可方便地在整流与逆变状态之间转换,进行再生制动,电路不需要切换,其功率因数与输出电压呈正比。导通角与控制角无关,可控元件每次导通 180°,变压器二次绕组中电流的波形为 ±180°对称的矩形波,其相位由 $\alpha$ 决定。

2. 单相半控型桥式整流电路

单相半控型桥式整流电路中只有 2 个桥臂上采用可控元件,其余 2 个桥臂采用整流二极管。不可控的 2 个元件应布置在对应位置的上下桥臂上,采用串联接法,使其构成一条电流通路。电路结构如图 3.8 所示。

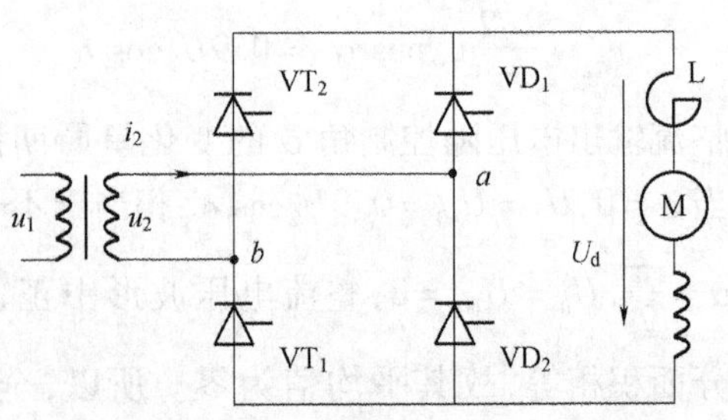


图 3.8 单相半控型桥式整流电路

在 $u_2$ 的正半波,$VD_1$—$VT_1$ 已施加正向电压,在控制角 $\alpha$ 处施加触发脉冲,$VT_1$ 导通,$VT_1$—$VD_1$ 桥臂开始工作,向负载回路供电,$U_d = u_2$。负载回路中由于电感的存在使得负载电流不能突变,电感对负载电流起到平波作用。假设负载回路电感足够大,负载电流将连续且波形近似为一水平线。

在 $u_2$ 过零位进入负半波时，$VD_1$ 继续导通，因 $a$ 点电位已低于 $b$ 点电位，$VD_2$ 导通，$VT_1$ 被关断，$VT_1$ 的导通时间为 $(\pi-\alpha)$ 电角度。这时开始第一次换相，换相在电压过零位时进行，电流将由 $VT_1$ 转移到 $VD_2$ 上，由 $VD_1$ 和 $VD_2$ 进行续流。此刻，电流不再流过变压器二次绕组，二次侧电压全部降落在 $VT_1$ 上，整流电压没有负值输出，即 $U_d=0$，$i_2=0$。

在 $u_2$ 负半波触发脉冲到来 $(\pi+\alpha)$ 时刻，$VT_2$ 被触发导通，同时向 $VD_1$ 加反向电压将其关断，$u_2$ 经 $VT_2$—$VD_2$ 向负载回路供电，$U_d=u_2$。

在 $u_2$ 过零位变进入正半波时，$VD_1$ 导通，$VT_1$ 关断，由 $VD_1$ 和 $VD_2$ 再次进行续流，输出电压变为零，$U_d=0$，$i_2=0$。

至此，单相半控型桥式整流电路完成了一个周期的工作，不断重复上述过程，整流器将不断工作，其输出波形如图 3.9 所示。

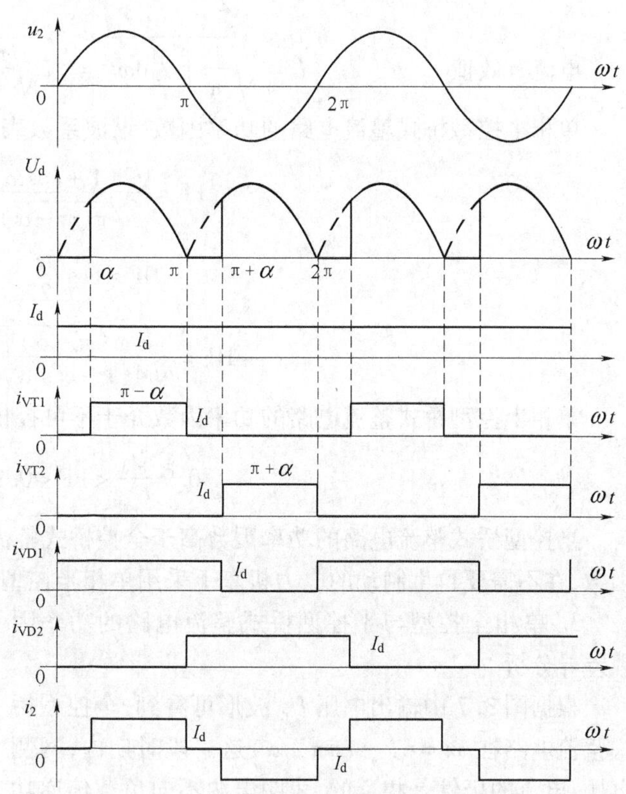

图 3.9 单相半控型桥式整流电路带阻感负载时的工作波形

经分析发现：可控元件与二极管在一个周期内，导通角 $\theta$ 大小不一致，可控元件的导通角为 $\theta=\pi-\alpha$，二极管的导通角为 $\theta=\pi+\alpha$。在控制角不为零时，可控元件电流的平均值、有效值均小于二极管，设计时应在额定电流定额的选择上予以考虑；单相半控型桥式整流电路中，可控元件 $VT_1$、$VT_2$ 的阴极电位不同，二者的触发电路应需要隔离。

根据输出电压波形，计算平均输出电压：

$$U_d=\frac{1}{\pi}\int_{\alpha}^{\pi}\sqrt{2}U_2\sin\omega t\mathrm{d}(\omega t)=\frac{2\sqrt{2}}{\pi}U_2\left(\frac{1+\cos\alpha}{2}\right)=U_{d0}\frac{1+\cos\alpha}{2}\tag{3.11}$$

$\alpha=0$ $\quad U_d=U_{d0}=0.9U_2$ $\quad$ 此时可控元件全导通，相当于不可控状态。

$\alpha=\dfrac{\pi}{2}$ $\quad U_d=\dfrac{1}{2}U_{d0}$

$\alpha=\pi$ $\quad U_d=0$ $\quad$ 此时可控元件被关断。

从图 3.9 中变压器二次侧电流波形可看出，网侧电流不连续，在控制角 $\alpha$ 内，网侧没有电流流过。因此，网侧流过的电流为断续矩形波电流，幅值为 $I_d$，导通时间为 $(\pi-\alpha)$ 电角度。对于断续矩形波电流可采用傅立叶级数进行分析。

由于矩形波电流正负半波对称，故傅立叶级数中不含常数项及偶次项，只有奇次项，即

$$i_2=\frac{2I_d}{n\pi}\sum_{n=1}^{\infty}\left[-\sin n\alpha\cos n\omega t+(1+\cos n\alpha)\sin n\omega t\right]\tag{3.12}$$

网侧电流中的谐波参数与其他参数表示为：

$n$ 次谐波电流 $$I_n = \frac{2\sqrt{2}}{n\pi} I_{\mathrm{d}} \cos \frac{n\alpha}{2}$$

$n$ 次谐波的移相角 $$\varphi_n = -\frac{n\alpha}{2}$$

电流有效值 $$I = \sqrt{\frac{1}{\pi}\int_{\alpha}^{\pi} I_{\mathrm{d}}^2 \mathrm{d}\omega t} = I_{\mathrm{d}} \sqrt{\frac{\pi - \alpha}{\pi}}$$

单相半控型桥式整流电路的功率因数、谐波系数表示为：

$$\left.\begin{aligned} \mathrm{PF} &= \frac{\sqrt{2}(1+\cos\alpha)}{\sqrt{\pi(\pi-\alpha)}} \\ \mathrm{DF} &= \cos\frac{\alpha}{2} \\ \mathrm{HF} &= \sqrt{\frac{\pi(\pi-\alpha)}{4(1+\cos\alpha)} - 1} \end{aligned}\right\} \tag{3.13}$$

单相半控型桥式整流电路的功率因数介于不可控桥式与全控桥式整流电路之间，即

$$0.9\frac{U_{\mathrm{d}}}{U_{\mathrm{d0}}} < \mathrm{PF} < 0.9$$

半控型桥式整流电路的功率因数高于全控桥式整流电路，如图 3.10 所示。为了改善功率因数，在不需要再生制动的电力机车上采用单相半控型桥式整流电路。

3. 单相全控型与半控型桥式整流电路的功率因数差异分析

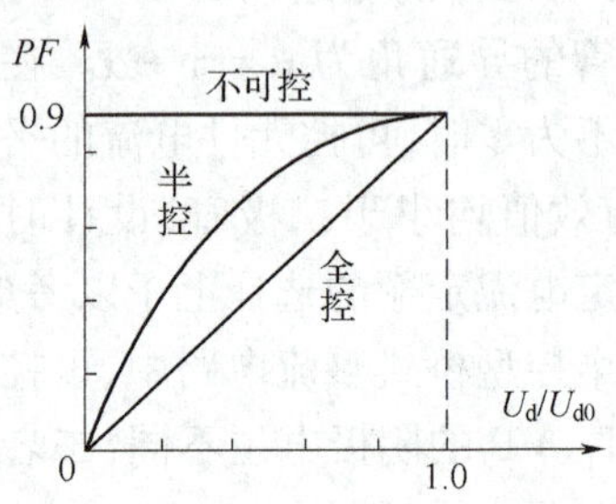

图 3.10 不同整流电路的功率因数比较

根据图 3.7 中输出电压 $U_{\mathrm{d}}$ 波形可看到，全控型桥式整流电路在 $\omega t = n\pi \sim (n\pi+\alpha)$ 这一段时期内，网侧电压、电流的极性是相反的，表明电源不向负载传递功率，而是负载在向电源反馈功率；在 $\omega t = (n\pi+\alpha) \sim (n+1)\pi$ 期间，电路工作在整流状态，网侧电压、电流的极性相同，电源向负载传递功率。由于电路不是单向传递电能，电源与负载之间存在往复传递功率过程，变压器输入、输出关系也相应发生变化，这将是全控型桥式整流电路功率因数低的主要原因。

根据图 3.9 中输出电压 $U_{\mathrm{d}}$ 波形可知，半控型桥式整流电路在 $\omega t = n\pi \sim (n\pi+\alpha)$ 这期间内，由于负载电流经二极管续流，变压器停止工作，其绕组中没有电流流过，电源不向负载提供功率，负载也不向电源反馈功率。电源向负载单向传递电能，没有往复传递功率的现象，所以其功率因数较高。

4. 电力机车、EMU 相控调压电路的选择

在交—直流传动电力机车、EMU 系统中，因采用不同相控调压电路，使变压器二次绕组结构和整流电路产生很大差别，这些直接影响机车性价比。采用何种调压电路，要与机车的用途、使用范围、使用条件等因素综合考虑，力求机车具有较高的性价比和可维护性。

通过对各单相整流电路性能的分析，发现主要差异体现在功率因数方面。不可控整流电路功率因数最高，达到 0.9；半控型桥式整流电路功率因数高于全控型桥式整流

电路。

桥式整流电路对变压器的利用率要比中抽式高，一般都采用桥式整流电路。

若机车需要再生制动，整流电路必须要采用全控型桥式整流电路，以保证系统能够在四象限运行。$\alpha \leqslant 90°$工作在整流状态，$\alpha > 90°$工作在逆变（再生）状态。

若机车不需要再生制动，整流电路可选用半控型桥式电路，功率因数较高，能够进行电阻制动，电路结构简单。控制角范围为$0° \leqslant \alpha \leqslant 180°$。

在相控电力机车、EMU 中，采用全控型桥式整流电路可进行再生制动，从原理上讲能够节约能源；但在再生制动工况运行时，功率因数很低，通常只有 0.5 ~ 0.6，再生电能品质很差。低品质的电能中谐波成分很大，将会污染电网，对电网电压与电流波形产生畸变，影响电网功率因数，需要进行补偿。补偿时要增加补偿设备，补偿容量较大。从经济角度看，回收能量与补偿支出相比往往是不合算的。因此，在相控电力机车中较少采用再生制动方式。

绝大多数相控电力机车、EMU 整流电路采用半控型桥式整流电路，而且是多段半控型桥式电路顺序控制，既能提高功率因数，又能实施电阻制动。多段半控型桥式顺序控制电路成为相控电力机车的主要调压电路模式，具有主电路结构简单、控制方便等特点，可以实现无级平滑调节整流器控制角，使输出电压连续变化；但功率因数较低，一般只能达到 0.82 左右，谐波干扰电流较大。

相控电力机车、EMU 最大的缺陷是功率因数较低、谐波电流偏大。

### 3.2.3 多段半控型桥式整流电路

功率因数偏低是相控电力机车、EMU 固有的问题，不仅影响电力机车自身效能的发挥，而且也影响电网的效能。改善电力机车、EMU 的功率因数，一直是电力牵引传动控制领域努力的目标。提高相控电力机车、EMU 功率因数，降低谐波，采用功率因数较高的整流电路是治本之策。相控机车采用多段半控型桥式整流电路，能够有效地改善功率因数。半控型桥式整流电路串联段数越多，功率因数越高；但半控型桥式整流电路的段数不宜过多，一般都不超过 4 段。若段数过多会使变压器二次侧绕组结构复杂、抽头数量增加，功率因数提高幅度有限，同时也使整流电路元件数量增加，控制电路复杂化。

我国干线相控电力机车曾最多采用过四段半控型整流桥，大多数车型只采用三段不等分半控型桥式整流电路。在额定工况下，三段不等分半控型桥式整流电路的功率因数一般可达到 0.82 ~ 0.84 左右，实际等效干扰电流约为 6 A 左右。

1. 二段半控型桥式整流电路

在二段半控型桥式整流电路中，主变压器二次侧绕组由 2 段完全对称的绕组 $a_1 - x_1$、$a_2 - x_2$ 组成，分别接入一个半控型桥式整流电路。将 2 个对称的半控型桥式整流电路串联起来，采用顺序控制，形成二段半控型桥式整流电路。要求将各不可控桥臂相串联，为换相续流提供通路。二段半控型桥式整流电路结构如图 3.11(a)所示。

二段半控型桥式整流电路采用顺序控制方式，分段依次投入工作，可平滑地进行升压与降压调节。

在机车起动时，需要整流电路逐步升高输出电压。首先第一段半控桥（Ⅰ）投入工作，由 $a_1 - x_1$ 绕组供电。触发并控制 $VT_1$、$VT_2$，而 $VT_3$、$VT_4$ 封闭，由 $VD_3$、$VD_4$ 提供续流通路。变压器二次绕组 $a_2 - x_2$ 中没有电流流过，负载电流流过 $VD_3$、$VD_4$ 和半控桥（Ⅰ）。调节 $VT_1$、$VT_2$ 的控制角相位，使直流输出电压 $U_d$ 由 0 开始逐渐平滑上升。当 $VT_1$、$VT_2$ 的控制角调为零时，$VT_1$、

$VT_2$达到全导通状态，直流输出电压达到额定输出电压的一半，即 $U_d = U_{d0}/2$。此时若继续提高输出电压，保持第一段半控桥（Ⅰ）的全开放状态，对第二段半控桥（Ⅱ）进行控制。触发并控制 $VT_3$、$VT_4$使变压器二次绕组 $a_2 - x_2$ 投入工作。调节 $VT_3$、$VT_4$的控制角相位，将使直流输出电压 $U_d$ 由 $U_{d0}/2$ 逐渐升高。当 $VT_3$、$VT_4$全开放时，输出电压 $U_d$ 达到额定电压 $U_{d0}$，即$U_d = U_{d0}$。顺序分段调压工作波形如图 3.11(b)所示。至此，完成了整个二段半控型桥式整流电路的升压过程控制。变压器一次侧电流波形相对于一段半控桥有所改善。

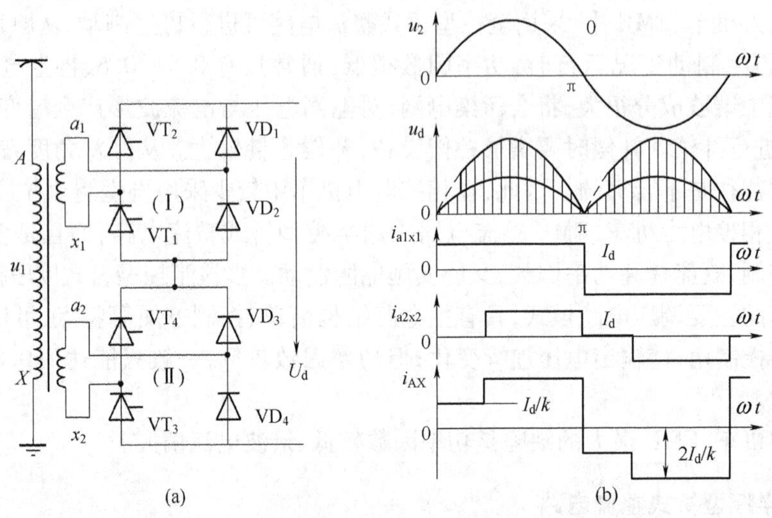


图 3.11　二段半控型桥式整流电路及工作波形

降压控制过程与上述升压控制过程相反，从第二段半控桥（Ⅱ）开始到第一段半控桥（Ⅰ），依次控制 $VT_3$、$VT_4$及 $VT_1$、$VT_2$的控制角相位，从全开放状态到关断状态（控制角 $\alpha = 0 \to \pi$），将完成整个二段半控桥式整流电路的降压调节过程。

二段半控型桥式整流电路的控制参数及输出关系为：

第一段半控桥　　$0 \leqslant \alpha_1 \leqslant \pi, \alpha_2 = \pi$

直流输出电压　　$U_d = \frac{1}{4} U_{d0}(1 + \cos \alpha_1)$

有效电流　　$I = \frac{I_d}{2}\sqrt{1 - \frac{\alpha_1}{\pi}}$

谐波电流　　$I_n = \frac{\sqrt{2} I_d}{n\pi} \cos n\alpha_1 \qquad (n = 1, 3, 5, \cdots)$

谐波相位移角　　$\varphi_n = -\frac{n\alpha_1}{2}$

功率因数及相关参数为：

$$\mathrm{PF} = \frac{\sqrt{2}(1 + \cos \alpha_1)}{\sqrt{\pi(\pi - \alpha_1)}}$$

$$\mathrm{DF} = \cos \frac{\alpha_1}{2} \tag{3.14}$$

$$\mathrm{HF} = \sqrt{\frac{\pi(\pi - \alpha_1)}{4(1 + \cos \alpha_1)} - 1}$$

第二段半控桥　　$0\leqslant\alpha_2\leqslant\pi,\alpha_1=0$

$$U_{\mathrm{d}}=\frac{1}{4}U_{\mathrm{d0}}(3+\cos\alpha_2)$$

有效电流　　$I=I_{\mathrm{d}}\sqrt{1-\frac{3\alpha_2}{4\pi}}$

谐波电流　　$I_n=\frac{I_{\mathrm{d}}}{n\pi}\sqrt{5+3\cos n\alpha_2}$

谐波相位移角　　$\varphi_n=-\arctan\frac{\sin n\alpha_2}{3+\cos n\alpha_2}$

$$\mathrm{PF}=\frac{3+\cos\alpha_2}{\pi\sqrt{2-\frac{3\alpha_2}{2\pi}}}$$

$$\mathrm{DF}=\frac{3+\cos\alpha_2}{\sqrt{10+6\cos\alpha_2}}\tag{3.15}$$

$$\mathrm{HF}=\sqrt{\frac{\pi(\pi-\frac{3\alpha_2}{4})}{5+3\cos\alpha_2}}$$

一段、二段半控型桥式整流电路的功率因数曲线Ⅰ、Ⅱ如图 3.12 所示。显然,二段半控型桥式整流电路的功率因数要比一段半控桥高一些。

6G 型电力机车采用二段半控型桥式整流电路顺序控制。

从二段半控型桥式整流电路的功率因数来看,串联段数增加,功率因数相应提高。在一定程度上适当增加半控整流桥的段数,有助于提高功率因数。现将二段半控型桥式整流电路的结论进行推广,推导出 $N$ 段半控型桥式整流电路串联时的输出关系及相关参数。

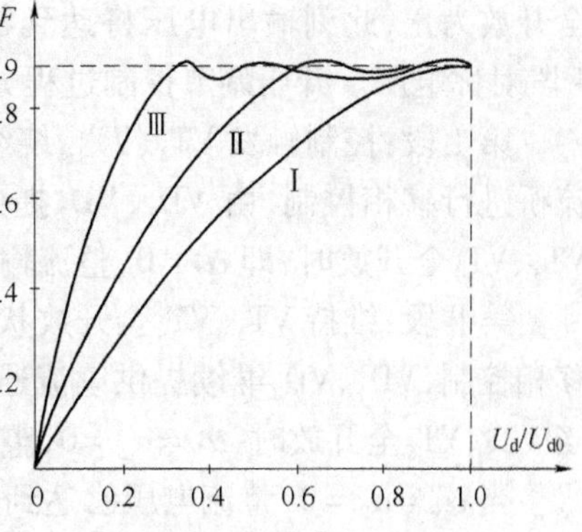


图 3.12　不同段数半控型桥式整流电路的功率因数

$N$ 段半控型桥式整流电路输出电压平均值为:

$$U_{\mathrm{d}}=\frac{1}{2N}U_{\mathrm{d0}}[(2N-1)+\cos\alpha_{\mathrm{N}}]\tag{3.16}$$

变压器二次侧电流有效值

$$I=I_{\mathrm{d}}\sqrt{\frac{N^2\pi-(2N-1)\alpha_{\mathrm{N}}}{N^2\pi}}\tag{3.17}$$

$N$ 段半控型桥式整流电路的功率因数

$$\mathrm{PF}=\frac{\sqrt{2}[(2N-1)+\cos\alpha_{\mathrm{N}}]}{\sqrt{\pi[N^2\pi-(2N-1)\alpha_{\mathrm{N}}]}}\tag{3.18}$$

2. 经济四段半控型桥式整流电路

由式(3.18)可知,半控型桥式整流电路的串联段数越多,功率因数越高;但由此引起主电路结构复杂、元件数量增加。为了采用较少的绕组段数和元件,将变压器二次侧绕组设计为 2 个完全对称的绕组,将其中一个绕组设计为中抽式,这样二次侧绕组就可构成 3 段不对称绕组,各段绕组的匝数比为2:1:1(完整绕组:中抽绕组Ⅰ:中抽绕组Ⅱ)。

将二次侧2个绕组中的完整绕组接入普通半控型整流桥,形成了一个四臂桥,即大桥。将另一个中抽绕组接入中抽式半控型整流桥,形成一个六臂桥,即2个小桥。将大桥与小桥串联起来,形成了3段不对称的半控型桥式整流电路,各段整流桥输出电压比为2:1:1。在3段不对称的半控型桥式整流电路中,将小桥作为移相桥,大桥作为开关桥,采用移相控制与开关控制相结合的组合控制方式,可得到4段对称的输出电压,其效果与等分4段半控桥相同。3段不对称的半控型桥式整流电路实现了4段对称半控型整流电路的功能,将其称为"经济4段半控型桥式整流电路"。经济4段半控型桥式整流电路原理如图3.13所示。

对整流电路进行升压控制时,首先对中抽式半控桥Ⅰ、Ⅱ,即小桥Ⅰ、Ⅱ进行移相顺序控制,当小桥Ⅱ完全开放时,输出电压达到额定输出值的一半。此时,立即对普通半控桥(大桥)进行开关控制,使其完全开放,将中抽式半控桥承担的输出电压全部转移到普通半控桥上,完成输出电压的平稳转移。同时封闭中抽式半控桥,为再次移相调压做好电路准备。完成电压及负载的转移后,可重新对中抽式半控桥进行移相顺序控制,直至小桥Ⅱ再次全开放为止,此刻输出电压将达到额定电压,得到4段对称电压。升压调节控制过程分析如下。

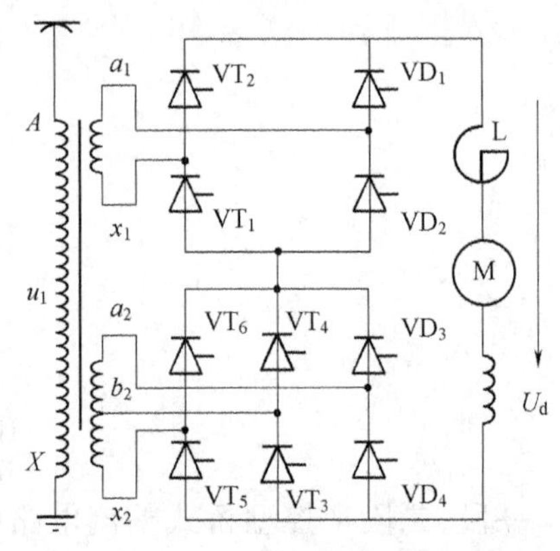

图3.13 经济4段半控型桥式整流电路原理

第Ⅰ段:控制触发 $VT_3$、$VT_4$,绕组 $a_2-b_2$ 投入工作,对 $VT_3$、$VT_4$、$VD_3$、$VD_4$ 构成的半控型整流桥进行移相控制,由 $VD_1$、$VD_2$ 提供续流通路。调节控制角 $\alpha_2$,输出电压将平滑上升。当 $VT_3$、$VT_4$ 全开放时,即 $\alpha_2=0$,整流输出电压为 $1/4U_{d0}$。

第Ⅱ段:维持 $VT_3$、$VT_4$ 全开放状态,开始触发 $VT_5$、$VT_6$,使绕组 $b_2-x_2$ 投入工作,进行顺序移相控制,$VD_1$、$VD_2$ 继续提供续流通路。调节控制角 $\alpha_3$,整流输出将在 $1/4U_{d0}$ 的基础上递增。当 $VT_5$、$VT_6$ 全开放时,$\alpha_3=\alpha_2=0$,整流输出电压为 $1/2U_{d0}$。

当 $\alpha_3=\alpha_2=0$,整流电压已达到额定值的一半。通过逻辑控制将小桥Ⅰ、Ⅱ承担的电压全部转移到大桥上去,即将 $a_2-x_2$ 绕组承担的负载转移到 $a_1-x_1$ 绕组。因为 $a_1-x_1$、$a_2-x_2$ 匝数完全相等、输出电压相同,所以只要控制合理,可以实现无电压差、无电流冲击的平滑转移。转移时刻一般选择在交流电压自然过零位处,在半控桥换向重叠角期间完成转移。对 $VT_3$、$VT_4$ 和 $VT_5$、$VT_6$ 进行触发脉冲封锁,$\alpha_2=\alpha_3=\pi$,同时应使 $VT_1$、$VT_2$ 触发完全开放导通,$\alpha_1=0$。

第Ⅲ段:保持 $VT_1$、$VT_2$ 全开放状态,即 $\alpha_1=0$,再次对 $VT_3$、$VT_4$ 施加触发脉冲,使绕组 $a_2-b_2$ 再次投入工作,调节 $\alpha_2$ 进行移相控制,使整流电压在 $1/2U_{d0}$ 基础上继续递增。当调节到 $\alpha_2=0$ 时,输出电压达到 $3/4U_{d0}$。

如何实现开关控制与顺序移相控制的协调配合是此段控制的关键,需要封锁 $VT_5$、$VT_6$,全开放 $VT_1$、$VT_2$,顺序移相 $VT_3$、$VT_4$。在控制转换的瞬间,会产生开关式的跳跃,这由控制系统的逻辑转换环节来保证。

第Ⅳ段:保持 $VT_1$、$VT_2$ 和 $VT_3$、$VT_4$ 为全开放状态,即 $\alpha_2=\alpha_1=0$,触发 $VT_5$、$VT_6$,使绕组 $b_2-x_2$ 再次投入工作,再次调节 $\alpha_3$ 进行移相控制,整流电压将在 $3/4U_{d0}$ 基础上继续递增。当调节到 $\alpha_3=0$ 时,$VT_5$、$VT_6$ 完全开放,整流输出电压达到 $U_{d0}$,调节过程结束。至此,$\alpha_3=\alpha_2=\alpha_1=0$,得到了连续4段均匀电压,升压调节过程完成。

降压调节控制过程与升压调节过程相反。降低中抽式半控桥Ⅱ、Ⅰ的输出电压，依次调节$\alpha_3$、$\alpha_2$，直至中抽式半控桥Ⅰ完全关断，$\alpha_2=\alpha_3=\pi$。通过逻辑控制将开关桥上的负载平滑地转移到中抽式半控桥Ⅰ、Ⅱ上，$\alpha_1=\pi$、$\alpha_3=\alpha_2=0$。再次对中抽式半控桥Ⅱ、Ⅰ进行控制，依次调节控制角$\alpha_3$、$\alpha_2$，继续降低输出电压，直至小桥Ⅰ关断，$\alpha_2=\alpha_3=\alpha_1=\pi$，降压调节过程结束。

在此电路中，各段整流桥分工明确。中抽式半控桥Ⅰ、Ⅱ作为移相控制桥，承担电压调节功能。普通半控桥作为开关桥，只起到储存电压的功能。组合控制使3段不等分半控桥获得了4段等分半控桥的效果，增加了调压段数，功率因数较高，节省了元器件及绕组段数，降低了电路成本，比较经济地获得了平滑4段等分电压。经济四段半控型桥式整流电路的控制方式与波形如表3.1所示。

$SS_4$型电力机车曾采用了经济4段半控型桥式整流电路，功率因数高、调压均匀，但在实用中存在着一些难以克服的缺陷。由于电路中各开关元件性能的不一致性，从移相调压桥切换到开关桥时，二者之间很难协调一致，也很难保证等电位转换，经常会发生桥臂元件损坏，制约了其应用。因此，在$SS_4$型的后继车型$SS_{4G}$、$SS_{4B}$型电力机车中，放弃了此整流电路，改用不等分三段顺序控制半控型桥式整流电路，运用效果很好。

**表3.1 经济4段半控型桥式整流电路的升压控制方式与波形**

| 段数<br>绕组 | Ⅰ | Ⅱ | Ⅲ | Ⅳ |
|---|---|---|---|---|
| $a_2-b_2$ | $U_d/4$ | $U_d/4$ | $U_d/4$ | $U_d/4$ |
| $b_2-x_2$ | | $U_d/4$ | | $U_d/4$ |
| $a_1-x_1$ | | | $U_d/2$ | $U_d/2$ |
| 整流输出电压$U_d$ | $U_d/4$ | $U_d/2$ | $3/4U_d$ | $U_d$ |
| $U_d$波形 | | | | |
| 元件工作情况 | $VT_3$、$VT_4$移相<br>$VD_1$、$VD_2$续流 | $VT_3$、$VT_4$全开放<br>$VT_5$、$VT_6$移相 | $VT_1$、$VT_2$全开放<br>$VT_3$、$VT_4$移相 | $VT_1$、$VT_2$、$VT_3$、$VT_4$全开放<br>$VT_5$、$VT_6$移相 |
| | $\alpha_2=0\sim\pi$<br>$\alpha_1=\alpha_3=\pi$ | $\alpha_3=0\sim\pi$<br>$\alpha_2=0,\alpha_1=\pi$ | $\alpha_2=0\sim\pi$<br>$\alpha_3=\pi,\alpha_1=0$ | $\alpha_3=0\sim\pi$<br>$\alpha_1=\alpha_2=0$ |
| 控制方式 | 顺序移相 | | 开关控制 | 顺序移相 |

3. 顺序控制的不等分三段半控型桥式整流电路

从理论分析看，经济四段桥半控型桥式整流电路具有功率因数高、调压均匀、电路结构简单等优点，但在实际应用中存在着一些难以克服的缺陷，使得其优点不能得以发挥，应用价值大打折扣，成为一种华而不实的电路。为了寻求控制简单、可靠，功率因数较高的整流电路，结合二段半控型桥式整流电路的控制方式，在不改变四段经济半控型桥式整流电路主体结构前提下，仅改变控制方式，将移相控制与开关控制的组合控制改为顺序控制。依次顺序控制普通半控桥、中抽式半控桥Ⅰ、Ⅱ,可得到不等分三段连续调节电压,故将此电路称为"顺序控制不等分三段半控型桥式整流电路。"

在不等分三段顺序控制半控型桥式整流电路中,变压器二次侧绕组由 2 个完全对称的绕组组成,将其中一个绕组设计为中抽式,这样将形成 3 段不对称绕组,各段绕组的匝数比为 2∶1∶1(完整绕组∶中抽绕组Ⅰ∶中抽绕组Ⅱ)。各段绕组分别接入一个半控型桥式整流电路,彼此串联。完整绕组接入普通半控桥,中抽式绕组接入采用经济接法,这样就形成了一个四臂桥(大桥)和一个六臂桥(2 个小桥),其输出电压比为 2∶1∶1。三段半控型桥式整流电路如图 3.14 所示。

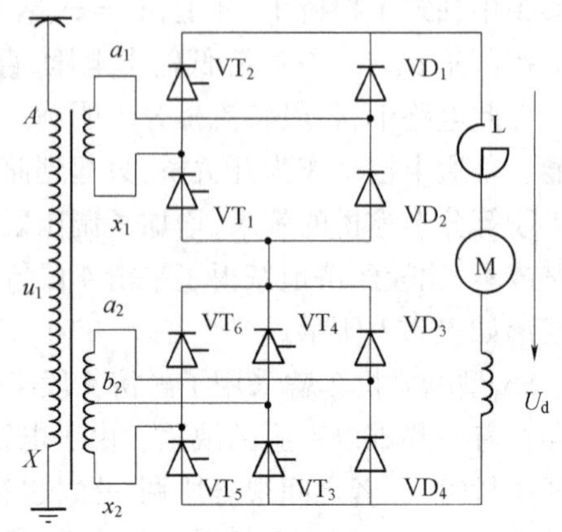


图 3.14 顺序控制的三段不等分半控型桥式整流电路

对不等分三段半控型桥式整流电路进行控制时,依次调节大桥、小桥Ⅰ和小桥Ⅱ,将得到 $(0\sim1/2)U_d$、$(1/2\sim3/4)U_d$、$(3/4\sim1)U_d$ 3 段连续电压。升压调节过程如下。

第Ⅰ段:普通半控桥(大桥)首先工作,$VT_1$、$VT_2$ 触发导通,调节 $\alpha_1$ 进行移相控制,直至其全开放,输出电压由零均匀地调至额定输出电压的一半。此阶段中抽式半控桥(小桥Ⅰ、Ⅱ)始终被封锁,$\alpha_2=\alpha_3=\pi$,由 $VD_3$、$VD_4$ 提供续流通路。

第Ⅱ段:保持普通半控桥 $VT_1$、$VT_2$ 的全导通状态,$\alpha_1=0$,中抽式半控桥中小桥Ⅰ投入工作,小桥Ⅱ仍然被封锁,触发 $VT_3$、$VT_4$ 使其导通,调节 $\alpha_2$ 进行移相控制,输出电压在 $1/2U_d$ 基础上递增。当 $VT_3$、$VT_4$ 全开放时,$\alpha_2=0$,输出电压达到额定输出电压的 3/4。

第Ⅲ段:保持普通半控桥、小桥Ⅰ处于全开放状态,小桥Ⅱ投入工作,触发 $VT_5$、$VT_6$ 导通,调节 $\alpha_3$ 进行移相控制,输出电压将在 $3/4U_d$ 基础上渐增。当 $VT_5$、$VT_6$ 全开放时,输出电压达到额定值。至此,升高电压的调节过程全部结束。

降压顺序控制过程与上述升压控制过程相反。从小桥Ⅱ开始,依次调节小桥Ⅰ、普通半控桥,依次控制 $\alpha_3$、$\alpha_2$、$\alpha_1$,使对应开关元件从全开放状态渐变到关断状态,$\alpha_3=\alpha_2=\alpha_1=\pi$,完成整个三段半控型桥式整流电路的降压调节过程。

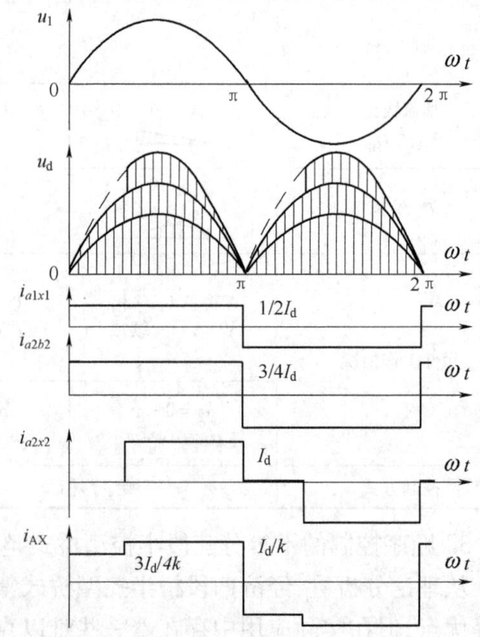


图 3.15 三段不等分半控型桥式整流电路工作波形

顺序控制的三段不等分半控型桥式整流电路的工作波形如图 3.15 所示。

顺序控制的三段不等分半控型桥式整流电路的控制方式及输出关系为:

第Ⅰ段大桥　　$0 \leqslant \alpha_1 < \pi, \alpha_2 = \alpha_3 = \pi$

$$U_d = U_{dI} = \frac{1}{4}U_{d0}(1 + \cos \alpha_1), \qquad 0 \leqslant U_d \leqslant \frac{1}{2}U_{d0}$$

第Ⅱ段小桥Ⅰ　　$0 \leqslant \alpha_2 < \pi, \alpha_1 = 0, \alpha_3 = \pi$

$$U_{dII} = \frac{1}{8}U_{d0}(1 + \cos \alpha_2)$$

$$U_d = U_{dI} + U_{dII} = \frac{1}{8}U_{d0}(5 + \cos \alpha_2), \qquad \frac{1}{2}U_{d0} < U_d \leqslant \frac{3}{4}U_{d0}$$

第Ⅲ段小桥Ⅱ　　$0 \leqslant \alpha_3 < \pi, \alpha_1 = \alpha_2 = 0$

$$U_{dIII} = \frac{1}{8}U_{d0}(1 + \cos \alpha_3)$$

$$U_d = U_{dI} + U_{dII} + U_{dIII} = \frac{1}{8}U_{d0}(7 + \cos \alpha_3), \qquad \frac{3}{4}U_{d0} < U_d \leqslant U_{d0}$$

三段不等分半控型桥式整流电路相对于二段等分半控型桥式整流电路而言,功率因数能够提高一些,变压器一次侧电流波形的畸变有所减小;但它相对于经济四段半控桥而言,功率因数稍低一些,但控制简单、可靠。

三段半控型桥式整流电路功率因数要比二段半控桥高一些,如图 3.12 中曲线Ⅲ所示。

顺序控制的三段不等分半控型桥式整流电路控制方式简单,工作可靠,成为相控电力机车主要的调压模式。目前许多干线相控电力机车都采用此调压电路,如 $SS_{3B}$、$SS_{4G/B}$、$SS_{6B}$、$SS_8$、$SS_9$、$SS_{7D/E}$ 等电力机车。

## 3.3　交—直流传动电力机车、EMU 功率因数的改善

交—直流传动电力机车、EMU 的最大缺陷就是功率因数偏低、谐波干扰电流较大,对电网与广播通信系统产生不利影响,需要采用措施,改善功率因数,限制谐波电流。

### 3.3.1　交—直流传动相控调压电力机车、EMU 的技术评价指标

提高相控调压电力机车、EMU 的功率因数与降低高次谐波电流,对节约能源、提高电能利用率以及降低运输成本具有重要的意义。国家电力、通信主管部门对各种用户的功率因数及谐波分量都有明确的要求,并作为强制标准必须贯彻执行。

电力部门按照平均功率因数等于 0.9 作为对用户考核、计费的标准。对于平均功率因数低于 0.9 的用户,则将受到经济处罚,并在接入用户电网的监测点进行监测,限制用户产生的谐波电流流入电网。电力部门谐波管理条例中规定,在 110 kV 电网电压等级下,网侧正弦波的畸形率限值为 1.85%。电力机车注入电网 3 次、5 次谐波分量的限制值分别为 3.9 A 和 4.0 A,即干扰电流的等效值 $I_3 = 3.9$ A、$I_5 = 4.0$ A。

由此可见,功率因数和谐波分量作为 2 个强制指标,反映了整流调压电路的性能,能够准确地反映相控电力机车、EMU 的性价比。因此,采用功率因数 PF 和谐波干扰电流作为相控调压电力机车、EMU 的技术评价指标。

1. 功率因数

相控电力机车、EMU 采用顺序控制的三段不等分半控型桥式整流电路时,额定功率因数为 0.82 ~ 0.84,若折算到牵引变电所电源入口处,功率因数将更低,远低于电力部门的要求

值。因此，电力机车、EMU 的功率因数要求达到 0.9。

2. 等效干扰电流

相控调压电力机车的功率因数等于电流畸变系数 $\lambda$ 与基波相位系数 DF 的乘积，即 $PF = \lambda \cdot DF = \lambda\cos\varphi_1$。基波相位移系数 DF 主要取决于控制角 $\alpha$ 和换向重叠角 $\gamma$。电流畸变系数 $\lambda$ 或谐波系数 HF 变化范围不大，其中主要是 3 次、5 次谐波分量。

如果按理想状态考虑，换向重叠角 $\gamma = 0$，平波电抗 $X_L = \infty$，电流波形为矩形，若采用傅氏级数分解，可得到各次谐波幅值之间的关系为 $I_n/I_1 = 1/n$。实际上换向重叠角总是存在的，平波电抗 $X_L \neq \infty$，各次谐波分量要比理想状态小一些，一般可按照 $I_n/I_1 = 1/n^{(1.3\sim1.6)}$ 来估算。

高次谐波电流虽然对功率因数的影响不甚显著，但存在着 2 个不利因素：3 次、5 次谐波是谐波中的主要成分，幅值较大，将引起电网电压波形发生畸变，影响电网供电质量，因此电力部门需要对 3 次、5 次谐波进行限制；高次谐波对电气化铁路沿线附近的通信线路产生电磁干扰，通信部门对等效干扰电流有一定的限制。各种谐波频率引起的干扰噪音是不同的，其中以 1 000 Hz左右最为明显。

国际电信电话咨询委员会规定，将 800 Hz 的干扰噪音规定为 1，其他频率的干扰噪音需折算到 800 Hz 的干扰水平上。总的等效干扰电流可表示为：

$$J_P = \sqrt{\sum_{n=1}^{\infty}(S_n I_n)^2} \tag{3.19}$$

式中 $I_n$——第 $n$ 次谐波电流有效值；

$S_n$——杂音评价系数，$S_n = \dfrac{\text{听觉对各频率的响应}}{\text{听觉对 800 Hz 的响应}}$。

各频率下的杂音评价系数如表 3.2 所示。

表 3.2 杂音评价系数 $S_n$

| 频率(Hz) | $S_n \times 10^{-3}$ | 频率(Hz) | $S_n \times 10^{-3}$ | 频率(Hz) | $S_n \times 10^{-3}$ |
|---|---|---|---|---|---|
| 16.66 | 0.056 | 450 | 582 | 1 000 | 1 122 |
| 50 | 0.71 | 550 | 733 | 1 150 | 1 035 |
| 100 | 8.91 | 650 | 851 | 1 200 | 1 000 |
| 150 | 35.5 | 750 | 955 | 1 350 | 928 |
| 250 | 178 | 800 | 1 000 | 1 500 | 861 |
| 350 | 376 | 850 | 1 035 | 2 000 | 708 |

### 3.3.2 提高功率因数的作用

随着大功率半导体变流装置的广泛应用，相控电力机车、动车组如何提高功率因数、减小谐波分量已是十分迫切的问题。减小无功功率不仅可以提高设备的利用率，而且可使电网电压稳定，改善供电品质。

设电网的阻抗标幺值为 $Z^* = R^* + jX^*$，电力机车的有功功率和无功功率分别为 $P^*$ 和 $Q^*$，则由阻抗引起的电压降为：

$$\Delta U^* = R^* P^* + Q^* X^*$$

因为 $R^* \ll X^*$，则电压降的标幺值变为 $\Delta U^* \approx Q^* X^*$，即电网压降与电力机车无功功率大小成正比。所以减小无功功率将使电力机车获得较高的电压，提高机车速度或牵引力。

通过上述分析,改善电力机车的功率因数不仅有利于提高电网电能的利用率和供电质量,而且可以提高电力机车运行速度或牵引力,改善运行性能。

### 3.3.3 提高功率因数的主要措施

提高相控电力机车、EMU 的功率因数,以选择功率因数高的整流调压电路为根本,采用补偿手段作为补充,标本兼治。

1. 选择合适的整流调压电路

相控电力机车的功率因数与整流电路的结构及控制方式有着密切的关系,不同的相控整流电路其功率因数差别较大。不可控型桥式整流电路功率因数最高,可达到 0.9;全控型桥式整流电路的功率因数与其输出电压的大小成正比,在低电压时功率因数很低,在额定输出电压时才达到 0.9,在逆变状态下功率因数只有 0.5 左右;半控型桥式整流电路的功率因数也是随着输出电压的升高而增大,在相同输出电压时总是高于全控型桥式整流电路,其功率因数介于不可控型与全控型桥式整流电路之间。

采用多段串联顺序控制的半控型桥式整流电路,不仅能够进一步提高整流电路的功率因数,而且还能实现输出电压的平滑均匀调节,但是半控型桥式整流电路的串联段数不能太多,以 2 ~4 段为宜。因此,为了改善相控电力机车的功率因数,对于不需要进行再生制动的电力机车,应优先选择多段半控型桥式整流电路。顺序控制三段不等分半控型桥式整流电路应用最多,使用效果不错。

2. 采用功率因数补偿电路

采用功率因数补偿电路对改善功率因数,减小 3 次、5 次谐波电流和等效干扰电流都有不同程度的效果。滤波电路一般跨接于电力机车主变压器二次电压侧,主要有 LC、RC、RLC 3 种形式,如图 3.16 所示。

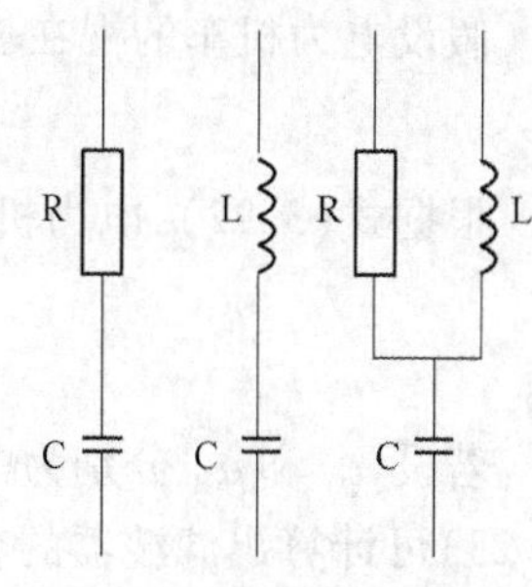

图 3.16 常用滤波电路形式

RC 滤波电路的频带较宽,滤波效果较差,当电网电压波动时,电容冲击电流较大,其电阻消耗有功功率,将影响机车效率,一般不采用此滤波电路。LC 和 RLC 滤波电路应用较多,但滤波电路的体积、质量和成本也是很可观的,需要全面综合考虑。

### 3.3.4 电力机车滤波器的设计

1. 电力机车滤波器的工作原理

相控调压电力机车滤波器的工作原理如图 3.17 所示。由于电力机车整流电路中串有电抗值很大的平波电抗器 L,其阻抗比电源侧线路阻抗和滤波器阻抗大得多,所以可把电力机车整流负荷作为谐波电流源来考虑,其各次谐波电流的等效电路如图 3.17(b)所示。图中 $R_s$ 和 $L_s$ 分别表示包括牵引变电所变压器、接触网和机车主变压器在内的电阻和漏电感。$C_f$ 和 $L_f$ 分别为滤波器的电容和电感。$I_n$ 为机车整流器产生的各次谐波电流。$I_{fn}$ 和 $I_{sn}$ 分别表示流经滤波器和电源的 $n$ 次谐波电流分量,它们之间的关系可表示为:

$$\boldsymbol{I}_{fn} = \frac{Z_{sn}}{Z_{sn} + Z_{fn}} \boldsymbol{I}_n \tag{3.20}$$

$$\boldsymbol{I}_{sn} = \frac{Z_{fn}}{Z_{sn} + Z_{fn}} \boldsymbol{I}_n \tag{3.21}$$

式中 $Z_{sn}$——等效电源的各次谐波阻抗；

$Z_{fn}$——滤波器的各次谐波阻抗。

由此可见，滤波器的滤波效果取决于阻抗 $Z_{fn}$ 和 $Z_{sn}$ 之间的比值，适当增加等效电源的阻抗，即主变压器的短路阻抗，有益于滤波效果。

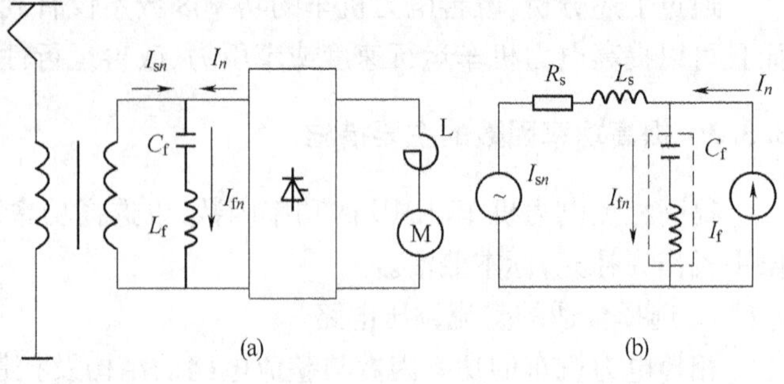


图 3.17 相控电力机车滤波器工作原理

由图 3.17(a)可知，滤波器不仅对整流负载电路产生的高次谐波起到分流作用，而且还在电网侧基波电压作用下产生容性基波电流，改善了相位移系数。因为 LC 滤波器的谐振频率设计在 3 次和 5 次谐波上，所以它对于基波频率及其阻抗呈现容性，相当于一个容性负载。

由于滤波器的电容和电感中流过既有高次谐波电流，又有基波电流和电压，因此它的电磁负荷比较大，其容量比较可观，设计时必须要考虑合理选择滤波器参数，以获得良好的技术经济性能。

2. 滤波器的设计

对于滤波器的设计应从提高功率因数和减小谐波电流 2 个方面来考虑。

(1)采用滤波器补偿提高功率因数

假设电力机车的视在功率、有功功率和无功功率分别为 $S$、$P$ 和 $Q$，功率因数 $PF=\mu$，则有：

$$P=\mu S=\mu\sqrt{P^2+Q^2} \tag{3.22}$$

根据式(3.22)，电力机车的无功功率可表示为：

$$Q=P\sqrt{\frac{1}{\mu^2}-1} \tag{3.23}$$

若设 $\mu_Q$ 和 $\mu_H$ 分别为电力机车补偿前无滤波器和补偿后有滤波器时的功率因数。从式(3.23)可计算出滤波器的容量 $Q_F$(kVar)：

$$Q_F=Q_Q-Q_H=P\left(\sqrt{\frac{1}{\mu_Q^2}-1}-\sqrt{\frac{1}{\mu_H^2}-1}\right) \tag{3.24}$$

以 $SS_9$ 型准高速客运电力机车为例：持续功率 4 800 kW，若 $\mu_Q=0.84$，加装补偿器后要求 $\mu_H=0.92$，则需要补偿容量为 $Q_F=1\ 055.7$ kVar，达到了持续功率的 22%。若补偿至 $\mu_H=0.95$，则需要 $Q_F=1\ 522.8$ kVar，补偿容量达到了持续功率的 31.7%。

由此可见，提高功率因数是以增加滤波器补偿容量为代价的，滤波器的补偿容量与机车持续功率成正比，与补偿后的功率因数正相关。

(2)滤波器设计

滤波器设计时，参数 $L$、$C$ 的谐振点设计在 3 次和 5 次谐波频率上，即 $L_f C_f n^2\omega_1^2=1$，它吸收的容性无功功率为：

$$Q=\frac{U^2}{-Z_1}=\frac{U^2}{\dfrac{1}{C_f\omega_1}-L_f\omega_1}=U^2 C_f\omega_1\frac{n^2}{n^2-1} \tag{3.25}$$

式中 $U$——电压有效值；

$Z_1$——基波阻抗；

$\omega_1$——基波角频率。

如果仅设计某次谐振滤波器，并使 $Q = Q_F$，可计算出所需滤波器的电容量为：

$$C_f = \frac{Q_F}{U^2\omega_1} \cdot \frac{n^2-1}{n^2} \approx \frac{Q_F}{U^2\omega_1} \tag{3.26}$$

从式(3.26)可知，对补偿功率因数而言，滤波电容量的选择与谐振频率次数关系不大。如果设有3次和5次谐振滤波器，所需补偿的无功功率 $Q_F$ 应由它们2个共同承担，并且基本上按滤波电容量的大小比例分配。

流过滤波器支路的容性基波电流有效值可表示为：

$$I_{f_1} = \frac{U}{Z_{f_1}} = \frac{U}{L_f\omega_1 - \dfrac{1}{C_f\omega_1}} = UC_f\omega_1 \frac{n^2}{1-n^2} \approx -UC_f\omega_1 \tag{3.27}$$

在相位上电压滞后于基波电流，基波电流在滤波电容两端产生的基波电压为：

$$U_{C_{f_1}} = I_{f_1}\frac{1}{C_f\omega_1} = U\frac{n^2}{n^2-1} \approx U \tag{3.28}$$

由式(3.28)可以看出，滤波电容承受电压略大于变压器二次绕组基波电压，而在滤波电感两端所承受的基波电压较小，它们之间的关系如图3.18所示。

如前所述，滤波支路中流过基波电流和谐波电流，谐波电流在电容和电感上产生相应的端电压，所以滤波电容两端电压将由基波电压和高次谐波电压分量的均方根合成。高次谐波电压主要是谐振频率下的谐波电压，其他的谐波电压可以忽略。

由于电容器对过电压比较敏感，所以在选择电容器时应留有一定的余量。国外一些规范规定，滤波电容器的额定电压应为基波电压和各次谐波电压有效值的算术和，因此，电容器额定电压可以按基波电压和谐波电压有效值的算术和来确定。

相控电力机车、EMU 的整流电路是一个恒流源，在最不利的情况下，谐波电流 $I_n/I_1 = 1/n$。假设谐振为理想谐振，谐振频率下的谐振电流全部被滤波器吸收，则该谐振电流在电容上产生的谐波电压可表示为：

图3.18 LC滤波器中电压分配关系

$$U_{C_{fn}} = \frac{I_1}{n} \cdot \frac{1}{n\omega_1 C_f} = \frac{I_1}{n^2 C_f\omega_1} \tag{3.29}$$

式中 $I_1$——基波电流的有效值，$I_1 = 2\sqrt{2}I_d/\pi = 0.9I_d$，其中 $I_d$ 为直流负载电流。

从式(3.29)可知，滤波电容两端承受的谐波电压是与电容量的大小成反比，故电容量适当选择大一些，有利于降低电容电压。

综上所述，设计时，滤波电容的电压应近似等于基波电压与谐波电压有效值的算术和，而电流应按照流过滤波器的基波电流与谐波电流的均方根值计算，即

$$U_{C_f} = U_{C_{f1}} + U_{C_{fn}} = U + \frac{0.9I_d}{n^2 C_f\omega_1} \tag{3.30}$$

$$I_C = \sqrt{I_{f1}^2 + I_{fn}^2} = \sqrt{(UC_f\omega_1)^2 + (0.9I_d/n)^2} \tag{3.31}$$

滤波电感中流过的电流等于电容器电流 $I_C$。因为谐振时，电容与电感的端电压在数值上是相等的，故电感两端的电压可近似等于谐振频率时电容器的端电压，电感基波电压分量和谐

波电压分量可忽略不计,即

$$U_{L_f} \approx U_{C_{fn}} = \frac{0.9 I_d}{n^2 C_f \omega_1} \tag{3.32}$$

知道了滤波器中各元件的电压和电流,就可以确定滤波器电容和电感的容量和结构尺寸。

根据式(3.28)、式(3.29),3 次与 5 次滤波器电容所承受的基波电压基本相等,而二者所承受的谐波电压则与谐振频率次数的平方呈反比关系。因此,可将两滤波器的电容电压等级选得一致,使 3 次和 5 次的谐波电压相等,$U_{C_{f3}} = U_{C_{f5}}$,即

$$\frac{1}{3^2 C_{f3} \omega_1} = \frac{1}{5^2 C_{f5} \omega_1} \tag{3.33}$$

式中 $C_{f3}$——3 次滤波器的电容量;

$C_{f5}$——5 次滤波器的电容量。

根据式(3.26)可知,需要补偿的无功功率 $Q_F$ 应由 3 次、5 次滤波器共同承担,并且按滤波电容量的大小比例分配。3 次、5 次滤波器所吸收的无功补偿容量应为 $9Q_3 = 25Q_5$,而总的补偿容量 $Q_F = Q_3 + Q_5$,故有如下关系:

$$\left.\begin{aligned} Q_3 &= 25Q_F/(9+25) = 0.74Q_F \\ Q_5 &= 9Q_F/(9+25) = 0.26Q_F \end{aligned}\right\} \tag{3.34}$$

根据式(3.26)和式(3.34),可求得各滤波器的电容量:

$$\left.\begin{aligned} C_{f3} &= \frac{0.74Q_F}{U^2\omega_1}\left(\frac{3^2-1}{3^2}\right) \\ C_{f5} &= \frac{0.26Q_F}{U^2\omega_1}\left(\frac{5^2-1}{5^2}\right) \end{aligned}\right\} \tag{3.35}$$

与此相对应的滤波器电感为:

$$\left.\begin{aligned} L_{f3} &= \frac{1}{9C_{f3}\omega_1^2} \\ L_{f5} &= \frac{1}{25C_{f5}\omega_1^2} \end{aligned}\right\} \tag{3.36}$$

在设计 LC 串联谐振电路时,通常引入补偿度的概念。串联谐振时,$nX_{L_{f1}} = \frac{1}{n}X_{C_{f1}}$,补偿度可定义为:

$$a = \frac{X_{L_{f1}}}{X_{C_{f1}}} = \frac{1}{n^2} \tag{3.37}$$

式中 $X_{L_{f1}}$——滤波器的基波电抗;

$X_{C_{f1}}$——滤波器的基波容抗。

由此式可计算出 3 次、5 次谐波频率谐振时的补偿度为:$n=3$、$\alpha_3 = 0.11$,$n=5$、$\alpha_5 = 0.04$。

从功率因数补偿效果、高次谐波电流的吸收和减小电容端电压来看,适当增加滤波电容量是有益的。此时 $X_{C_{f1}}$ 略小于 $X_{L_{f1}}$,补偿度 $\alpha_3 > 0.11$,一般在 0.12 ~ 0.16 之间,相应的 $n = 2.887$ ~ 2.5,$a_5 = 0.044$ 左右。但需注意,增加电容量必然会增加价格和体积。

设计时,实际谐振点一般在接近 3 次或 5 次的准谐振点上,应避开理论谐振点。这是因为电源侧电网中总可能存在其他谐波源产生的 3 次或 5 次谐波电压,它们会在 3 次或 5 次谐振支路内产生很大的谐振电流。

(3)减少谐波电流

相控电力机车、EMU 整流负载电路所产生的谐波电流具有恒流源的特征。由图 3.17(b)等效电路可知,注入电网的谐波电流大小可用分流系数 $K_n$ 表示:

$$K_n = \frac{I_{sn}}{I_n} = \frac{Z_{fn}}{Z_{fn} + Z_{sn}} \tag{3.38}$$

式中 $n$——谐波次数,$n=3,5,7\cdots$;

$Z_{fn}$——滤波支路的等效阻抗,$Z_{fn} = nX_{L_{f1}} - X_{C_{f1}}/n$;

$Z_{sn}$——电网侧的等效阻抗,$Z_{sn} = nX_s + R_s$。

故注入电网的各次谐波电流为 $I_{sn} = K_n I_n$。

为了减少注入电网的高次谐波电流分量,可适当增加电力机车主变压器的漏抗,对减小等效干扰电流具有明显的效果。因为对 1 000 Hz 高次谐波而言,滤波器的电抗并不是很小,而对于设有滤波器的电力机车而言,增加主变压器的漏抗是有可能的。由于滤波器的基波阻抗呈容性,可使主变压器的等效换相电抗保持不变,整流电路的换相重叠角不会因主变压器漏抗的增大而变大,整流电路的输出电压不会因此而减小。加装滤波器甚至可以减小主变压器二次侧额定电压。

对于相控电力机车整流电路而言,一般 $I_n/I_1 \approx 1/n^{(1.3\sim1.6)}$。在最不利的情况下,可取 $I_n = I_1/n = 0.9I_d/n$。电网等效干扰电流可按式(3.19)计算。

流入滤波支路的谐波电流为:

$$I_{fn} = \frac{Z_{sn}}{Z_{sn} + Z_{fn}} I_n = (1 - K_n) I_n \tag{3.39}$$

流入滤波电容的总有效电流可均方根之和计算,即

$$I_C = \sqrt{I_{f1}^2 + I_{fn}^2} = \sqrt{(UC_f\omega_1)^2 + (1 - K_n)^2 (0.9I_d \frac{1}{n})^2} \tag{3.40}$$

式中 $n$——谐振频率次数,更高次谐波可以忽略不计。

若电容器额定工作电流为 $I_{CN}$,则计算电流应满足 $I_C \leqslant 1.3I_{CN}$。

已知各次谐波电流,可按式(3.29)计算出电容器两端各次谐波电压为:

$$U_{C_{fn}} = (1 - K_n) I_n \frac{1}{n\omega_1 C_f} = (1 - K_n) \frac{0.9I_d}{n^2 \omega_1 C_f} \tag{3.41}$$

电容器两端的电压等于 $U_{C_f} = U_{C_{f1}} + U_{C_{fn}} \approx U + U_{C_{fn}} \quad (n=3,5,7\cdots)$

若电容器的额定工作电压为 $U_{CN}$,电容器的计算电压则应满足 $U_{C_f} \leqslant 1.10U_{CN}$。

### 3.3.5 车上与车下补偿

改善功率因数与减小谐波电流已成为电气化铁路运营中的一个突出问题,如何提高电能利用率和减少对电网的干扰是牵引供电系统和电力机车共同面临的问题。在牵引变电所和相控电力机车上加装滤波器是解决此问题较为有效的途径之一,但如何合理分配补偿容量,需要进行全面考虑。

相控电力机车及 EMU 的额定功率因数一般低于 0.84,若要达到供电部门要求的最低值 0.9,只有加装补偿设备。

造成功率因数低和高次谐波电流大的根源是相控电力机车自身,若在电力机车上加装补

偿器进行全部补偿，可以从源头上来解决问题，可减少对铁路沿线通信线路的干扰，降低接触网和主变压器中的损耗。但在电力机车上加装补偿设备不仅要增加成本费用，而且还要增加质量，影响总体空间布置，将对机车总体布置和轴重带来严重影响。因此，完全依靠电力机车自身能力进行补偿是有困难的，也并非是经济合理的，可以采取车上车下协同补偿的方式，适当地由牵引变电所提供部分补偿。

如何分配车上与车下的补偿容量是一个值得商榷、探讨的问题，至今没有一个权威性的结论或设计方法供参考。

根据线路运行电力机车的电气制动方式来看，具有电阻制动能力的相控电力机车，其功率因数相对要高一些，补偿容量较小；而具有再生制动功能的相控电力机车，牵引工况下的功率因数略低于采用电阻制动的电力机车，但再生制动工况下的功率因数很低、谐波电流很大，这类电力机车不仅在牵引工况需要补偿，而且在制动工况更需要补偿，且补偿容量十分可观，欲在车上完全补偿存在很多困难，几乎是不可能的，必须要车上与变电所同时进行补偿，才能满足补偿要求。

目前，从我国电气化铁路客货混线运营的实际情况来看，需要补偿容量极不均衡，从提高补偿设备利用率和均衡补偿负荷的角度考虑，采用电力机车与变电所共同补偿的方式是合适的。在货运电力机车上基本都装设补偿器，在机车总体允许的范围内尽可能地进行一定的补偿，不足部分由变电所来补偿；客运电力机车功率相对要小一些，且主要运行在速度较高区段，功率因数相对较高，一般在客运电力机车上不补偿，完全由变电所来提供补偿。这样可充分利用变电所补偿装置的能力，均衡补偿设备的工作负荷，以获得较好的经济效果。

## 3.4 相控电力机车、EMU 控制与牵引特性

晶闸管相控调压电力机车、EMU 采用闭环调节控制，不仅能够提高牵引控制性能、简化操作过程，而且也提高了列车的技术经济效果。干线相控电力机车 $SS_{3B}$ ~ $SS_{9G}$、6K、8K 等车型均采用闭环调压控制方式。根据不同的控制要求，可分为恒电压控制、恒电流控制、恒速度控制以及特性控制等方式。闭环控制系统性能的优劣直接决定了电力机车牵引性能、技术经济性的水平。因此，对闭环调节系统的分析与研究，有助于提高电力机车的控制性能、牵引性能，这也是电力机车传动控制系统的一项关键技术。

### 3.4.1 相控电力机车、EMU 闭环控制系统

相控电力机车、EMU 是以牵引电动机为控制对象的闭环调压控制系统，通过对牵引电动机转矩和转速进行调节控制，以达到对其运行速度和牵引力的控制。牵引电动机的电流、电压值都很大，目前在相控调压系统中，主要采用晶闸管元件构成的整流器，通过对整流器可控元件的控制角相位进行控制，改变输出电压，实现对牵引电动机的控制。

1. 闭环控制系统的基本原理及组成

电力机车、EMU 闭环控制系统基本组成如图 3.19 所示。

任何闭环控制系统的工作原理都是基于“检测偏差，纠正偏差”。闭环控制系统主要由给定单元、检测单元、比较环节、调节控制器、可控变流器和被控对象等几部分组成。给定单元提供司机控制命令的给定信号，检测单元输出与被调节对象的实际值呈正比例关系的检测信号。

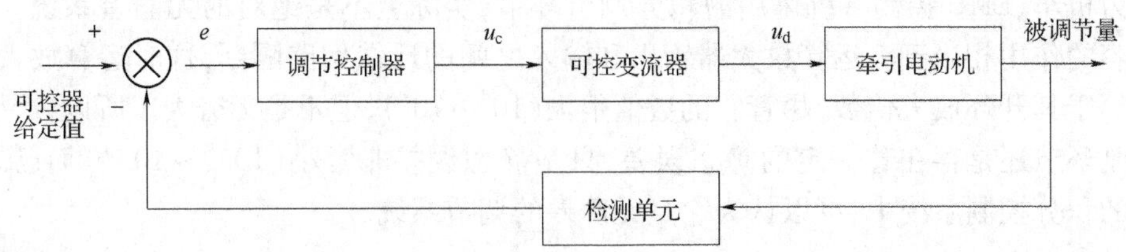


图 3.19 电力机车、EMU 闭环控制系统基本组成

比较环节将司控器给定信号与检测单元输出的检测信号进行比较,得到一个偏差信号,作为调节控制器的输入信号。由调节控制器产生对晶闸管变流器的控制信号,控制晶闸管的导通角,进而控制变流器的输出电压,即牵引电动机的输入电压,最终实现对被调量的控制。牵引电动机的被调量可以是转速、电压、电流、功率或励磁电流等。

在闭环控制系统中,根据被调量的多少,可分为单闭环和多闭环控制系统。若控制的被调量只有一个,则可由单变量的反馈构成单闭环控制系统;若控制的被调量有多个,则构成多变量反馈的多闭环控制系统。相控电力机车、EMU 一般采用转速、电流双闭环控制系统,电流控制为内环,转速控制为外环,其控制系统组成如图 3.20 所示。采用转速、电流双闭环控制系统,牵引电动机可以实现恒电流、恒转速运转,有助于提高电力机车的牵引性能。

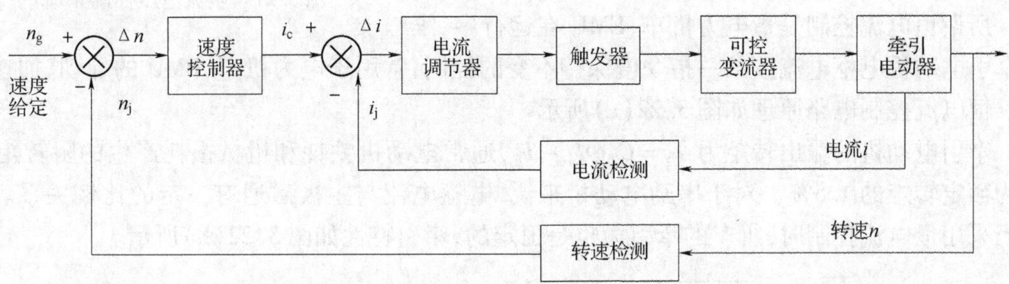


图 3.20 转速、电流双闭环控制系统基本组成

2. 无静差控制系统

在相控调压闭环控制系统中,调节控制器一般由电子调节器和晶闸管触发器等组成。电子调节器包括比例调节器、比例积分调节器、数字式调节器等,触发器一般包括移相器和脉冲放大器。

在闭环控制系统中,采用不同性质的调节器,其性能存在着很大差异。若调节系统采用比例(P)调节系统,系统在稳定时,反馈值与给定值之间总存在着偏差,将产生一个相应的静态误差,这类控制系统称为有静差控制系统;若调节系统中采用了积分(I)元件,系统在稳定时,反馈值与给定值之间没有偏差,可得到一个稳定的输出值,系统稳态误差为零,这类控制系统称为无静差控制系统。P 调节系统作为基本的调节环节,具有动态响应速度快、调节简单等特点,但稳定性差,系统存在静态误差;控制系统中引入积分调节环节,能够提高系统的稳定性,但动态响应速度变慢了。

为了充分利用比例调节器动态响应迅速的特点,克服积分调节器动态响应速度慢的缺陷,将比例调节器和积分调节器结合起来,构成比例积分(PI)调节器。PI 调节器属于无静差控制系统,它结合了 P 和 I 调节器二者的优点,具有输出静态准确、动态响应迅速、稳定性好等特点。在电力机车、EMU 传动控制系统中,PI 调节器应用非常普遍。

电力机车、EMU 控制系统采用的积分调节环节,实际上不是绝对的无静差系统。稳态时积分电容的作用相当于将运算放大器输出和输入之间的反馈回路隔断,这时运算放大器的放大倍数等于其开环放大倍数,尽管它的数值很大($10^4 \sim 10^8$),但不是无穷大。所以,严格地讲,积分控制环节还是存在着一定的静态误差,只是静态误差非常小($10^{-7} \sim 10^{-3}$)而已。所以,在实际的积分控制系统中,可以认为它是无静差的调节系统。

### 3.4.2 相控电力机车、EMU 的控制方式

在相控电力机车调压控制系统中,核心任务是对整流电路输出电压进行控制。通过调节晶闸管控制角的相位和改变主变压器牵引绕组的投入数量,实现对整流电压的控制。整流电路输出电压的控制原理如图 3.21 所示。若采用反馈控制,就可以构成自动调节系统。根据不同的反馈信号,可实现恒定参量控制,诸如恒电流控制、恒电压控制、恒速度控制。恒定参量控制只能在整流电压没有达到全电压之前才有可能实现。当整流电压达到全电压后,电压只能按整流器输出的外特性变化。

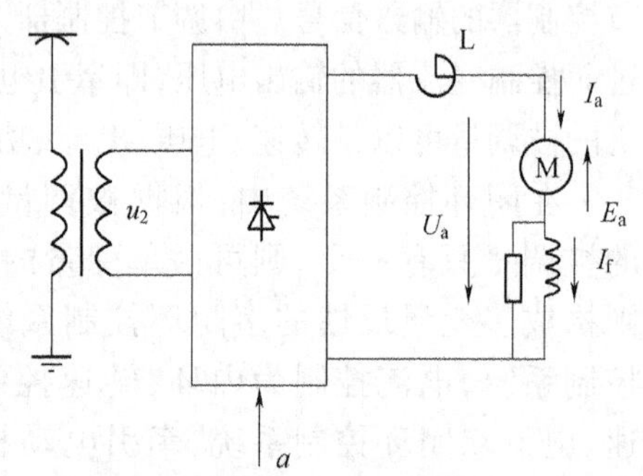


图 3.21 整流电压控制原理

1. 恒电流控制

所谓恒电流控制是指电力机车、EMU 在运行中,维持牵引电动机电枢电流按某一指令值保持不变的控制,常用于电力机车、EMU 的起动、加速过程。恒电流控制电路原理如图 3.22(a)所示。

牵引电动机的输出转矩为 $T_2 = C_T \Phi I_a - T_0$,通常电动机铁耗和机械损耗产生的阻转矩 $T_0$ 约为额定转矩的 1.5%。对于串励电动机来说,电枢电流与主极磁通有一定的比例关系。所以当采用恒电流控制时,机车的牵引力也是恒定的,牵引特性如图 3.22(b)所示。

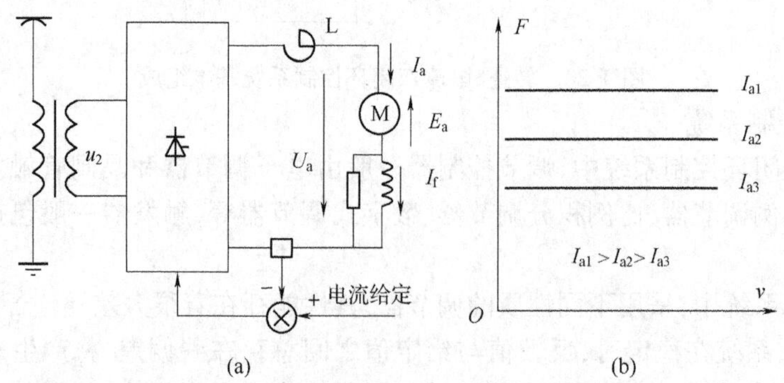


图 3.22 相控电力机车恒电流控制原理与牵引特性

相控电力机车、EMU 在起动过程中,无一例外均采用恒电流起动。起动过程平稳、迅速,没有牵引力的波动,故平均起动牵引力大,可以最大限度地接近黏着限制。若起动时一旦发生空转,恒电流控制不能抑制、消除空转,这是不利的一面。为了克服恒电流控制时可能出现的持续空转现象,必须采用高性能的空转保护装置,及时捕捉空转信息并发出预警信号,终止恒电流控制,甚至减载运行以尽快恢复黏着。

2. 恒电压控制

所谓恒电压控制是指电力机车、EMU 在运行中,维持牵引电动机的端电压不变,即整流电

压按某一指令值维持不变的控制。恒电压控制原理如图 3.23(a)所示。恒电压控制就是采用自动调节的办法,补偿整流器的内阻电压降,维持输出电压恒定。

恒电压控制时的牵引特性如图 3.23(b)所示。曲线 1 为整流器输出电压恒定时的牵引特性,曲线 2 为牵引电动机额定电压下得到的牵引特性。速度 $v_0$ 是牵引电动机额定电压时对应的机车运行速度。当接触网电压提高时,曲线 1 向右移,低于接触网额定电压时,曲线 1 向左移;当速度 $v > v_0$ 时,由于整流器的输出电压将高于牵引电动机额定电压,因而只能运用于曲线 2。反之当速度 $v < v_0$ 时,由于整流器的输出电压达不到电动机的额定电压,所以只能运用于曲线 1。

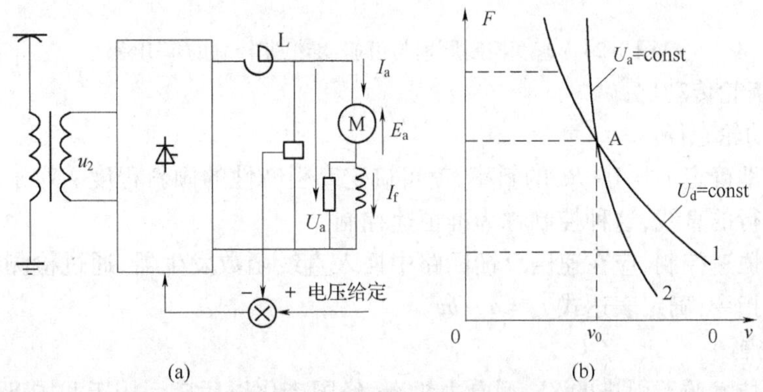


图 3.23 相控电力机车恒电压控制原理与牵引特性

采用恒电压控制的电力机车、EMU 牵引特性较硬,具有较好的再黏着恢复性能。恒电压控制在日本电力机车上运用比较广泛。

3. 速度控制

速度控制是采用速度反馈,使电力机车、EMU 的运行速度按一定规律变化的控制,有恒速度控制和准恒速控制 2 种形式,通常采用准恒速控制。

电力机车采用恒速度控制时,其速度信号可从能够反映机车速度的任一环节取得,例如轮对、传动齿轮、电动机转轴等,装在轮对上的转速传感器必须能耐受轮轨间的冲击。对于采用无级磁场削弱的电力机车,控制牵引电动机电压和磁场削弱可实现恒速度控制。恒速度控制原理如图 3.24(a)所示。

恒速度控制时的牵引特性是一组平行于纵轴的直线,其值随速度指令值变化。恒速度控制的牵引特性如图 3.24(b)中的虚线所示。从牵引特性可知,只要速度有微小的变化,牵引力会产生很大的波动,这是不希望的。为了减小因速度波动产生冲击,改变控制策略,将牵引特性变为斜线,允许速度、牵引力有适当的变化范围,一般采用图 3.24(b)中实线的形式。速度和牵引力之间的关系可表示为:

$$F = A - Bv \tag{3.42}$$

或者,用电动机电枢电流 $I_a$ 与速度 $v$ 之间的关系表示为:

$$I_a = a - bv \tag{3.43}$$

电枢电流 $I_a$ 与牵引力 $F$ 之间关系为:

$$F = 2N\mu_c \eta_c T_2 / D$$

$$T_2 = C_T \Phi I_a - T_0$$

式中 $N$——牵引电动机台数;

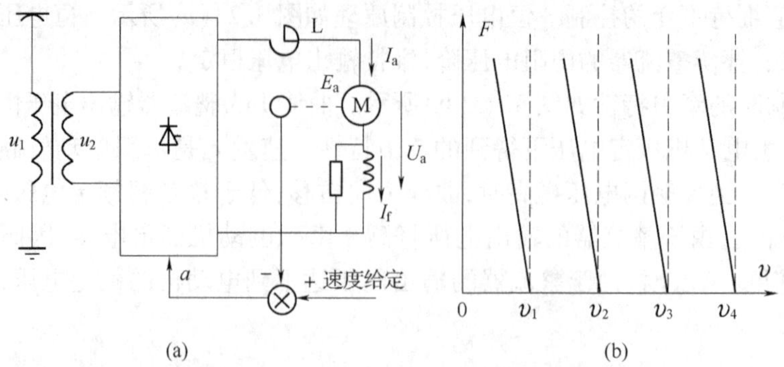


(a)　　　　(b)

图 3.24　速度控制原理与恒速、准恒速控制的牵引特性

$\mu_c$——齿轮传动比；

$D$——动轮直径。

只要人为地确定 $F = A - Bv$ 的斜率，就可确定牵引特性的倾斜程度。对于不同的 $A$ 值，可以得到一组平行的直线，这种控制称为准恒速控制。

为实现准恒速控制，应在速度反馈回路中插入直线函数发生器，通过检测电枢电流信号，实时计算速度指令，确定表达式 $I_a = a - bv$。

4. 特性控制

特性控制技术源于引进的 8K 型电力机车，经国产化以后广泛用于我国 SS 系列电力机车控制系统。它是将恒电流控制和准恒速控制相结合，使机车牵引特性具有恒流起动和准恒速运行的双重性能。

8K 型电力机车特性控制的具体控制电路已在“2.4.2 基本控制电路”中做了详细介绍，在此不再赘述，这里只分析其控制函数。

8K 型电力机车特性控制函数由恒电流曲线和准恒速曲线 2 部分构成，其中电流是指各牵引电动机电枢电流之和。牵引状态下的特性控制函数为：

$$I_a = \begin{cases} 200n \\ 900n - 90v \end{cases} \quad 取最小值$$

$$v \approx 10n \qquad (\text{km/h})$$

恒电流控制时，对不同的级位 $n$，电流按照 $I_a = 200n$ (A)控制。

进入准恒速控制时，根据级位 $n$，依照控制函数 $v \approx 10n$，$I_a = 900n - 90v$，确定机车运行速度及电流。

对于第 $n$ 级，上述两曲线的交点为 $v_N$，则当 $v < v_N$ 时，取恒电流曲线的输出值作为控制值；当 $v > v_N$ 时，取准恒速曲线的输出值作为控制值。8K 型电力机车牵引特性曲线如图 3.25 所示。

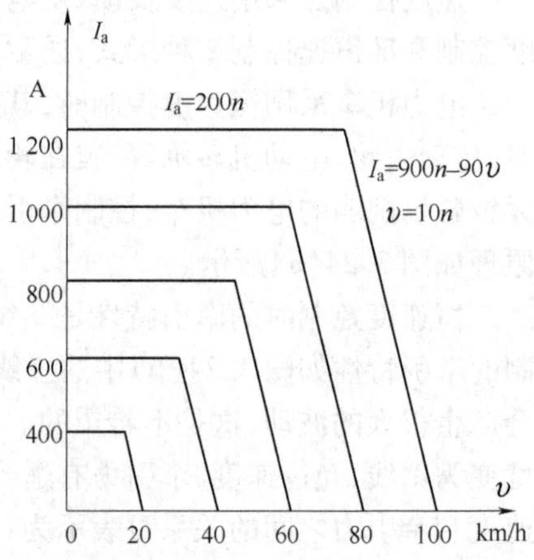


图 3.25　8K 型电力机车牵引特性

### 3.4.3　相控电力机车、EMU 牵引特性

电力机车、EMU 牵引特性是指机车轮周牵引力 $F$ 与速度 $v$ 之间的关系，即 $F = f(v)$，它是表征机车性能的一项重要指标，是列车运行牵引计算的依据。在设计计算牵引特性的同时，还

必须要计算机车的速度特性 $v=f(I_a)$ 和机车的牵引力特性 $F=f(I_a)$。

电力机车、EMU 牵引特性受诸多因素的影响，主要与牵引电动机的特性、机车的控制方式以及整流器的外特性等因素有关。

1. 电力机车、EMU 牵引特性的影响因素

相控电力机车、EMU 的牵引特性受到整流器、牵引电动机、机车走行部结构参数及黏着状态等诸多因素的影响与限制，牵引特性只能在满足各限制条件范围内变化。牵引特性的限制范围如图 3.26 所示。

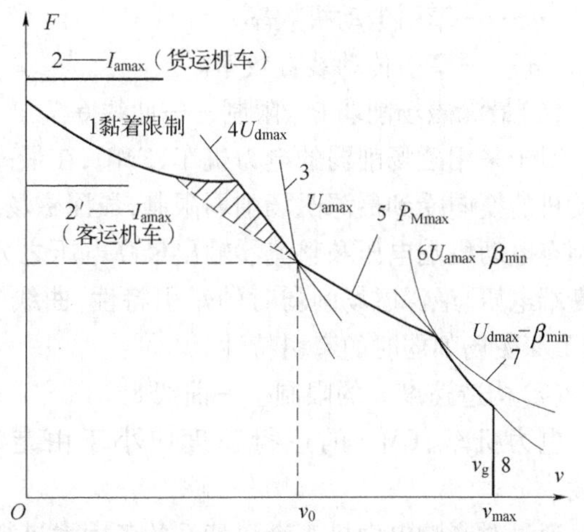

图 3.26 相控电力机车、EMU 牵引特性限制曲线

(1)黏着条件限制——曲线 1

电力机车、EMU 的牵引力应始终小于动轮与钢轨之间由黏着条件所决定的极限黏着力，否则动轮将发生空转。

(2)牵引电动机允许最大电流 $I_{amax}$ 限制——曲线 2

牵引电动机在低速、大电流工况运行时，换向过程所能承受的最大电流就是允许最大电流，该电流大于牵引电动机的额定电流。对干线电力机车，一般为额定电流的 1.2 ~ 1.4 倍，个别可达到 1.6 倍。对客运电力机车，由于其传动装置的传动比较小，因此由牵引电动机限制电流计算所得到的牵引力也小，曲线 2 可能如图 3.26 中的虚线 2′所示，低于黏着限制，这时客运电力机车的牵引特性限制应是曲线 2′，而不是曲线 1。

(3)牵引电动机允许的最高电压 $U_{amax}$ 限制——曲线 3

直流牵引电动机因受换向器片间电压和电位条件限制，牵引电动机有一个最高工作电压。曲线 3 为最高端电压、满磁场（固定分路）时，由牵引电动机特性计算所得的牵引特性。

(4)整流器输出特性确定的最高电压 $U_{dmax}$ 限制——曲线 4

在电力机车通用技术条件（GB 3317—1982）中规定：机车受电弓电压额定值为 25 kV，并在 20 ~ 29 kV 范围内能正常工作。所以整流器输出的最高电压也随受电弓处电压的变化而变化。由于整流器交流侧的阻抗压降和平波电抗器的电阻压降的影响，将引起整流器输出电压变化，使得牵引电动机最高电压限制曲线 3 比整流器输出最高电压限制曲线 4 具有更陡的特性。从图 3.26 中可以看出，机车的牵引力越大，则牵引电动机电流越大，上述压降也越大，所以大电流时曲线 4 位于曲线 3 的左下侧。

(5)牵引电动机最大功率 $P_{Mmax}$ 限制——曲线 5

当牵引电动机在曲线 3 工作时，电压已达到最高允许值，电流则由列车的阻力而定。

在曲线 3 的右侧，牵引电动机的工作电压不变，进入磁场削弱下工作。曲线 5 是由牵引电动机额定电压和额定电流计算所得的牵引特性，显然这是一条恒功率的限制曲线。

由牵引电动机输出传递至机车轮缘的功率，即轮周功率：

$$P=Fv/3.6=NU_N I_N \eta_M \eta_c$$

式中 N——牵引电动机台数；

$U_N$——牵引电动机额定电压，V；

$I_N$——牵引电动机额定电流，A；

$\eta_M$——牵引电动机效率；

$\eta_c$——牵引传动装置效率。

(6) 最深磁场削弱 $\beta_{min}$ 限制——曲线 6、7

对于采用磁场削弱的电力机车、EMU，在最高电压下进行磁场削弱提高运行速度时，牵引电动机的换向受到最深磁场削弱限制，最深磁场削弱系数由牵引电动机设计确定。由于电压限制有电动机端电压和整流器输出最高电压之分，故图 3. 26 中，曲线 6 相当于牵引电动机在最高端电压、最深磁场削弱时的牵引特性，曲线 7 则相当于牵引电动机在整流器最高输出电压、最深磁场削弱时的牵引特性。

(7) 构造速度 $v_g$ 的限制——曲线 8

电力机车、EMU 的运行速度应小于由走行部构造所决定的最大安全速度，即构造速度。

通过对影响电力机车牵引特性的各因素进行分析可知，满足上述各限制条件的区域才是电力机车、EMU 牵引特性的工作范围，其外边界限制如图 3. 26 中粗实线所示。

电力机车在实际运行时，可工作于界限内的某一点；只有当司机控制手柄放在最高级位加速或减速时，才能在限制曲线上运行。当司机控制手柄置于某一级位，将在限制区内按控制特性运行。

相控电力机车采用无级磁场削弱时，则可以工作于限定范围中的任一点；若采用有级磁场削弱时，在满磁场时可以工作于限定范围内的任一点，当进入磁场削弱区则只能在曲线 3、曲线 6 间的磁场削弱曲线上工作。

2. 牵引特性分析

不同能源供给的机车，对牵引电动机的供电方式不同，其最大功率限制因素也不同，这必将导致机车在牵引特性上产生较大差异。

内燃机车作为自备能源的机车，其功率及牵引能力主要受柴油机功率限制。柴油机始终工作在恒功率运行状态，牵引发电机按照恒功率输出供电，机车功率受牵引电动机功率的限制，其限制曲线应为牵引电动机功率限制曲线 5 向左上方的延伸，如图 3. 26 中虚线所示。

电力机车、EMU 为外接能源的动力系统，牵引电动机在恒电压状态下运行，其功率受整流器输出电压限制，在重负荷时将出现过载。

由图 3. 26 可知，相控电力机车与内燃机车相比较，它们的牵引特性相差在阴影部分。电力机车在这一部分的实际输出功率大于额定功率，在大负载下发挥了过载能力。在同一牵引力下，电力机车可以获得更高的运行速度。相对而言，这也是相控电力机车的优点。

## 3.5 国产相控电力机车基本技术特征分析

我国电力机车自 1958 年诞生至今，干线电力牵引供电只采用 25 kV/50 Hz 单相工频交流供电体系。技术上经历了交—直流传动和交流传动 2 个阶段。交—直流传动阶段主要以调压调速方式和单轴功率等级来区分,电力机车、EMU 已发展了三代。第一代、第二代车型因技术性能落后已基本淘汰,第三代车型采用多段桥晶闸管相控无级调压技术,保有量较大,目前仍为干线牵引主型电力机车。交流传动阶段主要以传动方式来区分,交—直—交流传动是第四代电力机车、EMU 产品的主要技术标志,采用 VVVF 变压变频调速方式。第四代电力机车、EMU 集中了当代科技发展的最新成果,代表了现代牵引动力发展的方向,在我国处于快速发展、成长阶段。

### 3.5.1 国产电力机车、EMU 的发展现状

我国电力机车诞生于 1958 年,经历了仿造、消化吸收及发展阶段。自 1980 年初,开始了相控电力机车传动控制技术的探索与尝试,曾尝试了多段相控桥式整流电路,经实践验证、比选,研制生产了许多性能优良的相控电力机车,促进了相控电力机车的快速发展。经过 20 余年的发展,至 2003 年,结束了相控电力机车的研制。在重点发展相控电力机车的 20 余年中,我国机车研发、制造部门一直在追踪国际技术发展潮流,研究交流传动技术,也曾研制了一些交流传动电力机车、EMU。因没有掌握关键技术等原因,没有形成批量、系列,只是在交流传动机车型谱中到此一游。2004 年以后,"和谐"系列机车、动车组的运用,交流传动技术开始在我国快速发展,实现了直流传动技术向交流传动技术的跨越。

国产电力机车主要发展业绩如表 3.3 所示。

### 3.5.2 主型相控电力机车主电路的基本特征

我国相控电力机车经过 20 余年的发展,技术已相当成熟。经过长期应用和不断改进,电力传动系统功能已日臻完善,但由于设计权分散、贯彻标准不够,距离标准化、系列化、模块化的要求尚有差距,主要表现在主电路功能相同的情况下,主电路不能统一,主要设备、部件不通用,如主整流柜、高压母线等,每型机车不一样。即使半导体元件的模块相同,也不能通用。这样不利于总体和部件的模块化、通用化,同时也给机车运用、厂修改造、配件维修等诸多环节带来麻烦,增加了运营、维护成本。

目前,我国仍在运营的干线相控电力机车有 11 个型号,主电路的形式多达 11 种,其基本技术特点见表 3.4。

从表 3.4 可看出,我国相控电力机车的技术平台相似,但型杂量小的问题较为突出。在技术开发上对于成熟技术的继承不足,各自为政,对成熟技术进行包装与翻新,缺乏真正意义上的创新。缺乏合作,没有集中有限的资源共同将市场蛋糕做大、将产业作强。为创新而创新,片面追求技术指标的先进性,直接影响了电力机车技术水平的提升,使国产电力机车发展与国际先进水平差距拉大,最终以产品疑似、技术重复包装翻新而结束了交—直流传动阶段。这一教训值得业界同仁们深思。

通过分析可知,干线相控电力机车在主电路结构方面基本相同,总体技术性能差别较小,但在机车运用数量、技术成熟度方面还存在差距。从整流调压方式、牵引电动机励磁方式、磁场削弱方式、电气制动方式、无功补偿装置等几方面,全面分析各相控调压主型电力机车传动系统,可发现在主电路结构方面存在着一些共同的特征:

- 主电路均采用多段整流桥相控调压方式,以不等分三段半控型桥式整流电路为主;
- 货运电力机车几乎都采用三级磁场削弱方式,客运电力机车全部采用无级磁场削弱方式;

表 3.3　国产电力机车、EMU 主要发展业绩

| 产品 | 年代 | 型号 | 轴列式 | 机车功率（kW） | 牵引电动机 | | 最高速度（km/h） | 主电路结构 | 控制特点 |
|---|---|---|---|---|---|---|---|---|---|
| | | | | | 功率（kW） | 悬挂方式 | | | |
| 第一代 | 1958 | $SS_1$ | $C_0-C_0$ | 3 780 | 630 | 抱轴 | 90 | 开关有级低压侧调压 | 开环调压 |
| | 1969 | $SS_2$ | $C_0-C_0$ | 4 620 | 770 | 抱轴 | 100 | 高压侧调压桥式硅整流 | 开环调压 |
| 第二代 | 1978 | $SS_3$ | $C_0-C_0$ | 4 350（持续） | 800 | 抱轴 | 100 | 调压开关级间相控调压 | 恒压恒流 |
| 第三代 | 1985 | $SS_4$ | $2(B_0-B_0)$ | 6 400 | 800 | 抱轴 | 100 | 经济四段半控桥相控调压电阻制动 | 恒压恒流 |
| | 1990 | $SS_5$ | $B_0-B_0$ | 3 200 | 800 | 架悬 | 140 | 两段桥相控调压再生制动 | 恒流准恒速 |
| | 1991 | $SS_6$ | $C_0-C_0$ | 4 800 | 800（ZD114） | 滚抱 | 100 | 两段桥相控调压两级电阻制动 | 恒流准恒速 |
| | 1992 | $SS_7$ | $B_0-B_0-B_0$ | 4 800 | 800 | 抱轴 | 100 | 两段桥相控调压再生制动 | 恒流准恒速 |
| | 1992 | $SS_{3B}$（4000） | $C_0-C_0$ | 4 350（持续） | 800 | 抱轴 | 100 | 三段不等分半控桥相控调压加馈电阻制动 | 恒流准恒速 |
| | 1993 | $SS_{4G}$ | $2(B_0-B_0)$ | 6 400 | 800 | 抱轴 | 100 | 三段不等分半控桥相控调压加馈电阻制动 | 恒流准恒速 |
| | 1994 | $SS_8$ | $B_0-B_0$ | 3 200 | 800 | 架悬 | 170 | 三段不等分半控桥相控调压加馈电阻制动 | 恒流准恒速 |
| | 1995 | $SS_{6B}$ | $C_0-C_0$ | 4 800 | 800（ZD114） | 滚抱 | 100 | 三段不等分半控桥相控调压加馈电阻制动 | 恒流准恒速 |
| | 1996 | $SS_{4B}$ | $2(B_0-B_0)$ | 6 400 | 800（ZD114） | 滚抱 | 100 | 三段不等分半控桥相控调压加馈电阻制动 | 恒流准恒速、计算机 |
| | 1997 | $SS_{7B}$ | $B_0-B_0-B_0$ | 4 800 | 800 | 滚抱 | 100 | 二段桥相控调压再生制动 | 恒流准恒速 |
| | 1997 | $TM_1$ | $B_0-B_0$ | 3 200 | 800 | 架悬 | 140 | 三段不等分半控桥相控调压加馈电阻制动 | 恒流准恒速、计算机 |
| | 1998 | $SS_9$ | $C_0-C_0$ | 4 800/5 400 | 800/900 | 架悬 | 170 | 三段不等分半控桥相控调压加馈电阻制动 | 恒流准恒速、计算机、LCU |
| | 1998 | $SS_{7C}$ | $B_0-B_0-B_0$ | 4 800 | 800 | 滚抱 | 120 | 二段桥相控调压再生制动 | 恒流准恒速 |
| | 1999 | $SS_{7D}$ | $B_0-B_0-B_0$ | 4 800 | 800 | 架悬 | 170 | 三段不等分半控桥相控调压加馈电阻制动 | 恒流准恒速 |
| | 1999 | $DDJ_1$ | $B_0-B_0$ | 4 000 | 1 000 | 架悬 | 200 | 三段不等分半控桥相控调压加馈电阻制动 | 恒流准恒速、计算机 |
| | 2001 | $SS_{7E}$ | $C_0-C_0$ | 4 800 | 800 | 架悬 | 170 | 三段不等分半控桥相控调压加馈电阻制动 | 恒流准恒速、计算机、辅变流 |
| | 2002 | $SS_{3B}$ | $2(C_0-C_0)$ | 2×4 350（持续） | 800 | 滚抱 | 100 | 三段不等分半控桥相控调压加馈电阻制动 | 恒流准恒速、TCN 网络、LCU |

续上表

| 产品 | 年代 | 型号 | 轴列式 | 机车功率(kW) | 牵引电动机 | | 最高速度(km/h) | 主电路结构 | 控制特点 |
|---|---|---|---|---|---|---|---|---|---|
| | | | | | 功率(kW) | 悬挂方式 | | | |
| 第四代 | 1996 | AC4000 | $B_0-B_0$ | 4 000 | 1 025 | 滚抱 | 120 | 变频调速 SCR,再生制动、辅变流 CVCF | 恒流准恒速、计算机网络 |
| | 2000 | DJ(熊猫) | $B_0-B_0$ | 4 800 | 1 200 | 架悬 | 210 | 变频调速 IPM,再生制动 | 恒流准恒速、计算机网络 |
| | 2000 | $DJJ_1$(蓝剑) | $B_0-B_0$ | 4 800 | 1 200 | 半体悬 | 210 | 变频调速 GTO,再生制动 | 恒流准恒速、计算机网络 |
| | 2001 | $DJ_2$(奥星) | $B_0-B_0$ | 4 800 | 1 200 | 架悬 | 210 | 变频调速 GTO,再生制动 | 恒流准恒速、计算机网络 |
| | 2001 | $DJF_1$(中原之星) | $B_0-B_0$ | 3 200 -4(4×200) | 200 | 架悬 | 160 | 变频调速 IGBT,动力分散、再生制动 | 恒流准恒速、计算机网络 |
| | 2001 | 先锋号 | $B_0-B_0$ | 4 800 -4(4×300) | 300 | 架悬 | 200 | 变频调速 IPM,动力分散、再生制动 | 恒流准恒速、计算机网络 |
| | 2002 | $DJJ_2$(中华之星) | $B_0-B_0$ | 4 800 | 1 225 | 架悬 | 270 | 变频调速 GTO,动力集中、再生制动 | 恒流准恒速、计算机网络 |
| | 2002 | 天梭 | $B_0-B_0$ | 4 800 | 1 200 | 架悬 | 200 | 变频调速 GTO,再生制动 | 恒流准恒速、计算机网络 |
| | 2003 | $SSJ_3$ | $C_0-C_0$ | 7 200 | 1 250 | 滚抱 | 120 | 变频调速 IGBT,再生制动 | 恒流准恒速、计算机网络 |
| | 2003 | O'ZBEKISTON | $B_0-B_0-B_0$ | 6 000 | 1 000 | 滚抱 | 120 | 变频调速 GTO,再生制动 | 恒流准恒速、计算机网络 |
| | 2003 | KZ4A | $B_0-B_0$ | 4 800 | 1 200 | 架悬 | 210 | 变频调速 GTO,再生制动 | 恒流准恒速、计算机网络 |
| | 2006~ | CRH1 | 5 动 3 拖 | 5 300 -5(4×265) | 265 | 架悬 | 200 | 四象限变流器 IGBT、再生制动 | WTB/MVB 网络 |
| | | CRH2 | 4 动 4 拖 | 4 800 -4(4×300) | 300 | 架悬 | 200 | 四象限变流器 IGBT、再生制动 | WTB/MVB 网络 |
| | | CRH3 | 4 动 4 拖 | 8 800 -4(4×550) | 550 | 架悬 | 350 | 四象限变流器 IGBT、再生制动 | WTB/MVB 网络 |
| | | CRH5 | 5 动 3 拖 | 5 500 -5(2×550) | 550 | 架悬 | 220 | 四象限变流器 IGBT、再生制动 | WTB/MVB 网络 |
| | | HXD1 | $2(B_0-B_0)$ | 9 600 | 1 200 | 滚抱 | 120 | 四象限变流器 IGBT、再生制动、架控 | WTB/MV 网络、SIBAS32 |
| | | HXD2 | $2(B_0-B_0)$ | 9 600 | 1 200 | 滚抱 | 120 | 四象限变流器 IGBT、再生制动、轴控 | WORLD FIP |
| | | HXD3 | $C_0-C_0$ | 7 200 | 1 200 | 滚抱 | 120 | 四象限变流器 IGBT、再生制动、轴控 | TCMS、恒流准恒速 |
| | | HXD1B | $C_0-C_0$ | 9 600 | 1 600 | 滚抱 | 120 | 四象限变流器 IGBT、再生制动、轴控 | WTB/MV 网络、SIBAS32 |
| | | HXD2B | $C_0-C_0$ | 9 600 | 1 600 | 滚抱 | 120 | 四象限变流器 IGBT、再生制动、轴控 | WORLD FIP |
| | | HXD3B | $C_0-C_0$ | 9 600 | 1 600 | 滚抱 | 120 | 四象限变流器 IGBT、再生制动、轴控 | TCMS、恒流准恒速 |

表 3.4　国产干线相控电力机车主要技术特点

| 型号 | 用途 | 牵引主电路结构 | 电气制动电路 | 牵引电动机 | | 磁削方式 | 无功补偿 |
|---|---|---|---|---|---|---|---|
| | | | | 励磁方式 | 电压(V) | | |
| $SS_{4G}$ | 货运 | 不等分三段半控桥相控调压 | 加馈电阻制动 | 串励 | 1 000 V | 三级 | 有 |
| $SS_{4B}$ | 货运 | 不等分三段半控桥相控调压 | 加馈电阻制动 | 串励 | 1 000 V | 三级 | 有 |
| $SS_{6B}$ | 货运 | 不等分三段半控桥相控调压 | 加馈电阻制动 | 串励 | 1 000 V | 三级 | 有 |
| $SS_{3B}$ | 货运 | 不等分三段半控桥相控调压 | 加馈电阻制动 | 串励 | 1 550 V | 三级 | 无 |
| $SS_{7/7B}$ | 货运 | 一段全控桥一段半控桥相控 | 再生制动 | 他复励 | 1 000 V | 无级 | 有 |
| $SS_{7C}$ | 货运 | 一段全控桥一段半控桥相控 | 再生制动 | 他复励 | 1 000 V | 无级 | 有 |
| $SS_8$ | 客运 | 不等分三段半控桥相控调压 | 加馈电阻制动 | 串励 | 1 000 V | 无级 | 无 |
| $SS_{9/9G}$ | 客运 | 不等分三段半控桥相控调压 | 加馈电阻制动 | 串励 | 1 000 V | 无级 | 无 |
| $SS_{7D}$ | 客运 | 不等分三段半控桥相控调压 | 加馈电阻制动 | 他复励 | 1 000 V | 无级 | 无 |
| $SS_{7E}$ | 客运 | 不等分三段半控桥相控调压 | 加馈电阻制动 | 他复励 | 1 000 V | 无级 | 无 |

- 电气制动主要采用加馈电阻制动方式，唯有 $SS_{7/B/C}$ 采用再生制动方式；
- 货运电力机车基本都设置了无功功率补偿装置，客运电力机车没有设置功率补偿装置；
- 牵引电动机主要采用串励方式，只有 $SS_7$ 系列采用他复励方式。
- 辅助电源系统主要采用旋转机组式劈相机。

## 3.6　相控电力机车电路分析

我国干线相控电力机车主电路主要采用顺序控制的不等分三段半控桥式整流电路，辅助电路主要采用旋转机组式劈相机，实现单相—三相交流电源变换。控制电路的改进总是伴随着控制技术的发展，历经有触点元件控制、无触点控制、计算机与网络控制等阶段。根据国产相控电力机车的主要技术特征，$SS_{3B}$、$SS_{4B}$、$SS_{6B}$、$SS_8$、$SS_{9/9G}$ 型为同一技术平台，代表了客、货运相控电力机车的技术水平，从不同侧面反映了电力机车控制技术的发展。以此平台为对象，从主电路、辅助电路和控制电路 3 方面分别对相控电力机车传动系统进行分析。

### 3.6.1　主电路分析

主电路是电力机车完成能量转换、产生牵引力与制动力的主体电路，是实现机车起动、调速和制动这 3 个基本功能的电路，主要由网侧高压电路、整流调压电路、磁削电路和电阻制动电路等几部分组成。$SS_{3B}$ ~ $SS_{9G}$ 型电力机车均采用架控供电方式，各转向架的牵引电动机为并联状态，分别由相应的相控整流装置集中供电。

1. 网侧高压电路

网侧高压电路作为电能的引入电路，还承担着保护、电能计量等任务。以 $SS_{3B}$ 型电力机车为例，当受电弓升起与接触网线接触后，将 25 kV/50 Hz 单相交流电通过主断路器 4QF、高压电流互感器 1HL 引入主变压器一次绕组 A – X，经低压电流互感器 2HL 后接至车体，再经接地装置到车轮，通过钢轨向变电所回流，形成高压供电回路。

同时，配置单相电度表 105PJ，记录机车在运行过程中的用电量。电流测量取自于网侧电路中的 2HL(变比 300/5)交流电流互感器，电压测量取自于主变压器的 $a_6 - b_6$ 绕组或高压电压互感器 6TV。

2. 整流调压电路

相控电力机车基本采用顺序控制的不等分三段半控型桥式整流电路，各主型车的整流调压方式相同，电路结构相似，在此以 $SS_{3B}$ 型电力机车为例进行分析。

$SS_{3B}$ 型电力机车采用架控方式，有 2 套完全相同的整流器，分别向两转向架上的牵引电动机供电。主电路采用双拍全波桥式整流方式，整流桥（1ZGZ 或 2ZGZ）采用三段半控桥式串联接法，其中第二、三段（小桥）是一种叠加式经济桥接法。$SS_{3B}$ 型电力机车不等分三段半控桥式整流电路原理如图 3.27 所示。

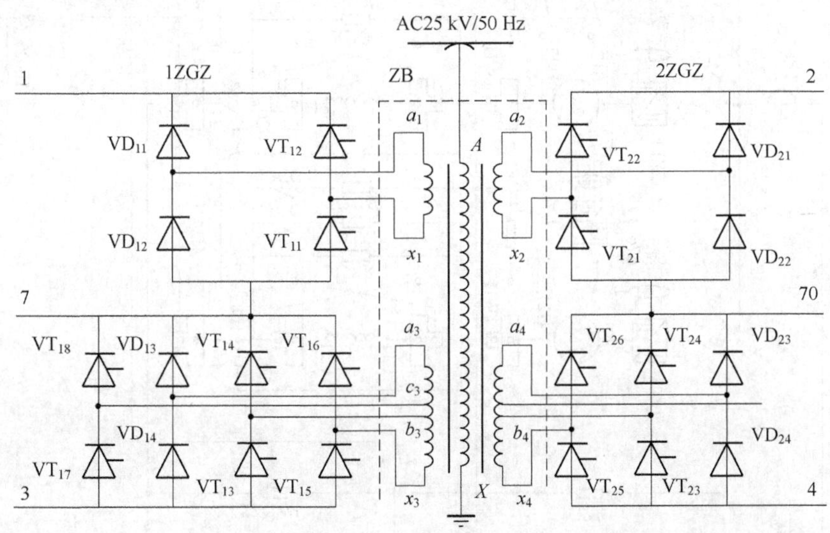


图 3.27 $SS_{3B}$ 型电力机车不等分三段半控桥式整流电路原理

$SS_{3B}$ 型电力机车主变压器 ZB 的二次绕组由 2 组对称的绕组构成。每组绕组设计为 2 段完全对称的绕组（完整绕组），并将其中的一段绕组设计为中抽式结构，这样可形成 3 段不对称绕组，各段绕组的匝数比为 2∶1∶1。

网侧 25 kV/50 Hz 的高压电经主变压器 ZB 降压，在二次侧各段完整绕组上输出电压为 1 071 V。对于每组绕组，分别产生 3 段电压，即 1 071、535.5、535.5 V，经整流装置（1ZGZ 或 2ZGZ）整流后，向牵引电动机 1M ~ 3M 或 4M ~ 6M 供电。$SS_{3B}$ 型电力机车主电路（一台转向架）如图 3.28 所示。

牵引工况时，$a_1 - x_1$ 和 $a_3 - b_3 - x_3$，$a_2 - x_2$ 和 $a_4 - b_4 - x_4$ 绕组分别同 1ZGZ、2ZGZ 整流装置构成不等分三段半控桥式调压整流电路，分别向 2 个转向架上的牵引电动机独立供电。为了限制主电路中交流分量的脉动量，牵引电路设置 2 台平波电抗器 1PK、2PK。每台平波电抗器分别同对应转向架中 3 台并联的牵引电动机串联，通过平波电抗器的虑波作用将使主电路的电流脉动系数限制在 30% 以下；而其中 $a_3 - b_3 - x_3$ 中抽绕组中又另有抽头 $c_3$，$a_3 - c_3$ 绕组输出电压为 198 V，专向电阻制动工况时的励磁整流装置供电，为制动工况提供他励电源，输出电流为 0 ~ 650 A。

第一段半控整流桥由 $VT_{11}$、$VT_{12}$、$VD_{11}$、$VD_{12}$（或 $VT_{21}$、$VT_{22}$、$VD_{21}$、$VD_{22}$）构成，称为大桥（或四臂桥），其输出电压为额定输出电压的一半；第二、三段半控桥桥分别由 $VT_{13}$、$VT_{14}$、$VD_{13}$、$VD_{14}$（$VT_{23}$、$VT_{24}$、$VD_{23}$、$VD_{24}$）和 $VT_{15}$、$VT_{16}$、$VD_{13}$、$VD_{14}$（$VT_{25}$、$VT_{26}$、$VD_{23}$、$VD_{24}$）组成，称为小桥 Ⅰ、Ⅱ，其输出电压分别为额定输出电压的 1/4。

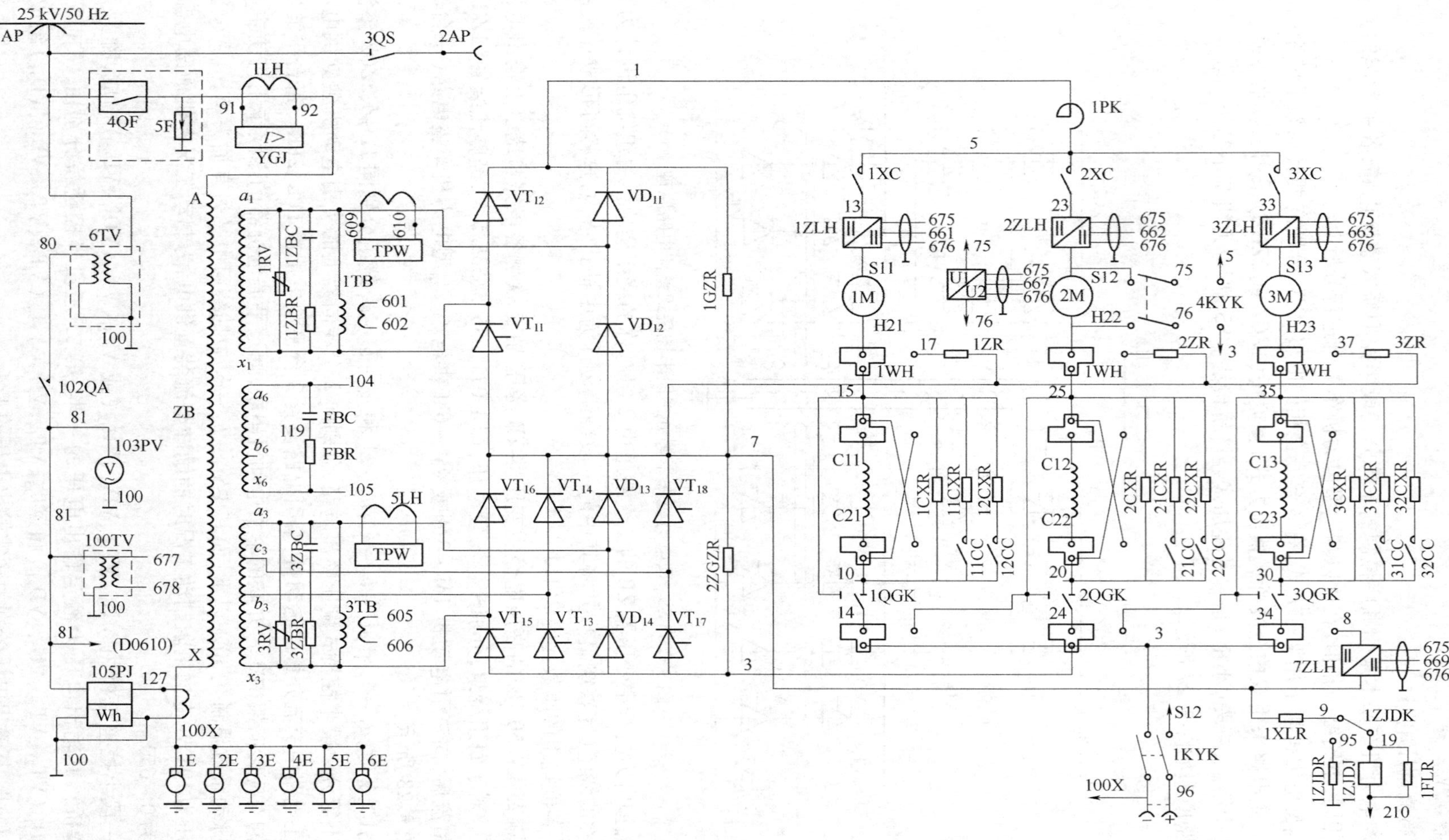


图3.28 $SS_{3B}$型电力机车主电路（一台转向架）

当需要升高输出电压时，依次控制大桥、小桥Ⅰ、小桥Ⅱ投入工作，调节其晶闸管控制角相位（由 π 逐渐减小到 0），使其输出电压平滑上升，将可得到（0～1/2）$U_{d0}$、（1/2～3/4）$U_{d0}$、（3/4～1）$U_{d0}$三段连续电压。需注意，在接触网允许工作最低电压下，当小桥Ⅱ完全开放时，能够保证牵引电动机的额定电压。在接触网额定电压下，小桥Ⅱ一般不会全开放，只在部分导通角下工作即可。

降低输出电压时的控制过程与上述升压过程相反，依次控制小桥Ⅱ、小桥Ⅰ、大桥，调节其晶闸管控制角相位（由 0 逐渐增大至 π），使其输出电压平滑下降，将可得到 3 段连续电压，即（1～3/4）$U_{d0}$、（3/4～1/2）$U_{d0}$、（1/2～0）$U_{d0}$。

3. 加馈电阻制动

$SS_{3B}$型电力机车采用限流准恒速特性控制的加馈电阻制动。电阻制动时，牵引电动机需由串励方式改为他励发电机方式运行，并将 6 台牵引电机的励磁绕组串联起来，由励磁电源提供他励电流。励磁电源由主变压器绕组 $a_3-c_3$ 和半控整流桥 $VT_{17}$、$VT_{18}$、$VD_{13}$、$VD_{14}$提供，整流桥输入电压 198 V（空载），通过控制 $VT_{17}$、$VT_{18}$晶闸管导通角，实现对励磁电流的平滑调节，调节范围 0～650 A。

在制动主回路中，各电机电枢绕组分别与对应的制动电阻（1ZR～6ZR，3.54 Ω）串联后，将各转向架中 3 台电机并联，再与半控整流桥大桥 $VT_{11}$、$VT_{12}$、$VD_{11}$、$VD_{12}$（$VT_{21}$、$VT_{22}$、$VD_{21}$、$VD_{22}$）构成各自独立的制动电路，将列车的惯性能量转化为电能，通过制动电阻把电能再转化为热能并排向大气，达到减速或限速之目的。

制动时，要求发电机状态与电动机状态的电枢电流方向应一致，则要求在电阻制动工况下，主极绕组的电流与牵引时相反。

电阻制动工况下主回路与励磁电路如图 3.29 所示。

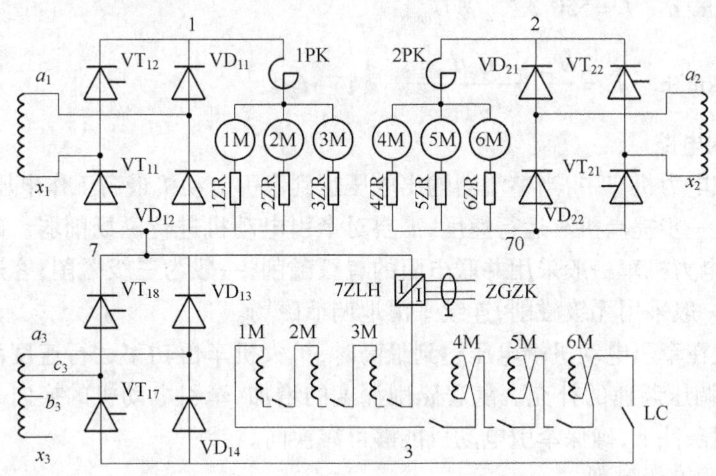


图 3.29　$SS_{3B}$型电力机车电阻制动工况电路原理

当 $SS_{3B}$型电力机车制动限流进入低速区（<46 km/h），励磁电流已达到最大值 550 A（限制值），制动力达到最大值。此后随着机车速度的降低，发电机的感应电势降低，制动电流及制动力也将减小，已无法维持在最大制动力下制动。为了在低速区能获得最大制动力，改善低速区制动能力不足的问题，开始转入加馈电阻制动。依靠半控整流桥（大桥）相控调压，对制动电路实施电流加馈，使半控整流桥输出加馈电压与发电机输出电势保持反向同步变化，即发电机电势减小多少，加馈电源电压升高多少，以维持制动电流恒定、制动力恒定，进行加馈电阻

制动。当半控整流桥晶闸管已完全开放时，机车速度达到 19 km/h，加馈制动功率达到最大值，加馈制动结束。在 19 km/h 以下，制动电流不再保持恒定，制动力先按照最大励磁电流限制线下降，再沿着整流桥输出限制线下降，直到速度为 0 时仍保持加馈制动电流 50 A。$SS_{3B}$型电力机车电阻制动特性如图 3.30 所示。

为了在静止高压试验时检查加馈制动系统的正确性，机车静止时仍施加 50A 的加馈制动电流，将会产生一定的反转转矩，故试验时一定要确保空气制动抱闸，以保证安全。

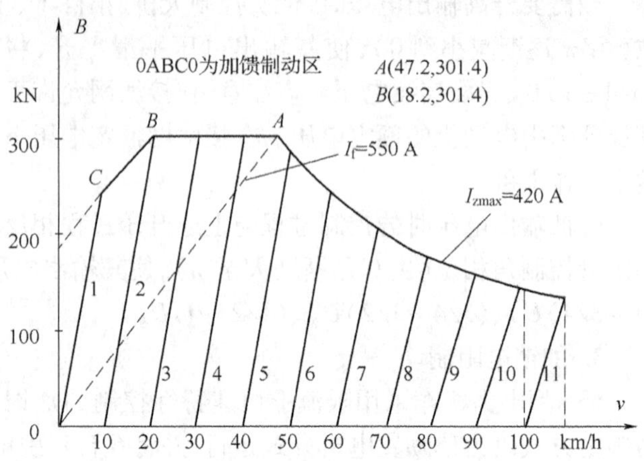

图 3.30　$SS_{3B}$型电力机车加馈电阻制动特性曲线

$SS_{3B}$型电力机车加馈电阻制动过程中的能量关系可表示如下：

$$v>46\ \text{km/h}\quad I_{zmax}=420\ \text{A}\quad v\downarrow\rightarrow I_f\uparrow、I_z=\frac{C_e\Phi n}{R_z}$$

$$v=46\ \text{km/h}\quad I_f=I_{fmax}=550\text{A}\rightarrow\Phi_{max}$$

$$v<46\ \text{km/h}\quad I_f=550\ \text{A}、I_Z=\frac{U_d+C_e\Phi_{max}n}{R_z}=C\quad v\downarrow\rightarrow U_d\uparrow$$

$$v=19\text{km/h}\quad I_f=550\ \text{A}、U_d=U_{dmax}$$

$$v<19\ \text{km/h}\quad I_Z=\frac{U_{dmax}+C_e\Phi_{max}n}{R_z}\quad v\downarrow\rightarrow I_Z\downarrow$$

4. 磁场削弱电路

在国产相控电力机车中，当整流器输出电压达到牵引电动机最高工作电压时，调压调速即告结束。为了进一步提高机车运行速度，需要对牵引电动机进行磁场削弱。磁场削弱电路有两种形式：货运电力机车一般采用并联电阻的有级磁削，一般为三级磁削；客运电力机车为了保证运行平稳，一般采用无级磁削，连续平滑地调节磁场。

磁场削弱是在牵引电动机端电压达到最高时，扩大机车恒功率运行速度范围的一种经济调速方法，它是调压调速的补充。随着磁削深度的增加，牵引电动机的换向条件也在逐步恶化。在最深磁削条件下，确保牵引电动机能够可靠换向。

(1)并联电阻有级磁削

货运相控电力机车采用三级电阻磁削电路。$SS_{3B}$型电力机车磁削电路如图 3.31 所示。

为了降低牵引电动机主极绕组中的电流交变分量，改善其换向性能，在主极绕组的两端并联一组阻值为 0.421 2 Ω 的固定分流电阻(1～6)CXR，对主极磁场进行磁削，磁削系数为 0.95，将主极中电流的交变分量限定在 25% 以内，保证牵引电动机可靠换相。

当三段半控整流桥可控元件全导通或输出电压达到牵引电动机最高工作电压时，方可进行磁削。此时整流器输出母线 1、3 号线之间的电压维持不变，牵引电动机电枢回路的连接保持不变，只在串励绕组 C1－C2(阻值 0.015 592 Ω，20 ℃)两端逐级并入磁削电阻，2 组电阻可

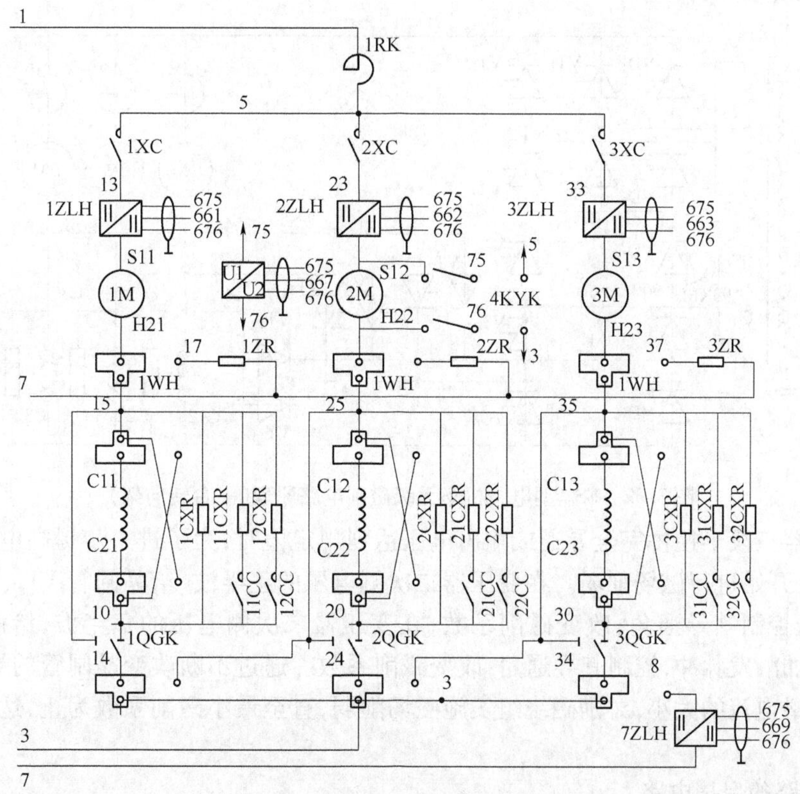


图 3.31 $SS_{3B}$ 型电力机车磁场削弱电路(一台转向架)

产生三级磁削:

Ⅰ级磁削电阻(11 ~ 61)CXR,阻值为 0.063 Ω,通过电空接触器(11 ~ 61)CC 闭合并入主极绕组,磁削系数为 0.7。

Ⅱ级磁削电阻(12 ~ 62)CXR,阻值为 0.027 1 Ω,通过(12 ~ 62)CC 电空接触器闭合并入主极绕组,磁削系数为 0.54。

Ⅲ级磁削是通过(11 ~ 61)CC 和(12 ~ 62)CC 电空接触器闭合同时并入,使磁削电阻(11 ~ 61)CXR 与(12 ~ 62)CXR 并联,总阻值为 0.018 9 Ω(0.063//0.027 1 = 0.018 9),磁削系数为 0.45。

(2)无级磁削

客运电力机车对调速平稳性要求较高,一般都采用无级磁场削弱。通过控制并联在主极绕组上的一组晶闸管的导通角,就可以连续平滑地调节流过晶闸管的电流,对主极电流进行分流,使其磁通平滑的改变,达到对牵引电动机主极磁场的连续平滑控制,实现无级调速。

以 $SS_{9G}$ 型电力机车为例,分析无级磁削调速电路。$SS_{9G}$ 型电力机车磁削电路(一台转向架)如图 3.32 所示。

在一台转向架中,3 台牵引电动机处于并联工作状态,由一套不等分三段半控桥式整流器供电,即架控供电方式。磁削电路由晶闸管 $VT_7$ ~ $VT_{12}$ 及二极管 $VD_5$、$VD_6$ 组成,二极管 $VD_5$、$VD_6$ 起隔离作用,将磁削电流与主极绕组电流隔离。磁削时,磁削电路与整流器串联、同步工作,保证磁削电流的畅通与流向,为此每一台电动机的磁削电路需有 2 个晶闸管,在交流电源正、负半波时,分别负责其电流的流向与整流器一致。

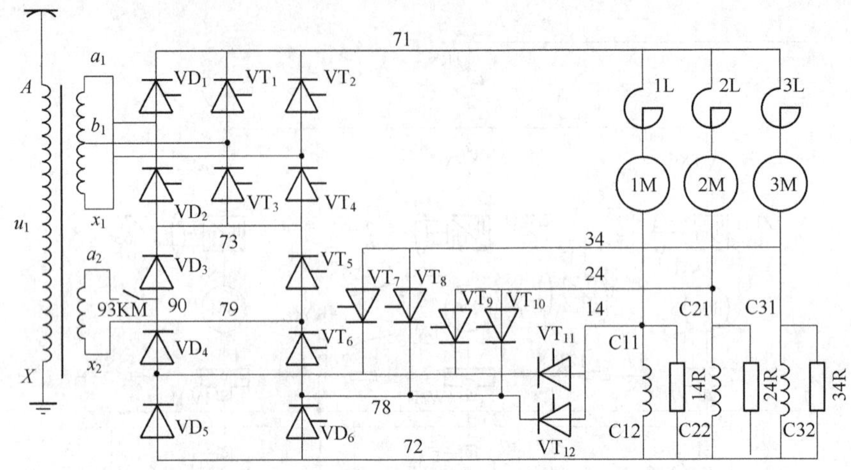


图 3.32　$SS_{9G}$型电力机车无级磁削电路原理(一台转向架)

当整流器三段半控桥完全导通或输出电压达到规定值时,为了进一步提高电力机车恒功率运行速度,开始进行磁场削弱。在变压器二次侧电压的正半波,给晶闸管 $VT_8$、$VT_{10}$、$VT_{12}$施加触发脉冲,控制其导通角,改变磁削系数;在变压器二次侧电压的负半波,给晶闸管 $VT_7$、$VT_9$、$VT_{11}$施加触发脉冲,控制其导通角,改变磁削系数。通过不断改变晶闸管的导通角,就可连续调节励磁电流的大小,对励磁绕组实施磁场削弱,直至最小磁削系数为止,达到磁削调速的目的。

5. 主电路的保护电路

相控电力机车的主电路具有完备的保护功能,以避免主电路各设备发生损害,设置有过电压保护、过电流保护、接地保护等保护电路。现以 $SS_{3B}$型电力机车为例,讨论主电路的保护,主电路的保护电路如图 3.33 中粗实线部分所示。

(1)过电压保护

电力机车、EMU 在运行中承受的过电压有外部过电压和内部过电压 2 种形式。

外部过电压也称大气过电压,是指来自于电力机车、EMU 外部的雷电,其电压高达几十万伏以上,它通过接触网线侵入车顶。外部过电压的保护,一般采用伏安特性非常理想的氧化锌避雷器。避雷器安装在车顶上,接在主断路器触头与隔离开关之间,以防止外部大气过电压侵袭。当遭遇雷电侵袭时避雷器放电,相当于接触网对地短路,通过钢轨及回流母线,短路电流被送入变电所,将会引起牵引变电所开关跳闸,切断接触网供电以保护此区段中运行的所有电力机车。$SS_{3B}$型电力机车均采用 Y10W－42/105 TD 型避雷器,标称放电电流 10 kA、额定电压为 42 kV、残压≤105 kV。

内部过电压是指电力机车、EMU 车载电器设备工作时产生的冲击电压,如主断路器的开闭、各种电气开关的分合、整流器元件的换相等,都会危及电力机车电气设备的安全运行。抑制内部过电压,采用在主变压器二次侧各牵引绕组两端跨接 R－C 吸收电路,可以有效地吸收过电压。$SS_{3B}$型电力机车 R－C 过电压吸收电路参数为:保护电阻 1、2、3、4ZBR 阻值 2.5 Ω、功率为 1.2 kW,吸收电容 1、2、3、4ZBC 容量为 6 μF、1.5 kV,可将二次侧过电压峰值抑制在6%以下。

(2)过电流保护

电力机车在运行中,主变压器绕组匝间短路、硅整流元件支路击穿、牵引电动机环火等故障时有发生,严重影响机车的安全运行,必须要采取措施进行过电流保护。

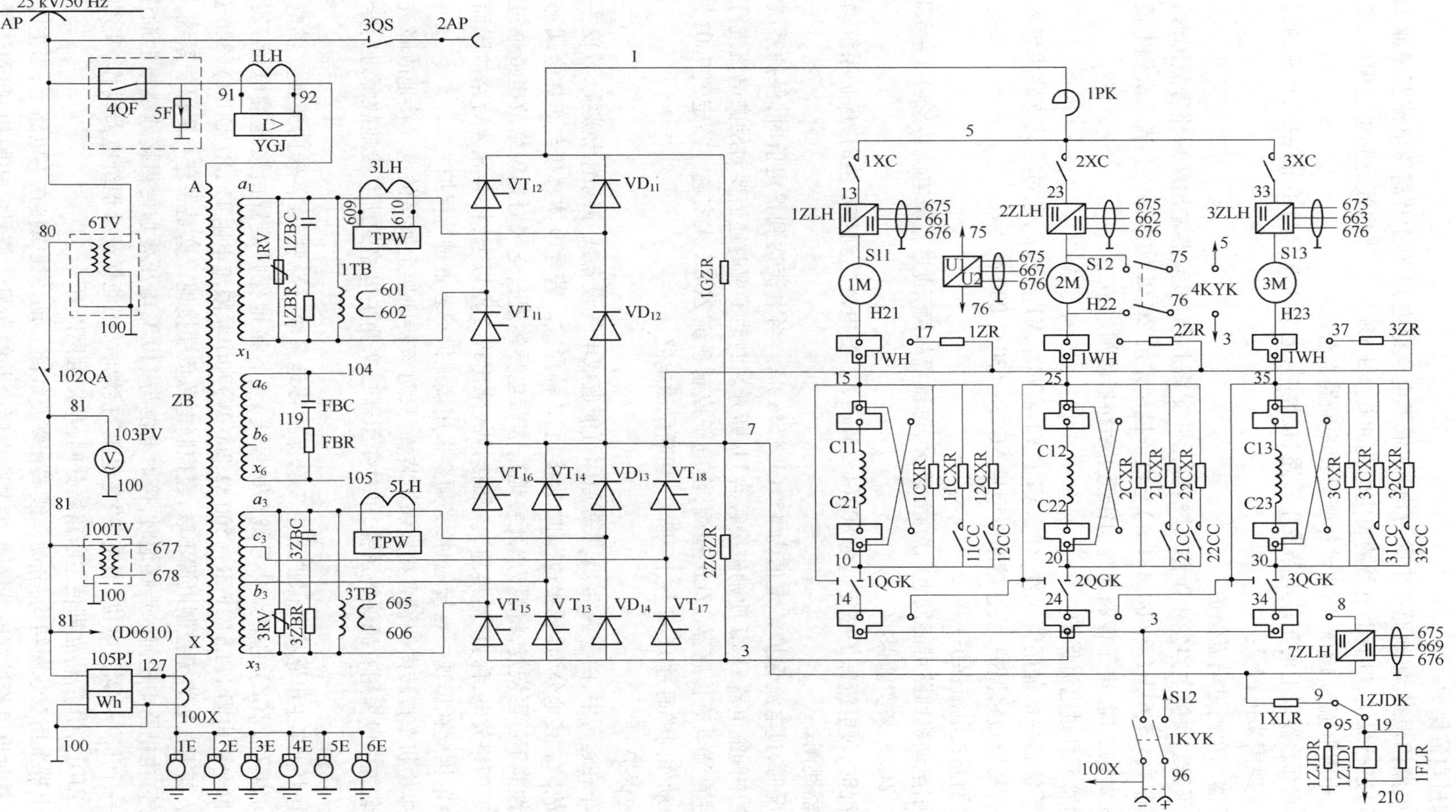

图 3.33 $SS_{3B}$型电力机车主电路的保护电路（一台转向架）

① 网侧过电流保护

对网侧电路因短路、接地而产生的过电流，依靠电流继电器 YGJ 及高压电流互感器 1HL（变比 200/5）进行保护，电流继电器的整定值为 400（1 ± 5%）A。当电流达到整定值时，电流继电器动作，相应电流为 10 A，YGJ 动作吸合使主断路器分闸。

高压电流互感器以上的车顶电路发生短路、接地时，电力机车自身不能保护，只有通过牵引变电所开关跳闸来进行保护。

② 变压器二次侧过电流保护

当主变压器二次侧电路发生短路、硅整流元件支路击穿、整流器输出端短路等故障时，通过电流互感器 3、4、5、6LH（3 000 A/1 A）与电子控制系统 ZGZK 实施保护。当二次侧电流达到 3 000（1 ± 2%）A 时，电子控制系统动作使主断路器跳闸。

③ 晶闸管元件过电流保护

对于主整流器中的晶闸管元件 $VT_{13}$、$VT_{14}$、$VT_{23}$、$VT_{24}$、$VT_{17}$、$VT_{18}$，通过在其支路中串入快速熔断器进行桥臂短路保护，快速熔断器型号 NGT3 - 630/1 000 V。

④ 直流回路过电流保护

对于牵引电动机回路可能发生的短路、环火、过载等故障，通过直流电流传感器 1 - 6ZLH 进行检测，由 ZGZK 来实施保护。

牵引工况时，过电流保护整定值为 800（1 ± 5%）A。当电流达到整定值时，保护系统动作将使主断路器跳闸。

制动工况时，过电流保护整定值为 450（1 ± 5%）A。当电流达到整定值时，保护系统动作，通过励磁中间继电器 LCZJ 使励磁接触器 LC 断开。制动工况时还需要对励磁电流进行过流保护，通过直流电流传感器 7ZLH 检测，由电子控制系统 ZGZK 来实施。整定值 700（1 ± 5%）A，保护动作同样通过 LCZJ 使 LC 断开，切断励磁电路。

（3）接地保护

电力机车在运行中，由于振动、摩擦等原因可能造成电气设备或导线绝缘破损，致使主电路发生接地故障。接地分为“死接地”和“活接地”2 种形式。若导电体直接与车体金属部位接触或绝缘性能不可再恢复，将视为“死接地”；若带电导体通过空气对地闪络放电或通过绝缘物表面对地闪络放电，称为“活接地”。如接地故障出现 2 点以上，将会导致短路故障而烧损设备和导线，因此在出现一点接地时，必须要采用接地保护装置进行保护。

架控式电力机车按转向架设置接地保护装置，只对该转向架上所属的电气接地故障进行保护。保护装置一般采用有源保护系统，可对变压器二次侧主电路的所有接地故障进行全范围保护。

$SS_{3B}$型电力机车主电路接地保护采用 2 套保护接地系统，分别接在各转向架独立供电电路主整流桥 1ZGZ（2ZGZ）的中点 7 号线（70 号线）上。接地保护装置由接地继电器 1ZJDJ（2ZJDJ）、并联分路电阻 1FLR（2FLR）（500 Ω、200 W）和串联限流电阻 1XLR（2XLR）（300 Ω、200 W）组成，与 110 V 直流控制电源串联，经控制电源负端接地。这是一套有源保护系统，除网侧电路以外，主电路中任何一点接地时，接地电位与 110 V 电压叠加使得接地继电器动作。因为有源是一个 110 V 固定电位，即使在“零电位”接地时，仍能保证接地继电器动作，实现全区域性保护，ZJDJ 动作后将立即使主断路器分闸，与接触网断开。

接地继电器采用双线圈结构，分动作线圈和恢复线圈。动作线圈接在主电路上，当主电路发生接地时，接地电流流过继电器线圈，使其得电吸合并触动显示信号机构脱扣，起到信号记忆作用;恢复线圈装在信号机构中,由控制电路供电,操作恢复线圈得电动作,可消除信号记忆,使信号机构复原(复位)。

$SS_{3B}$型电力机车主电路接地保护系统,在制动工况同时可对制动电路与励磁电路进行保护。接地保护系统原理如图 3.34 所示。

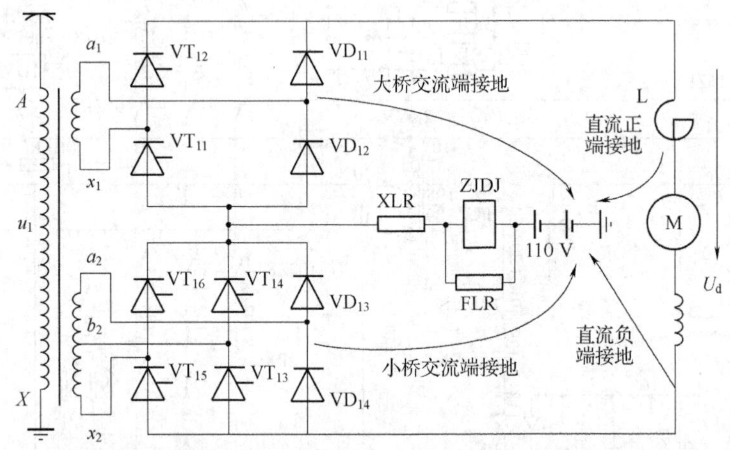

图 3.34 $SS_{3B}$型电力机车主电路接地保护系统原理

机车在运行中,若出现接地故障无法消除和处理,在确认只有一点接地时,可以通过主接地故障转换开关 1ZJDK 或 2ZJDK 转向"故障位"运行,即切除了相应的接地继电器,通过高阻值接地电阻 1ZJDR 或 2ZJDR(15 kΩ)形成固定接地点,机车在"故障位"运行时已无接地保护,要求司机必须加强巡视,以便在发现意外情况时立即为采取措施,断开主断路器,防止故障扩大。

### 3.6.2 辅助电路分析

电力机车辅助电路是为机车各辅助设备提供工作电源的电路,其能耗是机车自用电部分,不产生牵引力。辅助设备采用异步电动机拖动,既需要单相供电,也需要三相供电。电力机车辅助电路分为电源电路、负载电路和保护电路 3 部分。

国产主型相控电力机车习惯于采用旋转机组式劈相机,提供三相工频交流电源。辅助供电具有如下特点:

- 电源取自主变压器辅助绕组,电压波动较大,一般在额定值的 -24% ~16% 之间变化;
- 由劈相机实现单—三相供电系统,供电电压、电流呈三相不对称供电特性;
- 由于主变压器辅助绕组与牵引绕组之间不可能完全去耦,故辅助电源受相控调压影响,存在着高次谐波分量。

$SS_{3B}$型电力机车(12 轴)辅助电路原理如图 3.35 所示。

1. 电源电路

$SS_{3B}$型电力机车辅助电源取自主变压器绕组 $a_6-b_6-x_6$,其中 $a_6-b_6$ 额定电压为 220 V,$a_6-x_6$ 额定电压为 380 V。$a_6-x_6$ 经库用转换开关 3KYK、过流继电器 FGJ 后单相输送。

机车在车库内,可通过辅助电路入库插座 FCZ,引入车库的 380 V 单相或三相电源,将库用转换开关从运行位倒向库用位,辅助电路就可工作。若库内引入的是单相电源,

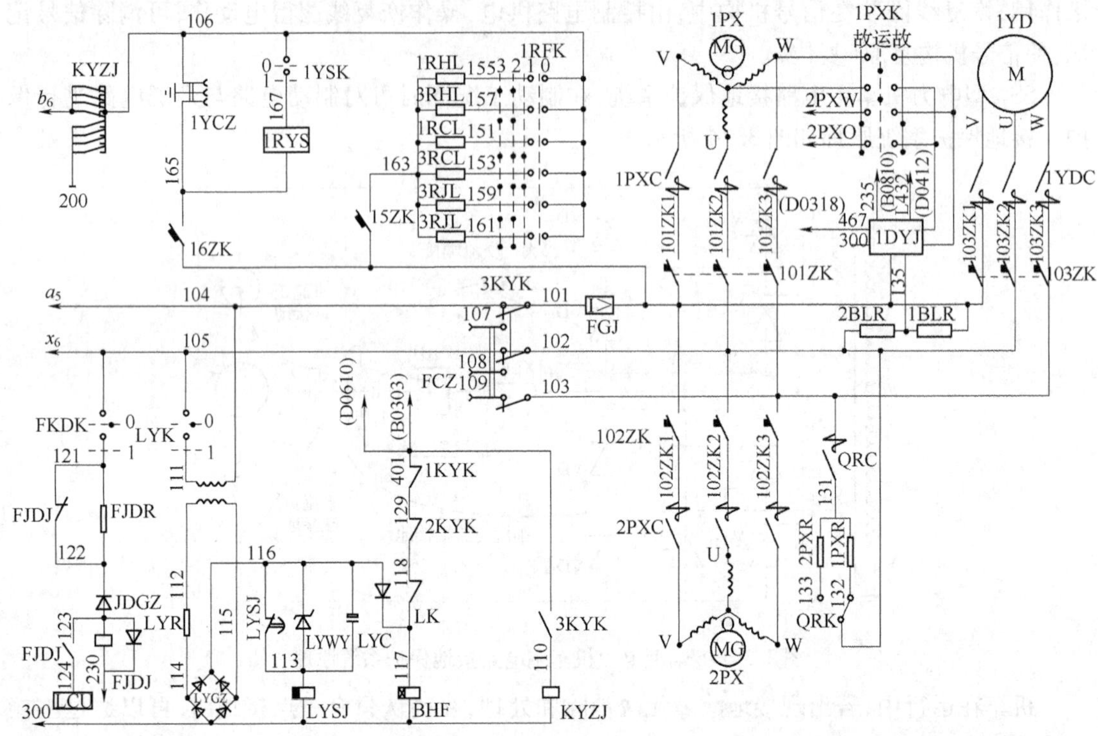


图 3.35 $SS_{3B}$型电力机车辅助电路原理

则需要启动劈相机供电；若库内直接引入三相电源，则不需要起动劈相机就可开启其他辅助机械。

电力机车的主要辅助设备均由三相异步电动机拖动，其电源通过劈相机 1PX、2PX，将单相交流电源转换为三相交流电源，通过接触器 1PXC、2PXC 控制劈相机的运转。劈相机是单相异步电动机与三相发电机的组合，起动时必须要借助于起动电阻（1PXR 或 2PXR，阻值 0.79 Ω）进行分相启动，起动电阻由接触器 QRC 控制。1PXR、2PXR 互为备用，通过故障转换开关 QRK 切换。当劈相机转速达到稳定转速（约 1 300 r/min）可结束分相起动。通过监测劈相机发电相电压，利用起动继电器 1DYJ 的电压整定来控制切除起动电阻，完成劈相机的分相起动。劈相机起动后，发电相的电压总是与单相电源电压保持固定关系，$U_{OW}=0.55U_{UV}$。起动继电器的动作电压整定值就是按照发电相的电压来确定。当单相电源电压为 380 V 时，发电相的电压 $U_{UV}=380$ V，即动作电压整定值为 209 V。

劈相机设置了 2 台。起动时，一般先起动 1PX，将 1DYJ 通过故障转换开关 1PXK 换接到 1PX，由 1PX 进行电阻分相起动，提供三相电源。当 1PX 起动结束后，2PX 直接在三相电源下起动运转，共同提供三相电源。若劈相机 1PX 出现故障时，通过转换开关 1PXK 将 1DYJ 切换到 2PX 上，由劈相机 2PX 完成电阻分相起动，为系统提供三相交流电源，起动过程与 1PX 相同。

劈相机起动完成后，就可为辅助电路提供额定电压为 380 V 的三相工频交流电源，供给辅助机械装置的拖动电动机，使各辅助机械按照预定的控制方式运转，为机车正常运行提供工作条件。

为了改善劈相机供电系统的三相电源对称性，分别在 1FD、2FD 和 1ZFD ~ 2ZFD 电动机的 D2 - D3 之间接入移相电容器（1 ~ 4）YXC，随电动机作为负载投入，达到随机补偿调节、改善三相电压的对称性。

2. 负载电路

三相负载电路是由拖动辅助机械的辅助电动机组成。辅助设备主要是风机、泵类及电热设备,主要为主变压器、主整流柜、平波电抗器、牵引电动机及制动电阻等提供通风、冷却,为机车提供风源,为司乘人员提供必要的生活环境。

三相负载电路主要是辅助设备驱动电动机的供电回路,由 1YD ~ 2YD($SS_{3B}$型 12 轴电力机车只有 1 台空气压缩机,拖动电动机为 1YD)、1FD ~ 4FD、1ZFD ~ 4ZFD、BFD 和 BD 组成。在选择电器元件时,考虑到辅助电动机工作条件特殊,如工作电源三相电压不对称、网压波动大,操作频繁,需要全电压直接起动,负载中有大电容等因素,故接触器定额按重负载工作制 AC3 选择。

单相负载电路主要是加热元器件,包括司机室侧墙、后墙暖风机、脚炉、电热玻璃等。

3. 保护电路

电力机车辅助电路的保护系统主要由过电压、过电流、接地、零电压和单机过载保护等部分组成。

(1)过电压保护

辅助系统发生的过电压是由系统内电器的开闭操作引起的,属于内部过电压,保护方法与主电路内部过电压保护相同,通过在辅助绕组两端并接 R - C 吸收电路即可。

$SS_{3B}$型电力机车过电压保护采用 R - C 吸收电路,跨接在辅助绕组 $a_6 - x_6$ 之间。R - C 过电压吸收电路由电阻 FBR(5 Ω)和电容 FBC(5 μF)组成。

(2)过电流保护

辅助电路的过电流主要是由于设备过载、电路短路引起的,一般采用电流继电器监控电流的变化。当电流达到电流继电器的整定范围时,电流继电器动作,直接使主断路器跳闸,全车停电对辅助系统进行保护。

$SS_{3B}$型电力机车采用直流继电器 FGJ 作为辅助电路总的过电流保护,其动作电流整定值为 2 800(1 ± 5%)A。过电流时,电流继电器 FGJ 吸合动作,使主断路器分闸断电,同时显示辅助系统过电流信息。

(3)接地保护

辅助电路在运行中与主电路一样,也会出现接地故障,需要进行保护。接地保护原理、电路均与主电路接地保护相似,仍采用有源接地保护系统。设置接地继电器,作为监测与执行元件。

$SS_{3B}$型电力机车采用接地继电器 FJDJ 作为保护元件,接地保护装置接在辅助绕组 $x_6$ 端的 105 号线上,作为固定接地点。辅助接地装置为有源保护装置,保护支路经 110 V 控制电源而接地。因为有源,所以可进行全区域保护。当辅助电路任一点接地时,形成一个接地回路。此时 FJDJ 得电动作,使机车主断路器分闸断电,并在司机控制台上显示接地信号。同时经由接地继电器动合触点接通"自锁"电路,保持接地信号状态。故障经确认后,借助主断路器合闸操作,使恢复中间继电器 FZJ 动断触点连锁断开,即完成解锁,接地继电器恢复,准备下一次保护。

保护支路先经故障转换开关 FJDK 后,再串入限流电阻 FJDR(2 000 Ω),保证接地继电器即使在辅助电路最高对地电位发生接地故障时,也不会发生电流烧损,而 FJDR 电阻所并联的 FJDJ 动断触点是为了提高接地继电器的动作灵敏度,即发生接地的初始瞬间短接了限流电阻,可保证在最低接地电位,甚至于零电位时接地继电器也能可靠动作。支路中的二极管JDGZ作为半波整流使用,因为接地继电器是直流继电器。与继电器线圈并联的二极管为线圈提供续流通路,释放电感能量。

当接地保护自身发生故障不能工作或确定仅有一点"死接地"而不能消除时,通过FJDK切除保护支路,按照故障运行,要求司机严密监视各辅机工作状态。

(4)零电压保护

零电压保护为接触网失电进行保护,以防止供电失压后再送电时可能出现的事故。零电压保护只对失电时间超过1 s的失电现象进行保护,对于失电时间小于1 s,或受电弓高速滑行中出现的短暂离线失电,系统不予保护。一般零电压保护电路还为高压电器柜门连锁装置提供一路工作电源,作为门连锁装置的交流侧保护。

$SS_{3B}$型电力机车零电压保护由监测变压器和零电压时间继电器等组成。变压器LYB(380 V/127 V)用以监测网压,时间继电器作为执行元件,对失压进行判别并实施保护。

LYB经LYK故障开关跨接在主变压器辅助绕组$a_6-x_6$(104、105)上,LYB副边经限流电阻LYR、硅整流器LYGZ整流后输出直流电,零压时间继电器LYSJ为延时释放的直流时间继电器,接触网正常供电时得电吸合,吸合动作后接入稳压管LYWY和保护电容LYC,仅使LYSJ保持一个维持电压(60 V)值,以提高继电器的返回系数,提高零压继电器的保护动作灵敏度。当接触网供电失压且失压时间大于1 s时,LYSJ线圈失电释放,控制机车主断路器分闸,在司机台上显示"零电压"信号,同时还切断控制电路中各辅助机械拖动电动机的控制接触器,使各辅助机械控制回路断开、停止工作。零电压保护采用延时1 s动作,其作用是避免由于受电弓短暂脱弓而引起的误动作。

零电压保护电路同时起到高压室门锁连锁阀的交流保护作用。BHF为高压室门连锁保护阀。司机操作主电路库用转换开关1、2KYK在运行位时,车顶天窗关闭,其连锁开关LK在闭合位时,合上主司机按键开关的钥匙开关,则BHF从控制电路110 V得电,门连锁装置锁闭。当机车由接触网高压供电后,经零电压保护电路向BHF送电,构成BHF的双电源送电状态。一旦出现误操作,虽控制电路切断而高压供电依然存在,可通过交流保护(零电压变压器供电)电路,BHF仍然得电,门锁锁闭,保证了乘务人员不能打开高压电器柜门误入高压室,确保安全。

(5)辅机单机过载保护

为了防止辅助设备在运行中因出现缺相、短路、堵转等引起的过电流,需要对功率比较大、比较重要的辅助设备进行过载保护,在电路中分别设置保护装置。当某一设备发生过载,相应的过载保护装置动作,切断该设备电路中接触器线圈回路,使接触器断开,此设备停止运行。若接触器发生故障(如触点粘连、铁芯卡滞等)无法断开时,辅助设备继续发生过流,再经过5 s延时,保护装置接通主断路器分闸线圈,迫使主断路器跳闸作二次保护。

$SS_{3B}$型电力机车在劈相机、空气压缩机、通风机、制动风机电路中分别设有(1~10)GJZ或自动开关辅机过流保护装置,对这些设备进行独立过载保护。保护装置的电流信号检测均取最大值,故能对缺相、短路等故障起到保护作用。

### 3.6.3 控制电路

相控电力机车控制电路一般由主令电器、各种继电器、接触器、转换开关、保护电器以及电源等组成。主令电器主要有主、辅司机控制器、按键开关、按钮等;继电器主要有中间继电器、时间继电器、电压继电器、电流流继电器、压力继电器等；接触器有交/直流电磁接触器、电空接触器等；转换开关有电源开关、故障转换开关、功能转换开关、测量转换开关等；保护电器有熔断器、自动空气开关、电压控制器等；电源有 DC110 V 稳压电源、备用蓄电池电源、DC5 V/15 V/24 V 电源。

控制电路主要由整备、调速、电源、保护、信息显示及照明等部分组成。

主型相控电力机车控制功能基本相同，由于研制年代不同，控制手段差别很大。早期的一些车型主要由采用有触点电器控制，无触点电器应用较少。20 世纪 90 年代中后期生产的电力机车，开始采用计算机控制、LCU 控制。2002 年经规范化设计的 $SS_{3B}$ 型电力机车（固定重联 12 轴），增加了 TCN 网络控制系统，机车内部各控制单元之间采用 MVB 总线（多功能车辆总线），机车重联采用 WTB 总线（绞线式列车总线）进行通信，参与重联的机车通过网关与 WTB 总线建立通信连接，实现同步操控。采用 TCN 网络控制，迎合了现代列车控制技术发展趋势，使得控制电路数字化、软件化，实现以软代硬，简化了控制电路结构，提升了电力机车控制电路的柔性与可靠性。

电力机车控制电路的变化正朝着向无触点化、网络化方向发展，无触点控制、网络控制是在传统有触点控制电路基础上发展起来的，是有触点控制在技术手段方面的升级。在此对常规电器组成的控制电路不做分析，但这部分内容对于初学者了解电力机车的控制原理、功能十分有用，请参阅相关资料自学即可。

$SS_{3B}$ 型电力机车（12 轴）控制回路采用 TCN 分布式网络控制系统。2 节机车之间由各自的中央控制单元 CCU 网关通过网卡及 WTB 总线进行通信，单节机车内部各控制单元之间采用 MVB（多功能车辆总线），各部件通过自带网卡与 MVB 总线进行通信，原电子控制柜改为传动控制单元 DCU（计算机控制柜）。

$SS_{3B}$ 型电力机车（12 轴）网络拓扑图如图 3.36 所示。

1. 中央控制单元 CCU

CCU 负责机车重联控制、车辆总线管理、列车级控制和列车故障诊断。CCU 根据司机的指令以及列车的状态信息，经过逻辑处理后，形成机车控制命令并发布到各个有关的控制单元，将机车运行状态以及故障信息通过司机台显示屏和指示灯屏反馈给司机或维护人员。

中央控制单元（CCU）对外接口由 24 路光电隔离的数字输入（110 V）、24 路继电器数字输出（110 V）、2 路模拟输入和 4 路模拟输出（其中两路预留）组成。

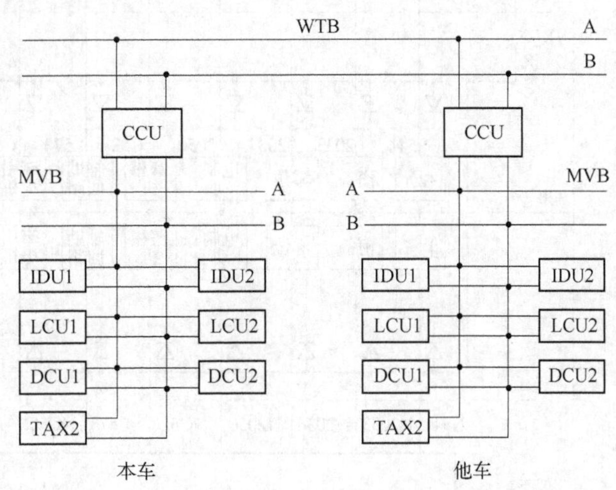


图 3.36 $SS_{3B}$ 型电力机车（12 轴）网络控制拓扑

CCU 接口电路原理如图 3.37、图 3.38 所示。

2. DCU 传动控制单元

DCU 传动控制单元实现牵引控制、加馈电阻制动、防空转/防滑行保护等功能。牵引时有 2 级限压和 3 级手动有级磁场削弱控制，具有故障监控和高、低压自检功能。

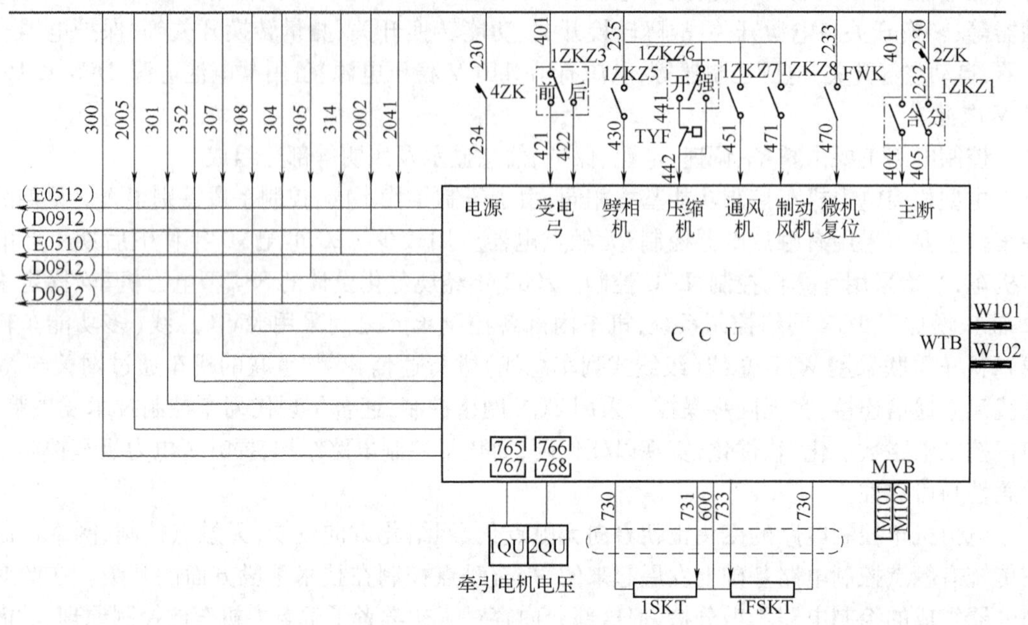


图 3.37　CCU 接口电路原理Ⅰ

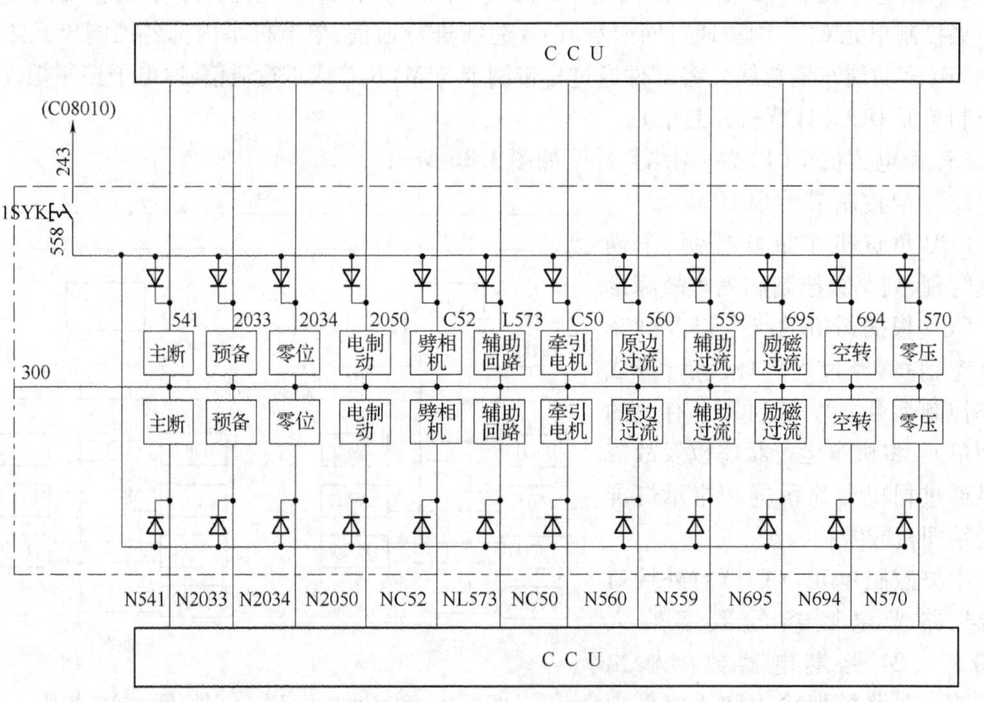


图 3.38　CCU 接口电路原理Ⅱ

每个传动控制单元(DCU)对外接口由 16/8 路模拟输入/输出、32 路光电隔离的数字输入(110 V)、16 路数字输出(110 V)组成,其中 16 路数字输出可由软件编程的 32 路灯显示。

传动控制单元 DCU 电路原理如图 3.39 所示。

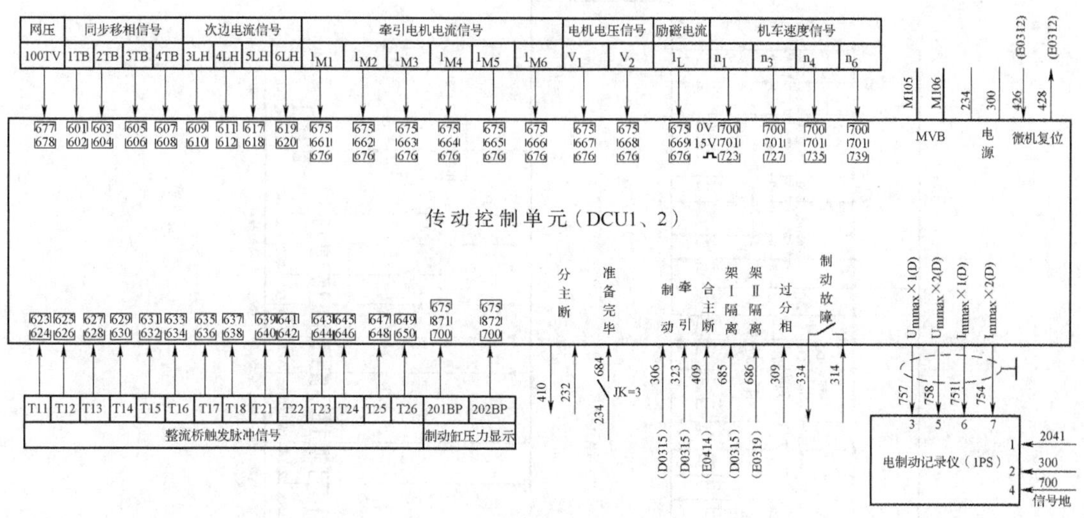


图 3.39 传动控制单元电路原理

3. LCU逻辑控制单元

LCU 就是专用化的 PLC，能够以软件形式代替有触点电路中执行逻辑运算的中间继电器、时间继电器、计数器、定时器等器件，同时具有网络通信功能、自诊断功能，可自检其输入输出通道，亦可检测输出回路的短路状态。在正常情况下通过 IDU 显示主断路器、受电弓和主、辅助系统等设备的运行状态参数，进行实时监控。

逻辑控制单元（LCU）每台装置允许输入信号不少于 60 路，并预留 10 个以上备用输入通道，输出信号不少于 30 路，并预留 5 个以上备用输出通道。

LCU 控制电路原理如图 3.40、图 3.41 所示。

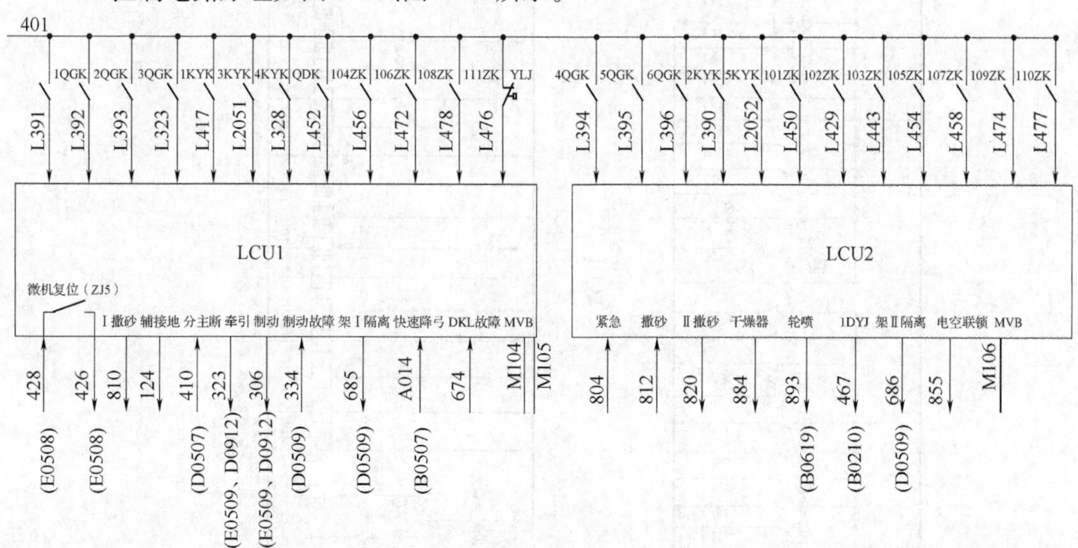


图 3.40 LCU 控制电路原理 Ⅰ

4. IDU 智能显示单元

$SS_{3B}$型电力机车（12 轴）设置有 2 个 IDU。IDU1 显示机车状态信息，主要完成机车参数显示、故障处置提示、故障记录及转储、参数设置等功能，是车载网络系统的显示终端和人机接口；IDU2为列车运行监控记录装置显示终端。按铁道部关于规范化司机室技术要求，显示单

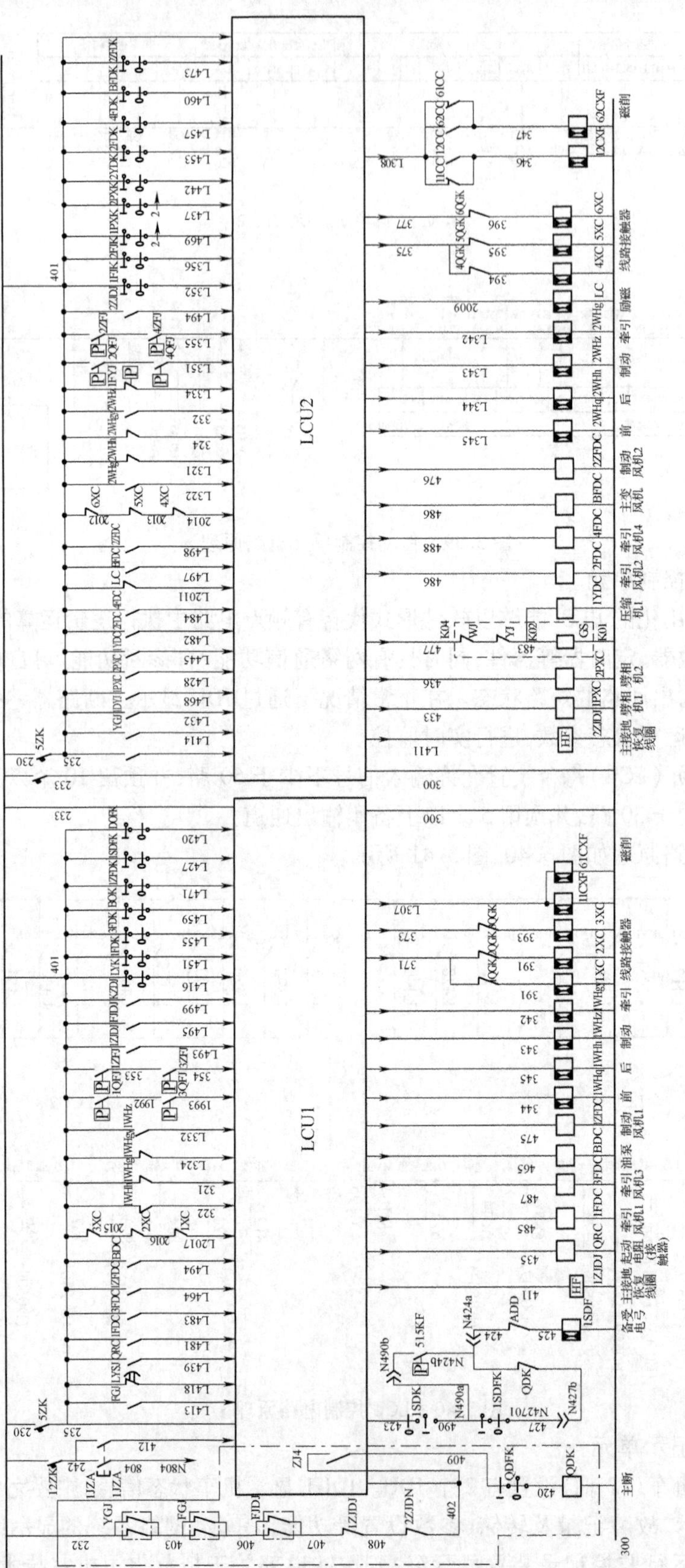


图 3.41 LCU 控制电路原理 II

元发生故障时,IDU1 与 IDU2 能人工切换,优先显示列车运行监控状态参数。

## 思 考 题

1. 分析顺控不等分三段半控型桥式整流电路的组成、调节过程、输出关系及波形。
2. 分析全控与半控桥式整流电路在功率因数方面的差异及原因。
3. 分析影响电力机车牵引特性的主要因素及牵引特性的工作范围。
4. 分析相控电力机车转速、电流双闭环控制系统的组成及控制原理。
5. 分析国产主型相控电力机车的基本(共同)特征。
6. 相控电力机车在三级磁削工况下的主电路分析。
7. 相控电力机车加馈电阻制动作用及电路分析。
8. 相控电力机车接地保护电路的设置、特点及工作过程分析。
9. 主型相控电力机车辅助电路保护系统组成及工作过程分析。
10. 相控客运电力机车磁削电路分析。
11. 功率因数的概念。交—直流传动电力机车提高功率因数的主要措施。
12. 滤波器基波阻抗的性质? 整流负载电路产生谐波电流的特征? 如何减小谐波电流?
13. 在滤波器设计中,滤波电容量如何确定? 补偿无功容量如何分担?
14. 交—直流传动电力机车的主要缺陷及评价指标。
15. 相控电力机车过电压保护过程分析。
16. 相控电力机车中蓄电池的作用有哪些?

# 4 交流传动系统

电气传动技术诞生于19世纪,20世纪初被广泛应用于工业、农业、交通运输和日常生活中。电气传动系统按照驱动电动机的电流制式可分为直流传动系统与交流传动系统。根据负载运行对速度控制的要求,电气传动系统可分为恒速系统和调速系统。长期以来,在调速传动领域内,大多数场合采用直流传动系统。直流电动机为双端励磁的电动机,其磁场电流和电枢电流之间没有耦合关系,呈完全解耦状态,可以独立控制,其起动、调速性能和转矩控制特性都比较理想,动态响应性能良好,一直是平滑调速的主要传动方式。但是,直流电动机受结构方面的限制,转子结构工艺复杂、价格昂贵,而且存在接触式的机械换向器,换向过程非常复杂,在运行中不可避免地产生换向火花,甚至发生环火故障。为了保证可靠、稳定换向,要求电动机各换向片之间的电压不能过高,使得直流电动机的设计容量、最高转速以及高速时的功率利用率都受到限制,已不能适应现代装备高转速、大容量化发展的要求。

20世纪70年代中期暴发的能源危机,致使工业化国家生产成本激增,经济陷入衰退。各国纷纷检讨各自的能源政策,降低能源消耗节约生产成本,节约能源成为人们关注的焦点问题。交流调速技术再次引起人们的重视,被认为是节能降耗的最有效手段之一。首先从耗能较大的设备和传动装置着手,通过调节速度使设备运转在最佳工作状态,达到降耗节能的目的。曾经一般不调速的风机、泵类负载,为了减少无谓的电能损耗,开始采用了交流调速传动,这对交流电动机调速技术的发展及广泛应用产生了巨大的推动作用。

20世纪90年代以来,随着大功率电力电子器件和微电子技术的飞速发展以及现代控制理论和控制技术的应用,交流传动调速技术取得了突破性的进展,促进了工业、交通技术装备的快速发展。

目前,交流传动已经作为一种无可置疑的调速系统,正在需要广调速控制的各个领域发挥着重要作用。容量从数百瓦的伺服系统到数万千瓦级的大功率系统,从工业传动到现代列车牵引传动,从单机传动到多机协调运转,调速范围达到1:10万以上,调速精度可达$10^{-4}$级。发达国家已实现了交流调速产品的系列化,正在逐步取代直流调速系统。发达国家在轨道交通装备牵引动力领域,已完成了直流传动向交流传动系统的转换,研制生产了大批性能优异的机车、动车组。

轨道列车电力传动系统作为电气传动系统的一个分支,过去一直采用直流牵引电动机或脉流牵引电动机。近30年来,随着电力电子技术与大功率变流技术的日渐成熟、控制理论和控制技术的不断完善,以及微机网络控制技术的广泛应用,以三相交流异步笼式电动机为代表的交流传动技术取得了重大突破,在轨道列车电力传动系统中得到了验证与应用。交流传动技术是一门综合技术,其本质特征是牵引电动机采用了三相交流异步笼式电动机,其一系列优点都由此而表现出来。交流传动技术之所以成为现代列车的核心技术,正是由异步牵引电动机的特点和优点所决定的。

交流异步牵引电动机是目前所有电动机中转子结构最简单的电动机,除轴承外没有其他机械摩擦部件,基本处于免维护状态。防潮、防尘、防雪能力很强,具有很好的密封性,具有很高的绝缘性能和耐热等级。因结构紧凑、质量轻、簧下质量小、对轨道的冲击力小,因此其传动系统具有良好的动力学性能。交流异步牵引电动机的转速可达到4 000 r/min以上,试验转速甚至可达7 000 r/min以上,输出功率可达2 000 kW,这是直流电动机望尘莫及的事。

交流异步牵引电动机传动系统与直流牵引电动机传动系统相比,在牵引特性、黏着、效率、可靠性等诸多方面都占有明显优势。交流传动系统效率达90%,直流传动系统效率只有86%。交流传动机车节能8% ~10%。通过调节交流异步牵引电动机的输入频率,可实现大范围的平滑调速,提高列车在高速区的功率利用以及恒功率调速比。交流传动系统具有较硬的自然特性和良好的黏着控制性能,各轴可单独控制,起动黏着系数可达到0.45,全天候牵引黏着系数达0.32。交流传动系统配有完备的微机网络监控系统和故障诊断系统,可随时监视系统的技术状态,使得系统的可靠性很高、维修简便。目前交流传动内燃机车大修周期为160万~180万km,采用状态修,没有中修,机车故障率达到0.12件/10万km。交流传动电力机车的大修周期最高达到400万km,交流传动EMU大修周期也达到480万km。交流传动电力机车的维修费用约为直流传动机车的1/3。

轨道列车属于大功率、广调速的动力装置。根据电能供给形式不同,其交流传动系统分为交—直—交流传动系统和直—交流传动系统两大类型。电力机车、EMU及内燃机车采用交—直—交流传动系统,城轨列车、中低速磁悬浮列车采用直—交流传动系统。

## 4.1 轨道列车交流传动系统组成模式

轨道列车交流传动系统都是以交流牵引电动机为驱动电动机的传动系统,主要由牵引变流器、交流牵引电动机、微型网络控制单元等部分组成。根据电源的供给形式及电源性质,轨道列车交流传动系统将有3种不同的组成模式,即电力机车、EMU交流传动系统,内燃机车、DMU交流传动系统,城轨列车及中低速磁悬浮列车交流传动系统。电力机车、EMU与内燃机车、DMU采用交—直—交传动,城轨列车及中低速磁悬浮列车采用直—交传动。

### 4.1.1 电力机车、EMU交流传动系统

电力机车、EMU为外接能源的动力系统,其交流传动系统主要由主变压器、牵引变流器、交流牵引电动机和控制单元等组成。牵引变压器承担电压变换与电能分配职能,为牵引变流器提供电压合适的交流电能。牵引变流器担负着交—直变换与直—交变换职能,由网侧变流器、中间直流环节和负载侧变流器组成。四象限脉冲整流器将单相交流电整流为直流电,经中间直流环节滤波处理,为逆变器提供稳定平直的直流电。逆变器将平直的直流电变换VVVF三相交流电,为牵引电动机提供电压频率均可调节的三相等效正弦电压,实现对其转矩、转速进行控制。牵引电动机一般采用三相异步笼式电动机,将三相交流电能转换为机械能从转轴上输出,驱动动轴旋转,在轮轨间产生牵引力,驱动列车运行。

电力机车、EMU交流传动系统工作原理如图4.1所示。

牵引时,通过受电弓将单相高压交流电能从接触网引入车内,经主变压器降压后供给牵引变流器,进行AC-DC-3AC变换,为牵引电动机提供三相VVVF电源。异步牵引电动机将电能转化成机械能产生牵引力。电气制动时,牵引电动机吸收列车蕴藏的惯性机械能并将其转换成三相交流电能,由变流器完成3AC-DC-AC变换。单相交流电通过主变压器升压后回馈到接触网,供其他列车使用。电力机车、EMU交流传动系统工作过程如图

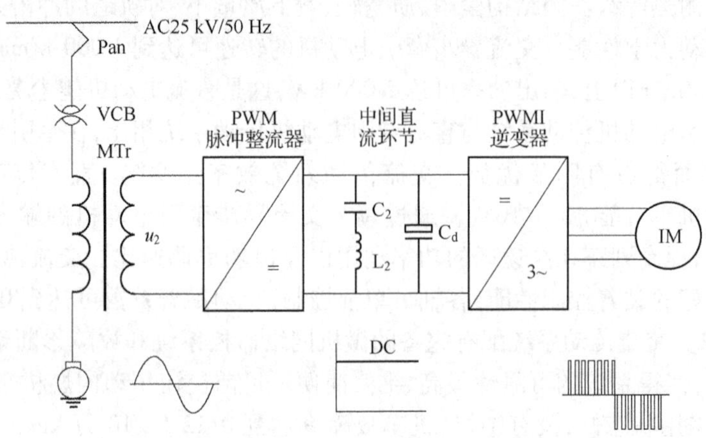


图 4.1　电力机车、EMU 交流传动系统工作原理

4.2 所示。

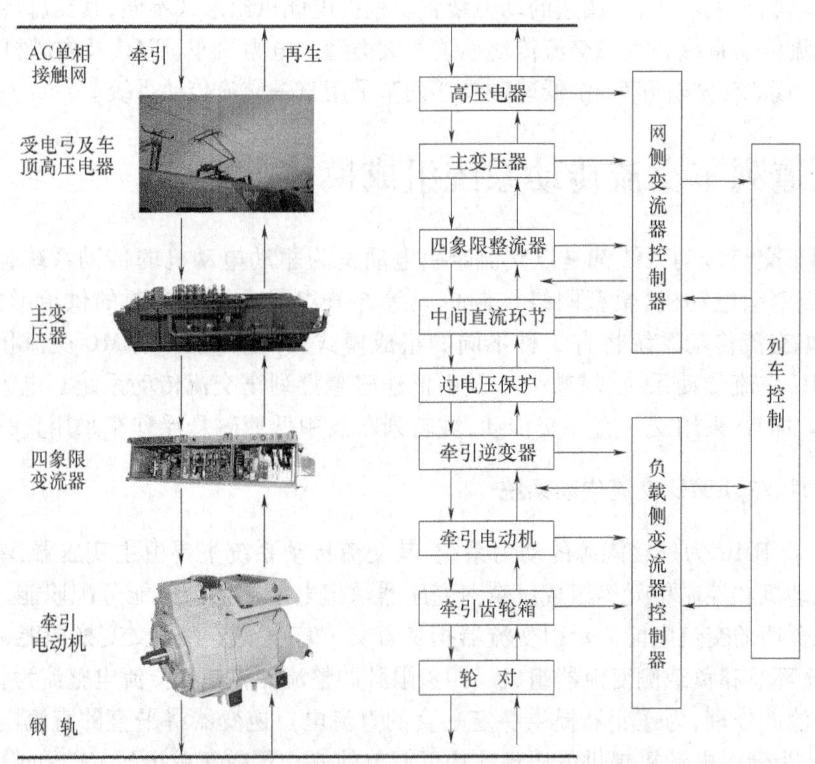


图 4.2　电力机车、EMU 交流传动系统工作过程

电力机车、EMU 交流传动系统属于外供电能、恒电压供电的交—直—交流传动系统，一般采用架控方式或轴控方式，采用 TCN 网络控制系统，功率因数接近于 1。中间直流电压稳定、波动小。电气制动采用再生制动方式。

从 20 世纪 90 年代开始，发达国家已全部采用交流传动控制技术，相继出现了许多性能优良的电力机车、EMU。目前交流传动电力机车、EMU 的技术研究中心在西欧，关键技术主要集中在西门子公司、阿尔斯通公司、庞巴迪公司和 ABB 电气集团手中。

### 4.1.2 城轨列车及中低速磁悬浮列车交流传动系统

城轨列车及中低速磁悬浮列车属于外供直流电能的直—交流传动系统，主要由受流装置、滤波电感、牵引逆变器、牵引电动机、制动电阻及控制单元等组成。直流电源通过受电弓或第三轨从电网经高速断路器等高压电器引入车内，由电抗器滤波后产生稳定平直的直流电，将其送入牵引逆变器。在传动控制单元控制下，逆变器将输入的直流电能变换成 VVVF 的三相等效正弦交流电，供给异步牵引电动机，将电能转换为机械能，并对异步牵引电动机的转矩、转速进行控制，满足列车牵引需要。城轨列车交流传动系统如图 4.3 所示。

城轨列车及中低速磁悬浮列车作为城市公交的一部分，主要运行于市区或近郊区，行车密度很高，一般采用 DC750/1 500 V 电网供电。运行中起动、制动频繁，加、减速度大，电网电压波动范围较大。城轨列车运行为间歇式，传动系统工作定额不采用持续定额，一般采用小时制定额。电气制动优先采用再生制动，也可通过电阻吸收制动能量。

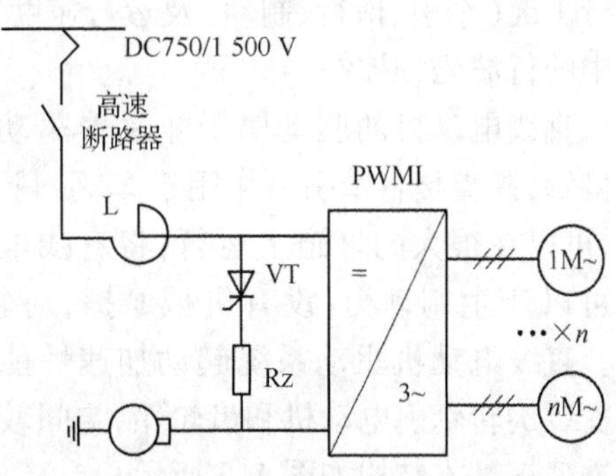


图 4.3 城轨列车交流传动系统（黏着）

城轨列车主要采用异步交流牵引电动机，存在旋转式和直线式 2 种结构形式，但其牵引性质不同。旋转式电动机驱动系统为黏着牵引，直线电动机驱动系统属于非黏着牵引。

1. 采用旋转式牵引电动机驱动的直—交流传动系统

旋转式牵引电动机驱动的城轨列车，走行部结构与 EMU 相似，采用再生制动与电阻制动结合的动力制动形式。牵引性质与普通机车、动车组一样属于黏着牵引，牵引、制动运行时受到轮轨间黏着条件的限制。牵引运行时，接受外供的 DC750/1 500 V 电能，通过电感稳流滤波后供给牵引逆变器，将直流电变换为 VVVF 三相等效正弦电压，输入到牵引电动机，完成电能 - 机械能转换并实现输出转矩、转速控制，驱动列车运行。制动时，优先采用再生制动。当再生电能接收有问题或电网电压波动异常时，立即转入电阻制动。

2. 采用直线电动机驱动的直—交流传动系统

在城轨交通中，特别是地铁列车，采用直线电动机驱动是一种新的结构形式，走行部结构及牵引性质不同于 EMU，牵引电动机的定子、转子呈直线状，分别布置于转向架和轨道上，属于非黏着牵引，它可有效降低噪音、减小振动与磨耗，降低列车高度，减小土建施工量，有利于提高运营经济性。

直线电动机分为直线同步电动机和直线感应电动机。直线同步电机 LSM（Liner Synchronous Motor）中，导轨上的转子磁场与列车上的定子磁场同步运行，控制定子磁场的移动速度就可以准确控制列车的运行速度，德国的运捷 TR 和日本的 ML 系统均使用直线同步电动机。直线感应电动机 LIM（Liner Induction Motor）中，转子磁场与定子磁场不是同步运行，故也称为直线异步电动机。城轨列车及中低速磁悬浮列车一般使用直线异步电动机驱动。

直线电动机结构相当于将旋转电动机切割展开成直线状。直线异步电动机的初级（电枢），相当于把异步旋转电动机的定子切开、拉直。在轨道上包覆的铝板，相当于旋转电动机的鼠笼或杯形转子也被切开、拉直。一般城轨交通采用的直线异步电动机（LIM）定子（初级线圈)设置在车辆上,转子(次级线圈)设置在轨道上的感应板内。直线异步电动机的结构原理如图4.4所示。

在直线异步电动机的定子三相绕组中通入频率和电压均可调节的三相交流电,气隙中将产生速度和运动方向都可改变的行波磁场。行波磁场切割轨道上的铝板,将在铝板中产生感应电流。此感应电流与气隙中的行波磁场相互作用,产生电磁力反作用于定子系统,产生直线电动机的驱动力,驱动列车运行。列车的运行工况(牵引、惰行、制动)及运行速度完全由定子绕组中的行波磁场控制。

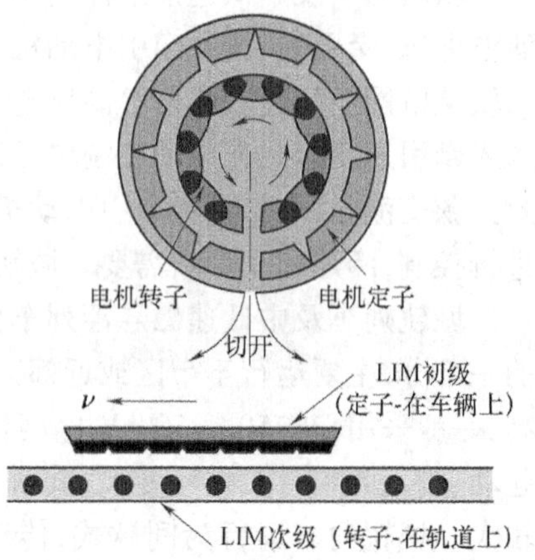

图4.4 直线异步电动机结构原理

直线电动机的驱动属于非黏着驱动,不需要与轨道接触,并直接将牵引力作用于车辆,只要驱动力足够大,可以在很大的坡道上运行;将直线电机反向驱动,也可以产生制动力,没有机械摩擦,对轨道不产生磨损。直线电动机驱动系统起动加速性能好,转向架上不安装旋转牵引电动机和齿轮箱,空间较大,易于采用径向转向架等技术。直线电动机驱动的地铁列车基本结构如图4.5所示。

图4.5 直线异步电动机驱动地铁列车的基本结构

直线电动机驱动列车依靠轮轨导向,安全可靠,可有效降低列车地板面高度,减小列车横断面尺寸。可以减小限界尺寸,减少站场及隧道土建规模,降低工程投资。轨道结构简单,磨损小养护维修方便,运营费用低。直线电动机驱动系统噪声低、振动小,是一种绿色环保的驱动方式,已被广泛应用于城市轨道运输。但是,它也存在着一些不足,主要体现在效率没有旋转电动机高和调整复杂等方面。直线电动机气隙比旋转电动机大,其传动效率一般为70%左右,而旋转电动机本身与驱动系统的总效率在90%左右;由于存在轮轨磨耗等因素,直线电动机驱动的车辆转向架需要设置复杂的调整机构,适时地调整气隙。

3. 中低速磁悬浮列车交流传动系统

磁悬浮列车是车体在磁场悬浮状态下采用直线牵引电动机驱动的一种列车形式。磁悬浮列车主要有推斥式、吸力式 2 种"悬浮"形式。推斥式是利用 2 个磁铁同极性相对而产生的排斥力使列车悬浮起来,这种磁悬浮列车车厢的两侧安装有磁场强大的超导电磁铁,车辆运行时,这种电磁铁的磁场切割轨道两侧安装的铝环,致使其中产生感应电流,同时产生一个同极性反磁场,并使车辆推离轨面在空中悬浮起来。但是,静止时,由于没有切割电势与电流,车辆不能产生悬浮,只能像飞机一样用轮子支撑车体。当车辆在直线电动机的驱动下前进,速度达到 80 km/h 以上时,车辆就悬浮起来了。吸力式是利用 2 个常导电磁铁异性相吸的原理,将电磁铁置于轨道下方并固定在车体转向架上,二者之间产生一个强大的磁场,并相互吸引时,列车就能悬浮起来,悬浮的气隙较小,一般为 10 mm 左右。吸力式磁悬浮列车无论是静止还是运动状态,都能保持稳定悬浮状态。中低速磁悬浮列车主要采用吸力式。

吸力式磁悬浮列车主要由悬浮系统、导向系统和推进系统组成。悬浮电磁铁采用常导电磁材料,安装在转向架上,形成车厢的第一系支撑。每台转向架有 2 个悬浮模块,分别安装了 4 只电磁铁和 1 台直线异步电动机。每个悬浮模块上的 4 只电磁铁组成 2 个支承单元,分别用 2 个斩波器和 1 套悬浮控制器实施悬浮控制,2 个独立控制的电磁力分别作用在模块两端的1/4 处。气隙传感器安装在悬浮模块最外侧 2 只电磁铁的磁极端部。中低速磁浮列车推进系统采用直线异步电动机 LIM 驱动的直—交流传动方式,LIM 一般采用短定子、长转子结构。吸力型磁悬浮列车基本组成及工作原理如图 4.6 所示。

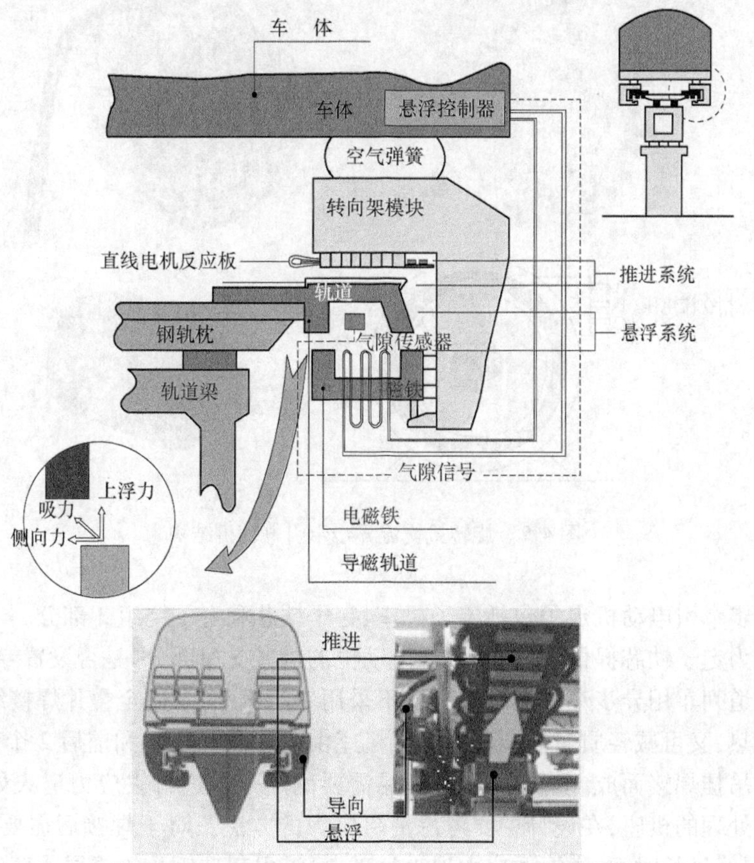


图 4.6 吸力式磁悬浮列车传动系统基本组成及工作原理

## 4.2　交流异步牵引电动机变频调速

目前,在轨道列车交流传动领域,牵引电动机一般采用三相交流异步笼式电动机,具有结构简单、运行可靠、单位质量功率大、特性硬等特点,是很有发展前途的一种交流牵引电动机。其单位质量功率指标一般为0.68 kW/kg左右,最高达0.75 kW/kg(日本新干线300系动车组用牵引电动机的额定功率为300 kW,质量不足400 kg),该指标远高于直流牵引电动机的0.33 kW/kg和交流同步牵引电动机的0.5 kW/kg。

变频调速通过调节输入电源频率,改变旋转磁场同步转速,实现平滑调节转速。

### 4.2.1　交流异步牵引电动机结构与工作原理

交流异步牵引电动机有旋转式和直线式2种结构,其工作原理与普通三相异步电动机基本相同。

1. 交流牵异步引电动机结构

交流异步牵引电动机的结构主要由定子(初级)、转子(次级)及气隙3部分组成,其结构用材、工艺过程等与普通三相异步笼式电动机存在一些差异。旋转式交流牵引电动机结构如图4.7所示,直线式异步牵引电动机结构如图4.4所示。

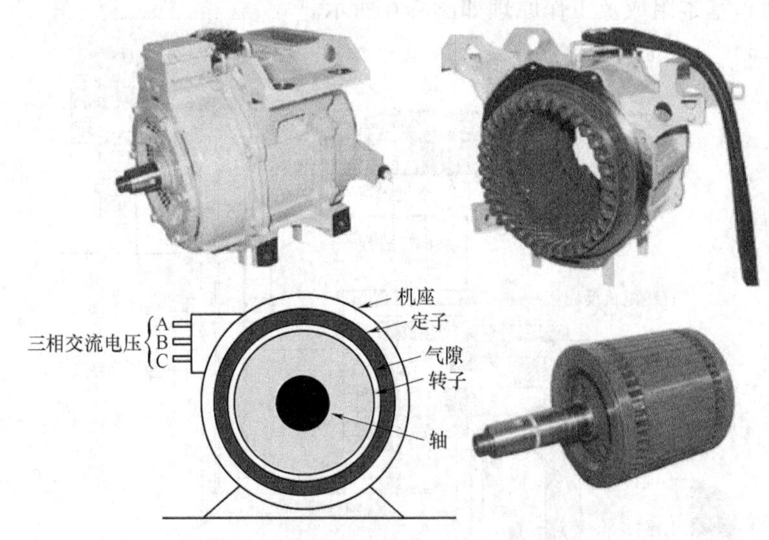


图4.7　旋转式交流异步牵引电动机结构

(1)定子

旋转式异步牵引电动机定子包括定子机座、定子铁芯和定子绕组3部分。

定子机座为定子铁芯提供安装空间,是电动机的机械支撑部分,是否设置专门安装机座视需要而定。轨道列车用异步牵引电动机一般不采用专门机座,采用全叠片焊接结构机座,这样既可有利于散热,又可减轻质量。全叠片焊接机座由铁芯冲片叠片和前后2个铸钢压板(圈)通过支撑板和吊挂焊接而成。焊接后根据产品需要确定是否进行去应力退火处理,对于焊接后不进行退火处理的机座,在设计中要考虑消除应力的方法。对于焊接后需要进行退火处理的机座,由于要经过长时间、高温去应力退火处理,可能引起硅钢片绝缘层的蒸发,所以定子冲片绝缘层应采用能耐高温的有机或无机绝缘涂层,以控制退火后电动机的铁耗。前后压圈和吊挂都采用铸钢材料,保证具有一致机械性能。

定子铁芯是牵引电动机主磁路的一部分,为减少励磁电流和铁芯损耗,铁芯由0.5 mm的低损耗冷轧硅钢片冲片叠成。定子冲片采用窄而深的开口式槽型,用以嵌放定子绕组。

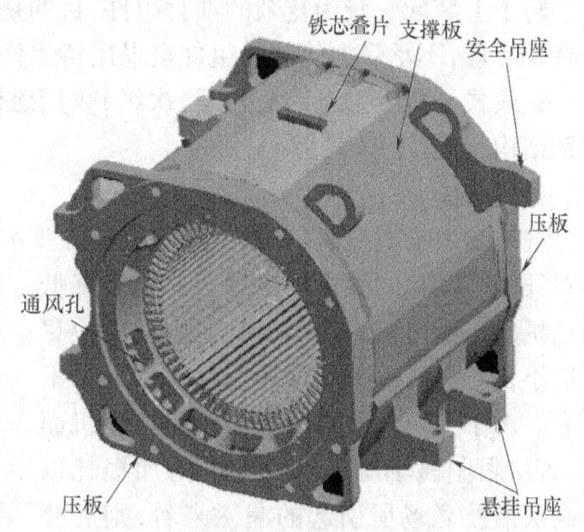


图4.8 异步牵引电动机全叠片式定子结构

定子绕组是牵引电动机的电路部分,其主要作用是感应电势,通过电流以实现能量转换。定子绕组由熔敷薄膜导线绕制而成,采用短距分布式成型双层硬绕组。AX、BY、CZ三相对称绕组按照一定的规律对称地嵌放在定子铁芯槽中。绕组间采用银钎焊焊接,系统可靠性及工艺制造稳定性好。定子整体进行200级绝缘漆真空压力浸渍(VPI)处理。

(2)转子

牵引电动机转子采用铜导条鼠笼式结构,由转子铁芯、转轴和转子绕组组成,如图4.9所示。转子铁芯也是主磁路的一部分,一般由0.5 mm厚的冷轧硅钢片和2个压板叠压而成,然后热套在转轴上,采用过盈配合传递扭矩。转轴的材料为优质合金钢锻造而成,具有较高的强度和抗冲击韧性。为了增大叠片结构的过盈配合面积,满足传递较高的系统短路扭矩的要求,转轴的铁芯部位采用较大的直径。目前,为了预防轴承电流,牵引电动机两端采用绝缘轴承或两端为轴承普通、非传动端用接地电刷。转子前后压板采用球墨铸铁或较为精确的模锻制造。

图4.9 旋转异步牵引电动机转子结构

牵引电动机的转子为笼式结构,笼式转子绕组是一个自行闭合的绕组,它由插入每个转子槽中的金属导条和两端的环形端环构成。笼式转子采用铜条插入转子槽内、再将两端与端环焊接的结构。导条和端环之间采用中频感应钎焊进行焊接,可保证电动机性能参数的一致性,解决了导条与端环的焊接质量问题和转子电阻分散性问题。导条和端环需采用高强度专用合金材料,提高导条和端环的强度,以保证电动机在工作温度下能够抵抗高速旋转时产生的离心力,有效避免运行中因负载急剧变化所产生的断条现象。牵引电动机导条材料采用强度高、性能稳定的高电阻铜合金材料,采用拉制工艺生产。转子端环材料采用高强度的专用合金,通过整体锻造工艺生产,要求具有较小的电阻温度系数,在温度变化时仍有较稳定的电磁性能。若环采用纯铜材料,在转子端环上必须要热套高强度无磁不锈钢护环,护环在电动机热态运行与冷态时不能有较大的变形。如果护环强度不够,在电动机运行过程中可能造成端环护环严重变形,发生定、转子相碰故障。为防止导条在铁芯槽内窜动,导条打入转子槽后,用涨紧工具在铁芯几个部位将导条涨紧。转子组装完成后,需经动平衡检验。

转子上装配有较为复杂的油封组件,目的是防止运行时齿轮箱内润滑油进入电动机。为了减轻质量,不承受力的油封组件全采用铸铝件。

直线式异步牵引电动机转子(次级)采用磁性材料与非磁性材料的复合体,一般为铝板包覆钢结构,设置在轨道上。

(3)气隙

气隙是电动机主磁路的一部分,交流异步牵引电动机在定子和转子之间必须有气隙,其大小对异步电动机的性能影响很大。为了降低电动机的空载电流、提高功率因数,气隙应尽可能小,但气隙过小,将使装配困难和运行不可靠。对于VVVF供电的异步牵引电动机而言,若从限制磁场脉动所引起的附加损耗以及高次谐波磁场所引起的漏磁来看,则需要气隙稍大一点,利用其有利的一面。旋转异步电动机气隙一般为0.2~2 mm,吸力型直线异步电动机的气隙为5~10 mm。

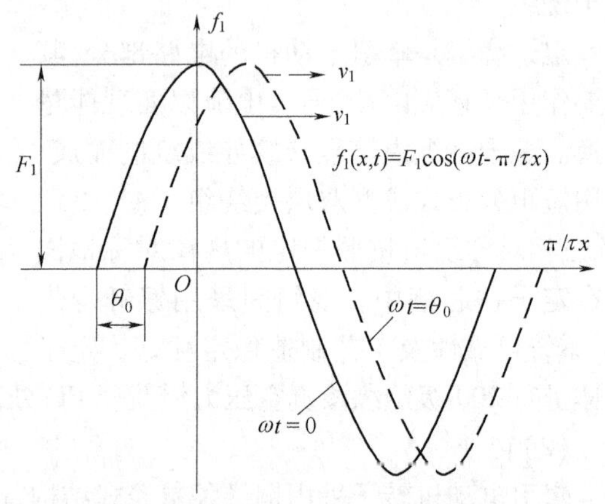

图4.10 行波基波磁势$f_1(x,t)$变化规律

为保证交流异步牵引电动机绝缘结构能承受变频器运行产生的实际电压冲击,采用不低于H级绝缘结构,并对电枢绕组的首末匝进行加强,C(或200)级绝缘具有更高的耐温等级,能进一步发挥交流传动系统的优势。提高温升裕度,有助于延长电动机使用寿命。

2. 交流异步牵引电动机的工作原理

交流异步牵引电动机是利用电磁感应原理,以行波磁场为媒介实现机电能量转换。所谓行波磁场,就是一种极性和大小不变、以某一速度移动的磁场。理论分析与实际证明,在三相对称绕组中通入三相对称电流后将产生行波磁场。行波磁场是基波和各次谐波磁势叠加的合成磁场,只有基波磁场参与能量转换,谐波磁场不参与能量转换。行波基波磁势可由对称的三相基波脉振磁势合成。

$$f_1(x,t)=f_{A1}+f_{B1}+f_{C1}=\frac{3}{2}F_{\phi1}\cos\left(\omega t-\frac{\pi}{\tau}x\right)=F_1\cos(\omega t-\frac{\pi}{\tau}x) \tag{4.1}$$

式中 $F_1$——三相基波合成磁势的幅值,$F_1=1.35Nk_{w1}I/p$。

$\omega$——电源角频率。

$\tau$——定子(初级)绕组的极距。

$x$——定子(初级)绕组表面任意一点到空间坐标原点的距离。

由式(4.1)可知,行波基波磁势是三相基波的合成磁势,它是一个幅值固定沿空间做正弦分布的行波。行波基波磁势的分布规律如图4.11所示。行波磁势$f_1(x,t)$沿空间方向$x$做直线运动,其运动速度(同步速度)可由行波上任意点的移动速度来表示。若取行波幅值点的速度,此时$f_1(x,t)=F_1$,$\cos(\omega t-\pi x/\tau)=1$,行波幅值点的距离与时间关系为:

$$x=\frac{\tau}{\pi}\omega t \tag{4.2}$$

根据式(4.2),可计算出行波基波磁势移动的速度,即同步速度$v_1$为:

$$v_1 = \frac{\mathrm{d}x}{\mathrm{d}t} = \frac{\tau}{\pi}\omega = 2f_1\tau \tag{4.3}$$

由式(4.3)可知,同步速度 $v_1$ 与电流变化频率 $f_1$ 呈正比关系,电流每变化一次,行波将移动 2 倍极距,即 $2\tau$。

旋转式异步电动机的定子内腔为圆形,行波磁势的运动轨迹被限定在圆周长上,所以行波磁势将沿圆周连续推移就形成了基波旋转磁势。对于电源频率为 $f_1$、极对数为 $p$ 的异步牵引电动机,基波旋转磁势的旋转转速(同步转速)为:

$$n_1 = \frac{f_1}{p} = \frac{60f_1}{p}\ (\mathrm{r/min}) \tag{4.4}$$

对于直线异步电动机,行波基波磁场就是工作磁场,其速度就是同步速度 $v_1$。

三相异步牵引电动机的定子(初级)铁芯上嵌有对称的三相绕组,转子(次级)绕组是一闭合(短路)绕组。当三相对称电源接入三相对称绕组后,将在定、转子之间的气隙中建立行波磁场。行波磁场磁力线切割转子绕组导体,在转子导体内产生感应电势,形成电流。转子导体在行波磁场中将受到电磁力的作用,产生一个特定方向的电磁作用力。转子/次级在该电磁力的作用下,将以略低于同步转速或同步速度做旋转或直线运动。此时若转子带有负载,转子将克服负载的阻转矩或阻力,带动负载运动,实现机电能量的转换,这就是三相牵引异步电动机的工作原理。

异步电动机转子导体上之所以能产生电磁作用力,关键是导体与行波磁场之间存在着相对运动,这样才能发生电磁感应,产生电势形成电流,从而产生电磁力。因此,三相异步电动机的转子转速或速度总是略低或略高于同步转速 $n_1$ 或同步速度 $v_1$。如果异步电动机转子转速或速度等于同步转速 $n_1$ 或同步速度 $v_1$,则行波磁场与转子导体之间不再有相对运动,也就不可能在转子导体中感应电势、产生电磁力。异步电动机的转子与行波磁场只能异步运动,异步电动机由此而得名。

对于旋转式异步电动机,气隙磁场的转速 $n_1$ 与转子转速 $n$ 之差值称为转差,用 $\Delta n$ 表示。转差 $\Delta n$ 与同步转速 $n_1$ 的比值称为转差率,用 $s$ 表示,即

$$s = \frac{n_1 - n}{n_1} \times 100\% \tag{4.5}$$

同理,对于直线式异步电动机若将初级固定,行波磁场的速度 $v_1$ 与次级移动速度 $v$ 之差称为速度差,用 $\Delta v$ 表示。速度差 $\Delta v$ 与同步速度 $v_1$ 的比值同样用 $s$ 表示,则有

$$s = \frac{v_1 - v}{v_1} \times 100\% \tag{4.6}$$

转差率是表征感应电动机运行状态的一个重要参量。普通异步电动机的转差率变化不大,额定负载时约为 5%,空载时约为 0.5%。异步牵引电动机的额定转差率一般小于 2%。

在交流传动系统中,有时将转差率换算为转差频率使用更方便。转差频率就是转差或速度差对应的频率,即

$$s = \frac{n_1 - n}{n_1} = \frac{v_1 - v}{v_1} = \frac{f_1 - f}{f_1} = \frac{f_2}{f_1}$$

$$f_2 = sf_1 \tag{4.7}$$

### 4.2.2 交流异步牵引电动机的等效电路与电磁转矩

1. 异步牵引电动机的等效电路

异步牵引电动机的基本方程式由电压、电势、电流或磁势平衡方程组成,它真实地反映了

电动机运行中的各种电磁过程与电磁现象。异步牵引电动机的等效电路由归算后的基本方程式得到，它是电动机的模拟电路，也是交流异步电动机分析计算的基本数学模型，如图 4.11 所示。

$$\dot{U}_1 = -\dot{E}_1 + \dot{I}_1(r_1 + jx_1) = -\dot{E}_1 + \dot{I}_1 Z_1$$

$$\dot{E}'_2 = \dot{I}'_2\left(\frac{1-s}{s}\right)r'_2 + \dot{I}'(r'_2 + jx'_2)$$

$$\dot{E}_1 = \dot{E}'_2 = -\dot{I}_m Z_m$$

$$\dot{I}_1 + \dot{I}'_2 = \dot{I}_m$$

2. 交流异步牵引电动机的机械特性

交流异步牵引电动机的机械特性是指转差率与电磁转矩或电磁力之间的关系，即 $T_{em} = f(s)$ 或 $F_{em} = f(s)$，其机械特性如图 4.12 所示。

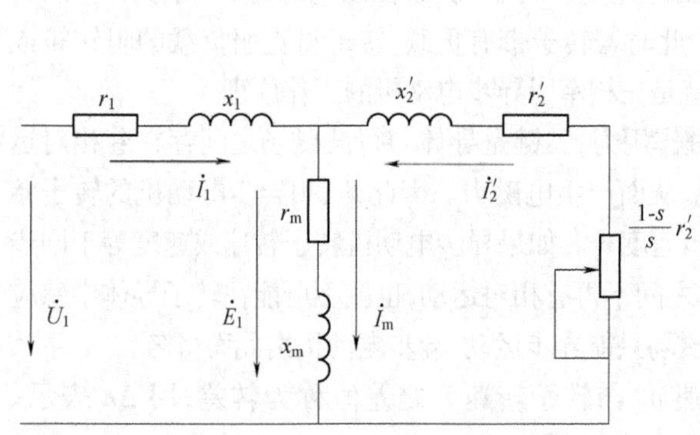


图 4.11 异步牵引电动机等效电路

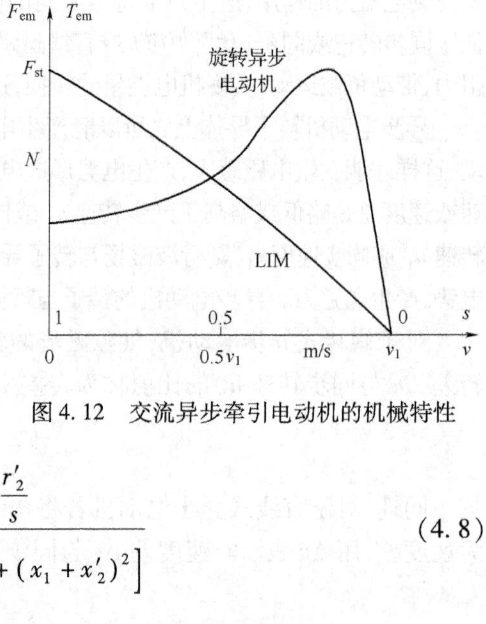

图 4.12 交流异步牵引电动机的机械特性

$$T_{em} = \frac{m_1 p U_1^2 \frac{r'_2}{s}}{2\pi f_1\left[\left(r_1 + \frac{r'_2}{s}\right)^2 + (x_1 + x'_2)^2\right]} \tag{4.8}$$

或
$$F_{em} \approx sF_{st} = \frac{v_1 - v}{v_1}F_{st} \tag{4.9}$$

对于一台已知的旋转式交流异步牵引电动机，当外加电压和频率一定时，电磁转矩是转差率的二次函数。在某一转差率 $s_m$ 时，电磁转矩存在着一最大值 $T_{max}$，称为异步电动机的最大转矩。

对于一台已知的直线交流异步牵引电动机，当外加电压和频率一定时，电磁力与转差率近似呈线性关系。最大电磁力出现在 $s_m \approx 1$ 处，而在高速区内电磁力相对较小，适合牵引要求。

3. 交流异步牵引电动机的电磁转矩

旋转式异步牵引电动机的电磁转矩是关于转差率的二次函数，在 $s = s_m$、$s = 1$ 特定条件下，对应着最大转矩、起动转矩。这些特定条件下的电磁转矩反映了电动机的驱动能力。

(1) 最大转矩 $T_{max}$

由式(4.8)表示的电磁转矩，对转差率求一阶导数并令其等于零，所求得的转矩即为最大转矩,最大转矩对应的转差率称为临界转差率。

$$T_{\max} = \pm \frac{m_1 p U_1^2}{4\pi f_1 \left[ \pm r_1 + \sqrt{r_1^2 + (x_1 + x'_2)^2} \right]} \tag{4.10}$$

$$s_m = \pm \frac{r'_2}{\sqrt{r_1^2 + (x_1 + x'_2)^2}}$$

由于 $x_1 + x'_2 \gg r_1$,可忽略 $r_1$ 的影响得到近似表达式:

$$T_{\max} = \pm \frac{m_1 p U_2^2}{4\pi f_1 (x_1 + x'_2)} \tag{4.11}$$

$$s_m = \pm \frac{r'_2}{x_1 + x'_2}$$

当电动机参数与电源参数已知时,最大转矩与定子绕组相电压的平方呈正比,与定子绕组电流频率的平方呈反比,与转子电阻无关;而临界转差率则与转子电阻呈正比,与定子绕组相电压无关。

对于异步牵引电动机改变定子电压不会影响临界转差率,但对电动机的最大转矩影响较大,最大转矩与输入电压的平方呈比例关系变化。不同定子电压对应的人为机械特性如图 4.13 所示。

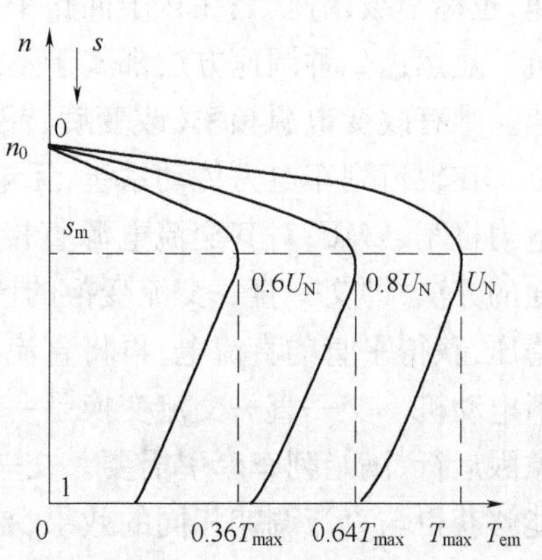


图 4.13 降低定子电压时的人为特性

笼式异步电动机运行时需要有一定的过载能力,以保证拖动系统能够承受负载变化的冲击。将最大转矩与额定转矩之比称为过载能力,用 $K_T$ 表示,即 $K_T = T_{\max}/T_N$。普通异步电动机 $K_T = 1.6 \sim 2.5$,异步牵引电动机 $K_T = 1.1 \sim 5$。

(2)起动转矩

式(4.8)表示的机械特性曲线中,转差率等于 $s=1$(转速等于零)时对应的电磁转矩称为起动转矩:

$$T_{st} = \frac{m_1 p U_1^2 r'_2}{2\pi f_1 \left[ (r_1 + r'_2)^2 + (x_1 + x'_2)^2 \right]} \tag{4.12}$$

当电动机参数及电源参数给定时,起动转矩与定子相电压的平方呈正比,与转子电阻的大小呈正比,而与定转子漏电抗$(x_1 + x'_2)^2$ 呈反比。

增大转子回路电阻值,可以增大电动机的起动转矩,这一点对绕线式转子电动机非常有用,但对笼式转子电动机作用有限。不同转子电阻时的人为特性如图 4.14 所示。尽管异步牵引电动机转子绕组电阻不可改变,其负载能力与起动能力是固有的;但从图 4.14 可得到启示,选择电阻值较大的转子导体材料,适当增大转子导条电阻值有利于提高牵引电动机的负载能力与起动能力。采用高电阻值的转子

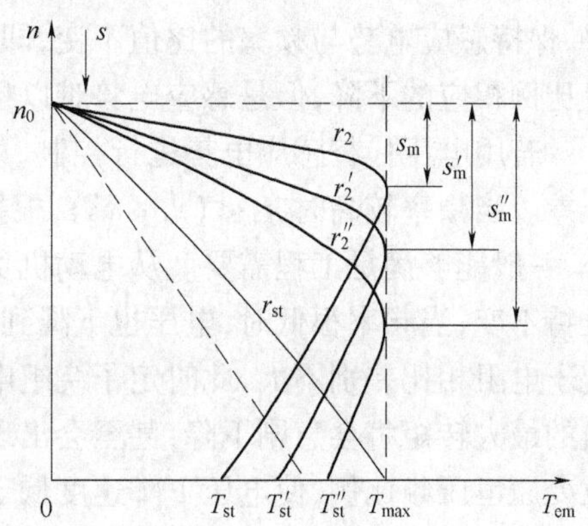


图 4.14 不同转子电阻时的人为机械特性

导条材料是改善牵引电动机起动能力最有效的方法之一。

对于异步牵引电动机,起动能力用起动转矩倍数考量,要求 $K_{st}=T_{st}/T_N>1$。

### 4.2.3 交流异步牵引电动机调速

根据异步电动机的转速公式

$$n=(1-s)\frac{60f_1}{p}$$

可知,可以通过3种方式对异步电动机进行调速,即改变电动机绕组的极对数、改变转差率和改变供电电源的频率进行调速。

改变电动机绕组的极对数调速,就是改变电动机绕组的接法,为有级调速;改变转差率调速,也称串级调速,是在转子回路中串电阻或串入附加电势进行调速,适合绕线转子异步电动机。显然这2种调速方法都属于不改变同步转速的调速方式,不适合于异步牵引电动机的调速。唯有改变电源频率(改变旋转磁场同步转速)调速适合于异步牵引电动机调速。

在轨道列车电力传动系统,无论是自备发电的内燃机车,还是从工业民用电网取用电能的电力机车、EMU,对其交流电源直接进行变频,不能满足列车牵引调速要求,只能采用间接变通的方法,即交—直—交流变换的调速方法。首先将交流电源整流成为直流电源,并通过滤波稳压,获得平直的直流电,再将直流电逆变为三相变压变频的等效正弦波交流电,供给异步牵引电动机。交—直—交流变换是一种先进而复杂的调速方法,能够在电压电流坐标平面内四象限运行,满足列车牵引需要。交—直—交流调速系统具有调速范围广、调速精度高等优点,能够获得与直流调速相同的效果,是最有发展前途的一种调速方法。

对于不同的负载,变频调速可分为恒磁通调速和恒功率调速2种。变频调速时为了使励磁电流和功率因数基本保持不变,希望电动机磁通、过载能力保持不变。在电压未达到限定值之前,按照恒磁通调速。当电压调到一定时只能保持限定值,开始进入磁场削弱状态,按照恒功率调速。

1. 恒磁通调速

根据交流电动机定子绕组感应电势公式

$$U_1\approx E_1=4.44f_1N_1k_{w1}\Phi_m$$

当电源电压一定时,如果降低频率,则主磁通增大,基频(额定频率)以下主磁通增加势必使主磁路过饱和,励磁电流急增,铁芯损耗也相应增加,这是不允许的。为此调频时一定要调节电势,保持感应电势与频率的比值不变,即可保持主磁通不变。随着频率的降低,感应电势也要等比例相应的下降,但是感应电势难以检测与控制。

若用电压代替感应电势进行控制,即保持 $U_1/f_1=C$,对电动机的最大转矩将产生一定的误差。当频率较高时,$r_1\ll(x_1+x_2')$,根据式(4.11)可知,忽略定子绕组电阻所产生的误差较小,一般能够满足工程需要。从电动机负载能力来看,此时电动机的最大转矩及负载能力基本维持不变;当频率很低时,电压也下降到很低,这时电动机漏电抗相应减小了很多,在量值上与定子电阻相比差别不大,此时定子绕组电阻的影响不容忽略。若继续按照恒压频比控制,电动机的最大转矩将会急剧下降,甚至会出现拖不动负载的情况。为此在低频区要改变控制方式,改变原恒压频比例,使电压下降速度低于频率下降速度,相应提高了恒压频比,相当于对电压降进行了补偿,这样可使控制接近于恒电势频率比,使牵引电动机仍保持一定的负载能力。

根据等效电路,电磁转矩可表示为:

$$T_{em}=\frac{P_{em}}{\Omega_1}=\frac{m_1 I_2'^2\frac{r_2'}{s}}{2\pi f_1/p}=\frac{m_1 p}{2\pi f_1}\cdot\frac{r_2'}{s}\cdot\frac{E_1^2}{\left(\frac{r_2'}{s}\right)^2+x_2'^2}=$$

$$\frac{m_1 p f_1}{2\pi}\left(\frac{E_1}{f_1}\right)^2\frac{1}{\frac{r_2'}{s}+s\frac{x_2'^2}{r_2'}} \tag{4.13}$$

在调速时,转差率很小,故有$\frac{r_2'}{s}\gg\frac{sx_2'^2}{r_2'}$

$$T_{em}\approx\frac{m_1 p f_1}{2\pi}\left(\frac{E_1}{f_1}\right)^2\frac{s}{r_2'}=\frac{m_1 p}{2\pi}\left(\frac{E_1}{f_1}\right)^2\frac{f_2}{r_2'} \tag{4.14}$$

由式(4.14)可知,当磁通不变时,即按恒电势频率比控制,电磁转矩与电源频率无关,只与转差频率呈正比关系。若采取措施保持转差频率不变,则电磁转矩将维持恒定,这种调速方法也称恒转矩调速。恒转矩调速特别适合于轨道列车的起动阶段,能够产生恒定的牵引力,起动过程平稳,可获得较大的起动加速度。

对式(4.13)进行处理,可得到以 $f_2$ 表示的电磁转矩公式

$$T_{em}=\frac{m_1 p f_1}{2\pi}\left(\frac{E_1}{f_1}\right)^2\frac{1}{\frac{r_2'}{s}+s\frac{x_2'^2}{r_2'}}=\frac{m_1 p}{2\pi}\left(\frac{E_1}{f_1}\right)^2\frac{r_2' f_2}{r_2'^2+(2\pi f_2 L_{2\sigma})^2} \tag{4.15}$$

令$\frac{dT_{em}}{df_2}=0$,将得到临界转差频率和最大转矩:

$$f_m=\frac{r_2'}{2\pi L_{2\sigma}} \tag{4.16}$$

$$T_{max}=\frac{m_1 p}{2\pi}\left(\frac{E_1}{f_1}\right)^2\frac{1}{4\pi L_{2\sigma}} \tag{4.17}$$

用式(4.15)除以式(4.17)并进行整理,可以得到恒磁通运行时的实用转矩表示式:

$$\frac{T_{em}}{T_{max}}=\frac{2}{\frac{f_2}{f_m}+\frac{f_m}{f_2}} \tag{4.18}$$

对于给定的异步牵引电动机,额定功率 $P_N$(kW)、额定转速 $n_N$(r/min)及过载能力 $K_T=T_{max}/T_N$,在铭牌参数和技术资料中可查到。

在额定状态下,输出转矩 $T_N$ 与电磁转矩 $T_{em}$ 相差较小,即可忽略空载阻转矩 $T_0$ 的影响,近似以输出转矩代替电磁转矩,故实用表达式为:

$$\frac{T_N}{T_{max}}=\frac{2}{\frac{f_{2N}}{f_m}+\frac{f_m}{f_{2N}}}=\frac{1}{K_T} \tag{4.19}$$

式中 $T_N$——额定输出转矩,$T_N=9\,550P_N/n_N$,N·m;

$f_{2N}$——额定转差频率,$f_{2N}=s_N f_{1N}$;

$K_T$——过载能力,$K_T=T_{max}/T_N$。

由式(4.19)可计算出临界转差频率:

$$f_m=f_{2N}\left(K_T+\sqrt{K_T^2-1}\right) \tag{4.20}$$

对比最大转矩 $T_{max}$ 与电磁转矩 $T_{em}$，都是与磁通($E_1/f_1$)的平方成正比，但 $T_{max}$ 与转子电阻无关，仅与转子漏感 $L_{2\sigma}$ 成反比。对给定的电动机而言，$L_{2\sigma}$ 可视为常数。故按照恒定的 $E_1/f_1$ 进行调节时，不同频率 $f_1$ 下最大转矩保持不变，而最大转矩对应的临界转差频率 $f_m$ 将与转子电阻成正比。若忽略集肤效应的影响，转子电阻 $r_2'$ 也为定值，临界转差频率 $f_m$ 值是相同的，其机械特性曲线实际上是一簇平行的直线，如图 4.15 所示。恒定磁通($E_1/f_1$)调速与他励直流电动机调压调速特性类似，可在调频范围内获得不变的过载倍数 $K_T = T_{max}/T_N$；同时其转矩特性较硬，效率较高。

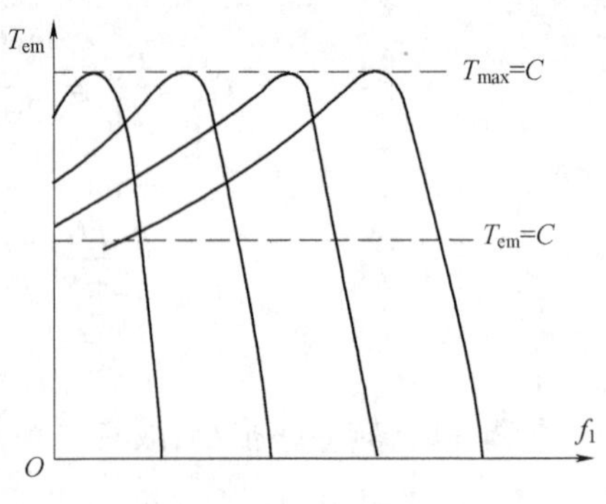


图 4.15　恒 $E_1/f_1$ 控制时的机械特性曲线

当异步牵引电动机恒磁通运行时，定子电流、电压可根据等效电路图 4.11 求出：

$$\dot{I}_1 = \dot{I}_m - \dot{I}_2' = \frac{-\dot{E}_1}{jx_m} - \frac{\dot{E}_1}{r_2'/s + jx_2'} = \left(\frac{-E_1}{f_1}\right)\left(\frac{1}{j2\pi L_m} + \frac{f_2}{r_2' + j2\pi L_{2\sigma} f_2}\right) = \left(\frac{-E_1}{f_1}\right)\left(\frac{r_2' + j(2\pi L_2)f_2}{(2\pi L_m)^2 f_2 - (2\pi L_m)(2\pi L_2)f_2 + j(2\pi L_m)r_2'}\right) \tag{4.21}$$

式中　$L_2$——转子总电感，$L_2 = L_{2\sigma} + L_m$。

式(4.21)表明，$E_1/f_1$ 为定值，定子电流 $I_1$ 只与转差频率 $f_2$ 有关，而与定子电流频率 $f_1$ 无关。若调节时保持 $f_2$ 不变，则在不同的 $f_1$ 下，$I_1$ 的大小及相位都是固定不变的。

异步牵引电动机输入端电压 $\dot{U}_1$ 为感应电势 $\dot{E}_1$ 和定子阻抗压降的向量和，即

$$\dot{U}_1 = -\dot{E}_1 + (r_1 + jx_1)\dot{I}_1 = -\dot{E}_1 + (r_1 + j2\pi f_1 L_{1\sigma})\dot{I}_1 \tag{4.22}$$

由式(4.22)可知，恒磁通运行时，$\dot{E}_1$ 随频率 $f_1$ 直线变化，$\dot{U}_1$ 仅与 $\dot{I}_1$ 和 $f_1$ 有关。又从式(4.21)可知，$\dot{I}_1$ 只取决于转差频率 $f_2$，所以 $\dot{U}_1$ 最终为 $f_1$ 和 $f_2$ 的函数。

对于给定的异步牵引电动机，根据转矩关系利用式(4.19)求出相应的转差频率 $f_2$，由式(4.21)求得相应的电流 $\dot{I}_1$，最后将其代入式(4.22)可得到电动机输入端电压 $\dot{U}_1$。

对应于一定的转差频率 $f_2$，可以求出电动机端电压 $U_1$ 与定子频率 $f_1$ 的函数关系，如图 4.16 中的实线所示，图中虚线表示 $U_1/f_1 = C$。实线与虚线相比较，可以看出为保持在低频区电动机磁通一定时，需要对定子压降进行补偿，补偿量为实线与虚线间的电压差值，即增高的电压值。

需要注意，实际控制时采取以 $U_1/f_1 = C$ 代替 $E_1/f_1 = C$ 的控制方式，将使得 $T_{max} \neq C$。

当输入频率较高时，$r_1 \ll (x_1 + x_2')$，电阻压降相对较小，可忽略不计，故有 $U_1 \approx E_1$、$T_{max} \approx C$，以 $U_1/f_1 = C$ 代替 $E_1/f_1 = C$ 是可行的。

随着输入频率的降低，特别是在低频段，漏电抗($x_1 + x_2'$)变得较小，与定子电阻 $r_1$ 很接近，电阻 $r_1$ 的影响较大，其作用不可忽视，这将使得最大转矩 $T_{max}$ 下降很快，降低了电动机的负载能力。为了保证电动机的负载能力基本不变，需要改变控制策略。恒压频比控制时的机械

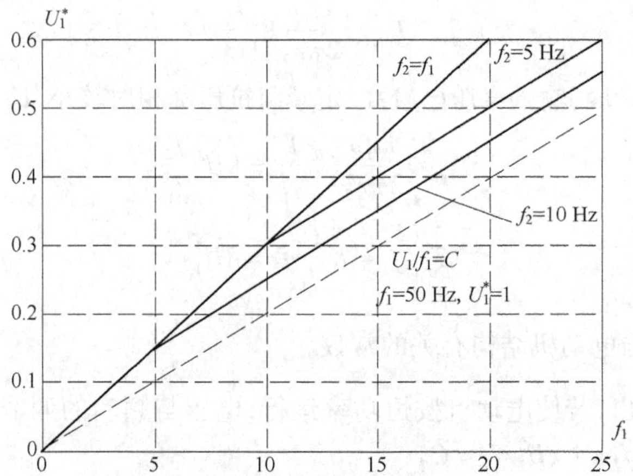


图 4.16　恒磁通控制时电动机端电压与定子频率的关系

特性如图 4.17 所示。在高频段,随着输入频率的降低,电动机的转速也在相应降低,电动机最大转矩基本保持不变,而临界转差频率在增加。当频率下降到很低时,最大转矩也下降很快,如 $f_{14}$ 时最大转矩已降低到了 $T''_{max}$,最大转矩已下降到有可能不足以拖动负载的程度。这时若使 $U_1$ 与 $f_1$ 不再按原高频段的比例变化,适当提高定子电压,对定子压降进行补偿,使 $U_1$ 下降的速度小于 $f_1$ 降低的速度,$U_1/f_1$ 随着频率的下降而有所增大,电动机的最大转矩将会增大到 $T'_{max}$,这样将提高了低频输出时电动机的负载能力,满足在低速状态下牵引负载需要。

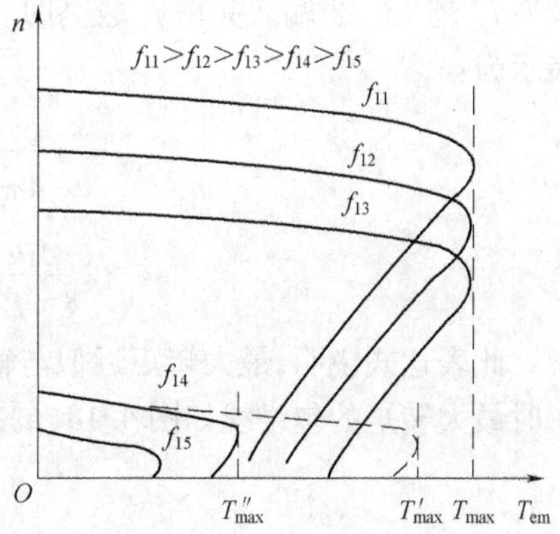

图 4.17　异步牵引电动机恒压频比控制的机械特性

2. 恒功率调速

在恒磁通控制中,随着输入频率 $f_1$ 提高,电压 $U_1$ 也相应提高,牵引电动机的输出功率、转速增大。但电压的提高受到电动机功率或逆变器最高输出电压的限制。一般当输入频率大于基准频率 $f_1>f_{1N}$ 时,电压已提高到一定数值后维持不变,或将继续正比于 $f_1$ 上升一段时间,最终电动机在限定电压下运转,磁通开始减小进入恒功率控制。

根据等效电路(T 型电路),可导出电磁转矩的物理表达式:

$$P_{em}=m_1E'_2I'_2\cos\varphi'_2=m_1E_2I'_2\cos\varphi'_2$$

$$T_{em}=\frac{P_{em}}{\Omega_1}=\frac{m_1p}{2\pi f_1}E'_2I'_2\cos\varphi'_2$$

其中

$$I'_2=\frac{E_1}{\sqrt{(r'_2/s)^2+x'^2_2}}$$

$$\cos\varphi'_2=\frac{r'_2/s}{\sqrt{(r'_2/s)^2+x'^2_2}}$$

交流异步牵引电动机采用闭环控制系统时,转差率 $s$ 很小,$x'_2\ll r'_2/s$,$x'_2$ 的影响可以忽略不计,$\cos\varphi'_2\approx1$,电磁转矩公式可改写为:

$$T_{em} \approx \frac{m_1 p}{2\pi r'_2} E_1^2 \frac{f_2}{f_1^2} \tag{4.23}$$

进入恒功率控制阶段，输入电压已较高，定子阻抗压降相对较小，$U_1 \approx E_1$，故有：

$$T_{em} \approx \frac{m_1 p}{2\pi r'_2} U_1^2 \frac{f_2}{f_1^2} = KU_1^2 \frac{f_2}{f_1^2} \tag{4.24}$$

或

$$T_{em} f_1 \approx K \frac{U_1^2}{f_1} f_2 = KU_1^2 s \tag{4.25}$$

式中 $K = \frac{m_1 p}{2\pi r'_2}$——与电动机结构有关的常数。

由式(4.25)可看出，若使电动机按恒功率运行，电压与频率的调节可采用 2 种不同的方式，即 $U_1 = C$、$s = C$ 和 $f_2 = C$、$U_1^2/f_1 = C$。

(1) $U_1 = C$、$s = C$（输入电压不变、转差率为定值）的调速方式

在此调速方式下，由于转差率 $s = C$，定子输入频率 $f_1$ 越高，相应的转差频率 $f_2$ 和临界转差频率 $f_m$ 越大。当输入频率 $f_1$ 较高时，与电抗相比可以忽略定子电阻 $r_1$ 的影响，则最大转矩可表示为：

$$T_{max} = \pm \frac{m_1 p U_1^2}{4\pi f_1 [\pm r_1 + \sqrt{r_1^2 + (x_1 + x'_2)^2}]} \approx \frac{m_1 p}{8\pi^2 f_1^2} \cdot \frac{U_1^2}{(L_{1\sigma} + L_{2\sigma})} \tag{4.26}$$

此表达式说明，最大转矩近似与输入频率的平方呈反比关系，即 $T_{max} \propto 1/f_1^2$。不同输入频率时最大转矩的包络线如图 4.18(a)所示。

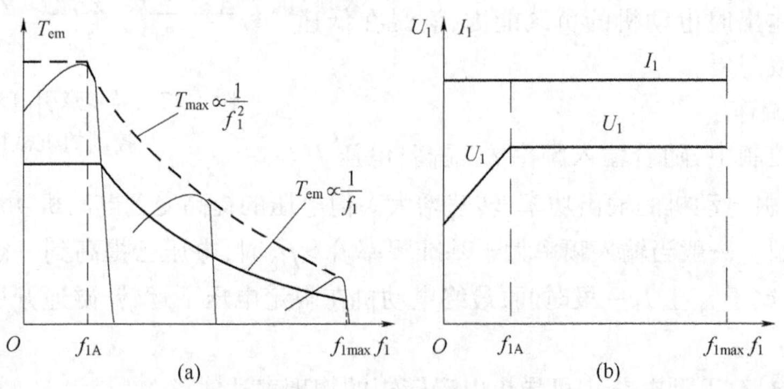


图 4.18 异步牵引电动机在 $U_1 = C$、$s = C$ 调速时的机械特性及供电要求

根据式(4.25)，异步牵引电动机恒功率运行时，拖动负载实际需要的电磁转矩 $T_{em}$ 只是反比于 $f_1$ 变化，故 $T_{max}$ 和 $T_{em}$ 的比值，即电动机的过载能力随 $f_1$ 呈反比例变化。在最高频率点，过载能力最小，要求 $K_T > 1.1$。随着频率降低而过载能力增大，当频率下降至基频附近时，过载能力达到最大，一般可达到 $K_T = 2 \sim 5$。

异步牵引电动机恒功率运转时，其过载能力总是变化的。在最高输入频率（最高转速）时，牵引电动机具有最低的过载能力，而在低输入频率时，特别是在恒功率范围的持续转速以下，牵引电动机的过载能力相对富余。为保证牵引电动机在最高输入频率时必需的最低过载能力，其设计容量和结构尺寸实际上只能由恒功率区最低输入频率（基频）点参数确定，计算

结果偏大,过载能力很富余。因此,在输入电压、转差率均恒定的恒功率控制方式下,牵引电动机能力只在最高输入频率点上得到了充分利用,在其余各点并不能得到充分地利用。此时,牵引电动机输入电流将如何变化?

异步牵引电动机进入恒功率区段运转时,输入电压较高、转差率较小,故 $x'_2 \ll r'_2/s$、$U_1 \approx E_1$。根据等效电路,可将转子电流近似表示为:

$$\dot{I}'_2 \approx \frac{sU_1}{r'_2} = C \tag{4.27}$$

而励磁电流则为:

$$\dot{I}_m = \frac{\dot{U}_1}{jx_m} = C \tag{4.28}$$

在相位上 $I_m$ 滞后于转子电流 $I'_2$ 接近 90°,且 $I'_2 \gg I_m$。输入电流将由 $\dot{I}_1 = \dot{I}_m + \dot{I}'_2$ 确定。若忽略 $I_m$ 的影响,异步牵引电动机的输入电流 $I_1 \approx I'_2$,$\dot{I}_1$ 近似为一定值。

通过上述分析可知,牵引电动机按照 $U_1 = C$、$s = C$ 恒功率运行时,其输入电压、电流均保持恒定,即按照恒电压、电流供电即可。对于电源逆变器而言,应按照恒电压、恒电流方式输出,容量始终得到了充分地利用,具有较小的设计尺寸和容量。其输出变化规律如图 4.18(b)所示。

(2)$f_2 = C$、$U_1^2/f_1 = C$ 时的调速方式

根据式(4.26)可知,若 $U_1^2/f_1 = C$,最大转矩 $T_{max}$ 与 $f_1$ 成反比关系,即 $T_{max} \propto 1/f_1$。不同频率下最大转矩的包络线如图 4.19(a)所示,而恒功率运行时拖动负载实际需要的电磁转矩 $T_{em}$ 只是反比于 $f_1$ 的变化。故此调节方式牵引电动机的过载能力 $K_T = T_{max}/T_{em} = C$。牵引电动机的过载能力由恒功率运行区域内最低频率点的参数决定,这样在最高输出频率时仍然具有相同的过载能力,其设计容量、尺寸较小。在恒功率调速范围内过载能力保持不变,电动机的能力始终能够得到充分利用。

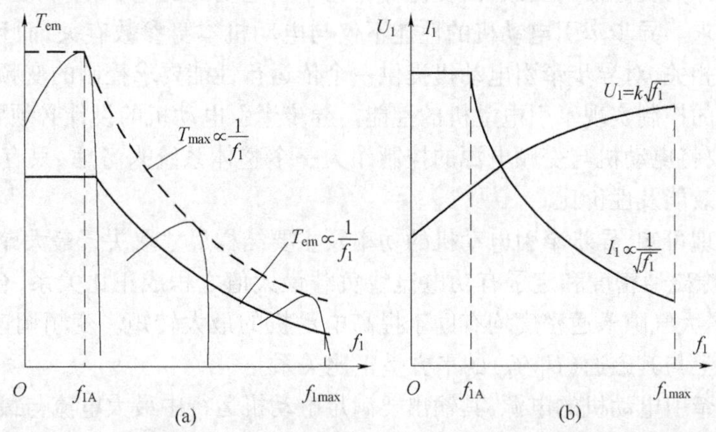


图 4.19 异步牵引电动机在 $f_2 = C$、$U_1^2/f_1 = C$ 调速时的机械特性及供电要求

当 $U_1^2/f_1 = C$,异步牵引电动机输入电压将按照 $U_1 = k\sqrt{f_1}$ 变化,$k$ 为比例系数。若已知恒转矩与恒功率运行转换点的电压为 $U_{1A}$、频率为 $f_{1A}$,则有 $k = U_{1A}\Big/\sqrt{f_{1A}}$。$U_{1A}$ 和 $f_{1A}$ 为已知,便可计算出不同输入频率 $f_1$ 时的输入电压值 $U_1$,其关系曲线如图 4.19(b)所示。

异步牵引电动机中,各电流与频率之间的关系可通过式(4.27)和式(4.28)导出:

$$\dot{I}_2' = \frac{U_1}{r_2'}s = \frac{U_1}{r_2'} \cdot \frac{f_2}{f_1} = \frac{kf_2}{r_2'} \cdot \frac{1}{\sqrt{f_1}}$$

$$\dot{I}_{\mathrm{m}} = \frac{U_1}{2\pi f_1 L_{\mathrm{m}}} = \frac{k}{2\pi L_{\mathrm{m}}} \cdot \frac{1}{\sqrt{f_1}} \tag{4.29}$$

$$\dot{I}_1 = \dot{I}_{\mathrm{m}} + \dot{I}_2'$$

由此可见,定子电流 $I_1$ 仅与$\sqrt{f_1}$呈反比例关系变化,其变化曲线如图 4.19(b)所示。

异步牵引电动机按照 $U_1^2/f_1 = C$、$f_2 = C$ 方式调速时,电源逆变器输出电压、电流将按照 $U_1 = k\sqrt{f_1}$、$I_1 \propto 1/\sqrt{f_1}$规律输出。逆变器工作时应满足最大电流和最高电压的要求,其容量由最大电流和最高电压来确定。为此,全控开关元件规格较大,必然使得设计容量及尺寸较大,容量不能充分利用。

在上述 2 种恒功率调速方式中,若从牵引电动机和供电电源角度来看,二者性能都不能同时达到最优,很难兼顾;若从传动系统的角度来看,需要将牵引电动机与电源逆变器作为一个整体来考量,合理匹配以整体性能最佳作为目标,对其性能进行优化。工程应用中都是以性价比最高为依据,采用恒电压控制方式使逆变器工作在最优状态,充分发挥其能力,以牺牲牵引电动机能力为代价,获得传动系统最佳性能。目前,轨道列车交流传动系统都采用较大功率的电动机和较小容量的逆变器匹配。

### 4.2.4 牵引电动机与逆变器的最优匹配及运行特性分析

在交—直—交流传动系统中,负载侧变流器(逆变器)和牵引电动机作为机电能量变换的主体,其性能、容量的选择与匹配关系到整个系统的运行性能与经济性。在保证运行性能的前提下,合理匹配变流器和异步牵引电动机容量,以性价比作为优化的基本目标。

1. 牵引电动机与逆变器的匹配优化

牵引电动机作为变流器的负载,而变流器作为牵引电动机的电源,应满足牵引电动机在各工况下的供电要求。异步牵引电动机的性能不仅与电动机本身参数有关,而且与电源的供电方式及参数密切相关,对异步牵引电动机提供一个依运行性能要求控制的变频变压的电源,可通过对电源参数的控制实现牵引电动机的性能。异步牵引电动机的设计必须要涉及控制策略与负载性质,需要将电动机与变频电源的控制作为一个整体系统来考虑,只有合理匹配,才能提高传动系统的效能及性价比。

由电机学原理可知,异步牵引电动机的功率及主要结构尺寸取决于最大允许转矩,最大转矩 $T_{\max}$ 与最大气隙磁通密度和定子有功电流线负载最大值之积成正比关系,合理提高定子有功电流线负荷、增大气隙磁通密度均有助于提高电动机的最大转矩。变频调速异步牵引电动机最大转矩基本上与其磁通($U_1/f_1$)的平方呈正比关系。

逆变器作为牵引电动机的电源,其输出要满足电动机运行中最大电流与最高电压的需求。逆变器工作容量要按照最大电流与最高电压来考虑,应等于输出最大电流和最高电压的乘积,但最大电流主要受半导体器件允许的最高温度限制,最高电压受到半导体开关器件允许的电场强度所限制。按牵引电动机最大电流、电压要求所确定的容量只代表逆变器的能力(极限),与实际使用中是否同时出现电流和电压的最大值无关。也就是说,逆变器的容量、成本费用是由电流和电压最大值的乘积所决定的,逆变器输出电流、电压的实际瞬时值之积或实际输出的有功功率只是其能力的一部分。

在轨道列车电力传动系统中,牵引电动机拖动负载起动时,要求具有足够的加速转矩,以保证系统快速而平稳的起动,尽快进入运行区段,发挥传动系统的效能。进入运行区段,运行速度达到额定速度以上,将在恒功率状态运行。此时牵引电动机与变流器之间只能有一个工作在最佳状态,其能力得到充分利用。无论选择谁工作在最佳状态,必有一个其能力得不到充分利用,要做出让步、牺牲。牵引电动机与变流器的匹配其实就是二者争夺最佳运行方式,是一种综合性能、性价比的博弈。从提高性价比的角度出发,变流器工作在最佳状态按照恒电压、恒电流输出,牵引电动机按较大功率设计,这是一种最佳匹配。因此,轨道列车电力传动系统基本都采用大电动机与小逆变器的匹配方式。

交—直—交流传动系统采用大电动机与小逆变器的匹配方式时,是以牵引电动机为代价,牺牲其能力利用率,而逆变器能力可得到充分利用,容量将最小。相对于其他匹配方式,这也是一种最经济的匹配方式,匹配关系及输出特性如图 4.20 所示。

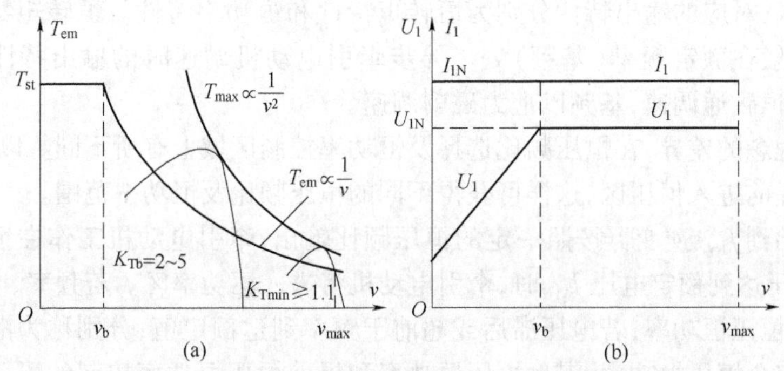


图 4.20　牵引电动机与逆变器的最优匹配及输出特性

当列车速度为 $v_{max}$ 时,牵引电动机以最大转矩输出,电磁转矩等于最大转矩,其能力得到充分利用。容量计算以此时的参数作为依据,且有适当的过载能力,一般要求此处的过载能力 $K_{Tmax} \geqslant 1.1$。从 $v_b$ 到 $v_{max}$ 的速度区间内,逆变器的输出频率增加而输出电压保持恒定。从 $v_{max}$ 开始随着速度(频率 $v$)的降低,牵引电动机最大转矩按照 $T_{max} \propto 1/v^2$ 增大,逐渐偏离恒功率所要求的转矩值 $T_{em} \propto 1/v$,且比恒功率要求的转矩大得多,此时过载能力变为:

$$K_T = T_{max}/T_{em} \propto 1/v \tag{4.30}$$

由式(4.30)可知,随着变流器输出频率降低,牵引电动机的过载能力逐渐增大。因此,在 $v_{max}$ 以下的各速度点上,电动机在转矩方面的设计能力都没有得到充分利用,只在最大速度 $v_{max}$ 这一点得到了充分利用。

对逆变器来说,从起动开始到 $v_b$,电压随频率成正比提高,在 $v_b$ 时达到最高输出电压,输出额定功率。在 $v_b$ 到 $v_{max}$ 间,逆变器以最高电压、恒功率方式输出,其能力得到了充分利用。

不同车型、不同用途的列车,其牵引特性相类似,只是在具体工作点的选择上有所差异,恒功率运行范围不同。尽管都是采用大电动机与小逆变器的匹配方式,采用适当的控制策略,可适当减小电动机的能力富余、降低热负荷,使匹配更加合理、经济。随着恒功率区运行范围的扩大,逆变器、电动机不被充分利用的程度都会随之增加。所以,根据实际运用需要合理地选择恒功率区的宽度,对于系统优化,特别是提高系统经济性来说十分重要。

轨道列车交流传动系统,尤其是高速电力机车、EMU 等传动系统,其恒功率调速比(持续运行范围)可达到 $K_{PV} = V_{Pmax}/V_c = 2.5 \sim 3$。

2. 牵引电动机与逆变器在最佳匹配时的控制特性

异步牵引电动机变频调速时，总是希望每极磁通保持不变，以充分利用其磁路能力。若磁通太小，磁路铁芯没有发挥出应有的能力，造成磁路资源的浪费；如果磁通太强，铁芯将饱和、励磁电流激增，铁芯损耗增大，导致电动机过热。异步牵引电动机是一种单端励磁的电机，其励磁电流作为定子电流的一部分，很难直接分离出来，磁通也不能直接控制，故保持磁通不变是很困难的。因此，异步牵引电动机变频调速必然要采用频率与电压协同控制，以充分发挥磁路的能力，获得良好的运行特性。

异步牵引电动机变频调速时，必然要调节电压。根据电压的可调范围，可以分为额定电压以下和额定电压 2 个阶段。在额定电压以下，按照恒电势频率比即可保证磁通不变，电动机将按照恒转矩特性输出；当电压升高到额定电压时，继续提高电压的可能性已很小，一般保持额定电压运行，此时提高频率将使磁通减小，处于磁削状态运行，类似于直流牵引电动机的磁削调速，电动机按照恒功率特性输出。因此，异步牵引电动机的运行区域可分为恒磁通运行区和磁场削弱运行区，对应的输出特性分别为恒转矩特性和恒功率特性。恒转矩特性与恒功率特性的交接点，一般在额定频率（基频）处。异步牵引电动机调速时的输出特性可用基频来分界，基频以下为恒磁通调速，基频以上为磁削调速。

由于设计理念的差异，在恒压频比选择及恒功率控制区域上有所不同。以额定频率为界，可以滞后也可提前进入恒压区，这样可获得不同的恒压频比及恒功率范围。

从起动开始到 $f_{1N}$，逆变器按照一定的恒压频比输出，牵引电动机工作在恒转矩区。当频率达到 $f_{1N}$ 或电压达到额定电压 $U_{1N}$ 时，牵引电动机将进入恒功率区。若频率、电压同时达到额定值，称为完全恒压恒功率；若电压滞后或超前于频率到达额定值，分别称为滞后或超前恒压恒功率。若将完全恒压恒功率、滞后恒压恒功率和提前恒压恒功率控制的恒压频比分别定义为 $k_N$、$k_a$、$k_b$，则有 $k_a < k_N < k_b$，即

$$k_a = \frac{U_{1N}}{f_{1a}} < k_N = \frac{U_{1N}}{f_{1N}} < k_b = \frac{U_{1N}}{f_{1b}}$$

(1) 完全恒压恒功率控制

完全恒压恒功率是在 $f_{1N}$ 点达到额定电压，恒压频比为 $k_N$，如图 4.21 中实线所示。

牵引电动机在整个恒功率范围内电压恒定，电流值相对较高，由于受磁路、效率及损耗的影响，电流在额定频率点达到最大，因此牵引电动机的最高温升点将出现在额定频率点上，而不是持续点。阿尔斯通公司生产的异步牵引电动机习惯采用完全恒压恒功率控制，HXD2 型电力机车的 6FRA4567B（国产化 YJ90A）、CRH5 型动车组的 6FJA3257A（国产化 YJ87A）牵引电动机也采用此控制方式。

(2) 滞后恒压恒功率控制（在 $f_{1N}$ 之后达到额定电压）

滞后恒压恒功率是升压恒功率与恒压恒功率相结合，在 $f_{1N}$ 时电压低于额定电压。逆变器仍然以恒压频比 $k_a$ 输出，$f_{1N} \sim f_{1a}$ 为升压恒功率，也称为恒磁通恒功率；当电压在 $f_{1a}$ 点进入恒压段后，变为恒压恒功率。此控制方式的恒压频比小于额定恒压频比 $k_N$，中途还可二次升压，这样牵引电动机的电流可相对减少，电动机的最高温升点出现在持续点。如图 4.21 中双点画线所示。EMD 公司的 A2938－5（国产化 YJ116A）牵引电动机采用此控制方式。

(3) 提前恒压恒功率（在 $f_{1N}$ 点提前达到额定电压）

提前恒压恒功率是在额定频率 $f_{1N}$ 之前的 $f_{1b}$ 点，电压达到额定电压，提前进入了恒压区，相应地提高了恒压频比，其恒压频比大于额定恒压频比，即 $k_N < k_b$。增大了恒压频比，可减小起

动电流，但牵引电动机的电流变化与完全恒压恒频控制相类似，电动机的最高温升点在额定频率点而不是持续点。提前恒压恒功率可增大恒压频比，其电压、电流变化关系如图 4.21 中虚线所示。东芝公司的 SEA－107（国产化 YJ85A）牵引电动机采用此控制方式。

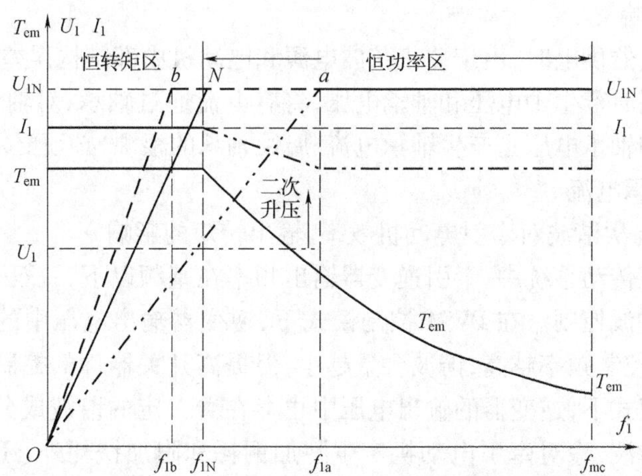


图 4.21 异步牵引电动机在不同控制方式下的恒功率输出特性

无论采用哪种控制方式，在整个恒功率区，牵引电动机的电磁转矩随频率的增加呈反比例下降。在不同频率下，牵引电动机具有不同的过载能力。在最高输入频率点 $f_{mc}$，过载能力最低，但要求最低过载倍数 $K_{Tmin} \geqslant 1.1$。

通过改变 VVVF 终点频率（速度）的位置，对牵引电动机温升及恒功率运行范围的影响较大，合理选择 VVVF 终点频率点位置，将使调速系统的匹配更经济合理。

### 4.2.5 异步牵引电动机的运行特征

轨道列车用异步牵引电动机的工作条件非常恶劣，它通过弹性连接装置悬挂在转向架或车体上，经常受到振动和冲击的影响，容易造成转子和绕组绝缘的损坏。牵引电动机处在露天环境下工作，四季气候条件的变化和风霜雨雪的侵蚀，使电动机的可靠性和使用寿命受到严重威胁。异步牵引电动机转矩、转速变化范围很大，采用 PWM 逆变器供电，电源中存在的高次谐波，对其性能影响较大。采用架控供电时，并联供电的各电动机速率特性差异及轮径偏差影响负载分配均匀性。在进行交流传动系统设计时，需要对运行条件、电源高次谐波、供电方式、轮径差异与特性差异等因素综合考虑，使牵引电动机能够发挥更佳效能。

1. PWM 逆变器供电对牵引电动机绝缘性能的影响

异步牵引电动机的性能不仅与自身参数有关，而且与电源的供电方式及参数密切相关。轨道列车交流传动系统将牵引电动机与变频电源的控制作为一个整体系统来考虑，对异步牵引电动机提供的是一个依运行性能要求控制的变频变压的电源，可通过对电源参数的控制实现牵引电动机的性能，但逆变器的非正弦输出波形对牵引电动机绝缘性能产生一些影响。

（1）对绝缘结构的影响

在逆变器供电环境下，交流牵引电动机的绝缘系统不仅承受着运行电压，而且还要承受逆变器换相时产生的尖峰电压，其实际承受电压应为运行电压和逆变器换相尖峰电压的叠加值，介电强度远高于正弦电压供电系统。换相尖峰值电压数值较高时，将导致线圈绝缘层发生局部放电，所产生的能量及生成物将逐渐腐蚀绝缘层。PWM 电压波形中含有谐波分量，产生的附加损耗转化为热能后又加速了电动机绝缘结构的热老化，甚至产生电晕。因此，牵引电动机必须要采用耐电晕绝缘系统，选择耐电晕性能优良的绝缘材料，提高介电强度。

(2)对轴承的影响

采用电压型逆变器供电时，由于非正弦波电源和电动机内部结构误差引起磁场的不对称，致使牵引电动机会同时产生轴电压和轴承电压，将有电流通过轴承，对轴承滚道产生电腐蚀，损伤轴承。轴电压和轴承电压是产生轴承电流、腐蚀轴承的根源，必须要采取措施对轴承绝缘或短接，避免产生轴承电流。

2. 逆变器输出高次谐波对牵引电动机效率、输出转矩的影响

在交—直—交流传动系统中，牵引逆变器输出频率在基频以下，一般采用 PWM 控制。高于基频以后将转为方波控制。在 PWM 控制模式下，逆变器输出电压中的谐波含量与开关器件的控制频率有关，控制频率越高，谐波含量越小，但提高开关器件的控制频率将使开关损耗增加。在方波控制模式下，逆变器的输出电压中也存在着一定的谐波成分。由电压谐波引起的电流谐波和磁通谐波，除对牵引电动机产生附加铜耗和附加铁耗外，还会产生附加脉动转矩、寄生振荡转矩和电磁噪声。

不论何种谐波类型，最终都是以电流谐波的形式体现出来，对损耗、转矩产生影响。因此，首先需要对谐波电流进行分析。

$\nu$ 次谐波电压在牵引电动机绕组中产生的 $\nu$ 次谐波电流有效值为：

$$I_\nu = \frac{U_\nu}{\nu(x_1 + x'_2)} = \frac{U_1^2}{\nu^2(x_1 + x'_2)} \tag{4.31}$$

式中 $x_1$——定子基波漏电抗；

$x'_2$——折算到定子的转子基波漏电抗。

牵引电动机绕组中总的相电流有效值为：

$$I_\varphi = \sqrt{I_1^2 + \sum_{\nu=5,7,\cdots} I_\nu^2} \tag{4.32}$$

式中 $I_\varphi$——电动机绕组中总的相电流有效值。

对于谐波电流必须要加以限制，要结合变流器的输出方式，对附加损耗、脉动转矩和振荡转矩等影响电动机运行性能的主要因素予以关注。

(1)挤流效应影响

由于采用 PWM 逆变器供电，电源中存在着大量高次谐波，普通电动机在起动时才考虑的挤流效应问题在异步牵引电动机正常运行时就已经出现。挤流效应使转子电阻增加、漏抗减小，相应增大了谐波电流的幅值，致使牵引电动机定子绕组电流增大，增加了电动机的损耗及温升，降低了电动机的效率和功率因数。

(2)附加损耗

由谐波引起的附加损耗可分为附加铜耗和附加铁耗。对于附加铜耗，因电流回路为线性关系，可以利用叠加原理计算。各次谐波都有对应的等效电路，处理方法与基波时的情况相似，可分别进行计算；对于附加铁耗，因为磁路的非线性关系，不适合用叠加原理计算。

在计算附加损耗时，需要已知各频率下的电阻和漏感抗。由于受挤流效应的影响，定子与转子的电阻、漏电抗都将随频率的提高而增加。某异步牵引电动机的电阻、漏电抗随频率变化

的关系曲线如图 4.22 所示。

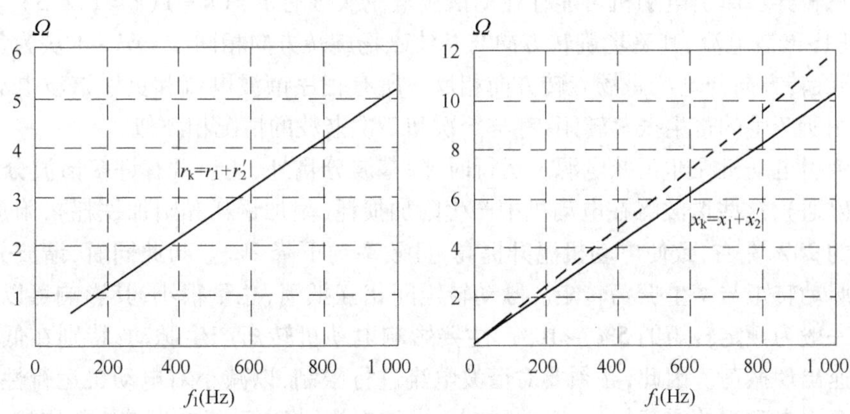


图 4.22　异步牵引电动机的电阻、漏电抗随输入频率变化关系

(3)附加脉动转矩

相同次数的气隙磁通谐波与转子电流谐波相互作用,将产生附加脉动转矩。根据该次谐波的相序或旋转方向,所产生的脉动转矩可能起拖动作用,也可能起制动作用。

$\nu$ 次谐波产生的脉动转矩为:

$$T_{em\nu} = \pm \frac{pm_1}{\nu\omega_1} I'^2_{2\nu} \frac{r'_{2\nu}}{s_\nu} \tag{4.33}$$

式中　$I'_{2\nu}$、$r'_{2\nu}$——$\nu$ 次谐波的转子电流和电阻的归算值;

$s_\nu$——$\nu$ 次谐波的转差率,近似取 $s_\nu = 1$;

$p$、$m_1$——牵引电动机的磁极对数与相数。

"+"对应于正序分量,将产生拖动性转矩;"-"对应于负序分量,产生制动性转矩。

$\nu$ 次与 $\nu+1$ 次谐波产生的脉动转矩相互抵消掉一大部分,只是剩余部分对电动机产生影响,故影响较小。

牵引电动机的总电磁转矩应为基波转矩与各谐波转矩的代数和。谐波转矩本身数量很小,且正序转矩与负序转矩之间相互具有抵消作用,因此谐波转矩对基波转矩的影响非常有限,一般不予考虑。

(4)寄生振荡转矩

2 个不同次的磁场,或者不同次的电压或磁通谐波与转子电流谐波相互作用,则产生寄生振荡转矩。寄生振荡转矩对时间的平均值为零,无助于增加拖动性转矩。

对于 $n$ 个谐波交互作用产生的 $(n^2 - n)$ 个寄生振荡转矩中,影响较大而特别值得注意的是谐波电流与基波电压产生的那部分转矩。如转子电流 5 次、7 次谐波与基波电压产生的寄生振荡转矩为:

$$\begin{aligned} T_{em(5-1)} &= \frac{pm_1}{\omega_1} I'_{2(5)} E'_{2(1)} \cos(6\omega t + \pi - \varphi_2) \\ T_{em(7-1)} &= \frac{pm_1}{\omega_1} I'_{2(7)} E'_{2(1)} \cos(6\omega t - \varphi_2) \end{aligned} \tag{4.34}$$

式中　$\varphi_2$——$\omega t = 0$ 时,$I'_{2(\nu)}$ 和 $E'_{2(1)}$ 之间的相位移。

式(4.34)表明,由转子电流 5 次和 7 次谐波与转子基波电压产生的寄生振荡转矩都是时间函数，并具有相同的周期。但它们的相位不同，相差 $\pi$，二者彼此部分抵消。

对于三相异步牵引电动机可能存在的谐波电流次数有 $\nu=6k\pm1(k=1,2,3)$，其中 $\nu=6k+1$ 次为正序谐波电流，其磁场旋转方向与基波磁场旋转方向相同；$\nu=6k-1$ 次为负序谐波电流，其磁场旋转方向与基波磁场旋转方向相反。所有正序谐波电流和负序谐波电流与基波电压相互作用所产生的寄生振荡转矩，都与 5 次和 7 次谐波的情况相类似。

异步牵引电动机在非正弦电源下运行时，除基波分量外，还包含有许多谐波分量（谐波电流和谐波磁通），这些谐波将在电动机中产生附加损耗（附加铜耗和附加铁耗），附加损耗约为基本损耗的 20% 左右，致使电动机温升提高，且效率约下降 2%。与此同时，谐波分量在电动机中产生脉动转矩与寄生振荡转矩。脉动转矩间相互抵消，总量很小，其影响可以忽略；寄生振荡转矩一般为额定转矩的 5% ~10%，主要影响电动机转矩产生脉动，特别在低速区，造成电动机转速出现振荡。因此，必须要对谐波电流进行限制，以减小对电动机运行性能的影响。适当增加牵引电动机的漏感抗，可有效地减小谐波电流，将电动机的谐波电流限制在允许的范围之内。

上述分析是基于电压型逆变器按六阶波输出供电时的情况；若采用电流型逆变器供电时，基本情况相似，只是谐波铜耗略有增加，寄生振荡转矩的大小将随负载电流的变化而变化。

3. 架控对牵引电动机特性差异的影响

在轨道列车交流传动系统中，架控供电方式较为普遍，1 台逆变器可能同时给 2 台或若干台并联运行的牵引电动机供电。在动轮直径相同的情况下，并联工作的各台电动机应当具有相同的转矩—转速特性和转差率。若各电动机的特性或转差率不一致，将引起各电动机电流分配不均匀。特性之间偏差越大，各电动机负载分配不均匀状况越严重，可能出现有的电动机电流很大，而有的则电流很小。这不仅容易使个别电动机严重过载、过热甚至出现空转，还会使列车的平均输出功率显著减小，严重时将影响列车的正常运行。

从异步牵引电动机的等效电路可知，转子电阻是影响电动机电磁转矩与机械特性的关键因素，所以要合理选择性能稳定的转子导条材料，要求电阻率随温度变化越小越好。此外，还应保持各电动机转子材质的均匀性与同一性，同时提高牵引电动机的制造技术、工艺水平也是非常必要的。

4. 动轮直径偏差的影响

对于由同一台逆变器集中供电的多台牵引电动机，并联运行时即使各电动机的转矩—转速特性完全相同，若动轮直径不同，仍将出现负载分配不均匀的情况。各牵引电动机将以不同的转差率工作，按照动轮直径的大小分配负载，具体负载分配还与列车的运行状态有关，如图 4.23 所示。

从图 4.23 可以看出，动轮直径偏差致使牵引电动机电流、转矩大小不一致，温升也不一样。列车在牵引工况运行时，所有轮缘的线速度都是相同的。同一转向架上轮径较大的轮对，其牵引电动机转速低、输出转矩大、电流大，温升也高；但转子电阻随温度升高而增大时，转矩—转速特性发生变化且转矩增大，使得电动机在相同转差率下的电流减少，并延缓了温度的上升。所以，从热效应方面来看，这种相反的作用趋势，有利于缓和轮径偏差的影响。

此外，在选择牵引电动机的额定转差率时，一定要考虑动轮直径偏差引起的转矩不平衡、转子温升变化和效率变化等因素。

理论分析表明，动轮直径偏差对热效应的影响不明显，而在规定的动轮直径偏差下，额定转差率与转矩不平衡的关系可以表示为：

$$\frac{\Delta T_{em}}{T_{em}} = \left(\frac{1}{S_N} - 1\right) \times \frac{\Delta D}{2D} \times 100\% \quad (4.35)$$

式中　$\Delta T_{em}$——平均电磁转矩偏差；

$T_{em}$——平均电磁转矩；

$S_N$——额定转差率；

$D$——动轮直径；

$\Delta D$——轮径偏差，一台转向架内允差取2.5~5.0 mm。

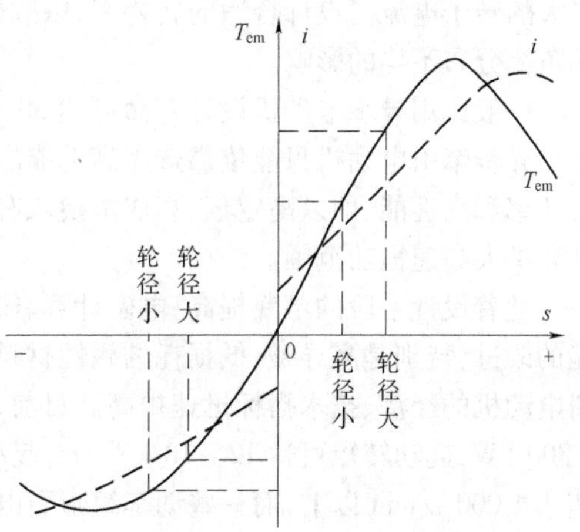


图4.23　动轮直径偏差对牵引电动机转矩、电流的影响

CRH3型高速动车组规定：同一台变流器供电的各牵引电动机对应轮对车轮直径间的最大偏差值为3 mm。

5. 异步牵引电动机的运行特征与设计对策

交流异步牵引电动机作为异步电动机家族中的一位年轻成员，由于其工作环境、条件及运行要求的特殊性，在电源、调速、负载、总体结构及寿命等方面受到限制，与普通异步电动机存在较大的差异，需要在设计、工艺中采取特殊的技术手段进行解决。

交流异步牵引电动机的运行条件与普通民用异步电动机差别很大。普通民用异步电动机一般是由恒频恒压的电源供电，拖动一定负载在额定点附近稳定运行；而异步牵引电动机是由变频变压的逆变电源供电，在一定负载下，需在一定范围内运行，转速、转矩变化较大。普通异步电动机的性能仅与电动机自身参数有关，与供电电源无关，电源系统对普通异步电动机提供的仅是一个恒频恒压的电源。异步牵引电动机的性能不但与电动机本身参数有关，而且与电源的供电方式及参数密切相关，对异步牵引电动机提供的是一个依运行性能要求控制的变频、变压的电源，可通过对电源参数的控制实现牵引电动机的性能。普通异步电动机属于技术成熟的传统产品，运行中的各种要求已被完全掌握了。异步牵引电动机是近年来发展的新型产品，对它的运行要求到现在还未完全清楚，还在不断成熟、完善过程中。普通异步电动机的设计可以独立于电源及控制系统，而异步牵引电动机的设计必须要涉及控制策略与负载性质，需要将电动机与变频电源的控制作为一个整体系统来考虑。

变频异步牵引电动机由于运行的特殊性，为满足运行性能及总体尺寸限制要求，在设计中以采用高性能材料、追求高定额为代价，采用先进的工艺为保障，确保牵引电动机的运行性能，以较短预期寿命换取有限时空下的大功率、高可靠性。在电磁参数的选择上与普通异步电动机不同，采用高耐热等级的绝缘材料，优化电磁设计采用耐电晕绝缘结构。普通民用异步电动机一般选用B级绝缘材料，至多选F级。而牵引电动机所用的绝缘材料耐热等级至少为H级以上，已大量采用200（或C）级，国外已有采用220级耐热等级的绝缘材料；同时采用高性能低损耗，更薄的定、转子铁芯叠片，减少涡流损耗。采用真空压力浸漆（VPI）工艺，提高电磁系统的整体绝缘性能。在结构部件方面，既要保证强度又要兼顾轻量化，采用全叠片定子结构与高强度的转轴材料，辅以高精度的加工工艺。转子采用由专用铜合金导条和专用铜合金端环焊接而成的鼠笼，铜合金相对铝材具有电导率高、耐温高等特点，在有限的结构尺寸内可承载更大的转子电流。设计合适的转差率,以减少因架控、轮径差以及牵引电动机特性差异而产生的负荷分布不均的影响。

一般民用异步电动机设计寿命可达 30 年,异步的牵引电动机的设计寿命一般为 10 ~ 20 年。异步牵引电动机只能依靠选用高性能的材料和短的寿命期限来换取有限时间、空间下的大功率和高性能,即以高定额、高成本换取有限时空下的高性能和高可靠性,提高低速转矩特性和扩大高速恒功范围。

随着设计手段的不断提高,电磁计算、热场计算和机械计算方法的优化与精确化,材料性能的改进,特别是高导磁、低损耗的磁性材料和 200 级及以上等级绝缘材料的应用,使异步牵引电动机的经济、技术指标迅速提高。目前,电力机车用异步牵引电动机的功率已达 1 600 ~ 1 800 kW,起动转矩可达 12 ~ 13 kN · m,起动电流显著下降,约为额定电流的 1. 3 倍。最高转速达 4 000 r/min 以上,而一些动车组牵引电动机的转速更高,达到 5 000 ~ 6 000 r/min。

## 4. 3 交流传动系统的牵引特性与控制策略

轨道列车电力传动系统的牵引特性是指列车牵引力随速度变化的关系曲线,是进行列车牵引、制动计算的基础资料数据。牵引电动机的机械特性决定了列车传动系统的牵引特性。牵引电动机的最大转矩设计在起动点,通常情况下,牵引电动机的运行区域可分为恒转矩区和恒功率区。因此,轨道列车交流传动系统的运行区域可分为起动加速区、恒功率运行区和自然特性区(提高速度区)3 部分,如图 4. 24 所示。起动加速区(恒转矩区)通过控制变流器的输出,采用恒压频比的控制方式。恒功率区采用恒压调频的控制方式,牵引电动机工作在磁场削弱状态。在起动加速区与恒功率区的交点处,VVVF 结束,变流器输出接近或达到额定电压(最高电压)、额定频率。

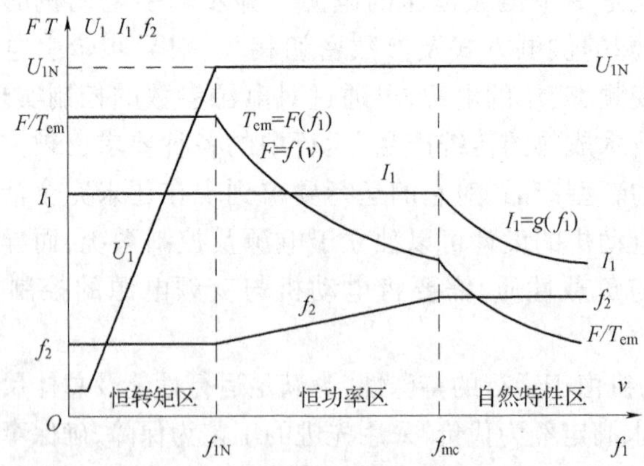


图 4. 24 轨道列车交流传动系统的牵引控制特性

各型列车的用途有所不同,但牵引特性具有相似性,都由低速起动区、高速运行区组成。为了充分利用黏着限制条件,低速起动区采用准恒转矩控制,高速运行区恒功率范围向高速区迁移。

### 4. 3. 1 列车牵引控制特性

1. 起动加速区

由式(4. 15)可知,若保持异步牵引电动机的气隙磁通不变,只要保持转差频率 $f_2$ 恒定,便可得到恒定的转矩。转差频率 $f_2$ 越接近于临界转差频率 $f_m$,可获得的转矩越大,这就是所谓的恒转矩特性。利用这一性能可满足列车以恒定牵引力起动。

异步牵引电动机的转矩 $T_{em}$ 与频率 $f_1$ 的关系为 $T_{em}=F(f_1)$,如图 4.24 所示。转矩 $T_{em}$ 与 $f_1$ 无关,而仅取决于 $f_2$ 的大小,所以是一条与横轴平行的直线。牵引电动机的电流 $I_1$、端电压 $U_1$ 及电势 $E_1$ 与 $f_1$ 的关系,如图 4.24 所示。电流如式(4.21)所表明的那样,与 $f_1$ 无关,亦为常数。因为磁通恒定,显然 $E_1$ 与 $f_1$ 是线性比例关系。定子电压 $U_1$ 由式(4.22)决定。高频时定子电阻 $r_1$ 的影响可忽略,$U_1$ 与 $f_1$ 近似线性关系。然而在频率较低时,$r_1$ 的影响不能忽略,此时电压应相对有所提高。

在恒转矩运行中,随着牵引电动机转速的上升、电压提高,其输出功率增大。但是电压的提高受到电动机功率或逆变器最高电压的限制,因此在电压提高到一定值后,将维持不变,或者电压不再正比于 $f_1$ 上升。此后牵引电动机将以恒功率输出,进行电压和频率的控制。

2. 恒功率特性区

异步牵引电动机的输出功率可近似认为是电磁转矩 $T_{em}$ 与频率 $f_1$ 的乘积,即

$$P_2 \propto T_{em} f_1 = U_1^2 \frac{f_2}{f_1} = \frac{U_1^2}{f_1} f_2 \tag{4.36}$$

要使 $P_2=C$,可以有 2 种不同的选择。按照 $U_1=C$、$f_2/f_1=C$ 控制时,就可获得最大电动机与最小逆变器的匹配;按照 $U_1^2/f_1=C$、$f_2=C$ 控制时,可获得最小电动机与最大逆变器的匹配。

目前,所有电力传动系统均采用大电动机与小逆变器的匹配方式,即按照 $U_1=C$、$f_2/f_1=C$ 控制,可使系统获得更高的性价比。

3. 自然特性区

当逆变器输出频率超过最高控制频率以后,若牵引电动机定子端电压 $U_1$ 和转差频率 $f_2$ 均维持不变时,列车将运行于自然特性区,可进一步提高运行速度。从公式(4.36)可知,此时电动机的电磁转矩 $T_{em}$ 与逆变器输出频率 $f_1$ 的平方呈反比例关系变化。

### 4.3.2 不同控制方式下的牵引特性

轨道列车的牵引特性都是由低速加速段和高速运行段两部分构成。不同用途的车型、不同的设计理念,使得列车的牵引特性出现差异。分析众多具有代表性的列车牵引特性曲线,可归纳为恒转矩与恒功率控制的牵引特性,黏着控制与恒功率控制的牵引特性,恒转矩黏着特性控制与恒功率控制的牵引特性,恒牵引力、准恒速特性控制 4 种,分别代表了 4 种不同的设计思想和控制策略。

1. 恒转矩与恒功率控制的牵引特性

在低速区段特性平直,列车按照恒转矩/恒牵引力起动。牵引电动机工作在恒压频比供电方式下,起动电流较大,电动机的最高温升点出现在恒压频比控制的终结点上,即额定频率点上。恒压频比控制结束后,立即进入恒压恒功率运行阶段。牵引电动机最大转矩设置是以保证在恒功率最高速度点上具有最小过载能力为基础,属于大电动机与小逆变器的匹配控制方式。这种牵引特性的显著特点是恒功率运行范围大,加速性能好,不仅适合于内燃机车,而且也适合动车组。HXN5 型交流传动干线货运内燃机车、CRH5 型动车组采用了此控制模式,如图 4.25、图 4.26 所示。

内燃机车作为自备能源的机车,为了充分利用宝贵的动力资源,尽可能扩大恒功率运行范

围，充分发挥柴油机能力，保持柴油机恒功率运行，应采用恒转矩恒功率控制的牵引特性，其持续速度略高于恒压频比控制的终点速度，尽量扩大持续运行恒功率范围。持续运行恒功率范围用恒功率调速比 $K_{PV}$ 表示，恒功率调速比就是恒功率最高速度与持续速度之比，一般 $K_{PV}=4.8\sim6.56$。

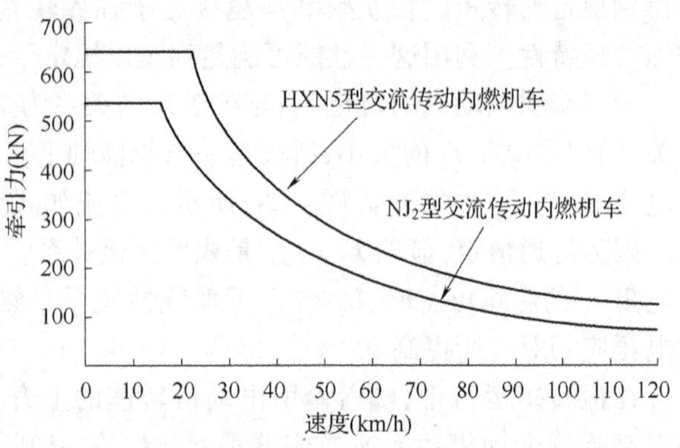


图 4.25　交流传动干线货运内燃机车牵引特性

HXN5 型内燃机车牵引特性如图 4.25 所示，最高恒功率速度为 120 km/h，恒功率速度范围 22.3～120 km/h，持续速度为 25 km/h，恒功率调速比 $K_{PV}=v_{pm}/v_C=4.8$。

2. 黏着控制与恒功率控制的牵引特性

在低速区，牵引力随着列车速度的升高而下降，牵动力变化采用与黏着限制曲线相同或相近的变化趋势，可以充分发挥黏着能力，列车按照准恒转矩/牵引力运行。在额定频率点转入恒压恒功率高速区段运行，逆变器按照额定电压、电流输出，牵引电动机与逆变器之间仍为大电动机与小逆变器的匹配。这种牵引特性应用很普遍，具有牵引力大、加速性能好等优点，适合于客、货运电力机车，也适合于高速 EMU。

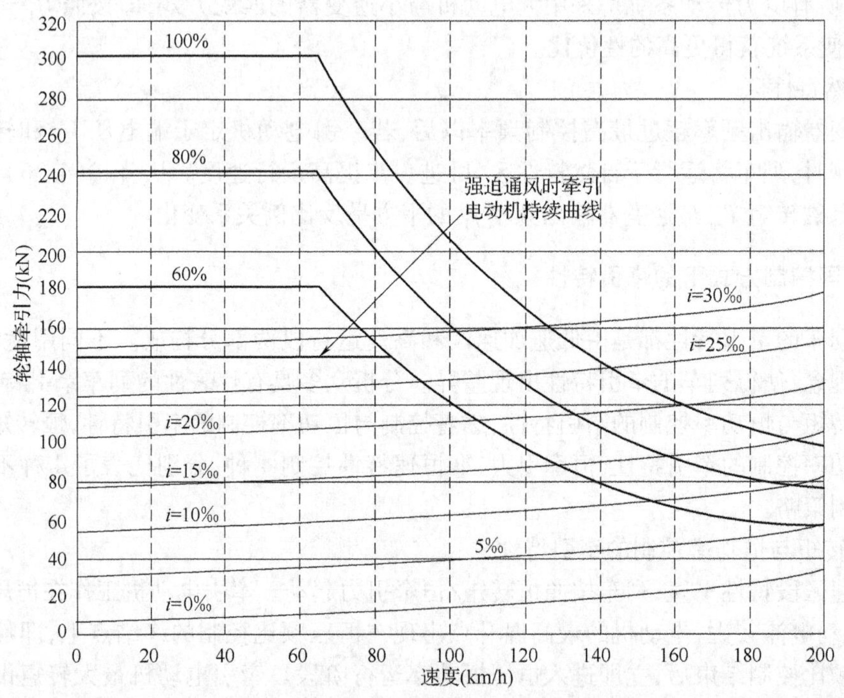


图 4.26　CRH5 型动车组牵引特性

德国铁路 DB189 型多流制客、货用电力机车采用黏着控制与恒功率控制模式，恒功率速度范围为 80～230 km/h，$K_{pV}=2.875$，牵引特性如图 4.27 所示。

CRH3 型动车组也采用了采用黏着控制与恒功率控制模式，牵引特性如图 4.28 所示。

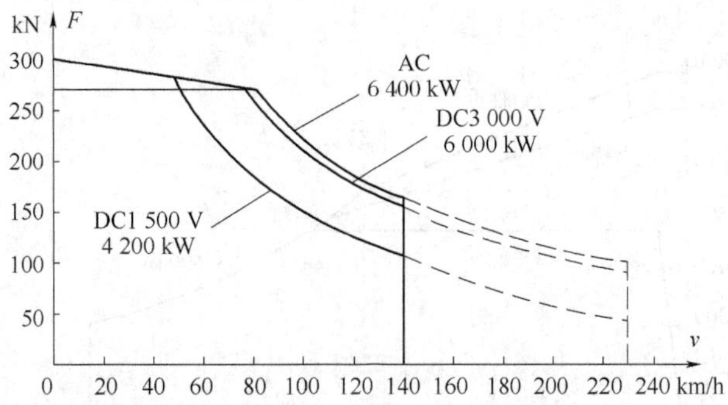


图 4.27 DB189 型电力机车牵引特性

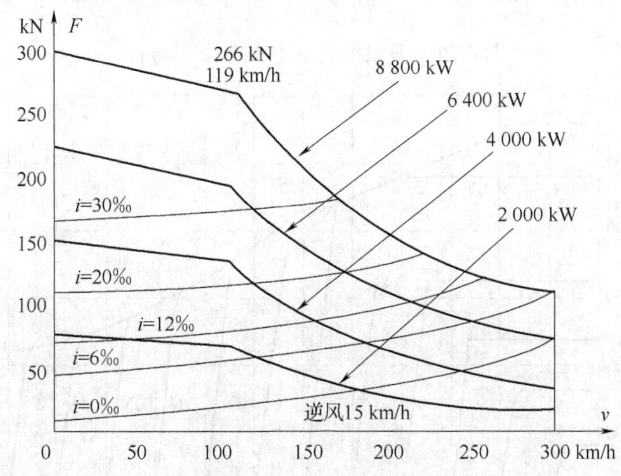


图 4.28 CRH3 型动车组牵引特性(基本编组)

3. 恒转矩、黏着特性控制与恒功率控制的牵引特性

这种牵引特性由 3 部分组成。在低速起动时采用恒转矩/恒牵引力控制,可获得较大的牵引力;当列车速度上升到一定值(一般低于 10 km/h)时,按照黏着限制曲线(斜线)控制,牵引力的变化与黏着限制曲线变化趋势基本一致,有利于充分利用黏着条件。牵引力随速度提高而下降,直至持续速度点;从持续速度点开始进入恒功率运行区,按照恒功率输出。该牵引特性起动牵引力大,恒牵引力持续时间很短,牵引电动机温升较低,对牵引电动机抗过载要求并不高;黏着特性控制阶段,牵引力随速度升高而下降,牵引电动机电流也在相应减小,恒功率区被挤向高速度端,恒功率范围较小。牵引电动机的最大转矩按照恒功率最高速度点的过载能力确定,逆变器能力得到充分利用。牵引电动机因起动过程热负荷较轻,恒功率范围较小,其负荷定额可适当减小一些,使结构尺寸相应变小一些、电动机质量有所减轻,因此这种匹配有别于一般的大电动机与小逆变器的匹配方式。

恒转矩、黏着特性控制与恒功率控制牵引特性非常适合于大功率货运电力机车。HXD1 型电力机车采用了此种控制模式,在25 t、23 t轴重负荷下,恒功率速度范围为 65/70 ~ 120 km/h,其牵引特性如图 4.29 所示。

4. 恒牵引力、准恒速特性控制的牵引特性

HXD3 型电力机车采用恒牵引力、准恒速控制,牵引特性如图 4.30 所示。

HXD3 型电力机车司机控制器手柄位共有 13 级,各级间能平滑调节。牵引特性控制采用

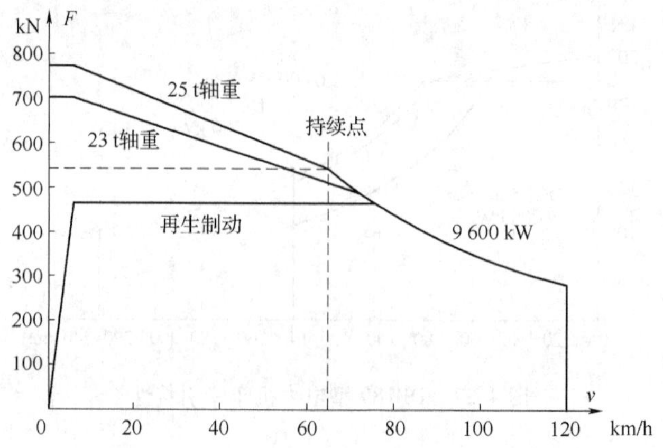


图 4.29 HXD1 型电力机车牵引特性

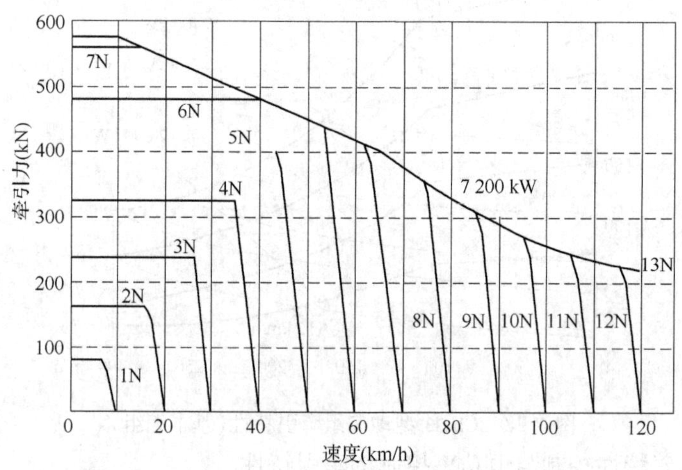


图 4.30 HXD3 型电力机车牵引特性(25 t 轴重)

恒牵引力、准恒速特性控制。

HXD3 型电力机车牵引控制时,在轴重 25 t 下每级牵引力变化设定为 $\Delta F = 80$ kN。牵引力由恒定牵引力、最大牵引力和准恒速控制牵引力 3 部分组成。

恒定牵引力按司机控制手柄级位来给定,$N$ 为级位,即

$$F_{st} = 80N \quad (\text{kN}) \tag{4.37}$$

最大牵引力按照机车速度分段计算,计算公式为:

$$F_{max} = \begin{cases} 570 & v < 10 \text{ km/h} \\ 600.9 - 3.09v & 10 \leqslant v < 65 \text{ km/h} \\ 26\,000/v & v \geqslant 65 \text{ km/h} \end{cases} \tag{4.38}$$

准恒速控制牵引力按照机车运行速度进行减缩,计算公式为:

$$F_r = 640N - 64v \tag{4.39}$$

若计算值为负值时,此牵引力取 0。

牵引力按特性控制时,对 $F_{st}$、$F_r$、$F_{max}$ 进行比较,将最小者作为输出牵引力的控制值,送入到变流器,故有:

$$F=\begin{cases}80N \\ F_{\max} \\ 640N-64v\end{cases} \quad \text{取最小值} \tag{4.40}$$

HXD3 型电力机车的最高速度为 120 km/h,在 25 t、23 t 轴重负荷下,持续速度分别为 65 km/h、70 km/h,恒功率范围 65/70 ~ 120 km/h,恒功率调速比 $K_{PV}=1.846/1.714$。

### 4.3.3 EMU 牵引特性分析

EMU 的牵引性能变化规律与最高运行速度有关,200 km/h 级 EMU 的牵引特性与内燃机车相似,250 km/h 以上速度级 EMU 的牵引特性与高速客运电力机车相似。在低速区特性平直或随速度上升而下降,使得牵引力变化与黏着特性变化相适应。EMU 采用了轻量化车体结构、流线型外形,列车质量相对较轻,其起动牵引力与机车相比小很多,仍能保证较高的起动加速能力;在高速区按恒功率运行,牵引力与列车速度呈反比例关系,随列车速度增高以反比例关系下降。EMU 主要在高速段运行才能发挥效能,故其恒功率运行区段应接近于最高运行速度,恒功率运行范围不必要像机车一样很大,恒功率调速比一般在 2 ~3。

最高运行速度在 300 km/h 及以上的 EMU,采用动力分散模式,恒功率起始点位置速度一般在 100 km/h 以上。在正常线路情况下,受黏着特性限制较小,线路坡道通过能力远大于机车,即使在 20‰ ~30‰的坡道线路上,仍能以高于恒功率最低速度运行,即列车的平衡速度仍在恒功率运行范围内,牵引电动机的热容量依然在允许范围之内。

图 4.31 所示为 CRH 系列 5 种 EMU 的牵引特性。

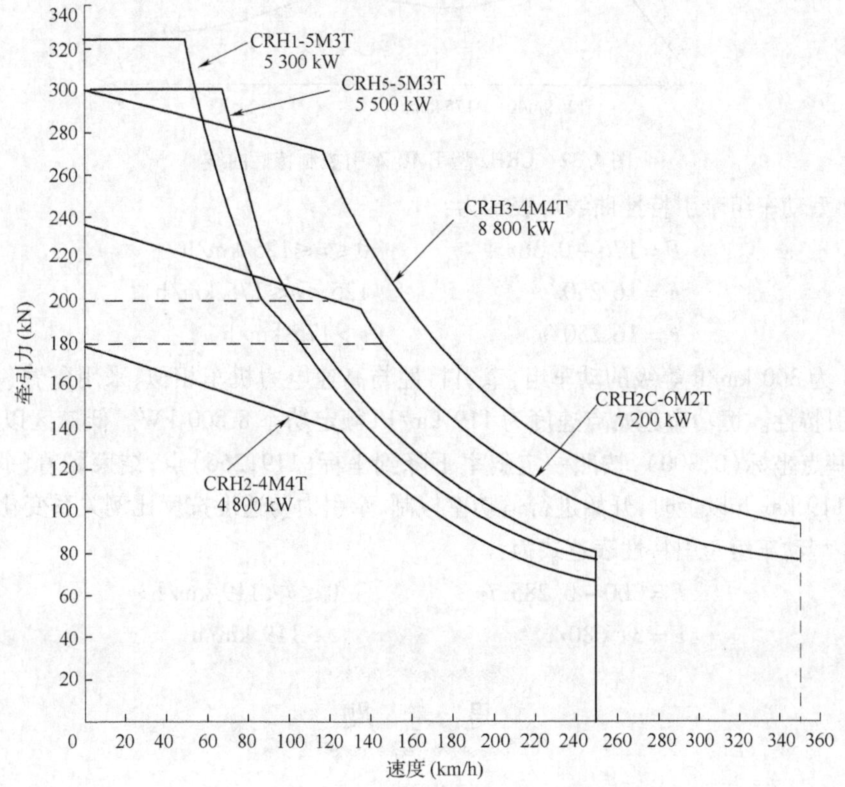


图 4.31 CRH 系列 EMU 牵引特性控制曲线

CRH1、CRH5 属于 200 km/h 等级的 EMU，采用恒转矩恒功率牵引特性，恒电压频率比控制终止点速度较低，CRH1 约为 50 km/h，CRH5 约为 65 km/h。

CRH2 的原型车最高运行速度为 275 km/h，采用黏着控制与恒功率控制的牵引特性，恒功率起始点速度为 125 km/h。在 0 ~ 125 km/h 范围内，以 0 km/h 牵引力为基点，按照一定斜率下降。在 125 km/h 以上范围内为恒功率区域，牵引力与速度呈反比例关系下降。CRH2 采用较小的恒压频比控制，致使恒功率区分为 2 段。在速度达到 125 km/h 时，牵引电动机输入电压低于额定电压，逆变器将继续以恒压频比输出，保持牵引电动机磁通不变，直到速度达到 175 km/h 时，电压已升至额定电压。在此期间牵引电动机为升压恒功率控制，工作在恒磁通恒功率状态。随着速度增高，牵引电动机电流、转差频率均在下降，而牵引力与速度按反比变化；速度大于 175 km/h 以后，电压达到额定电压，牵引电动机在恒电压恒功率（磁削恒功率）下运行。CRH2 型动车组牵引特性曲线，如图 4. 32 所示。

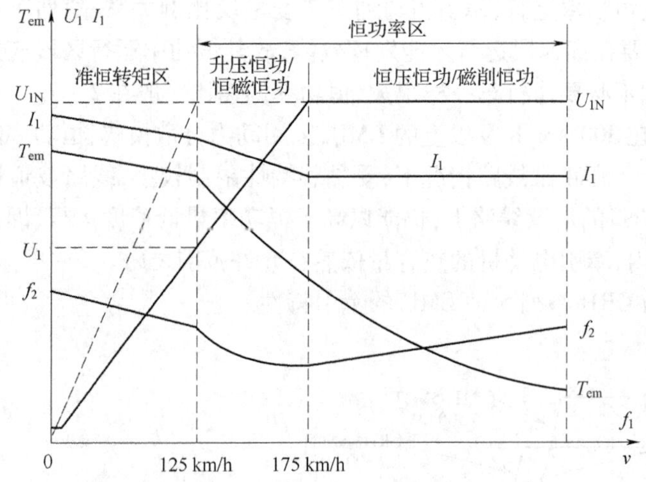


图 4. 32　CRH2 型 EMU 牵引控制特性曲线

CRH2 型动车组牵引特性曲线可表示为：

$$
\begin{aligned}
&F = 176 - 0.36v && 0 \leqslant v \leqslant 125\ \text{km/h} \\
&F = 16\ 250/v && 125 < v \leqslant 175\ \text{km/h} \\
&F = 16\ 250/v && v > 175\ \text{km/h}
\end{aligned}
\tag{4.41}
$$

CRH3 为 300 km/h 等级的动车组，牵引特性与高速电力机车相似，采用黏着（准恒转矩）恒功率牵引特性。恒功率起始点速度为 119 km/h，额定功率 8 800 kW。低速区以 0 km/h 时牵引力为基点坐标（0，300），按照一定斜率下降到坐标（119，266）点，结束黏着（斜线）控制。当速度在 119 km/h 以上时，开始进行恒功率控制，牵引力与速度按反比例关系变化。

CRH3 型动车组牵引特性表达式为：

$$
\begin{aligned}
&F = 300 - 0.285\ 7v && 0 \leqslant v < 119\ \text{km/h} \\
&F = 31\ 680/v && v > 119\ \text{km/h}
\end{aligned}
\tag{4.42}
$$

## 思考题

1. 分析轨道列车交流传动系统的组成模式及工作特征。

2. 分析变频调速系统恒压频比对牵引电动机运行性能的影响。
3. 试述恒功率调速时牵引电动机的2种匹配方式及特点。
4. 分析运行条件对异步牵引电动机性能的影响及解决措施。
5. 分析各型列车牵引特性的差异及控制特点。
6. 分析 CRH2 型 EMU 牵引控制特性的特点。

# 5　牵引变流器电路

牵引变流器是轨道列车交流传动系统的核心部件，将来自接触网或其他电源的交(直)流电压变换为频率、幅值可调的三相等效正弦波交流电压，供给交流牵引电动机。牵引电动机将电能转换为机械能输出，带动动轮旋转，在轮轨间产生牵引力，驱动列车运行。在轨道列车电力传动系统中，由于受调速范围的限制，只能采用交—直—交流传动系统。

在交—直—交流传动系统中，牵引变流器与牵引电动机之间既互为电源，又互为负载，能够实现四象限运行。牵引变流器由网侧整流器、中间直流环节、电动机侧逆变器及控制环节组成。整流器的作用是把来自接触网的单相交流电压或同步发电机输出的三相交流电压变换为直流。中间直流环节由滤波电容器或电感组成，进行储能和滤波，获得平直的直流电。逆变器将中间环节平直的直流电，通过一定的控制策略，变换为频率、电压可调的三相脉冲交流电，供给交流牵引电动机，通过能量转换驱动列车。在起动阶段，逆变器按脉宽调制模式进行控制，恒电压频率比输出。当逆变器输出频率达到基频后，转入方波控制模式。有时在逆变器和异步牵引电动机之间串入平波电抗器，用以抑制起动过程中电动机电流的谐波分量，改善转矩脉动状况并减少损耗。起动完成后，通过接触器将其短接。当列车进行再生制动时，主电路结构不发生任何变化，控制系统将使异步牵引电动机工作在负转差频率下，牵引电动机进入发电机状态。

牵引变流器根据中间直流环节采用滤波元件的不同，可分为电压型和电流型两种类型。电压型变流器中间直流环节的储能元件采用电容器，向逆变器输出恒定的直流电压，相当于电压源；电流型变流器中间直流环节的储能元件采用电感，相当于恒流源，为逆变器提供恒定的直流电流。电压型变流器相对于电流型变流器具有较大的优势，特别适合于异步牵引电动机传动系统，在现代轨道列车交流传动领域大多都采用电压型变流器。电流型变流器只在同步牵引电动机传动系统或在一些城市近郊轨道运输装备中使用。

交流传动内燃机车等自备能源的牵引动力装置，牵引变流器由不可控整流器和 PWM 逆变器组成，动力制动一般采用电阻制动。电力机车、EMU 交—直—交流传动系统，网侧采用四象限脉冲整流器，构成交—直流变换部分。中间直流环节由支撑电容和二次波滤波器组成。负载侧采用三相逆变器，形成直—交流变换部分。城轨列车牵引变流器由电动机侧的逆变器组成。

电力机车、EMU 牵引变流器由网侧整流器和电动机侧逆变器两部分组成，无论是网侧的整流器还是电动机侧的逆变器都属于开关电路，电路中开关器件的周期性通断，从根本上破坏了交流电压、电流的正弦波形和连续性。在电压、电流中产生高次谐波，不仅污染了电网，而且使电动机运行性能恶化。谐波电流产生的脉动转矩将使电动机产生振动、噪声，影响稳定运行。减小谐波分量最为有效的方式是牵引变流器采用 PWM 控制。

根据电压型逆变器交流侧输出相电压的可能取值情况，逆变器分为两电平和三电平。两电平逆变器可以把中间直流环节的正极电位或负极电位接到牵引电动机上去；三电平逆变器除了把中间直流环节的正极或负极电位送到电动机上去之外，还可以把中间直流环节的中点电位送到牵引电动机上去，含有较少的谐波，其输出波形得到了改善，但需要更多的器件。

根据与逆变器的对应关系，脉冲整流器也有两电平和三电平2种。两电平、三电平变流器电路原理如图5.1、图5.2所示。

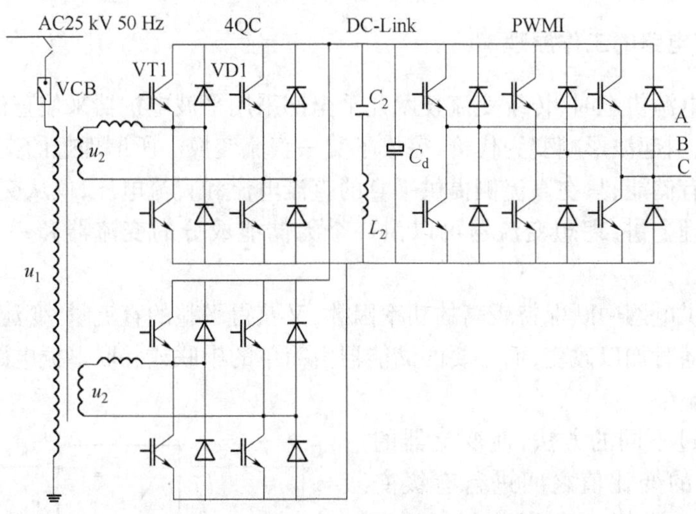


图5.1 电压型二电平变流器电路原理

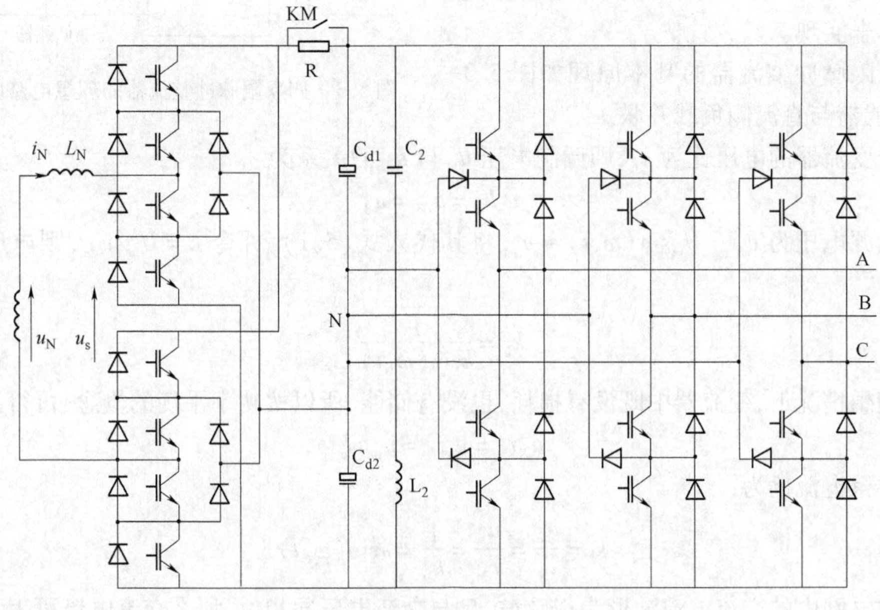


图5.2 电压型三电平牵引变流器电路原理

## 5.1 四象限脉冲整流电路

在交—直—交流传动系统中，网侧变流器采用四象限脉冲整流器，由牵引变压器的二次绕组供电。四象限脉冲整流器将来自主变压器牵引绕组的单相交流电压变换成直流电，通过滤波储能元件建立稳定的中间直流电压。通过PWM斩波控制，可以调节从电网输入的电流相位，使电流波形接近正弦波形，并能在较大的负载变化范围内，使整流电路的功率因数接近于1。电网只提供有功电能，最大可能地减小对通信信号的谐波干扰和充分利用电网的传输功率。四象限变流器能很方便地实现牵引和再生制动之间的能量转换，获得显著的节能效果。

### 5.1.1 脉冲整流电路的工作原理

由单相交流电源供电时，传统变流技术几乎全部采用平波电抗器来使直流量平直，是以电网提供无功功率、引起波形畸变为代价，完成了交—直流变换。所谓理想的交—直流变流器是既没有损耗又没有储能、只在直流侧提供平直的直流电流和直流电压，仅从交流电网吸取有功功率。从电路原理上讲，理想变流器可以由一个无储能成分的变流器和一个分离的储能器组成。

为了在交流供电网中既保持较高的功率因数，又获得平整的直流量，变流器的变比必须能够通过调制技术随时加以改变，而必要的储能器由简单的串联或并联谐振电路组成，与直流侧负载并联或串联。

现在能够通过不同的方法，使变流器的变比在许多可能的变比值之间进行有级变换，或者在仅有的2个值(1和0)之间频繁变换。若在1和0之间频繁变换，可通过脉宽调制技术来实现。

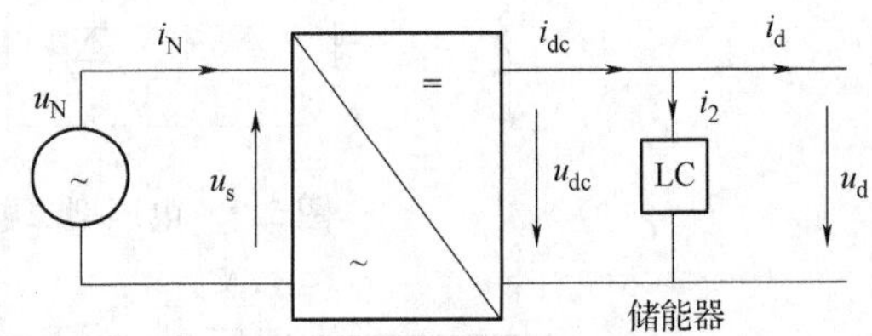

图5.3 四象限脉冲整流器的理想电路原理

四象限脉冲整流器的基本原理如图5.3所示，储能器与直流侧负载并联。

若令变流器的电压比为 $k_u$，即调制电压 $u_s$ 与 $u_d$ 的关系为

$$u_s k_u = u_{dc} = u_d \tag{5.1}$$

设电源电压为 $u_N = U_m \sin(\omega_N t) \approx u_s$，将其代入式(5.1)，并令 $k = U_m / u_{dc}$，则电压比可表示为：

$$k_u = \frac{1}{k\sin(\omega_N t)} \tag{5.2}$$

在理想情况下，变流器中既没有损耗，也没有储能，所以按功率平衡的概念，可得出：

$$u_N i_N = u_s i_N = u_{dc} i_{dc} \tag{5.3}$$

从而可求得电流比为：

$$k_i = \frac{i_{dc}}{i_N} = \frac{u_s}{u_{dc}} = \frac{1}{k_u} = k\sin(\omega_N t) \tag{5.4}$$

若供电网中的交流电流波形为正弦波，且与交流电压同相位，那么交流电流可表示为 $i_N = I_m \sin(\omega_N t)$。在理想变流器中，其直流功率和交流功率的平均值应当相等，即

$$\overline{u_N i_N} = U_m I_m / 2 = U_d I_d \tag{5.5}$$

考虑到式(5.2)，得到交流电流的幅值为：

$$I_m = \frac{2}{k} I_d \tag{5.6}$$

所以，变流器的直流侧电流可通过式(5.4)求得：

$$i_{dc} = k_i i_N = 2I_d \sin^2(\omega_N t) = I_d[1 - \cos 2(\omega_N t)] \tag{5.7}$$

由关系式 $i_2 = i_{dc} - i_d$，可求得流过储能器的电流为：

$$i_2 = I_d \cos^2(\omega_N t) \tag{5.8}$$

由式(5.8)可知,储能器所接受的电流是正弦波电流,其频率为供电频率的 2 倍,幅值恰好等于直流侧负载电流,而加在该储能器上的电压是一个纯直流电压。所以,对于这个作为储能器的电抗两端网络来说,加在其上的直流电压不会产生电流,而流过 2 倍网频的交流电流也不会在其端子上形成电压。显然,最简单的电容器和电抗器串接的谐振电路能满足这些特性的要求,其谐振频率必须等于 2 倍的电网频率。

从上述分析可以看出,若设计的变流器其电流变比符合式(5.4)的要求,按正弦规律变化,那么,它与具有 2 倍网频的电容—电抗串联谐振储能器一起,将构成理想的交—直流变流器,既能保证直流侧直流量平直,又能满足交流侧畸变和无功功率尽可能小的要求。

至于变流器的电流变比 $k_i$ 按正弦规律变化的要求,可以类比于 PWM 逆变器的控制思路,通过脉宽调制的办法来实现。如果逆变器是把输入的直流电压通过脉宽调制技术变换成正弦波形的电压输出,那么在理想的交—直流变流器中,将是在输出直流电压(电流)的情况下,通过脉宽调制来保证交流电流为正弦波形,并与交流电压同相位,即 $u_N$、$i_N$ 相位相同。

由无储能变流器和并联储能器构成,并按 PWM 方式工作,能够把交流能量变换为直流能量的电路,称为脉冲整流电路。电压型脉冲整流电路在保证电源电流不发生畸变并与电源电压保持同相位的同时,其输出端提供恒定、平整的直流电压,而输出直流电流的大小与负载特性有关。

### 5.1.2 两电平脉冲整流器电路

电力机车、EMU 交—直—交流传动系统,网侧采用四象限脉冲整流器,构成交—直流变换部分,中间直流环节由支撑电容和二次波滤波器组成。四象限脉冲整流器可以看成是由两象限电路插入另外一个开关支路而构成的。电感 $L_N$ 接受的无功功率不是从交流电源取得,而是由直流侧提供,$u_N$ 和 $i_N$ 应当是同相位的。也就是说,变流器必须具有反馈能力。四象限脉冲整流器能够执行整流或反馈 2 方面功能,能够在输入电压和电流平面所在的 4 个象限中工作。作为电力牵引传动用的变流器,相应地能够实现牵引、制动状态下前进、后退 4 种工况。脉冲整流器是利用漏电抗器的储能,达到整流、升压、稳压的目的,其网侧功率因数接近 1,等效谐波干扰电流小并能实现电能的反馈。两电平四象限脉冲整流器电路原理如图 5.4 所示,其中 $L_N$ 为主变压器牵引绕组的漏电感,忽略了牵引绕组电阻。

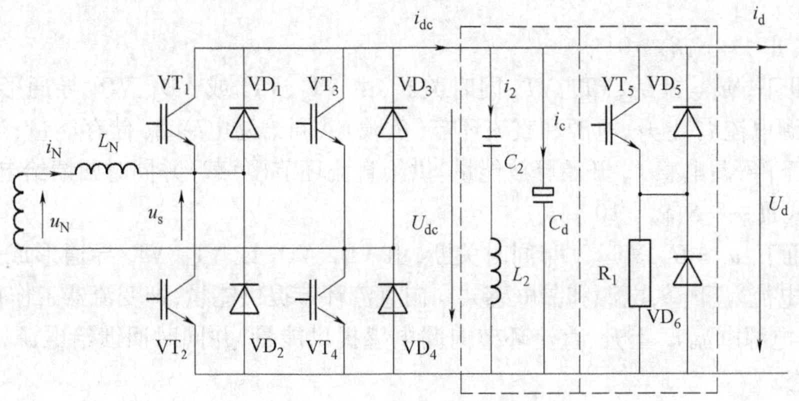

图 5.4 两电平四象限脉冲整流器电路原理

1. 等效开关电路及工作模式

两电平四象限脉冲整流器可用调制电压源 $u_s$ 等效，主元件可用两个无功耗、理想化的高速电子开关 $S_A$、$S_B$ 等效，如图 5.5 所示。

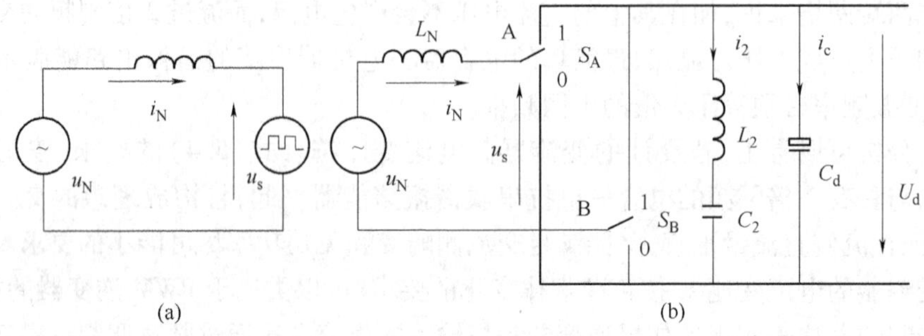


图 5.5　两电平脉冲整流器等效电路及开关等效图

两电平脉冲整流器等效开关函数可表示为：

$$S_A=\begin{cases}1 & VT_1\ 导通\\ 0 & VT_2\ 导通\end{cases}\qquad S_B=\begin{cases}1 & VT_3\ 导通\\ 0 & VT_4\ 导通\end{cases}\tag{5.9}$$

由于上、下桥臂不允许同时导通，控制各开关支路的导通或关断，可实现脉宽调制和能量变换。在脉宽调制时，$u_s$ 的取值有 $\pm U_d$ 和 0 三种电平，即电源电流或者被转送到直流回路（$i_d=i_N$），同时使直流电压连接到交流电压侧（$u_s=\pm U_d$），或者通过变流器将电源短路（$i_d=0$），同时也将变流器的输入电压（调制电压）短接（$u_s=0$）。

在理想开关等效电路中，有 4 种有效逻辑关系，即 $S_AS_B=00,01,10,11$。调制电压 $u_s$ 可表示为：

$$u_s=(S_A-S_B)U_d\tag{5.10}$$

根据理想开关的开闭状态，$u_s$ 的取值有 0、$\pm U_d$，相应脉冲整流器存在 3 种工作模式。

（1）模式Ⅰ——$S_AS_B=00/11$

在模式Ⅰ下，下桥臂开关元件或上桥臂开关元件全部导通，此时 $u_s=0$，由支撑电容 $C_d$ 向负载供电。牵引变压器二次绕组端电压 $u_N$ 直接加在漏电感 $L_N$ 上，对漏电感 $L_N$ 充、放电。当 $u_N>0$ 时，$VD_1$ 与 $VT_3$ 导通或 $VT_2$ 与 $VD_4$ 导通，电源电流 $i_N$ 上升，电源给漏电感 $L_N$ 储存能量；当 $u_N<0$ 时，$VD_3$ 与 $VT_1$ 导通或 $VT_4$ 与 $VD_2$ 导通，电源电流 $i_N$ 下降，漏电感 $L_N$ 开始释放能量，回馈给电源。

（2）模式Ⅱ——$S_AS_B=01$

在模式Ⅱ下，$u_s=-U_d$，$VT_1$、$VT_4$ 同时关断，由 $VT_2$、$VT_3$ 或 $VD_3$、$VD_2$ 导通形成回路。当 $u_N>0$ 时，电源电流 $i_N$ 上升，电源和直流环节（负载）共同给漏电感 $L_N$ 储存能量；当 $u_N<0$ 时，电源电流 $i_N$ 下降，漏电感 $L_N$ 开始释放能量，供给直流环节（负载）并同时回馈给电源。

（3）模式Ⅲ——$S_AS_B=10$

在模式Ⅲ下，$u_s=U_d$，$VT_2$、$VT_3$ 同时关断，由 $VD_1$、$VD_4$ 或 $VT_1$、$VT_4$ 导通形成回路。当 $u_N>0$ 时，电源电流 $i_N$ 下降，电源和漏电感共同向直流环节提供能量，即变流器工作在整流状态。当 $u_N<0$ 时，电源电流 $i_N$ 上升，直流环节向漏电感提供能量，并同时回馈给电源，即变流器工作在逆变状态。

2. 工作状态与等效电路

在实现能量变换时，电源电流究竟是以正的或负的符号流到直流回路（$i_{dc}=+i_N$ 或 $i_{dc}=$

$-i_N$)，还是直流电压以负的或正的符号接到交流侧($u_s = +U_d$ 或 $u_s = -U_d$)，究竟是工作在整流还是逆变回馈状态，这要看是哪些开关支路处于导通状态。

全控桥中相同位置处不同性质的元件导通时，电源处于短路状态；全控桥中对角线位置处的相同性质元件导通时，变流器工作在能量传递状态。若 $VT_1$-$VT_4$ 或 $VT_3$-$VT_2$ 导通，其工作在逆变回馈状态，由负载向电源回送电能；若 $VD_1$-$VD_4$ 或 $VD_3$-$VD_2$ 导通，其工作在整流状态，由电源向直流环节(负载)供电。

由脉冲整流器等效电路可知，$u_N = u_{LN} + u_s$。根据不同的控制模式，$u_s$ 可能的取值应为0、$-U_d$、$+U_d$，在漏电感 $L_N$ 上的电压降 $u_{LN}$ 可取三种不同的值：

$$u_{LN} = \begin{cases} u_N \\ u_N + U_d \\ u_N - U_d \end{cases} \tag{5.11}$$

由于电源侧存在回路电感(或牵引变压器的漏电抗)，因而可使中间直流电压 $U_d$ 高于由整流二极管 $VD_1$-$VD_4$ 所产生的最大可能的整流电压，即 $U_d > U_N$，$U_N$ 为牵引绕组电压的峰值。

当 $u_s > 0$ 时，触发 VT2，那么变压器副边绕组通过 $VT_2$-$VD_4$ 短接。由于主变压器具有相当大的短路阻抗，对于50 Hz电源，通常短路阻抗电压 $u_k > 30\%$，所以电流上升是有限的。若使 $VT_2$-$VD_4$ 重新关断，那么变压器电流经由 $VD_1$ 和 $VD_4$ 流入中间直流回路，产生升压斩波的结果，使得在较低的变压器副边绕组电压下，能够得到较高的中间回路直流电压 $U_d$。对于 $u_s < 0$ 也有类似的情况。

分析 $u_N$、$i_N$ 及 $u_s$ 之间的关系，两电平电压型脉冲整流器共有12种工作状态，其所有可能的工作状态如表5.1列出。由此还可以看出交流电源、附加电抗器(一般为变压器漏抗)和直流侧回路之间的能量转移关系。其中，$u_s i_N = 0$，电源短接；$u_s i_N > 0$，整流状态；$u_s i_N < 0$，逆变状态。

在表5.1中，无论是整流(牵引)状态还是逆变(再生制动)状态，各自都被分为6种状态。每种状态的能量转换关系是互不相同的，与此对应的等效电路如图5.6所示。

**表5.1 电压型四象限脉冲整流器的工作状态**

| $U_N$ | $i_N$ | $U_s$ | $U_{LN}$ | 导通器件 | $i_N$ 变化 | 工作状态 | 能量传递 | 电路 |
|---|---|---|---|---|---|---|---|---|
| >0 | >0 | 0 | $U_N$ | $VT_3VD_1/VT_2VD_4$ | ↗ | 电源短接 | $U_N \to L_N$ | b,c |
| | | $+U_d$ | $U_N - U_d$ | $VD_1VD_4$ | ↘ | 整流 | $U_N + L_N \to U_d$ | d |
| | | $-U_d$ | $U_N + U_d$ | $VT_2VT_3$ | ↗ | 逆变 | $U_N + U_d \to L_N$ | a |
| | <0 | 0 | $U_N$ | $VT_1VD_3/VT_4VD_2$ | ↘ | 电源短接 | $L_N \to U_N$ | f,g |
| | | $+U_d$ | $U_N - U_d$ | $VT_1VT_4$ | ↗ | 逆变 | $U_d \to U_N + L_N$ | e |
| | | $-U_d$ | $U_N + U_d$ | $VD_2VD_3$ | ↘ | 整流 | $L_N \to U_N + U_d$ | h |
| <0 | >0 | 0 | $U_N$ | $VT_3VD_1/VT_2VD_4$ | ↘ | 电源短接 | $L_N \to U_N$ | b,c |
| | | $+U_d$ | $U_N + U_d$ | $VD_1VD_4$ | ↘ | 整流 | $L_N \to U_N + U_d$ | d |
| | | $-U_d$ | $U_N - U_d$ | $VT_3V_T2$ | ↗ | 逆变 | $U_d \to U_N + L_N$ | a |
| | <0 | 0 | $U_N$ | $VT_1VD_3/VT_4VD_2$ | ↗ | 电源短接 | $U_N \to L_N$ | f,g |
| | | $+U_d$ | $U_N + U_d$ | $VT_1VT_4$ | ↗ | 逆变 | $U_N + U_d \to L_N$ | e |
| | | $-U_d$ | $U_N - U_d$ | $VD_2VD_3$ | ↘ | 整流 | $U_N + L_N \to U_d$ | h |

如果把一台电力机车上的几组四象限整流器错开相位进行斩波，比如4组四象限整流器相互位移90°，可成倍地提高接触网上的等效斩波频率，进一步改善接触网的性能。因此脉冲

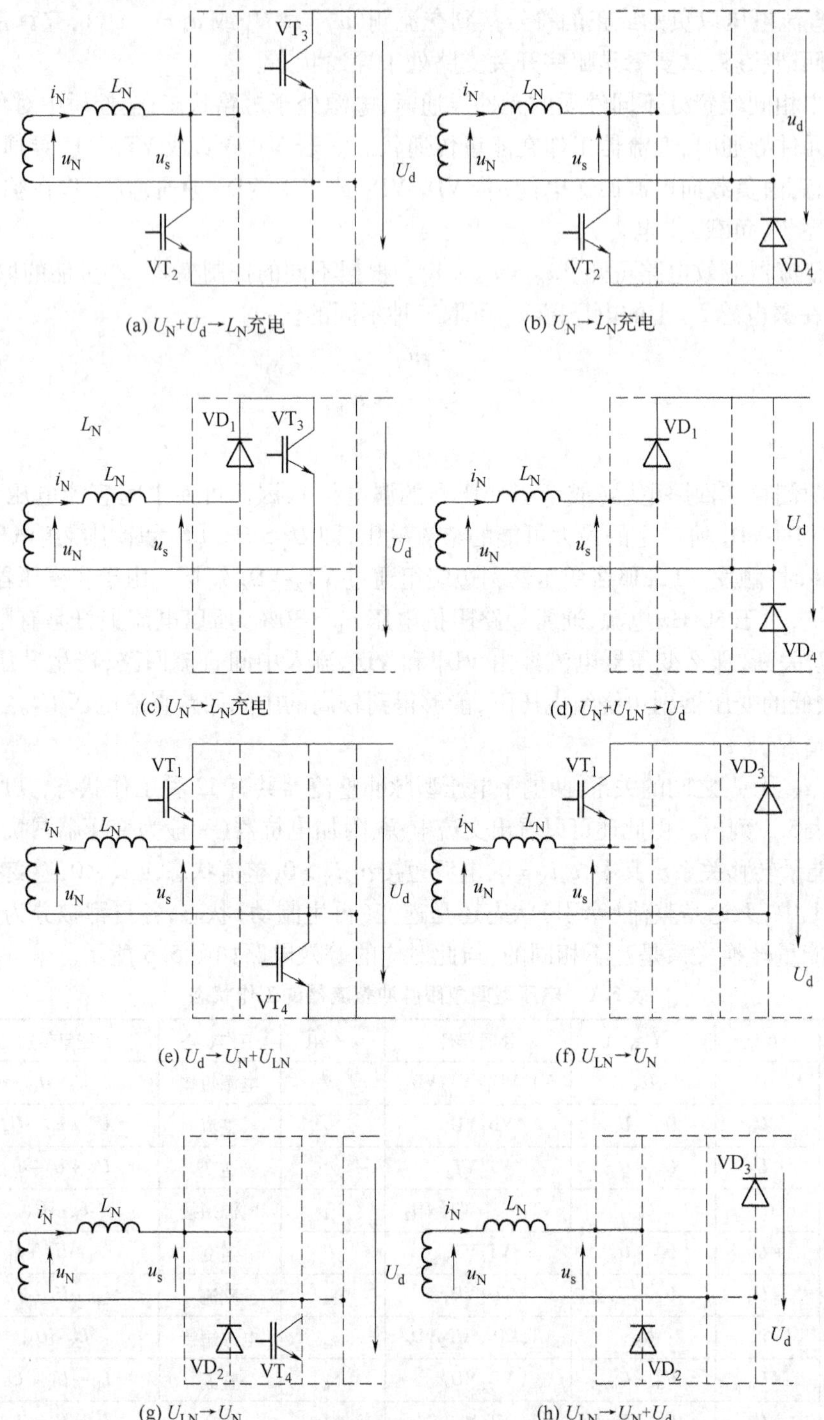


(a) $U_N+U_d \to L_N$充电　(b) $U_N \to L_N$充电

(c) $U_N \to L_N$充电　(d) $U_N+U_{LN} \to U_d$

(e) $U_d \to U_N+U_{LN}$　(f) $U_{LN} \to U_N$

(g) $U_{LN} \to U_N$　(h) $U_{LN} \to U_N+U_d$

图 5.6　两电平四象限脉冲整流器的工作状态与等效电路

整流不同于一般的整流电路，它是一种交直流斩波升压电路，其输出直流电压可从交流电源电压峰值附近向高调节，若要向低调节将会使电路性能恶化，以致不能工作。与此同时，通过调制，可使直流电压 $U_d$ 在电源回路的 $u_s$ 两端产生工频交流正弦电压 $U_s$。通过对 $U_s$ 相位和幅值的控制，可以达到电源侧回路内电流 $I_N$ 与 $U_N$ 同相位，即基波相位移系数等于 1。由于调制的频

率足够高或者电感 $L_N$ 足够大，可使电流畸变系数接近于1，这样就可使实际功率因数接近于1。

在实际应用中，调制开关频率和电感 $L_N$ 总是有限的，$U_s$ 除了基波 $U_{s1}$ 外，还包括高次谐波。因此，整流电流除了直流分量 $I_d$ 和2倍网频交流分量 $i_2$ 外，还包括更高次谐波电流分量；同时，接触网中同样存在着高次谐波分量，所以接触网的功率因数总是略小于1。

3. SPWM 控制整流器的输出关系

两电平脉冲整流器控制采用 SPWM 调制，整流器每个桥臂电路的控制方法是由三角形载波与正弦调制波的交点来决定桥臂中上下2个元件的换流时刻。2个桥臂正弦调制波的调制方式相同，相位差为180°。

脉冲整流器的等效电路与相量图如图5.7(a)、(b)所示。图5.7(b)、(c)、(d)所示分别为整流、逆变状态下的基波相量图，其中图5.7(c)、(d)中忽略了回路电阻压降。

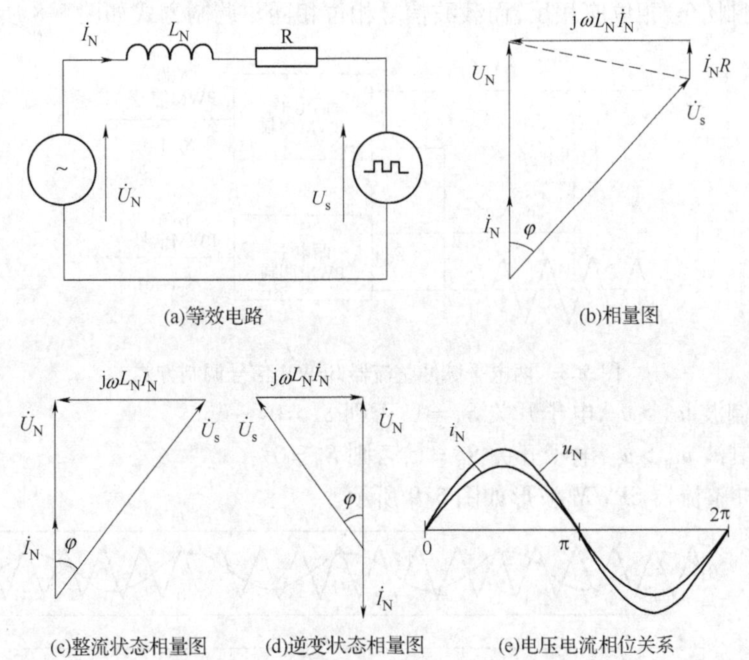


图5.7 PWM 整流器等效电路与相量图

由四象限脉冲整流器的等效电路可知：

$$
\begin{aligned}
\dot{U}_N &= (R + j\omega L_N)\dot{I}_N + \dot{U}_s \\
U_s^2 &= U_N^2 + (\omega L_N I_N)^2 \\
kU_N &= \omega L_N I_N \\
M &= \sqrt{2}U_s/U_d
\end{aligned}
\tag{5.12}
$$

式中 $k$——变压器短路阻抗电压的标幺值，牵引变压器一般取0.3~0.35；

$M$——整流器的调制度，一般取 $M = 0.8 \sim 0.9$；

$U_d$——直流侧输出电压。

由式(5.12)可计算出：

$$
U_d = \frac{U_N}{M}\sqrt{2(1+k^2)} \tag{5.13}
$$

由此可见,整流器输出直流电压 $U_d$ 与变压器牵引绕组输出电压 $U_N$ 呈正比关系,与整流器的调制度 $M$ 呈反比关系。电压型 PWM 整流器电路是升压整流电路,其输出直流电压可以从交流电源电压峰值附近向高调节,若向低调节会使电路恶化,甚至不能工作。

由式(5.12)和图 5.7 中相量图可知,根据 $I_N$ 与 $U_N$ 方向之间的关系可以判定四象限整流器的工作状态。当 $I_N$ 与 $U_N$ 方向一致时,为整流状态;$I_N$ 与 $U_N$ 方向相反时,为逆变状态。

从表 5.1 可以看出,四象限整流器的整流、逆变状态各有 4 个。而在实际应用中,整流只采用第一象限和第三象限的整流状态,逆变只采用第二象限和第四象限的逆变状态。

4. 两电平脉冲整流器 SPWM 控制原理

理想电子开关的状态通过 PWM 过程中调制波与载波间的相互关系产生,在调制波与载波交点时刻控制开关元件的通断,在 $A$、$B$ 两端分别产生相应的开关状态值。$A$、$B$ 两端共用一个载波信号,调制信号相位应相反,而载波信号相位相同。调制方式如图 5.8 所示。

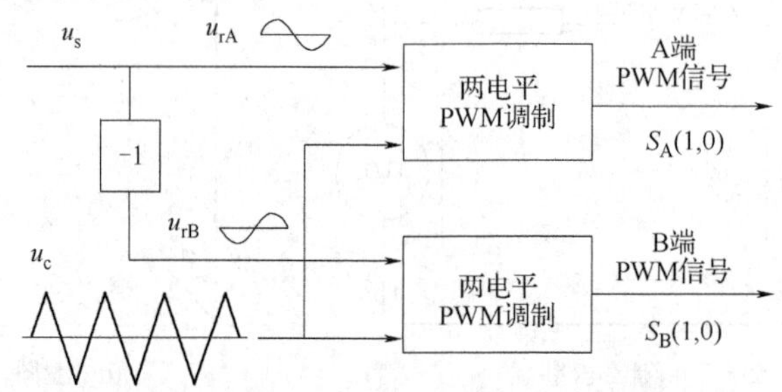


图 5.8　两电平脉冲整流器 SPWM 信号调制方式

当 A 端调制波 $u_{rA} > u_c$,电子开关 $S_A = 1$,否则 $S_A = 0$。

当 B 端调制波 $u_{rB} > u_c$,电子开关 $S_B = 1$,否则 $S_B = 0$。

两电平脉冲整流器 SPWM 波形如图 5.9 所示。

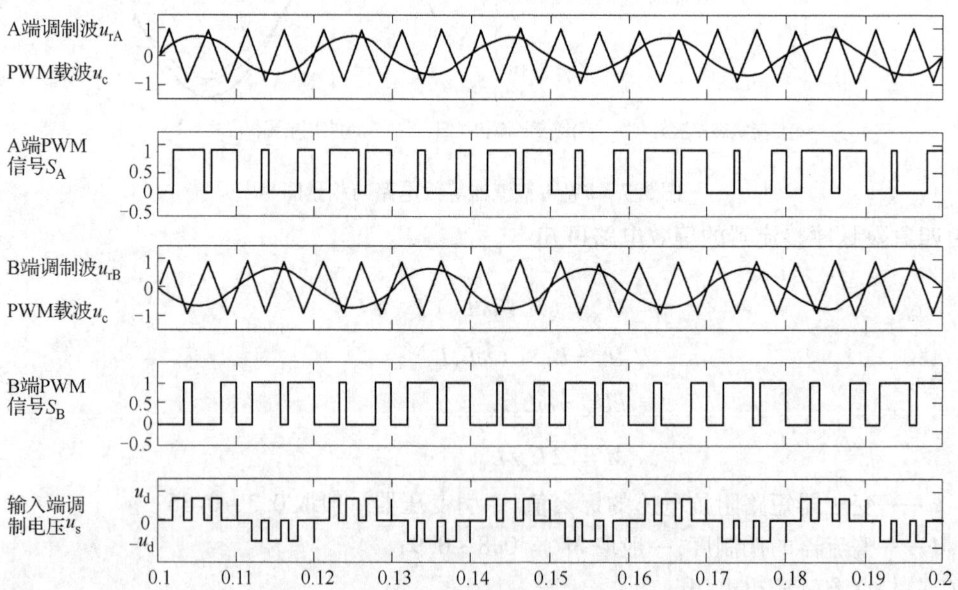


图 5.9　两电平脉冲整流器 SPWM 控制波形

### 5.1.3 三电平脉冲整流器电路

四象限变流器最初采用两电平电路，如德国的E120系列电力机车。从20世纪90年代以来，瑞士、日本在460型电力机车、新干线E2-1000 EMU开始采用三电平变流器。三电平牵引变流器电路主要由三电平脉冲整流器、中间直流环节和中点嵌位型三电平式逆变器等几部分组成。

三电平式脉冲整流器由8个IGBT元件组成两相整流桥，作用是将单相交流电变换为直流电，如图5.10所示。由 $C_2$、$L_2$ 组成2倍频滤波装置，支撑电容 $C_d$ 滤除整流后的电压纹波，并在负载变化时保持电压平稳。支撑电容在电路中被分为相串联的两部分，工作时需要控制两电容器电压的均衡，即保持中点电位平衡。

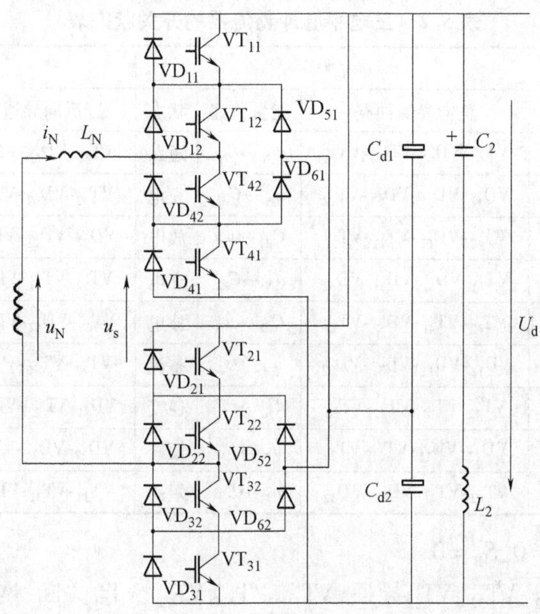

图5.10 三电平脉冲整流器电路原理

1. 主电路结构及工作模式

与两电平整流器一样，以2个三点式理想电子开关 $S_A$、$S_B$ 来代替开关元件，将主电路简化。三电平四象限脉冲整流器主电路的开关等效简图如图5.11所示，其中 $C_{d1}=C_{d2}$ 为支撑电容，$C_2$、$L_2$ 分别为2倍频谐波滤波支路的电容和电感。

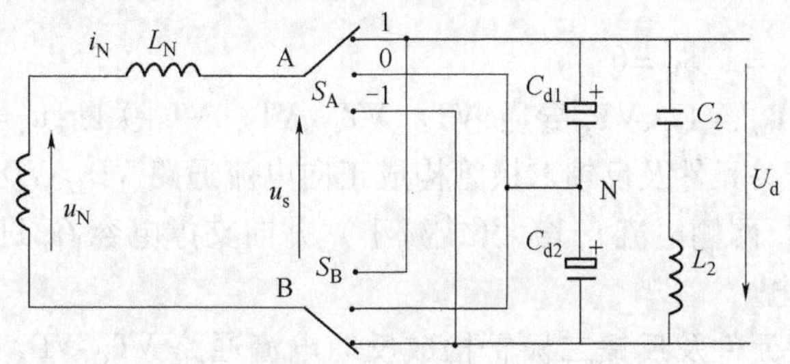

图5.11 三电平脉冲整流器主电路的开关等效简图

中间直流环节相串联的两支撑电容，可使开关 $S_A$ 与 $S_B$ 得到 $U_d/2$、$-U_d/2$、0三种电平，分别用1、-1、0表示。三电平脉冲整流器等效开关状态函数可表示为：

$$S_A=\begin{cases}1 & VD_{12}-VD_{11}/VT_{11}-VT_{12}\text{导通}\\0 & VT_{42}/VT_{12}\text{导通}\\-1 & VT_{42}-VT_{41}/VD_{41}-VD_{42}\text{导通}\end{cases}$$

$$S_B=\begin{cases}1 & VD_{22}\text{-}VD_{21}/VT_{21}\text{-}VT_{22}\text{导通}\\0 & VT_{32}\text{-}VT_{22}\text{导通}\\-1 & VT_{32}\text{-}VT_{31}/VD_{31}\text{-}VD_{32}\text{导通}\end{cases} \tag{5.14}$$

根据理想电子开关 $S_A$、$S_B$ 所取不同的开关状态，A、B两点间的调制电压 $u_s$ 可以有9种组合方式，对应着主电路有9种工作模式，见表5.2。

**表5.2 三电平脉冲整流器的开关状态表**

| 模式 | $S_A$ | $S_B$ | $u_s$ | $u_N>0$ | | | $u_N<0$ | | |
|---|---|---|---|---|---|---|---|---|---|
| | | | | 正向导通回路 | 能量传递 | 状态 | 反向导通回路 | 能量传递 | 状态 |
| 1 | 0 | 0 | 0 | $VT_{42}$-$VD_{61}$-$VD_{52}$-$VT_{22}$ | $u_N\to L_N$ | 短路 | $VT_{32}$-$VD_{62}$-$VD_{51}$-$VT_{12}$ | $L_N\to u_N$ | 短路 |
| 2 | 1 | 0 | $U_d/2$ | $VD_{12}$-$VD_{11}$-$VD_{52}$-$VT_{22}$ | $u_N\to C_{d1}$ | 充电 | $VT_{32}$-$VD_{62}$-$VT_{11}$-$VT_{12}$ | $C_{d1}\to u_N$ | 放电 |
| 3 | 0 | 1 | $-U_d/2$ | $VT_{42}$-$VD_{61}$-$VT_{21}$-$VT_{22}$ | $C_{d1}\to u_N$ | 放电 | $VD_{22}$-$VD_{21}$-$VD_{51}$-$VT_{12}$ | $u_N\to C_{d1}$ | 充电 |
| 4 | 0 | -1 | $U_d/2$ | $VT_{42}$-$VD_{61}$-$VD_{31}$-$VD_{32}$ | $u_N\to C_{d2}$ | 充电 | $VT_{32}$-$VT_{31}$-$VD_{51}$-$VT_{12}$ | $C_{d2}\to u_N$ | 放电 |
| 5 | -1 | 0 | $-U_d/2$ | $VT_{42}$-$VT_{41}$-$VD_{52}$-$VT_{22}$ | $C_{d2}\to u_N$ | 放电 | $VT_{32}$-$VD_{62}$-$VD_{41}$-$VD_{42}$ | $u_N\to C_{d2}$ | 充电 |
| 6 | +1 | -1 | $U_d$ | $VD_{12}$-$VD_{11}$-$VD_{31}$-$VD_{32}$ | $u_N\to U_d$ | 整流 | $VT_{32}$-$VT_{31}$-$VT_{11}$-$VT_{12}$ | $U_d\to u_N$ | 逆变 |
| 7 | -1 | 1 | $-U_d$ | $VT_{42}$-$VT_{41}$-$VT_{21}$-$VT_{22}$ | $U_d\to u_N$ | 逆变 | $VD_{21}$-$VD_{22}$-$VD_{41}$-$VD_{42}$ | $u_N\to U_d$ | 整流 |
| 8 | +1 | +1 | 0 | $VD_{12}$-$VD_{11}$-$VT_{21}$-$VT_{22}$ | $u_N\to L_N$ | 短路 | $VD_{22}$-$VD_{21}$-$VT_{11}$-$VT_{12}$ | $L_N\to u_N$ | 短路 |
| 9 | -1 | -1 | 0 | $VT_{42}$-$VT_{41}$-$VD_{31}$-$VD_{32}$ | $u_N\to L_N$ | 短路 | $VT_{32}$-$VT_{31}$-$VD_{41}$-$VD_{42}$ | $L_N\to u_N$ | 短路 |

(1) 模式1——$S_A=0$、$S_B=0$

开关元件 $VT_{42}$、$VT_{22}$、$VT_{32}$、$VT_{12}$ 导通，$VT_{11}$、$VT_{41}$、$VT_{21}$、$VT_{31}$ 关断，网侧调制电压 $u_s=0$。此模式下，网侧电源向电感进行正、反向供电，与负载之间没有能量传递。在负载侧，支撑电容 $C_{d1}$、$C_{d2}$ 通过负载进行放电。

当 $u_N>0$ 时，由开关元件及反馈二极管构成正向电流通路 $VT_{42}$-$VD_{61}$-$VD_{52}$-$VT_{22}$，正向网侧电流 $i_N$ 增大，$u_N$ 向网侧电感 $L_N$ 供电。

当 $u_N<0$ 时，通过 $VT_{32}$-$VD_{62}$-$VD_{51}$-$VT_{12}$ 构成电流通路，反向电流减小，$u_N$ 向网侧电感 $L_N$ 反向供电。

(2) 模式2——$S_A=1$、$S_B=0$

开关元件 $VT_{11}$、$VT_{12}$、$VT_{22}$、$VT_{32}$ 导通，$VT_{41}$、$VT_{42}$、$VT_{21}$、$VT_{31}$ 关断，$u_s=U_d/2$。

当 $u_N>0$ 时，由开关元件及反馈二极管构成正向电流通路 $VD_{12}$-$VD_{11}$-$VD_{52}$-$VT_{22}$。若 $u_N>U_d/2$（或 $u_N<U_d/2$）时，网侧电流 $i_N$ 增大（或减小），并向支撑电容 $C_{d1}$ 进行充电，支撑电容 $C_{d2}$ 通过负载电流进行放电。

当 $u_N<0$ 时，开关元件及反馈二极管构成反向电流通路 $VT_{32}$-$VD_{62}$-$VT_{11}$-$VT_{12}$。支撑电容 $C_{d1}$ 向网侧电源放电（反向充电），支撑电容 $C_{d2}$ 通过负载电流进行放电。

(3) 模式3——$S_A=0$、$S_B=1$

开关元件 $VT_{12}$、$VT_{42}$、$VT_{21}$、$VT_{22}$ 导通，$VT_{11}$、$VT_{41}$、$VT_{31}$、$VT_{32}$ 关断，$u_s=-U_d/2$。

当 $u_N>0$ 时，由开关元件及反馈二极管构成正向电流通路 $VT_{42}$-$VD_{61}$-$VT_{21}$-$VT_{22}$，支撑电容 $C_{d1}$ 通过正向网侧电流进行放电，支撑电容 $C_{d2}$ 通过负载电流进行放电。

当 $u_N<0$ 时，由开关元件及反馈二极管构成正向电流通路 $VD_{22}$-$VD_{21}$-$VD_{51}$-$VT_{12}$。当反向电源电压大于（或小于）$U_d/2$ 时，网侧电流 $i_N$ 将减小（或增大），反向网侧电流将对支撑电容 $C_{d1}$ 进行充电，而支撑电容 $C_{d2}$ 通过负载电流进行放电。

（4）模式 4——$S_A=0$、$S_B=-1$

开关元件 $VT_{12}$、$VT_{42}$、$VT_{31}$、$VT_{32}$ 导通，$VT_{11}$、$VT_{41}$、$VT_{21}$、$VT_{22}$ 关断，网侧电压 $u_s=U_d/2$。

当 $u_N>0$ 时，由开关元件及反馈二极管构成正向电流通路 $VT_{42}$-$VD_{61}$-$VD_{31}$-$VD_{32}$。如果正向电源电压 $u_N>U_d/2$（或 $u_N<U_d/2$），网侧电流将增大（或减小），对支撑电容 $C_{d2}$ 充电，与此同时 $C_{d1}$ 通过负载电流放电。

当 $u_N<0$ 时，由开关元件及反馈二极管构成反向电流通路 $VT_{32}$-$VT_{31}$-$VD_{51}$-$VT_{12}$，支撑电容 $C_{d2}$ 向电源放电，而 $C_{d1}$ 通过负载电流放电。

（5）模式 5——$S_A=-1$、$S_B=0$

开关元件 $VT_{41}$、$VT_{42}$、$VT_{22}$、$VT_{32}$ 导通，$VT_{11}$、$VT_{12}$、$VT_{21}$、$VT_{31}$ 关断，$u_s=-U_d/2$。

当 $u_N>0$ 时，由开关元件及反馈二极管构成正向电流通路 $VT_{42}$-$VT_{41}$-$VD_{52}$-$VT_{22}$，支撑电容 $C_{d2}$ 通过正向电流向电源放电，而 $C_{d1}$ 通过负载电流放电。

当 $u_N<0$ 时，由开关元件及反馈二极管构成反向电流通路 $VT_{32}$-$VD_{62}$-$VD_{41}$-$VD_{42}$。当反向电源电压 $u_N>U_d/2$（或 $u_N<U_d/2$）时，反向网侧电流将对支撑电容 $C_{d2}$ 进行充电，而支撑电容 $C_{d1}$ 通过负载电流进行放电。

（6）模式 6——$S_A=1$、$S_B=-1$

开关元件 $VT_{11}$、$VT_{12}$、$VT_{31}$、$VT_{32}$ 导通，$VT_{41}$、$VT_{42}$、$VT_{21}$、$VT_{22}$ 关断，$u_s=U_d$。

当 $u_N>0$ 时，由开关元件及反馈二极管构成正向电流通路 $VD_{12}$-$VD_{11}$-$VD_{31}$-$VD_{32}$，网侧电流对支撑电容 $C_{d1}$、$C_{d2}$ 充电，并向负载端提供电能，即工作在整流状态。

当 $u_N<0$ 时，由开关元件及反馈二极管构成反向电流通路 $VT_{32}$-$VT_{31}$-$VT_{11}$-$VT_{12}$，支撑电容 $C_{d1}$、$C_{d2}$ 向网侧电源放电，负载通过反向电流向网侧传递能量，即工作在逆变状态。

（7）模式 7——$S_A=-1$、$S_B=1$

开关元件 $VT_{41}$、$VT_{42}$、$VT_{21}$、$VT_{22}$ 导通，$VT_{11}$、$VT_{12}$、$VT_{31}$、$VT_{32}$ 关断，$u_s=-U_d$。

当 $u_N>0$ 时，由开关元件及反馈二极管构成正向电流通路 $VT_{42}$-$VT_{41}$-$VT_{21}$-$VT_{22}$，支撑电容 $C_{d1}$、$C_{d2}$ 通过网侧电流放电，负载端向网侧电源输出电能，即工作在逆变状态。

当 $u_N<0$ 时，由开关元件及反馈二极管构成反向电流通路 $VD_{21}$-$VD_{22}$-$VD_{41}$-$VD_{42}$，网侧反向电流对支撑电容 $C_{d1}$、$C_{d2}$ 充电，并向负载端提供电能，即工作在整流状态。

（8）模式 8——$S_A=1$、$S_B=1$

开关元件 $VT_{11}$、$VT_{12}$、$VT_{21}$、$VT_{22}$ 导通，$VT_{41}$、$VT_{42}$、$VT_{31}$、$VT_{32}$ 关断，$u_s=0$，网侧电源被整流器短路。

当 $u_N>0$ 时，由开关元件及反馈二极管构成正向电流通路 $VD_{12}$-$VD_{11}$-$VT_{21}$-$VT_{22}$，网侧电源被整流器短路，电流增大，电源只向网侧电感供电，与负载端没有能量传递。支撑电容 $C_{d1}$、$C_{d2}$ 通过负载电流进行放电。

当 $u_N<0$ 时，由开关元件及反馈二极管构成反向电流通路 $VD_{22}$-$VD_{21}$-$VT_{11}$-$VT_{12}$，网侧反向电流只向网侧电感反向供电（电感放电），与负载端没有能量传递。支撑电容 $C_{d1}$、$C_{d2}$ 通过负载电流进行放电。

(9) 模式 9——$S_A=-1$、$S_B=-1$

开关元件 $VT_{41}$、$VT_{42}$、$VT_{31}$、$VT_{32}$ 导通，$VT_{11}$、$VT_{12}$、$VT_{21}$、$VT_{22}$ 关断，$u_s=0$，网侧电源被整流器短路。

当 $u_N>0$ 时，由开关元件及反馈二极管构成正向电流通路 $VT_{42}$-$VT_{41}$-$VD_{31}$-$VD_{32}$，网侧电源被整流器短路，电流增大，电源只向网侧电感供电，与负载端没有能量传递。支撑电容 $C_{d1}$、$C_{d2}$ 通过负载电流进行放电。

当 $u_N<0$ 时，由开关元件及反馈二极管构成反向电流通路 $VT_{32}$-$VT_{31}$-$VD_{41}$-$VD_{42}$，网侧反向电流只向网侧电抗反向供电（电感放电），与负载端没有能量传递。支撑电容 $C_{d1}$、$C_{d2}$ 通过负载电流进行放电。

通过对三电平脉冲整流器 9 种工作模式的分析，可以得出如下结论：

$u_s=0$ 时，对应 3 种模式（模式 1、8、9），网侧电源被整流器短路，电源只与网侧电感进行能量传递，网侧电压 $u_N$ 的正向（反向），电流 $i_N$ 增大（减小），对电感进行正（反）向供电。网侧电源与负载端没有能量传递关系。支撑电容通过负载电流向负载放电。

$u_s=U_d/2$ 时，对应 2 种模式（模式 2、4），网侧电源与支撑电容 $C_{d1}$ 或 $C_{d2}$ 之间进行能量传递。网侧电压 $u_N$ 的正向对支撑电容 $C_{d1}$ 或 $C_{d2}$ 进行充电；$u_N$ 的反向由支撑电容 $C_{d1}$ 或 $C_{d2}$ 放电。

$u_s=-U_d/2$ 时，对应 2 种模式（模式 3、5），网侧电源与支撑电容 $C_{d1}$ 或 $C_{d2}$ 之间进行能量传递。网侧电压 $u_N$ 的正向对支撑电容 $C_{d1}$ 或 $C_{d2}$ 进行放电；$u_N$ 的反向由支撑电容 $C_{d1}$ 或 $C_{d2}$ 充电。

$u_s=U_d/-U_d$ 时，分别对应模式 6、7，网侧电源与负载之间进行能量传递，整流器工作在整流或逆变状态。在模式 6 的正向通路与模式 7 的反向通路，网侧电源向负载供电，整流器工作在整流状态；在模式 6 的反向通路与模式 7 的正向通路，负载向网侧电源馈电，整流器工作在逆变（再生）状态。

从开关元件工作情况（取值）来看，可以得到开关状态与能量传递之间的关系：

$S_A=S_B$，网侧电源被整流器短路，$u_N \leftrightarrow L_N$。

$|S_A| \neq |S_B|$，电源与 $C_{d1}$ 或 $C_{d2}$ 交换能量，$u_N \leftrightarrow C_{d1}/C_{d2}$。

$S_A=-S_B$，网侧电源与负载之间传递能量，$u_N \leftrightarrow U_d$。

2. 三电平整流器 PWM 控制原理

四象限脉冲整流器各桥臂元件的开关状态由正弦调制波 $u_{s1}$ 与三角载波相交点参数来决定，在 A、B 端可获得正弦脉宽调制的电压波形 $u_s$。为了减小谐波，A 端与 B 端的调制波和载波在相位上均分别相差 180°，载波的正向和负向也相差 180°，调制方式如图 5.12 所示。

三电平脉冲整流器等效电子开关的状态由对应的载波信号与调制信号的相互位置而定，其状态值按式(5.15)给定条件确定。

$$S_A=\begin{cases}1 & u_{rA}>u_{cA}>u'_{cA}\\0 & u_{cA}>u_{rA}>u'_{cA}\\-1 & u_{cA}>u'_{cA}>u_{rA}\end{cases}$$

$$S_B=\begin{cases}1 & u_{rB}>u_{cB}>u'_{cB}\\0 & u_{cB}>u_{rB}>u'_{cB}\\-1 & u_{cB}>u'_{cB}>u_{rB}\end{cases} \tag{5.15}$$

三电平脉冲整流器在 PWM 控制方式下，输入端调制电压 $u_s$ 的调制波形，如图 5.13 所示。调制电压 $u_s$ 存在 5 种电平，即 $\pm U_d$、$\pm U_d/2$、0 电平。

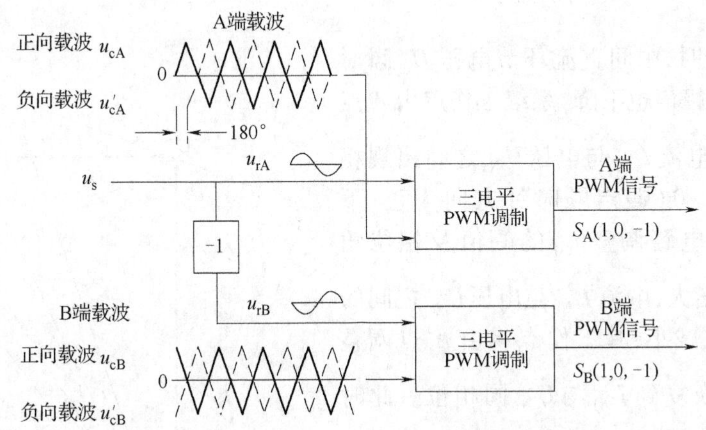


图 5.12 三电平脉冲整流器 PWM 信号调制方式

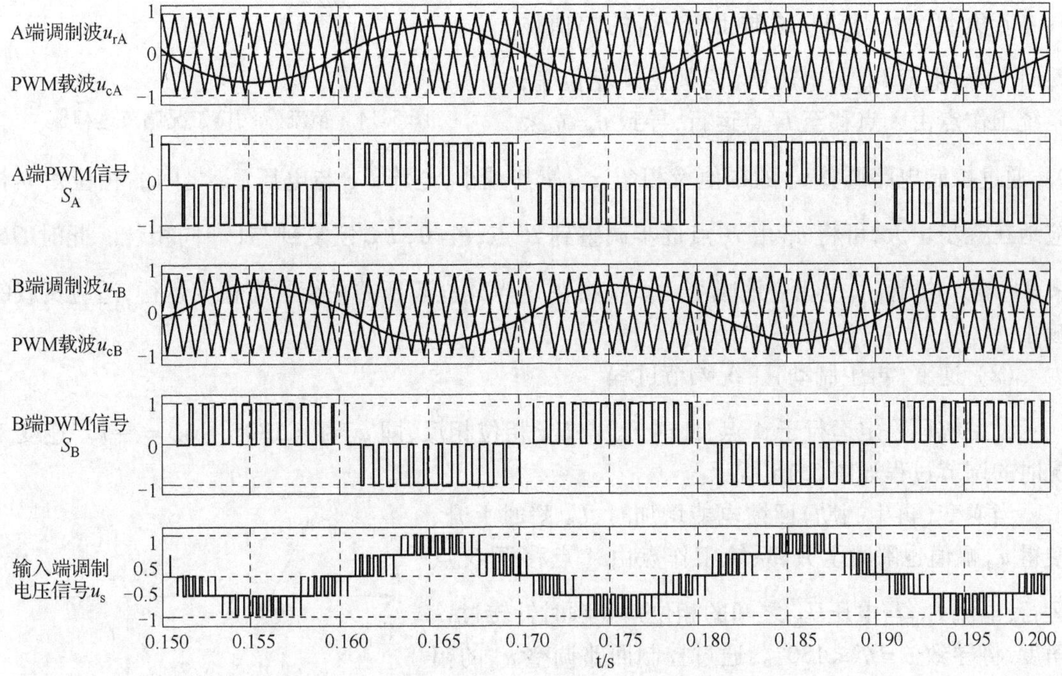


图 5.13 三电平脉冲整流器 PWM 控制调制波形

3. 四象限脉冲整流器的调节过程

由表 5.2 可见,在整流(牵引)或逆变(再生)工况下,$u_s = U_d$、$u_s = -U_d$各对应 1 种导通回路。$u_s = U_d/2$、$u_s = -U_d/2$ 各对应 2 种导通回路,而 $u_s = 0$ 则对应着 3 种导通回路。根据脉冲整流器等效电路,若忽略 $u_s$ 与 $i_N$ 的高次谐波,只考虑其基波 $u_{s1}$ 与 $i_{N1}$,则有

$$u_N = i_{N1} Z + u_{s1} \tag{5.16}$$

调整 $u_{s1}$ 的幅值和相位,可使 $i_{N1}$ 在 4 个象限内随意变化。在整流工况下,$i_{N1}$ 与 $u_N$ 同相位。在逆变工况下,$i_{N1}$ 与 $u_N$ 反相位。功率因数接近 1。四象限脉冲变流器的就是按照这一基本原理工作、调节控制的。

(1) 整流(牵引)工况调节过程

设系统原稳定运行于 $A$ 点,如图 5.14 所示,此时 $\dot{I}_{N1}$ 与 $\dot{U}_N$ 同相位,二者的夹角 $\theta = 0$,功率

因数为1。

当负载增加时，中间直流环节电压 $U_d$ 瞬时下降，同时 $u_{s1}$ 的幅值也下降，系统工作点由 $A$ 点移至 $A'$ 点运行，电流 $\dot{I}_{N1}$ 与电压 $\dot{U}_N$ 之间出现相位，导致 $\theta=\theta'>0$（假定顺时针方向为正，下同）。通过控制电路调整 $u_{s1}$ 的幅值及相位角 $\varphi_s$，使它们逐步增大，电流 $\dot{I}_{N1}$ 与电压 $\dot{U}_N$ 之间的相位角 $\theta$ 相应在减小，其工作点将由 $A'$ 点调整到 $A''$ 点，$\theta=0$，恢复到 $\dot{I}_{N1}$ 与 $\dot{U}_N$ 同相位。此时 $OA''>OA$，输入电流 $\dot{I}_{N1}$ 也相应地增加。系统将在 $A''$ 点建立起新的平衡状态，适应负载的增加。

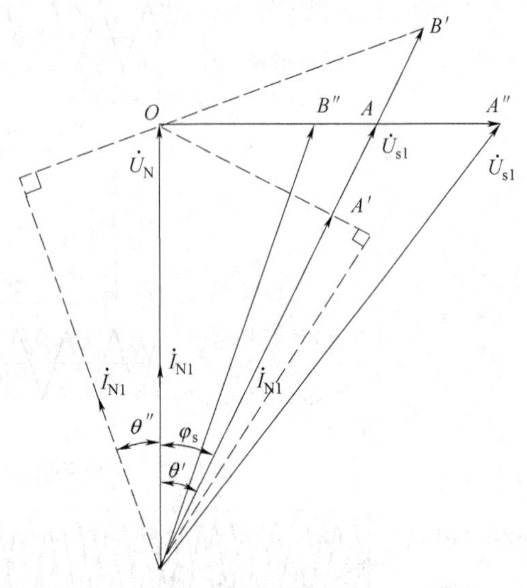

图5.14　整流（牵引）工况调节过程

若负载减小时，$U_d$ 瞬时上升，$u_{s1}$ 的幅值也瞬时上升，电流 $\dot{I}_{N1}$ 与电压 $\dot{U}_N$ 之间出现相位角，系统工作点由 $A$ 点移至 $B'$ 点运行，导致 $\theta=\theta''<0$。通过控制电路调整 $u_{s1}$ 的幅值及相角 $\varphi_s$，使其减小，电流 $\dot{I}_{N1}$ 与电压 $\dot{U}_N$ 之间的相位角 $\theta$ 相应地在逐步增大，可将 $u_{s1}$ 由 $B'$ 点逐步调整到 $B''$ 点，$\theta=0$，$\dot{I}_{N1}$ 恢复到与 $\dot{U}_N$ 同相位。此时 $OB''<OA$，输入电流 $\dot{I}_{N1}$ 也相应地减小。系统将在 $B''$ 点建立起新的平衡状态稳定运行，适应负载的减小。

（2）逆变（再生制动）工况调节过程

设系统原稳定运行于 $A$ 点，此时 $\dot{I}_{N1}$ 与 $\dot{U}_N$ 相位相反，即 $\varphi=\theta=180°$、$\cos\varphi=-1$。逆变工况时的调节过程如图5.15所示。

当逆变（再生制动）回馈电能增加时，$U_d$ 瞬时上升，使得 $u_{s1}$ 幅值也瞬时上升，系统工作点由 $A$ 点移至 $B'$ 点运行，电流 $\dot{I}_{N1}$ 与电压 $\dot{U}_N$ 之间的相位角 $\theta$ 顺时针转过一角度，将导致 $\theta=\theta'<180°$。通过控制回路调整 $u_{s1}$ 的幅值 $|\dot{U}_{s1}|$ 及 $\varphi_s$，增大 $|\dot{U}_{s1}|$、减小 $\varphi_s$（逆时针方向），可使 $B'$ 调整到 $B''$ 点，$\theta=180°$，$\dot{I}_{N1}$ 与 $\dot{U}_N$ 反相位。同时 $OB''>OA$，表明逆变过程输出电流增加，即回馈到电网的电流增加，以适应再生回馈能量的增加。

若逆变（再生回馈）能量减小时，$U_d$ 瞬时下降，将导致 $u_{s1}$ 的幅值 $|\dot{U}_{s1}|$ 也瞬时下降，系统工作点由 $A$ 点移至 $A'$ 点运行，将出现 $\theta=\theta''>0$。通过调整 $u_{s1}$ 的幅值 $|\dot{U}_{s1}|$ 及相位角 $\varphi_s$，可使 $A'$ 调整到 $A''$ 点。此时 $\dot{I}_{N1}$ 与 $\dot{U}_N$ 之间的相位又恢复到 $\theta=180°$，同时 $OA''<OA$，表明回馈到电网的电流减小，以适应再生反馈能量的减小。

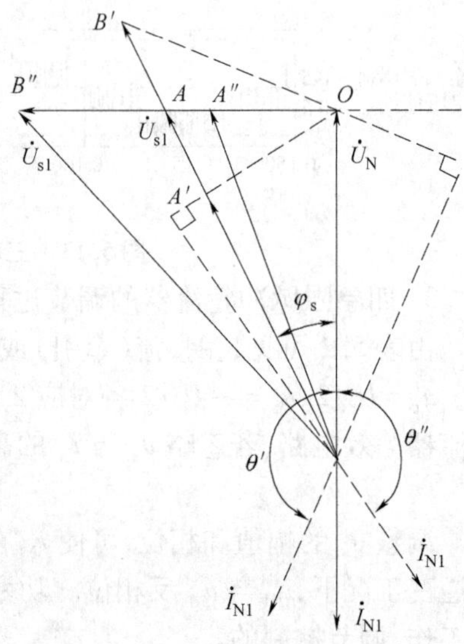

图5.15　逆变工况调节过程

综上所述，整流（牵引）工况负载减小或逆变（再生）工况回馈能量增加，都将导致直流电压 $U_d$ 瞬时上升。前者要求 $\varphi_s$ 减小（指绝对值，下同），而后者要求 $\varphi_s$ 增大。运行时为了使后续电压型逆变器能够稳定工作，需保持 $U_d$ 稳定。采用电压闭环控制，通过直流电压基准值 $|U_{d-ref}|$ 与实测值 $U_d$，求出 $U_d$ 偏差的绝对值 $|\Delta U_d| = |U_{d-ref} - U_d|$，用以控制 $\varphi_s$。

整流（牵引）工况时，$U_d < |U_{d-ref}|$。整流（牵引）工况负载减小时，$|\Delta U_d|$ 下降，控制使之 $\varphi_s$ 绝对值减小；逆变（再生制动）工况时，$U_d > |U_{d-ref}|$。回馈能量增加时，$|\Delta U_d|$ 上升，控制使之 $\varphi_s$ 绝对值增大。

## 5.2 中间直流环节

在交—直—交流变流器中，储能器是连接四象限脉冲整流器和负载端逆变器之间的纽带，一般称之为中间回路。它不仅起到稳定中间环节直流电压的作用，而且还承担着与前后两级变流器进行无功功率交换和谐波功率交换的作用。电压型四象限变流器中间直流环节由 2 部分组成：一是相应于 2 倍电网频率的串联谐振电路（也可以取消）；另一是滤波电容器（支撑电容器）和过电压限制电路。

### 5.2.1 二次谐波滤波电路

脉冲整流器输出的电流中含有大量的高次谐波，其中二次谐波对系统性能的影响最大，必须要采取适当措施消除二次谐波。消除二次谐波有电路消除和软件控制消除 2 种途径，电路消除是利用串联谐振电路对 2 倍基频谐振，是最经典的二次谐波消除方式；软件控制消除是在对后续逆变器的控制过程中完成对 2 倍基频的抑制。尽管消除手段不同，但结果是相同的。

1. 二次谐波滤波电路的工作特点

通过分析四象限脉冲整流器的工作原理及过程，可知二次滤波电路具有如下特点：

(1) 因为串联谐振电路对 2 倍网频调谐，所以二次谐波电流从这个谐振电路流过，而直流分量 $I_d$ 流入负载。

(2) 2 倍网频的串联谐振电路的无功功率，来自于漏电感 $L_N$ 的功率交换，因而降低了电源瞬时功率的脉动分量。

(3) 电源的感性无功功率需要一个容性的无功功率来加以平衡，所以从电源侧来看，四象限整流器可以用一个可变电容 $C$ 和一个可变电阻 $R_L$ 的并联电路来等效。可变电容代表其与漏感 $L_N$ 交换无功功率的那个部分，而 $R_L$ 代表不同负载所要求的有功功率。

2. 二次谐波滤波电路中的能量关系

对于脉冲整流器输出电流中含有的二次谐波，通过能量关系进行定量分析其产生的机制。

交流电源输入的瞬时功率：

$$P(t) = u_N(t) \times i_N(t) = \sqrt{2}U_N \sin\omega_N t \times \sqrt{2}I_N \sin\omega_N t = U_N I_N - U_N I_N \cos 2\omega_N t \tag{5.17}$$

其中包含了一个恒定分量 $U_N I_N$ 和一个以 2 倍电源频率变化的交变分量 $U_N I_N \cos 2\omega_N t$。

主变压器漏电抗上的瞬时功率应为：

$$Q_{L_N}(t) = u_{L_N}(t) \times i_N(t) = \sqrt{2}U_{L_N} \sin\,\omega_N t \times \sqrt{2}I_N \sin\left(\omega_N t + \frac{\pi}{2}\right) = U_{L_N} I_N \sin\,2\omega_N t \tag{5.18}$$

变流器输入瞬时功率为：

$$P_s(t)=u_s(t)\times i_N(t)=\sqrt{2}U_N\sin(\omega_N t-\varphi)\times\sqrt{2}I_N\sin\omega_N t=\\U_N I_N[\cos\varphi-\cos(2\omega_N t-\varphi)] \tag{5.19}$$

按照理想变流器的概念，根据能量守恒原理，则有 $i_N(t)u_s(t)=i_{dc}(t)U_d$ 关系，可计算变流器输出电流：

$$i_{dc}=\frac{\sqrt{2}U_s\sin(\omega_N t-\varphi)\times\sqrt{2}I_N\sin\omega_N t}{U_d}=\\\frac{U_s I_N}{U_d}[\cos\varphi-\cos(2\omega_N t-\varphi)] \tag{5.20}$$

由此可见，变流器的输出电流由两部分构成，其中直流分量 $U_s I_N\cos\varphi/U_d$ 流入负载，幅值为 $U_s I_N/U_d$ 的二次谐波电流分量从串联谐振电路流过，并吸收漏电抗产生的无功功率，可降低电源瞬时功率的脉动。

在选择串联谐振电路的电感和电容值时，除了考虑很大的谐振电流可能在电容器上产生过电压的危险外，还必须要考虑电抗器的结构尺寸与电感值。持续电流与最大电流有关，而电容器的结构尺寸与电容值、最高电压以及充电损耗有关。一般在条件满足时，可以先选定容量较大的电容器，依电容量再选取电感器。所以，适当、合理选择各参数，将有助于提高性价比、减小结构尺寸。

### 5.2.2 支撑电容器

在理想情况下，特别是当负载是一个纯电阻时，并不需要另外一个储能器。因为反映漏电感和四象限整流器之间无功功率变换的二次谐波电流从串联谐振电路上流过，而流到负载上去的是一个纯直流分量。但是实际上二次谐波电流并没有完全从串联谐振电路上流过，其余的二次谐振电流部分还需要由一个储能器来分担，承担一部分与漏电感交换无功能量的任务。因此，在脉冲整流器的输出端，或者说在中间直流回路中，设置电容性的储能器（支撑电容器）是必不可少的。在脉宽调制过程中，首先支撑电容器要与脉冲整流器、逆变器交换无功功率和谐波功率，同时还与阻感性负载（异步牵引电动机）交换无功功率。其次，由于串联谐振回路中实际存在着电阻，二次谐波电流并非全部通过串联谐振电路，需要由串联谐振电路和支撑电容器 $C_d$ 分流。所以，从这个角度来说，支撑电容器 $C_d$ 也承担着一部分与主变压器漏电感交换无功功率的任务。支撑电容所承担的与漏电感交换无功功率的份额由设计者决定，在有些系统中漏电感的无功功率交换全部由支撑电容承担。

支撑电容作为储能器，需要足够大的容量支撑中间回路电压，使其保持稳定。如果支撑电容器容量太小，控制中稍有一点误差出现，将使中间回路电压就会出现较大波动，变流器的控制将变得相当困难。

由于中间回路与两端变流器之间存在着复杂的能量交换过程，迄今还没有简单实用的方法来选择合适的支撑电容器 $C_d$ 参数，但可以通过系统仿真，并按照以下准则来判定经验取值的正确性，这些准则主要有：

- 为中间直流回路电压保持稳定，电压峰—峰波动值不超过规定的允许值；
- 中间直流回路电流需连续，其值不超过规定的许可值；
- 中间直流回路的损耗应保持最小；

• 所选择电容器的参数不能影响整个系统的稳定性，能够有效地抑制逆变器和负载（牵引电动机）中发生的瞬态过程，保持系统稳定。

需要指出，在实际应用中，若中间直流回路的电容器选择不合理，其高频电流可能对通信和信号系统产生电磁干扰。

### 5.2.3 过电压保护环节

在交—直—交流传动系统中实施电气制动时，回馈到直流环节的电量将通过网侧变流器变换后，全部回馈到供电电网上去。而当列车轮对出现空转、滑行或者受电弓发生故障等情况时，中间直流环节可能出现瞬时过电压。为了防止过电压对变流器造成损坏，在中间环节设置瞬时过电压限制电路，也称之为过压保护斩波电路，如图 5.4 中 $VT_5$-$VD_5$-$R_1$-$VD_6$ 虚线框部分。该电路由 IGBT 元件 $VT_5$ 和限流电阻 $R_1$ 构成，这是一种多次重复式的保护电路。当有过电压出现时，$VT_5$ 导通，直流回路的能量经限流电阻 $R_1$ 放电和释放，消除过电压。

对于直—交流传动系统，即地铁、轻轨及中低速磁悬浮列车系统，起动、制动很频繁，致使电网电压波动。动力制动时优先采用再生制动，将制动能量经变流器转换后回馈到电网，供运行在同一电网区间上的其他列车使用。当其他列车不能完全消耗再生制动能量时，将使直流电网电压升高。若电压升高过多可能会损坏变流器。因此，在此系统中的直流环节还设置有电阻制动装置，通过电阻来消耗制动能量，以获得持续稳定的制动力。

### 5.2.4 中间直流环节电压的控制

四象限脉冲整流器控制普遍采用瞬态直接电流控制和电压相量控制两种方法。相对而言，瞬态直接电流控制具有更好的瞬态特性，在电网电压发生畸变的情况下，四象限整流器输入电流的畸变也很小，因此实际应用中大多数都采用瞬态电流控制策略。日本新干线 $E_2$—1000 EMU、我国曾经研制的“中原之星”EMU 和“奥星”电力机车都采用瞬态直接电流控制。

瞬态直接电流控制的基本思想是采用闭环控制保持中间直流环节电压恒定。瞬态直接电流控制主要由电压、电流传感器，电压、电流调节器，比较器、函数发生器、运算器和 SPWM 控制器等组成，其控制原理框图如图 5.16 所示。其数学表达式为：

$$
\begin{aligned}
I_{N1}^* &= K_p(U_d^* - U_d) + \frac{1}{T_i}\int (U_d^* - U_d)\,dt \\
I_{N2}^* &= \frac{I_d U_d}{U_N} \\
I_N^* &= I_{N1}^* + I_{N2}^* \\
u_s &= u_N - \omega L_N I_N^* \cos\omega t - R_N I_N^* \sin\omega t - K(I_N^* \sin\omega t - i_N)
\end{aligned}
\tag{5.21}
$$

式中 $K_p$、$T_i$—— PI 调节器的参数；

$U_d^*$——中间直流环节的电压给定值；

$U_d$、$I_d$——中间直流环节的实际电压和电流；

$K$——比例放大系数；

$\omega$——网侧电压的角频率。

按照式（5.21）构成瞬态直接电流控制的运算电路。瞬态直接电流控制为电压、电流双闭环控制系统，电压控制为外环，电流控制为内环。控制时需实时检测电网的电压 $u_N$、电流 $i_N$ 和

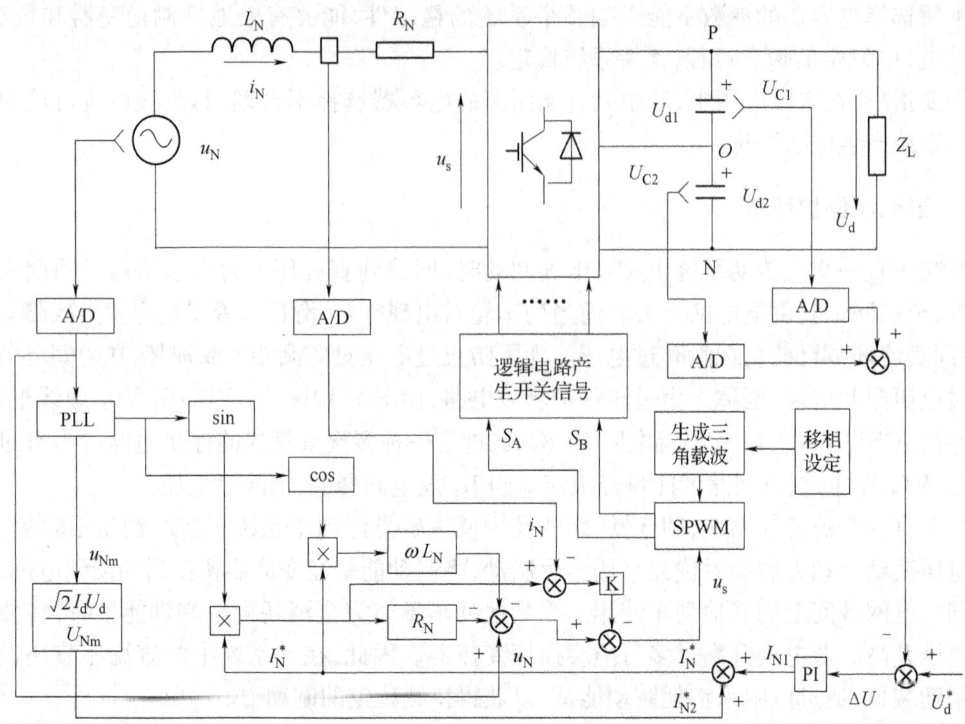


图 5.16 脉冲整流器瞬态直接电流控制原理

中间直流电压 $U_d$，将中间直流电压 $U_d$ 与给定值 $U_d^*$ 比较。若 $U_d < U_d^*$ 时 $\Delta U > 0$，PI 调节器的输出 $I_{N1}^*$ 增加，使脉冲整流器的输入电流增加，达到增加 $U_d$ 的目的。当 $U_d > U_d^*$ 时，调节过程则反之。控制系统根据 $I_{N1}^*$ 调节结果，经运算处理最终产生了包含相位角和幅值信息的调制信号 $u_s$。对调制信号 $u_s$ 与三角载波信号进行 SPWM 调制，生成 SPWM 信号以驱动开关器件。

采用瞬态直接电流控制时，当某一参数发生变化，控制系统具有自动校正调节功能，最终将其调整达到稳态平衡。

# 5.3 电压型牵引逆变器

交—直—交变流器由交—直变换和直—交变换两部分组成。直—交变换是逆变过程，如干电池、蓄电池和太阳能电池等直流电源向交流负载供电时，需要依靠逆变器进行变换。交流异步电动机调速、不间断电源、感应加热电源等电力电子装置的核心部分就是逆变电路。逆变器与整流器工作过程相反，是将直流电变换为交流电的装置。逆变器可分为无源逆变器和有源逆变器，若交流侧接负载则为无源逆变器；若交流侧接电网为有源逆变器。

牵引逆变器的作用是把稳定的中间直流电压变换成三相交流电压，为异步牵引电动机提供频率和电压可调的三相交流电源，同时通过调节三相输出电压波形控制牵引电动机的转速和转矩。因此，异步牵引电动机的拖动性能主要取决于逆变器的控制。提高逆变器的开关频率，采用磁场定向矢量控制和直接转矩控制等高动态性能控制技术，有利于体现异步牵引电动机其优良的牵引性能。

牵引逆变器一般均采用电压型，按照输出特性，分为六阶波型和 PWM 型。PWM 型按输出电平数目的不同，可分为两电平和三电平两种。

### 5.3.1 两电平牵引逆变器

1. 三相电压型六阶波逆变器

（1）电压型三相逆变器电路结构

三相逆变器电路由6个全控型开关元件 $VT_1 \sim VT_6$ 和二极管 $VD_1 \sim VD_6$ 构成，组成3个半控整流桥，如图5.17所示。在每个周期中，轮流控制各个器件的导通与关断，可在输出端得到频率电压可调的三相交流电压。改变开关管导通与关断的时间，可得到不同的输出频率。

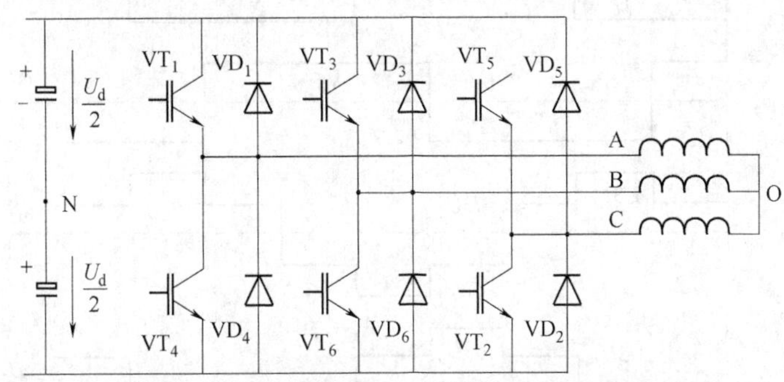


图5.17 三相电压型六阶波输出逆变器电路原理

（2）输出电压波形与等效电路

六阶波型三相逆变器中各相采用纵向换流，每次换流都是在同一相上下2个桥臂之间进行，每个开关元件在一个周期中导通180°电角度。其他两相也是如此，只不过三相对应元件相差120°电角度轮流导通，使 $VT_1 \sim VT_6$ 各元件每隔60°电角度轮换导通。在每一时刻都有3个开关元件（桥臂）同时导通，可能是上面一个桥臂下面2个桥臂，也可能是上面2个桥臂下面一个桥臂。各开关元件的导通情况和电压波形如图5.18所示。

对于A相，当桥臂1导通时，$u_{AN} = U_d/2$；当桥臂4导通时，$u_{AN} = -U_d/2$，即 $u_{AN}$ 的波形是幅值为 $U_d/2$ 的方波。B、C相的情况与A相类似，其波形 $u_{BN}$、$u_{CN}$ 与 $u_{AN}$ 相同，只是在相位上依次相差120°电角度。

假设负载中点 $O$ 与直流电源假想中点 $N$ 之间的电压为 $u_{ON}$，则各相负载的相电压分别为：

$$
\begin{aligned}
u_{AO} &= u_{AN} - u_{ON} \\
u_{BO} &= u_{BN} - u_{ON} \\
u_{CO} &= u_{CN} - u_{ON}
\end{aligned} \tag{5.22}
$$

将上式各项相加，经整理可计算出 $u_{ON}$

$$
\begin{aligned}
u_{ON} &= (u_{AN} + u_{BN} + u_{CN})/3 - (u_{AO} + u_{BO} + u_{CO})/3 = \\
&(u_{AN} + u_{BN} + u_{CN})/3
\end{aligned} \tag{5.23}
$$

$u_{ON}$ 的波形也是方波，但其频率为 $u_{AN}$ 频率的3倍，幅值为 $u_{AN}$ 的1/3，即为 $U_d/6$。其波形如图5.18(g)所示。

利用上述关系可做出各相负载上的相电压 $u_{AO}$、$u_{BO}$、$u_{CO}$ 波形，如图5.18(d)～(f)所示。

负载线电压可按下式计算出：

$$
\begin{aligned}
u_{AB} &= u_{AN} - u_{BN} \\
u_{BC} &= u_{BN} - u_{CN} \\
u_{CA} &= u_{CN} - u_{AN}
\end{aligned} \tag{5.24}
$$

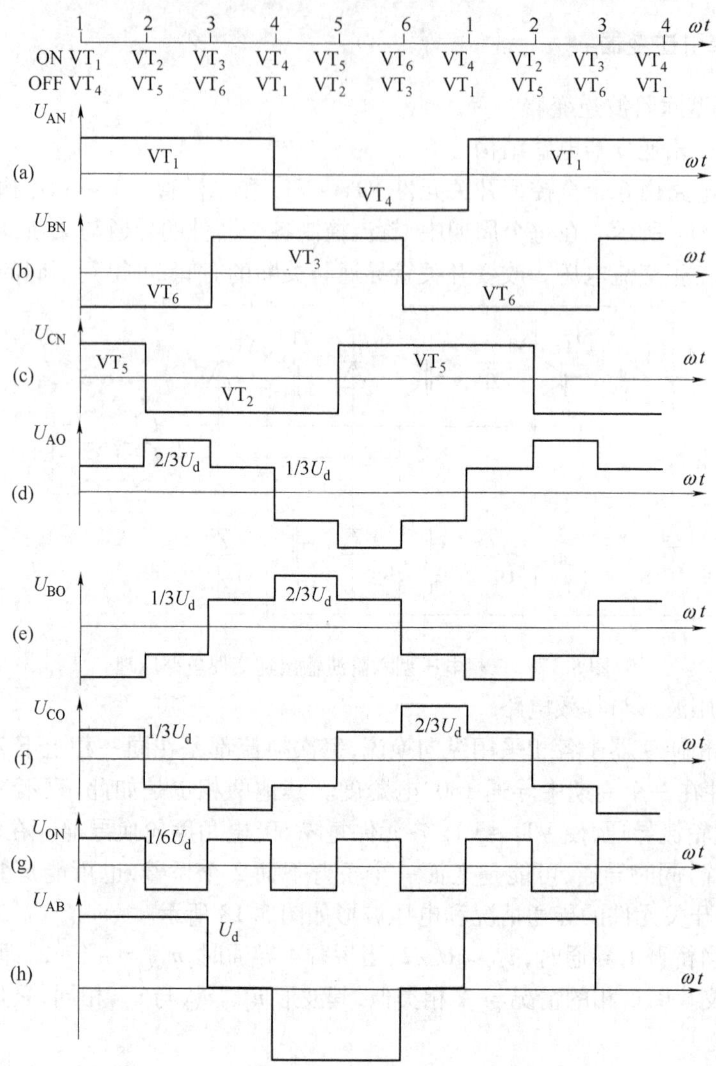


图 5.18　三相电压型逆变器六阶波输出电压波形

其中 $u_{AB}$波形如图 5.18(h) 所示,各线电压波形相同,只是在相位上依次互差120°电角度。

若假定元件开通时认为短路,元件断开时认为断路,将每一时刻逆变器各元件的开关情况用一等效电路表示,也可计算出任一时刻的相、线电压,从而绘出相、线电压波形。

三相异步牵引电动机作为逆变器的负载,其各相绕组等效阻抗总是对称的,则有 $Z_A = Z_B = Z_C = Z$。根据各开关元件在一个周期的导通情况,可做出相应地等效电路。180°导通型逆变器在各阶段的等效电路与输出电压关系,参见表 5.3。

例如:在 0° ~60°范围内,$VT_1$、$VT_5$、$VT_6$ 同时导通,$VT_2$、$VT_3$、$VT_4$ 同时关断,此时电动机绕组等效阻抗中的 $Z_A$ 与 $Z_C$ 并联,再与 $Z_B$ 相串联。阻抗 $Z_A$、$Z_C$ 上的相电压应相等,即

$$u_{AO} = u_{CO} = \frac{Z_A//Z_C}{Z_A//Z_C + Z_B}U_d = \frac{Z/2}{Z/2 + Z}U_d = \frac{1}{3}U_d$$

相应阻抗 $Z_B$ 上的相电压为:

$$u_{BO} = -u_{OB} = -\frac{Z_B}{Z_A//Z_C + Z_B}U_d = -\frac{Z}{Z/2 + Z}U_d = -\frac{2}{3}U_d$$

由图 5.18 可见,在每个周期内,相电压波形由 6 个阶梯状波形组成,简称为六阶波。六阶波是在开关元件按 180°导通角导通,使负载电位在正负 2 个 180°宽的矩形波的条件下获得的。

**表 5.3　180°导通型逆变器在各阶段的等效电路与输出电压**

| 阶段 | | 0°~60° | 60°~120° | 120°~180° | 180°~240° | 240°~300° | 300°~360° |
|---|---|---|---|---|---|---|---|
| 导通元件 | | $VT_1$、$VT_5$、$VT_6$ | $VT_1$、$VT_6$、$VT_2$ | $VT_1$、$VT_3$、$VT_2$ | $VT_3$、$VT_4$、$VT_2$ | $VT_3$、$VT_5$、$VT_4$ | $VT_5$、$VT_4$、$VT_6$ |
| 等效电路 | | + $Z_A$ $Z_C$ $O$ $Z_B$ − | + $Z_A$ $O$ $Z_B$ $Z_C$ − | + $Z_A$ $Z_B$ $O$ $Z_C$ − | + $Z_B$ $O$ $Z_A$ $Z_C$ − | + $Z_B$ $Z_C$ $O$ $Z_A$ − | + $Z_C$ $O$ $Z_A$ $Z_B$ − |
| 相电压 | $u_{AO}$ | $U_d/3$ | $2U_d/3$ | $U_d/3$ | $-U_d/3$ | $-2U_d/3$ | $-U_d/3$ |
| | $u_{BO}$ | $-2U_d/3$ | $-U_d/3$ | $-U_d/3$ | $-2U_d/3$ | $-U_d/3$ | $-U_d/3$ |
| | $u_{CO}$ | $U_d/3$ | $-U_d/3$ | $-2U_d/3$ | $-U_d/3$ | $U_d/3$ | $2U_d/3$ |
| 线电压 | $u_{AB}$ | $U_d$ | $U_d$ | 0 | $-U_d$ | $-U_d$ | 0 |
| | $u_{BC}$ | $-U_d$ | 0 | $U_d$ | $U_d$ | 0 | $-U_d$ |
| | $u_{CA}$ | 0 | $-U_d$ | $-U_d$ | 0 | $U_d$ | $U_d$ |

当逆变器按照六阶波方式输出时,其相电压波形为六阶波、线电压为矩形波,都不是异步电动机工作所要求的正弦波。但从六阶波的变化趋势来看已基本上接近于正弦波,在频率较高时可以向异步电动机供电。但需注意,采用开关型逆变器对异步电动机供电时,六阶波相电压对异步电动机的运行性能影响较大,特别是在频率较低时使用要特别关注这一点。

利用傅里叶级数对六阶波相电压和矩形波线电压波形进行谐波分析,可分别得到:

$$u_{AO}=\frac{2}{\pi}U_d\left(\sin\omega_1 t+\frac{1}{5}\sin5\omega_1 t+\frac{1}{7}\sin7\omega_1 t+\frac{1}{11}\sin11\omega_1 t+\cdots\right)=\frac{2U_d}{\pi}\left(\sin\omega t+\sum_n\frac{1}{n}\sin n\omega_1 t\right)\tag{5.25}$$

$$u_{AB}=\frac{2\sqrt{3}}{\pi}U_d\left(\sin\omega_1 t-\frac{1}{5}\sin5\omega_1 t-\frac{1}{7}\sin7\omega_1 t+\frac{1}{11}\sin11\omega_1 t+\cdots\right)=\frac{2\sqrt{3}U_d}{\pi}\left[\sin\omega_1 t+\sum_n\frac{1}{n}(-1)^k\sin n\omega_1 t\right]\tag{5.26}$$

式中,$n=6k\pm1$,$k$ 为自然数。

输出相电压、线电压对应的有效值为:

$$U_{AO}=\sqrt{\frac{1}{2\pi}\int_0^{2\pi}u_{AO}^2\mathrm{d}t}=\sqrt{\frac{1}{2\pi}\left[\left(\frac{U_d}{3}\right)^2\frac{4\pi}{3}+\left(\frac{2U_d}{3}\right)^2\frac{2\pi}{3}\right]}=\frac{\sqrt{2}}{3}U_d=0.471U_d\tag{5.27}$$

$$U_{AB}=\sqrt{\frac{1}{2\pi}\int_0^{2\pi}u_{AB}^2\mathrm{d}t}=\sqrt{\frac{1}{2\pi}\left[\left(\frac{U_d}{3}\right)^2\frac{4\pi}{3}+(-U_d)^2\frac{2\pi}{3}\right]}=\sqrt{\frac{2}{3}}U_d=0.816U_d \tag{5.28}$$

其中相应的基波电压幅值和基波电压有效值分别为：

$$\begin{aligned}U_{AO-1m}&=\frac{2U_d}{\pi}=0.637U_d\\U_{AO-1}&=\frac{U_{AO-1m}}{\sqrt{2}}=0.45U_d\\U_{AB-1m}&=\frac{2\sqrt{3}U_d}{\pi}=1.1U_d\\U_{AB-1}&=\frac{U_{AB-1m}}{\sqrt{2}}=\frac{\sqrt{6}}{\pi}U_d=0.78U_d\end{aligned} \tag{5.29}$$

通过谐波分析，可见逆变器的输出电压，不论相电压还是线电压，除基波外还包含了许多高次谐波，这些高次谐波电压将对异步牵引电动机的稳定运行产生不良影响。

在180°导通型逆变器中，为了防止同一相上、下两桥臂的开关元件同时导通而引起直流侧电源短路，要求采取"先断后通"的原则。在关与开的元件之间留有一个短暂的时间间隔，形成一个死区时段。先给应关断的元件施加关断信号，待其关断后留出一定的时间余量，然后再给相应欲导通的元件施加开通信号。死区时段的长短应按照元件的开关速度具体确定。元件的开关速度越快，死区时段将越短。

(3) 输出电流波形

当逆变器以六阶波电压对异步牵引电动机供电时，在负载的电感作用下，其电流波形将趋于平滑，平滑程度将与六阶波电压的频率有关。

当电压频率较高时，异步牵引电动机定子绕组电感对电流的滞后作用相对突出，因此将获得接近正弦形的电流波形，如图5.19(a)所示。这样便可大大消除阶梯状电压波形带来的不利影响，可使异步牵引电动机正常运行。

当电压频率较低时，六阶波电压波形延续时间相对变长，绕组电感只能在电压阶跃变化的一个较短暂时间内对电流起滞后作用，电流波形将与电压波形接近，如图5.19(b)所示。频率越低，电流波形也越接近六阶波，其中的高次谐波电流成分也越多，必将增大异步牵引电动机的附加转矩和损耗，使异步电动机的运转性能恶化，并对通信信号系统产生干扰。

在超低频状态下，按六阶波对异步牵引电动机供电时，它不能满足电动机的拖动要求，需要采用其他的供电方式来解决。

2. 三相电压型两电平PWM逆变器

三相电压型两电平式逆变器主电路由6个带无功反馈二极管的全控型开关元件$VT_1$～$VT_6$组成，可以认为它是由3个单相半控桥式逆变器电路组合而成，如图5.20所示。为了分析方便，将直流电源$U_d$看成是由2个$U_d/2$电源串联而成的，这样可产生一个假想的中点"N"。

逆变器电路采用双极性调制方式，a、b、c三相的PWM控制共用一个三角形载波$u_c$，调制信号$u_{ra}$、$u_{rb}$、$u_{rc}$依次相差1/3周期。三相控制规律相同，以a相为例进行分析：

当$u_{ra}>u_c$时，给上桥臂开关元件$VT_1$以导通信号、下桥臂开关元件$VT_4$以关断信号，则a

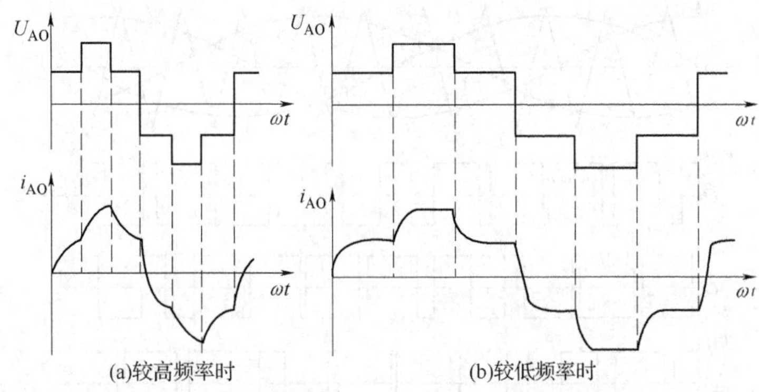


图 5.19　不同频率下六阶波电压供电时异步牵引电动机的电流波形

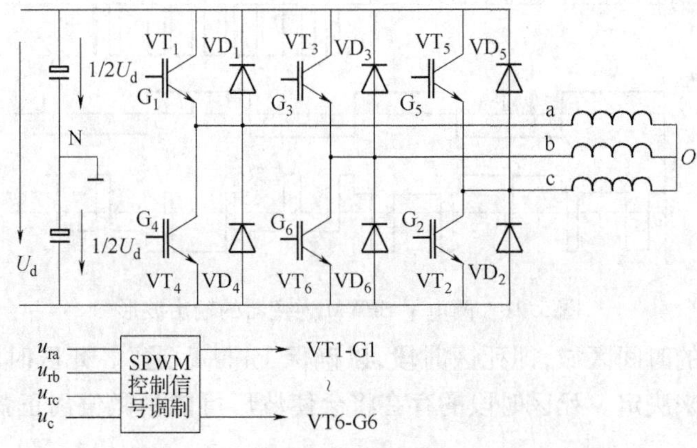


图 5.20　三相电压型 SPWM 逆变器电路原理

相相对于直流电源假想中点 N 的输出电压 $u_{aN}=U_d/2$。

当 $u_{ra}<u_c$ 时，给 $VT_4$ 以导通信号，给 $VT_1$ 以关断信号，则有 $u_{aN}=-U_d/2$。

$VT_1$ 和 $VT_4$ 的驱动信号始终是互补的，当给 $VT_1$（$VT_4$）施加导通信号时，可能是 $VT_1$（$VT_4$）导通，也可能是二极管 $VD_1$（$VD_4$）续流导通，这要由感性负载中电流的方向来决定。

三相电压型 SPWM 逆变器输出波形如图 5.21 所示。

根据输出波形图可看出，相对直流电源假想中点 $N$ 的各相电压波形，都只有 2 种电平，即 $U_d/2$、$-U_d/2$。线电压 $u_{ab}=u_{aN}-u_{bN}$，线电压可有 3 种电平，即 $U_d$、$-U_d$、0。当开关元件 $VT_1$ 和 $VT_6$ 导通时，$u_{ab}=U_d$；当 $VT_3$ 和 $VT_4$ 导通时，$u_{ab}=-U_d$；当开关元件 $VT_1$ 和 $VT_3$ 或 $VT_4$ 和 $VT_6$ 导通时，$u_{ab}=0$。

负载相电压可按下式计算得到：

$$u_{aO}=u_{aN}-u_{ON}=u_{aN}-\frac{1}{3}(u_{aN}+u_{bN}+u_{cN})$$

其中，$u_{ON}=(u_{aN}+u_{bN}+u_{cN})/3-(u_{aO}+u_{bO}+u_{cO})/3=(u_{aN}+u_{bN}+u_{cN})/3$，$u_{ON}$ 的波形也是方波，但其频率为 $u_{aN}$ 频率的 3 倍，幅值为其 1/3，即为 $U_d/6$。逆变器的输出相电压 PWM 波形由 $\pm 2U_d/3$、$\pm U_d/3$ 和 0 共 5 种电平组成。

在电压型 PWM 控制的逆变器中，同一相上下 2 个桥臂的驱动信号都是互补的。但实际上为了防止上下 2 个桥臂直通而造成短路，需要在上下两桥臂通断切换时留一小段上下桥臂

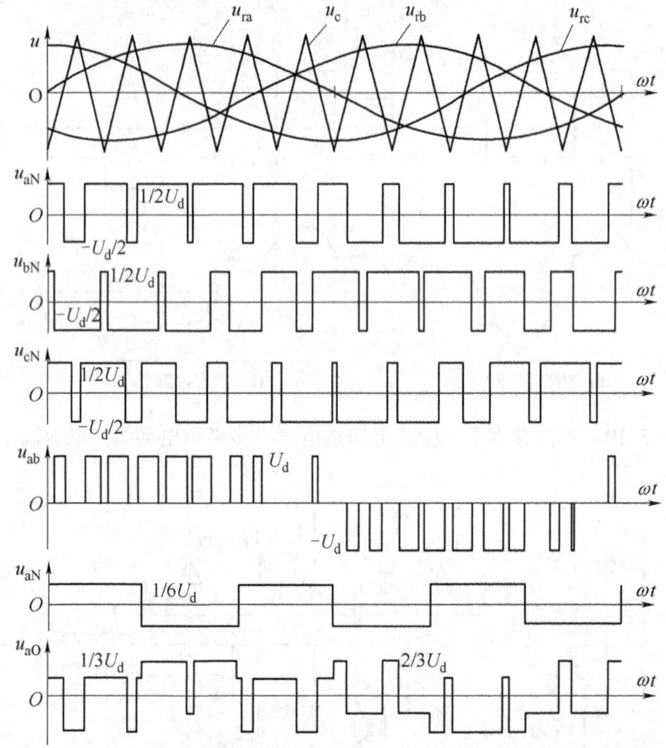


图 5.21 两电平 SPWM 逆变器的输出波形

同时施加关断信号的时间区域,即死区时段,以确保“先断后通”。死区时段的长短主要由开关元件的关断时间来决定。死区时段的存在将会使波形可能稍微偏离正弦波形,产生一定的谐波。

### 5.3.2 三电平牵引逆变器

三电平牵引逆变器主电路由全控型开关元件组成三相逆变桥,每个桥臂由 2 个全控型开关元件串联构成,这 2 个开关元件都反向并联了二极管。2 个串联开关元件的中点通过嵌位二极管和直流侧支撑电容的中点相连接。采用两主管串联与中点带嵌位二极管结构,可使主管耐压值降低一半。开关元件一般采用 IGBT 或 IPM 等新型全控元件。三电平逆变器的电路原理,如图 5.22 所示。每相上下两桥臂的 4 个主管有 3 种不同的通断组合,对应 3 种不同的输出电位。以 A 相为例,$TA_1$ 与 $TA_2$ 导通为模式 1,接通正端,输出电压为 $U_d/2$;$TA_2$ 与 $TA_3$ 导通为模式 2,接通中点 $N$,输出电压为 0;$TA_3$ 与 $TA_4$ 导通为模式 3,接通负端,输出电压为 $-U_d/2$。三电平逆变器要求主管 $TA_1$ 与 $TA_4$ 不能同时导通,并且 $TA_1$ 和 $TA_3$、$TA_2$ 和 $TA_4$ 控制脉冲是互反的。此外,为了防止同一相上下两桥臂的开关元件同时导通而引起直流侧电源短路,电压型逆变器中主管通断转换必须遵循先断后通的原则,即先给应关断的元件关断信号,待其关断后留一定的时间余量,然后再给应导通的元件发出开通信号。在二者之间留出一个短暂的死区时间,死区时间的长短由开关元件的开关速度来定。

从一相的输出波形来看,它有两种工作方式:一种可随控制角调节的矩形脉冲波,称为单脉冲方式,如图 5.23(a)所示;另一种是由多个不同宽度的脉冲波组成,称为脉宽调制 PWM 方式,如图 5.23 (b)所示。这两种输出电压波形的基波分量,前者可通过改变控制角来调节,而

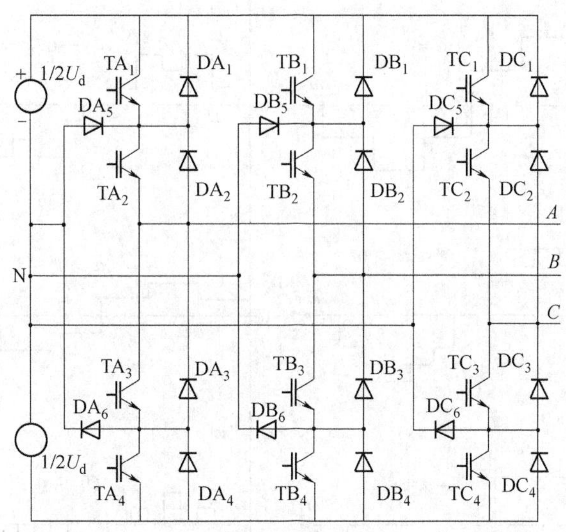


图 5.22　三电平三相牵引逆变器电路原理

后者采用脉宽调制 PWM 方式来改变。

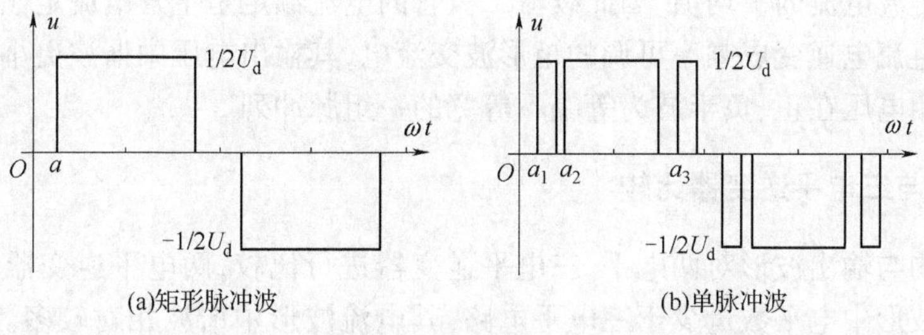


图 5.23　逆变器在不同控制方式下的输出波形

对于三相对称负载,采用单脉冲方式改变控制角时,按逆变器原理分析,可以得到与控制角 $\alpha$ 有关的每相(如 A 相) 输出电压波形,如图 5.24 所示。相电压输出波形是以中间回路电压 $U_d$ 为单位,由 9 种不同电压取值而组成的阶梯波,其可能的电压取值为 $\pm\frac{2}{3}U_d$, $\pm\frac{1}{2}U_d$, $\pm\frac{1}{3}U_d$, $\pm\frac{1}{6}U_d$,0。然而当控制角 $\alpha$ 大于60°时,波形就变为不连续的脉冲波。

三电平逆变器电路输出线电压共有 $\pm U_d$, $\pm\frac{1}{2}U_d$,0 五种电平。

三电平逆变器续流二极管的作用是:当逆变器开关由导通状态变为截止时,虽然电压突变降为零。但由于牵引电动机线圈的电感作用,储存在线圈中的电能开始释放,续流二极管提供通道,维持电流继续在线圈中流动。另外,当牵引电动机制动时,续流二极管为再生电流提供通道,使其回流到直流电源。

在方波输出的逆变器中,续流二极管每一个周波中只流过一次,电流的有效值较小,因此二极管的电流容量按电流有效值来表示,其电流定额在方波输出的逆变器中约为主管容量的 20% 。

在 PWM 逆变器中,续流二极管轮流导通,其电流有效值与主管接近,但二极管电流定额

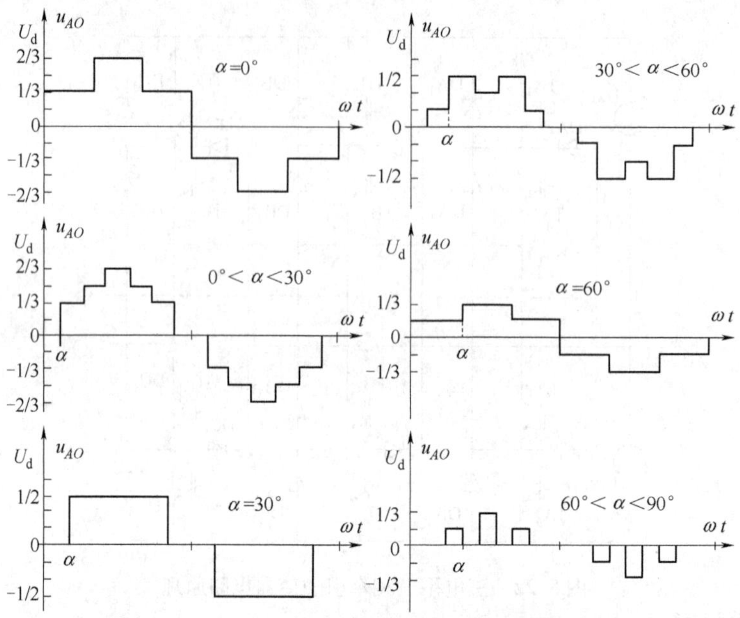


图 5.24 单脉冲控制方式下逆变器输出相电压波形

的定义是正弦半波电流的平均值,因此续流二极管的电流额定是主管电流定额的1/3。

逆变器将直流电逆变成频率可调的矩形波交流电,其输出电压中谐波更小,电流波形更接近于正弦波。相电压在正、负半波为等幅不等宽的一组脉冲列。

### 5.3.3 两电平与三电平逆变器比较

从电路结构与输出波形对两电平、三电平逆变器进行比较,两电平逆变器电路结构简单,但输出线电压波形中电平数量少于三电平电路,其电流波形中谐波相对较多。在交流传动系统中两电平逆变器应用很普遍,CRH 系列 EMU 除 CRH2 外,全部采用两电平逆变器,HXD、HXN 系列机车全部采用两电平逆变器。两电平与三电平比较见表 5.4 所示。

**表 5.4 两电平、三电平逆变器电路结构与输出波形比较**

| | 两电平逆变器 | 三电平逆变器 |
|---|---|---|
| 主电路 | 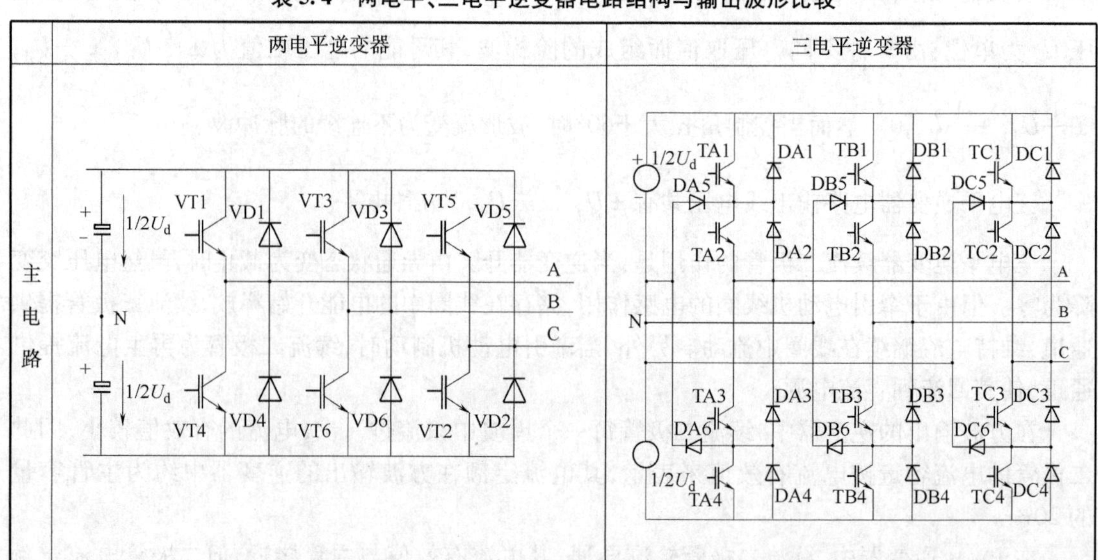 | |

续上表

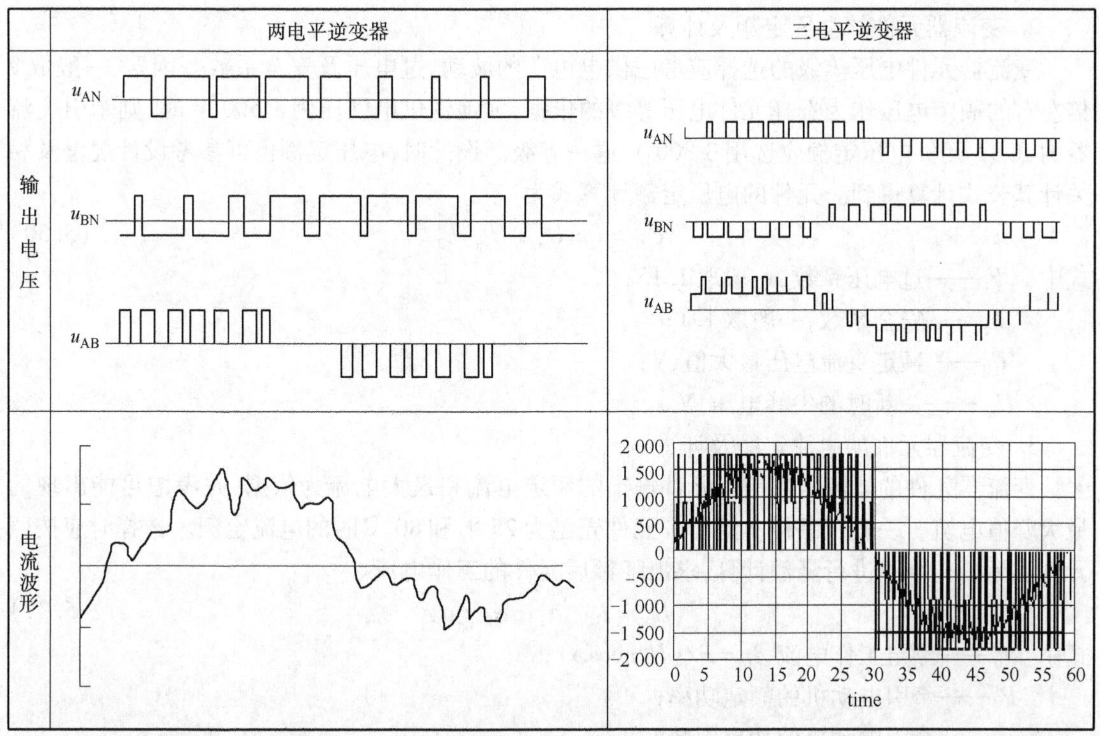


## 5.4　牵引变流器设计

牵引变流器主要由电力电子器件、储能器件、高低压电器、检测电器和控制电路以及冷却部件等组成。牵引变流器的基本器件主要包括:各种半导体开关元件、电容与电感等储能元件、检测元件和其他电器。检测元件包括各类传感器,诸如电压、电流、速度、温度、压力、流量传感器等;其他电器包括电磁或电空式直流、交流接触器、熔断器及快熔保护、断路器或高速开关、压敏电阻及避雷器、电抗器等。

在交流传动系统中,电抗器与电容器在变流器中的作用比较特殊,电抗器主要完成滤波、均流、限流和升压等功能。不同牵引系统需要不同的电抗器。电容器在变流器的直流环节使用非常普遍,需要支撑电容来维持直流电压的稳定。支撑电容主要实现直流滤波、提供瞬时脉冲电流、提供电动机端的无功补偿等 3 方面作用。在交—直—交流传动系统中,利用 LC 谐振电路组成二次滤波环节。另外在有些变流器中,电容器还作为缓冲电路来抑制开关元件关断时的电流变化率 $\mathrm{d}i/\mathrm{d}t$。

### 5.4.1　变流器主电路元件的选型

1. 主电路元件的基本技术条件

变流器主电路输入电压波动范围大,操作过电压高。主电路输出需具备牛马特性,在列车启动时能够输出较大转矩,保证传动系统具有较大的启动加速度,实现平稳快速启动。在运行中恒功率范围要宽,具有承受大电流冲击的能力。

变流器工作条件恶劣,环境温差变化大,安装空间受限散热困难。变流器承受着较强的冲击振动,必须具有抗振动能力。

2. 变流器元件的电压定额及计算

变流器元件电压等级的选择应考虑供电电压的波动、过电压及安全系数等因素,一般取2倍左右的额定电压作为选择元件电压等级的依据,如地铁供电网压为1 500 V时,则牵引变流器的IGBT元件电压定额应选用3 300 V这一等级。设计时,电压定额也可参考设计规范及相关计算公式计算得到。元件的电压定额计算式为

$$U_{M}=(k_1U_d+U_{sp})k_2 \tag{5.30}$$

式中 $k_1$——过电压系数,一般取1.15;

$k_2$——安全系数,一般取1.1;

$U_d$——额定直流电压最大值,V;

$U_{sp}$——关断时的尖峰电压,V。

3. 变流器元件的电流定额及计算

变流器元件的电流定额应以元件输出的额定电流和最大电流为依据,并考虑可能出现的最大峰值电流。一般产品样本给出了元件壳温为25 ℃和80 ℃时的电流定额。选择时应按照元件实际工作结温进行降额计算,求出降额后元件的工作电流。

$$I_{CM}=I_0\cdot\alpha_1\cdot\alpha_2\cdot\alpha_3 \tag{5.31}$$

式中 $I_0$——额定工作电流,$I_0=P/(U_0\eta\cos\varphi)$;

$P$——牵引电动机的额定功率;

$\cos\varphi$——牵引电动机的功率因数;

$\eta$——牵引电动机的效率;

$\alpha_1$——电流尖峰系数,取1.2;

$\alpha_2$——温度降额系数,取1.2;

$\alpha_3$——过载系数,取1.4。

4. IGBT模块的保护

目前,牵引变流器一般采用IGBT模块,需要采取有效的防静电措施,设计可靠的驱动、保护电路,为工作模块提供可靠的保护。

IGBT模块的$u_{CE}$保证值为±20 V,若在IGBT模块上出现超出保证值的电压,如静电电压,将有损坏模块的危险。为防止静电,在栅极-发射极之间接一只10 kΩ左右的电阻器为宜。

IGBT器件的性能能否充分利用,关键取决于驱动电路的设计。IGBT驱动电路必须能提供适当的正向栅压、足够的反向栅压、足够的输入输出电隔离能力以及具有栅压限幅电路等。

IGBT模块因过电流、过电压等异常现象有可能损坏。因此,必须在对器件的特性充分了解的情况下,设计出与器件特性相匹配的过电压、过电流、过热等保护电路。

对IGBT来说,增大栅极电阻能够减少IGBT开通时续流二极管的反向恢复过电压,减少通态下出现短路的冲击电流值。增大栅极电阻将使开通关断损耗增加,延长开通和关断时间。最好的办法是配置两个串联电阻器,即$R_{G(on)}$和$R_{G(off)}$,在实际设计时应考虑具体的应用要求。如在高压二极管的情况下,恢复时间趋长,$R_{G(on)}$应比产品目录的推荐值大2~4倍。

### 5.4.2 变流器的冷却问题

机车、动车组变流器的外部环境比较恶劣,变流器的许多故障都与元件的热疲劳有关,其散热设计至关重要。按照元件厂商的建议,冷却循环温度差不宜高于40 ℃。散热可采用油

冷、水冷、风冷、沸腾冷却等方式。沸腾冷却可分为直接冷却和间接冷却 2 种,直接冷却就是浸泡式,间接式多为热管式。风冷有强迫风冷、行走风冷和自然风冷,风冷结构简单、造价低廉。水冷的冷却能力很强,冷却效果好。水冷与风冷作为环保型冷却方式,在机车、动车组变流器中应用很普遍。一般中小功率的变流器大多采用风冷式,中大功率的变流器一般采用水冷方式。

IGBT 元件推荐的最高工作结温为 125 ℃,但是在实际使用时一般取 110 ℃以下比较安全。另外,IGBT 内部的连接由铝丝焊接,热应力性能较差。元件在工作时温差变化越大,其热疲劳就越严重,将会大大降低元件的寿命,因此必须要设置完备的温度检测与保护电路。

对散热系统的设计,可通过仿真和有限元计算,可得到较为精确的结果。但通过试验的方法对温升进行测量,也是一种比较有效和直接的方法。

## 思考题

1. 分析牵引变流器的类型及特点?
2. 简述两电平、三电平变流器的概念及选用原则。
3. 简述交－直流理想变流器的概念及组成。
4. 电压型四象限脉冲整流器的主要特征有哪些?
5. 分析变流器中间储能环节的作用及组成。
6. 简述支撑电容器的功能及作用。
7. 分析脉冲整流器的瞬态直接电流控制的基本原理。
8. 分析两电平逆变器的工作过程及输出特征。
9. 分析三电平脉冲整流器的调节过程。
10. 变流器元件电压、电流定额如何确定?

# 6 牵引变流器控制策略

目前，轨道列车交流传动系统一般采用交流异步牵引电动机，由于异步牵引电动机的结构及电磁特点，决定了其调速控制是一个多变量、非线性和强耦合的系统。输入量为可控量，通常为电压（电流）和频率；输出量则是转速、转矩和位置。输入与输出彼此之间以及和气隙磁链、转子磁链、转子电流等内部量之间都存在非线性耦合关系。由于系统模型相当复杂且运行中又不可能精确测量，发展中的几种控制系统，如电压频率协调控制、电流转差频率控制、恒磁通控制等，都是基于反馈控制环节来实现传动调速系统的控制。它们都是把电压、频率两个输入变量相关联起来，将其转化为单变量系统，以保证系统的静态性能。

现代控制理论的发展与应用，促进了众多先进控制系统的诞生，解决了传统反馈控制理论所不能解决的控制问题。目前已在 PWM 控制、矢量控制、直接转矩控制、变结构控制和自适应控制系统等方面取得了重要突破。

矢量控制系统是应用参数重构和状态重构的现代控制概念，实现单端励磁电动机定子电流的励磁分量与转矩分量之间的解耦，像直流电动机一样，对交流电动机的励磁电流分量和转矩电流分量进行独立控制，这一控制思想为高性能的交流电动机调速技术奠定了理论基础。随着矢量控制技术的不断完善，相继提出了许多提高矢量控制性能的方法。为了克服因电动机内部压降造成的耦合，系统加入了前馈控制器；为了克服模型运算产生的误差，系统在低速与高速区采用不同的控制模型，在低速区采用电流模型，在高速区采用电压模型；为了克服运行中转子电阻值的变化，采用了对系统参数修正的方法等。

继矢量控制技术之后，直接转矩控制是交流调速控制理论的另一新突破。与矢量解耦控制方法不同，它无需进行 2 次坐标变换及复杂计算，不需要计算矢量的模与相位角，而是直接在定子坐标系上计算电动机磁链和转矩的实际值，并与磁链和转矩的给定值相比较，通过二点式调节器直接调节转矩，提高了转矩的快速响应能力，响应时间控制在一拍之内，使系统的静、动态性能得到很大提高，是很有发展前景的一种控制方法。

为了克服矢量控制在运行时参数变化对系统的影响，采用滑模变结构控制系统，这种控制系统能使系统结构在动态过程中，根据系统当时的偏差及其导数，以跃变的方式按预先设定进行改变，使系统达到最佳性能指标，并使系统具有对参数的不敏感性和抗干扰的稳定性，对系统的数学模型和参数的精确性要求不高。实际上它解决了非线性控制问题，但这种方法对状态观察要求很高。

模型参考自适应控制能够使一个较复杂的交流传动系统，当其在运行中参数发生变化时，实时地在线确定系统的模型或参数，并及时调节，以达到高精度控制的目的。

为了解决系统的非线性问题，实现大范围的线性化，并同时实现解耦。近年来，一些学者又提出了一种非线性解耦控制，其基本思想是通过非线性坐标变换和非线性状态反馈量，使非线性控制对象完全线性化，同时实现解耦，然后将线性解耦控制的多变量系统化成单变量系统，这样，就可以按单变量系统进行综合，并可以借助于经典控制理论设计最佳调节参数。这种方法是一种新的探索，在理论上和实践上还有待于进一步论证、验证。

轨道列车交流传动系统的主要控制目标是依靠先进的控制策略与手段，对牵引变流器实施控制，使其充分发挥效能，保证传动系统具有优异的静态、动态性能。要求变流器网侧功率因数接近1，电流畸变小。在网压波动时，中间直流环节电压能够保持恒定。在负载或供电电压波动时，系统具有快速响应性能，保持良好的稳态运行能力。起动过程平稳，谐波转矩小，起动转矩恒定。系统能在宽广的速度范围内，实现恒功率运行。

轨道列车牵引变流器由网（电源）侧整流器和牵引电动机侧逆变器2部分组成，电路中开关元件呈周期性通断，从而破坏了交流电压、电流的正弦波形和连续性，在电压、电流中产生了高次谐波，不仅对电网产生污染，而且使牵引电动机运行性能恶化。谐波电流产生的脉动转矩将影响电动机稳定运行。减小谐波分量是解决电网污染、保证牵引电动机最佳运行性能的关键。减小谐波分量最为有效的方式是牵引变流器采用 PWM 控制。

目前，在轨道列车电力传动控制系统中，以计算机为基础的控制系统及控制策略得到了广泛应用，脉冲整流器主要采用瞬态直接电流控制，牵引逆变器与异步牵引电动机系统采用矢量控制或直接转矩控制。

## 6.1 SPWM 控制技术

在传统的交—直—交流变压变频调速系统中，变流器采用电压频率协调控制。交—直流变换的整流器必须是可控的，且在调速时需对整流器和逆变器同时进行控制。变流器主电路有 2 个需要控制的功率环节，控制过程比较复杂。中间直流环节采用滤波电容或电抗器等大惯性储能元件，使系统的动态响应缓慢。由于整流器为可控型，使供电电源的功率因数随逆变器输出频率、电压的降低而变差，并产生高次谐波电流。逆变器输出为六阶波交流电压（电流），在交流牵引电动机中形成较多的高次谐波、产生较大的脉动转矩，影响牵引电动机的稳定工作，在低速时此情况尤为严重。因此，传统变流器已不能适应现代交流调速系统对变频电源的需要。全控型智能化电力电子器件的应用以及微电子技术的发展，为现代变流器的发展提供了良好的物质条件。

1964 年，德国人率先提出了脉宽调制变频的思想，把通信领域中的调制技术推广应用于交流变频调速系统，将所期望的正弦波形作为基准调制波（Modulation Wave），而受它调制的信号称为载波（Carrier Wave）。采用脉宽调制技术构成的 PWM 逆变器基本上解决了六阶波变频器中存在的问题。按一定规律控制 PWM 逆变器功率开关器件的导通或关断，在输出端获得一系列宽度不等的矩形脉冲电压波形。通过改变矩形脉冲电压波形的宽度，可以控制逆变器输出交流基波电压的幅值，改变调制周期（载波周期）可以控制其输出频率，从而同时实现变压与变频。

脉宽调制（ Pulse Width Modulation ，PWM）控制就是对脉冲的宽度进行调制的技术，即通过对一系列脉冲的宽度进行调制，以等效地获得所需要的波形，包括形状和幅值。脉冲的宽度按照正弦规律变化，产生一组等幅而脉冲宽度正比于正弦函数值的矩形脉冲，并与正弦波等效，此 PWM 脉冲波形称为 SPWM 波形。

脉宽调制技术在现代变流控制系统中，特别是在逆变电路中的应用最为广泛，对逆变电路的影响也最为深刻，在整流电路中也得到了广泛应用，成功地解决了传统变流系统存在的不足与缺陷。随着新型电力电子器件、计算机控制技术的不断发展，脉宽调制技术在现代轨道列车电力传动领域发挥着重要作用，已成为现代电力传动系统的核心技术。

### 6.1.1 SPWM 控制的基本原理

在采样控制理论中，当大小、波形不相同的窄脉冲变量作用于惯性系统时，只要它们的冲量相等,即变量对时间的积分相等,其作用效果基本相同。冲量就是指窄脉冲的面积。效果基本相同是指惯性系统的输出响应波形基本相同。脉宽调制控制技术的理论基础就是冲量(面积)等效原理。

根据冲量等效原理,在某一时间段的正弦电压与同一时间段的等幅脉冲电压作用于 $L$、$R$ 惯性电路时,只要这 2 个电压的冲量相等,则它们所形成的电流响应就相同。形状不同而冲量相同的各种窄脉冲及输出响应波形如图 6.1 所示。

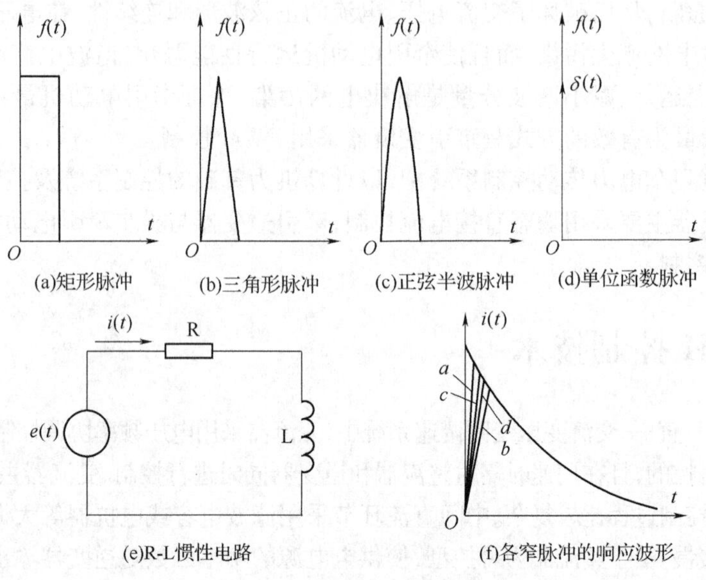


图 6.1 冲量相同的各种窄脉冲及其输出响应波形

图6.1(a) ~ (d) 所示的窄脉冲电压波,作为输入信号分别输入到图6.1(e) 所示的由 R、L 组成的惯性电路,其输出信号为电流 $i(t)$ 波形,如图6.1(f) 所示。从电流 $i(t)$ 的波形上可看到,在 $i(t)$ 的上升段,输入脉冲波形不同时输出波形 $i(t)$ 略有不同,在下降段则几乎完全相同。脉冲越窄,输出波形 $i(t)$ 的差异越小。若周期性地输入窄脉冲,则输出响应 $i(t)$ 也是周期性的。通过傅立叶变换分析,其低频段特性非常接近,仅在高频段略有差异。若在每一时段都与该时段中正弦电压等效,除每一时间段的面积相等外,每个时间段的电压脉冲还必须很窄,这就要求脉冲数量很多。脉冲数越多,不连续的按正弦规律改变宽度的多脉冲电压就越等效于正弦电压。

1. PWM 控制的基本原理

期望逆变器输出可以变电压、变频率,且电压波形是正弦波。将一个正弦半波波形分成 $n$ 等分,把正弦半波看成由 $n$ 个彼此相连的脉冲所组成的波形。这些脉冲宽度相等,都等于 $\pi/n$,但幅值不等,且脉冲顶部不是水平直线而是曲线,各脉冲的幅值按正弦规律变化。若把这些等宽曲顶脉冲序列用相同数量的等幅不等宽的矩形脉冲序列来代替,使矩形脉冲的中点与相应正弦波部分的曲顶脉冲的中点重合,并且使矩形脉冲和对应的曲顶脉冲的面积相等,得到如图 6.2 所示的等幅不等宽的矩形脉冲序列,这就是与正弦半波等效的 PWM 波形。对于正弦波的负半周,也可以用同样的方法得到 PWM 波形。

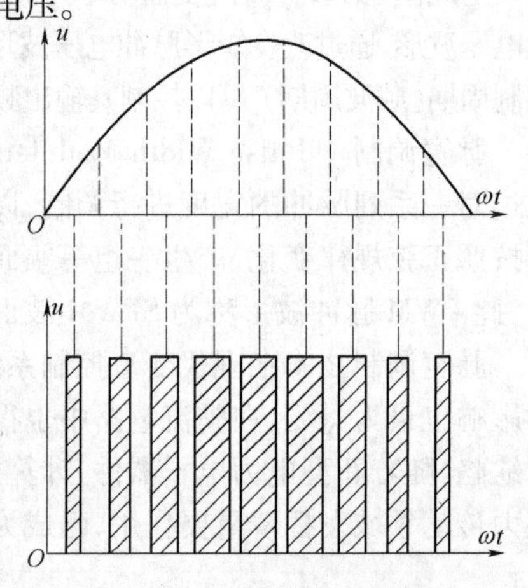


图 6.2 与正弦波等效的等幅不等宽矩形脉冲序列波

由图 6.2 可以看出，矩形各脉冲的宽度是按正弦规律变化的。这种脉冲宽度按正弦规律变化而和正弦波等效的 PWM 波形，称为 SPWM(Sinusoidal PWM) 波形。

由一系列等幅不等宽脉冲波形组成的 SPWM 波形，就是逆变器所期望的输出波形。因各脉冲幅值相等，逆变器由恒定的直流电源供电，因此其脉冲幅值就是逆变器的输出电压。当逆变器各开关元件在理想状态下工作时，驱动各开关元件的控制信号也应为与 SPWM 波形相似的一系列脉冲波形。

按照PWM控制的基本原理，在给出了正弦波频率、幅值和半个周期内的脉冲数以后，就可以准确计算出 PWM 波形各脉冲的宽度和间隔，作为控制逆变器中各开关元件通断的依据。控制主电路中各开关元件的通断，就可以得到所需要的 PWM 波形。当正弦波的频率、幅值变化时，脉冲宽度相应发生变化，使得计算很烦琐。较为实用的方法是采用通信技术中"调制"的概念，把所期望的波形作为调制波(Modulation Wave)，即调制信号，把受它调制的信号作为载波(Carrier Wave)，通过对载波的调制得到所希望的 PWM 波形。通常采用等腰三角波作为载波，其宽度与高度呈线性关系且左右对称变化。当它与任何一个平缓变化的调制信号波(连续曲线）相交时，在交点时刻控制主电路中开关元件的通断，将可得到一组等幅、脉冲宽度正比于调制信号幅值的矩形脉冲，这就是脉宽调制技术，简称 PWM。

当调制信号为正弦波时，它与三角形载波进行比较，将得到一组宽度按正弦规律变化的等幅矩形脉冲，它就是 SPWM 波形，这种调制方式就是正弦脉宽调制。

若在正弦调制波的半个周期内，三角载波只在 1 个（或 2 个）方向变化，所得到的 SPWM 波形也只在 1 个（或 2 个）方向变化的控制方式，称为单极性(或双极性)SPWM 控制，相应其输出电压波形分别为单极性(不对称)、双极性(对称)SPWM 波。

2. SPWM 逆变器的工作原理

单相桥式 SPWM 逆变器电路如图 6.3 所示，它由恒定的直流电压 $U_d$ 供电，带有感性负载。逆变器的功率开关器件采用全控型器件，目前主要采用 IGBT 或以 IGBT 为基础的集成智能化器件。控制驱动信号由正弦调制信号和载波信号经调制后，产生 SPWM 脉冲阵列波，作为逆变器功率开关器件的驱动控制信号。单相逆变器可采用单极性控制，也可采用双极性控制。

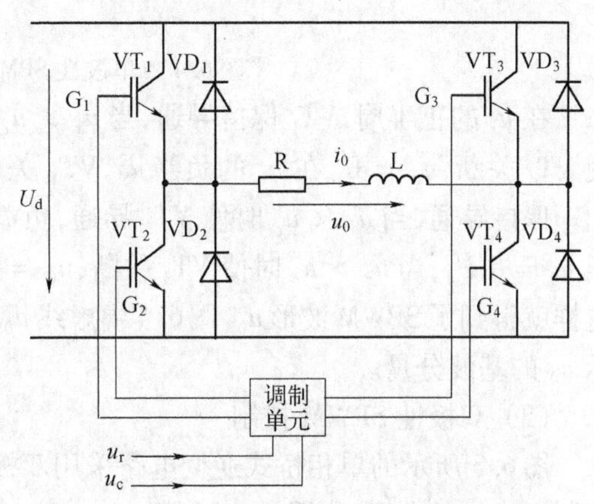


图 6.3　单相桥式 SPWM 逆变器电路原理

(1) 单极性 SPWM 控制

采用单极性控制时，在半个周期内每相只有一个开关器件开通或关断。在正半周期，使开关管 $VT_1$ 一直保持导通状态，让 $VT_4$ 交替通断。当 $VT_1$ 和 $VT_4$ 同时导通时，负载上所加的电压为直流电源电压。当 $VT_1$ 导通而使 $VT_4$ 关断后，由于电感性负载中的电流不能突变，负载电流将通过二极管 $VD_3$ 续流，此时负载上所加电压为 0。如果负载电流较大，直到使 $VT_4$ 再一次导通之前，$VD_3$ 一直持续导通。若负载电流较快地衰减到 0，在 $VT_4$ 再一次导通之前，负载电压也一直为 0。这样，负载电压 $u_0$ 可得到 0 和 $U_d$ 2 种电平；在负半周期，让开关管 $VT_2$ 始终保持导通。当 $VT_3$ 导通时，负载电压为 $-U_d$；当 $VT_3$ 关断时，$VD_4$ 续流，负载电压为 0，负载电压 $u_0$ 可得到 0 和 $-U_d$ 二种电平。这样，单相逆变器在一个周期内，输出的 PWM 波形就有 0 和 $\pm U_d$ 三种电平。

开关管 $VT_3$ 或 $VT_4$ 通断的控制方法如图 6.4 所示。载波 $u_c$ 在调制波 $u_r$ 的正半周为正极性的三角波，在负半周为负极性的三角波，调制信号 $u_r$ 为正弦波。在 $u_r$ 和 $u_c$ 的交点时刻控制 $VT_3$ 或 $VT_4$ 的通断。

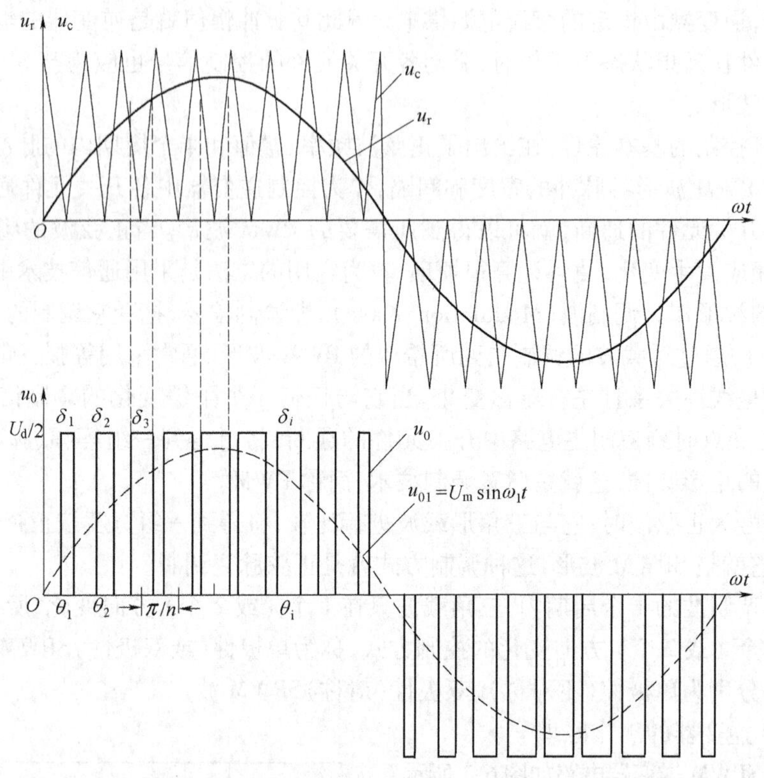


图 6.4　单极性 SPMW 控制电压波形的形成

在 $u_r$ 的正半周，$VT_1$ 保持导通，当 $u_r > u_c$ 时使 $VT_4$ 导通，负载电压 $u_0 = U_d$；当 $u_r < u_c$ 时使 $VT_4$ 关断，$u_0 = 0$。在 $u_r$ 的负半周，$VT_1$ 关断，$VD_2$ 保持导通，当 $u_r < u_c$ 时使 $VT_3$ 导通，负载电压 $u_0 = -U_d$；当 $u_r > u_c$ 时使 $VT_3$ 关断，$u_0 = 0$。这样就得到了 SPWM 波形 $u_0$。图 6.4 中虚线 $u_{01}$ 表示 $u_0$ 的基波分量。

(2) 双极性 SPWM 控制

图 6.3 所示的单相桥式逆变电路采用双极性控制方式时的波形，如图 6.5 所示。

在双极性控制方式中，三角形载波是在正负 2 个方向变化，所得到的 PWM 波形也是在 2 个方向变化。在调制信号 $u_r$ 和载波信号 $u_c$ 的交点时刻控制各开关器件的通断。在 $u_r$ 的正、负半周期，对各开关器件的控制规律相同。

当 $u_r > u_c$ 时，给 $VT_1$ 和 $VT_4$ 施加开通信号，给 $VT_2$、$VT_3$ 以关断信号，输出电压 $u_0 = U_d$。当 $u_r < u_c$ 时，给 $VT_2$、$VT_3$ 施加开通信号，

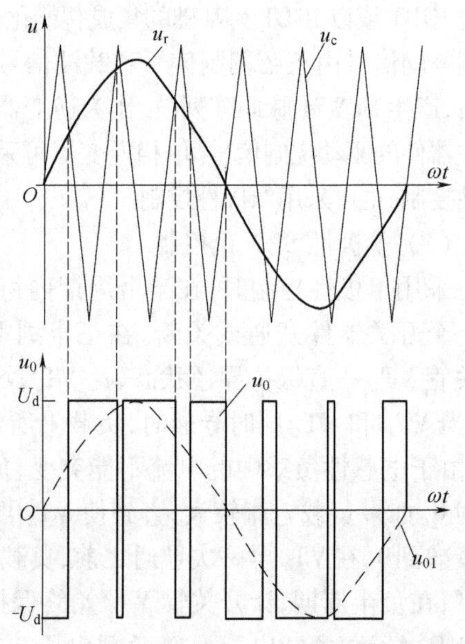


图 6.5　双极性 SPWM 控制电压波形的形成过程

给 $VT_1$、$VT_4$ 以关断信号，输出电压 $u_0=-U_d$。在 $u_r$ 的一个周期内，输出的 PWM 波形只有 $\pm U_d$ 2 种电平。

双极性控制时，逆变器同一半控桥的上下 2 个桥臂开关元件的驱动信号极性相反，开关器件交替导通，处于互补工作方式。

在电感性负载的情况下，若 $VT_1$ 和 $VT_4$ 处于导通状态时，给 $VT_1$ 和 $VT_4$ 以关断信号，而给 $VT_2$ 和 $VT_3$ 以开通信号后，则 $VT_1$ 和 $VT_4$ 立即关断。因感性负载电流不能突变，$VT_2$ 和 $VT_3$ 并不能立即导通，二极管 $VD_2$ 和 $VD_3$ 导通续流。当感性负载电流较大时，直到下一次 $VT_1$ 和 $VT_4$ 重新导通前，负载电流方向始终未变，$VD_2$ 和 $VD_3$ 持续导通，而 $VT_2$ 和 $VT_3$ 始终未导通。当负载电流较小时，在负载电流下降到 0 之前，$VD_2$ 和 $VD_3$ 续流，之后 $VT_2$ 和 $VT_3$ 导通，负载电流反向。不论 $VD_2$ 和 $VD_3$ 导通，还是 $VT_2$ 和 $VT_3$ 导通，负载电压都是 $-U_d$。从 $VT_2$ 和 $VT_3$ 导通向 $VT_1$ 和 $VT_4$ 导通切换时，$VD_1$ 和 $VD_4$ 的续流情况和上述情况相类似。

3. 三相 SPWM 逆变器分析

三相 SPWM 逆变器电路原理如图 6.6 所示，开关元件采用 IGBT 或 IPM 元件。三相逆变器只能采用双极性 SPWM 的控制方式。在输出电压的每个周期中，各开关元件通、断转换多次，既可调节、控制输出电压的大小，又可消除低次谐波而改善输出电压波形。开关频率越高，脉冲波数越多，就能消除更多的低次谐波。

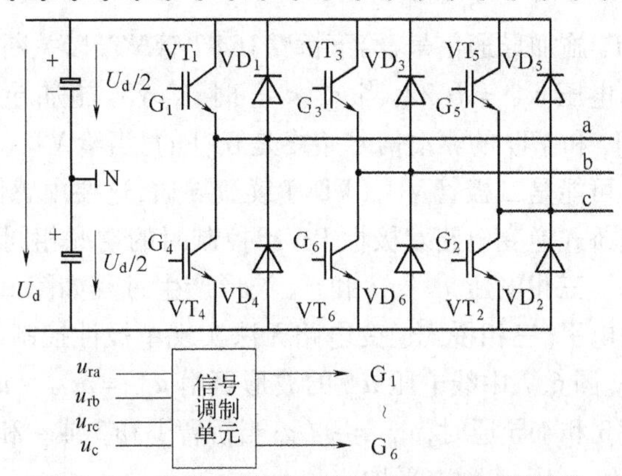


图 6.6 三相电压型 SPWM 逆变器电路原理

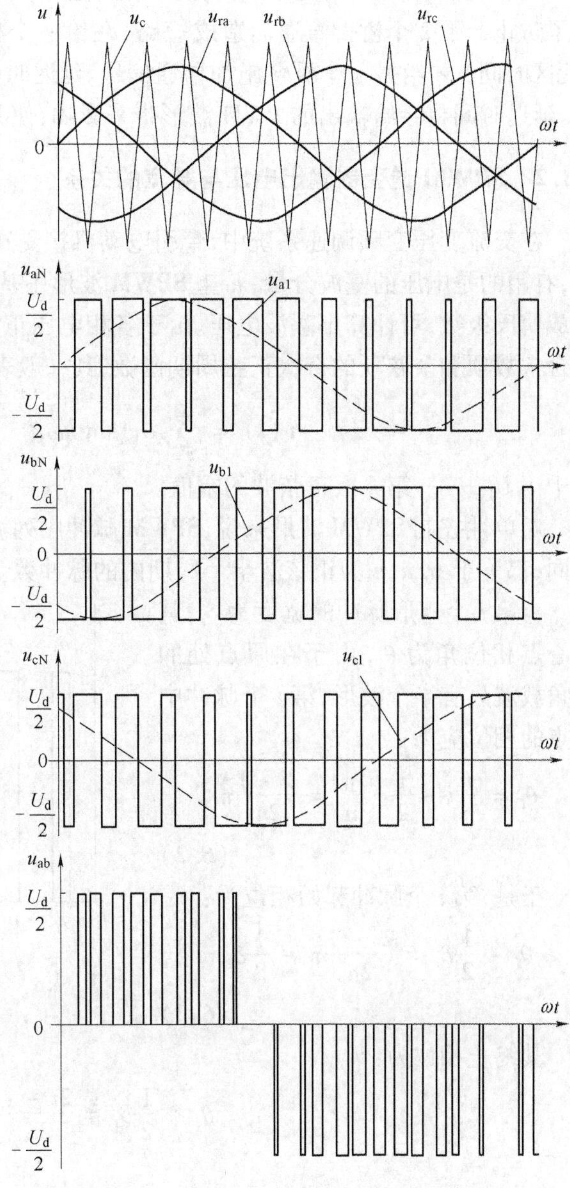


图 6.7 三相 SPWM 逆变器输出电压波形

a、b、c 三相的 PWM 控制通常共用一个三角形载波 $u_c$，三相调制信号 $u_{ra}$、$u_{rb}$ 和 $u_{rc}$ 的相位依次相差 120°。a、b、c 各相功率开关器件的控制规律相同，现以 a 相为例来说明：

当 $u_{ra}>u_c$ 时，给上桥臂 IGBT 管

$VT_1$ 施加导通信号,给下桥臂 IGBT 管 $VT_4$ 以关断信号,则 $a$ 相相对于直流电源假想中点 $N$ 的输出电压 $u_{aN} = U_d/2$。当 $u_{ra} < u_c$ 时,给 $VT_4$ 施加导通信号,给 $VT_1$ 以关断信号,则 $u_{aN} = -U_d/2$。$VT_1$ 和 $VT_4$ 的驱动信号始终是互补的。当给 $VT_1$($VT_4$)加导通信号时,可能是 $VT_1$($VT_4$)导通,也可能是二极管 $VD_1$($VD_4$)续流导通,这要由感性负载中原来电流的方向和大小来决定,与单相桥式逆变电路双极性 PWM 控制时的情况相同。b 和 c 相的控制方式和 a 相相同。

三相电压 $u_{aN}$、$u_{bN}$ 和 $u_{cN}$ 波形产生过程如图 6.7 所示。可以看出,这些波形都只有 $\pm U_d/2$ 两种电平。三相桥式逆变电路无法实现单极性控制,相对 N 点的电压 $u_{aN}$、$u_{bN}$、$u_{cN}$ 只能输出两种电平。图 6.7 中线电压 $u_{ab}$ 的波形可由 $u_{ab} = u_{aN} - u_{bN}$ 计算。当桥臂 1 和 6 导通时,$u_{ab} = U_d$;当桥臂 3 和 4 导通时,$u_{ab} = -U_d$;当桥臂 1 和 3 或 4 和 6 导通时,$u_{ab} = 0$。因此逆变器输出线电压由 0 和 $\pm U_d$ 三种电平构成。

在双极性 SPWM 控制方式中,同一相的上下两个桥臂的驱动信号都是互补的。但实际上为了防止上下 2 个桥臂直通而造成短路,在给一个桥臂施加关断信号后,再延迟一定的时间(死区时间)才给另一个桥臂施加导通信号。延迟时间长短主要由功率开关器件的关断时间决定。延迟时间将会给输出的 PWM 波形带来影响,使其偏离正弦波。

### 6.1.2　SPWM 逆变器输出电压与脉宽的关系

在交流变压变频调速系统中,牵引电动机接受逆变器输出的电压而运转。对牵引电动机来说,有用的是电压的基波分量,希望 SPWM 波形中基波成分越大越好。将 SPWM 脉冲序列波展开成傅氏级数,可计算出基波电压。由于各相电压正、负半波及其左、右均对称,因而它是一个不含常数项和余弦项的奇次正弦周期函数,其一般表达式为:

$$u(t) = \sum_{k=1}^{\infty} U_{km}\sin k\omega_1 t \quad (k = 1,2,3\cdots) \tag{6.1}$$

式中　$U_{km}$——第 $k$ 次正弦波的幅值。

对单性控制 SPWM 波形来说,SPWM 脉冲序列波的幅值为 $U_d$,各脉冲不等宽,但中心间距相同,都等于 $\pi/n$,$n$ 为正弦波半个周期内的脉冲数。图 6.8 表示单极性 SPWM 波形。

令第 $i$ 个矩形脉冲的宽度为 $\delta_i$,其中心点相位角为 $\theta_i$,由于在原点处的三角载波只有半个波形,第 $i$ 个脉冲中心点的相位应为:

$$\theta_i = \frac{\pi}{n}i - \frac{1}{2}\cdot\frac{\pi}{n} = \frac{2i-1}{2n}\pi \tag{6.2}$$

于是,第 $i$ 个脉冲起始相位为:

$$\theta_i - \frac{1}{2}\delta_i = \frac{2i-1}{2n}\pi - \frac{1}{2}\delta_i \tag{6.3}$$

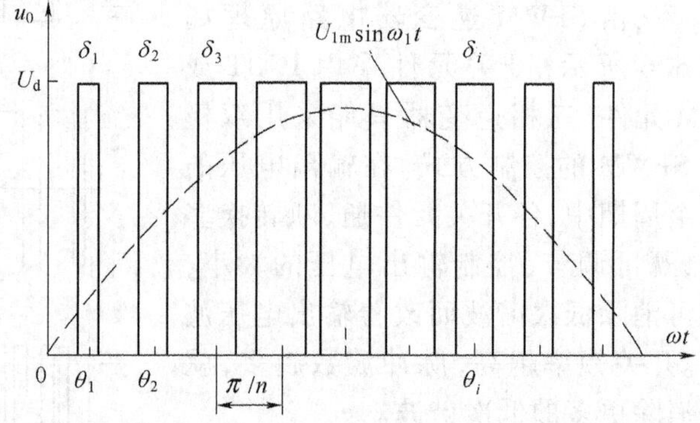

图 6.8　单极性 SPWM 电压波形

其终止相位为:

$$\theta_i + \frac{1}{2}\delta_i = \frac{2i-1}{2n}\pi + \frac{1}{2}\delta_i \tag{6.4}$$

$$U_{km}=\frac{2}{\pi}\sum_{i=1}^{n}\int_{\theta_i-\frac{1}{2}\delta_i}^{\theta_i+\frac{1}{2}\delta_i}U_d\sin k\omega_1 t\mathrm{d}(\omega_1 t)=$$
$$\frac{2}{\pi}\sum_{i=1}^{n}\frac{U_d}{k}\left[\cos k(\theta_i-\frac{1}{2}\delta_i)-\cos k(\theta_i+\frac{1}{2}\delta_i)\right]=$$
$$\frac{4U_d}{k\pi}\sum_{i=1}^{n}\sin k\theta_i\sin\frac{k\delta_i}{2}=\frac{4U_d}{k\pi}\sum_{i=1}^{n}\sin\frac{(2i-1)k\pi}{2n}\sin\frac{k\delta_i}{2}\tag{6.5}$$

$$u(t)=\sum_{i=1}^{\infty}\frac{4U_d}{k\pi}\sum_{i=1}^{n}\left[\sin\frac{(2i-1)k\pi}{2n}\sin\frac{k\delta_i}{2}\right]\sin k\omega_1 t\tag{6.6}$$

以 $k=1$ 代入式(6.5),即可得到输出电压的基波幅值。当半个周期内的脉冲数 $n$ 足够多时,各脉冲的宽度都较小,可以近似地认为 $\sin\delta_i/2\approx\delta_i/2$,故有

$$U_{1m}=\frac{4U_d}{\pi}\sum_{i=1}^{n}\left[\sin\frac{(2i-1)\pi}{2n}\right]\frac{\delta_i}{2}\tag{6.7}$$

当半个周期内脉冲数 $n$ 与逆变器输入电压 $U_d$ 一定时,逆变器输出的基波电压幅值 $U_{1m}$ 与各段脉宽 $\delta_i$ 成正比关系。它说明在半个周期内调制脉冲数一定时,调节参考信号的幅值可使调制脉冲的宽度做相应变化,就实现了对逆变器输出电压基波幅值的平滑调节。

对于图6.8所示的单极性SPWM波形,其等效正弦波为 $U_m\sin\omega_1 t$,根据面积相等的等效原则,可写成

$$\delta_i U_d=U_m\int_{\theta_i-\frac{\pi}{2n}}^{\theta_i+\frac{\pi}{2n}}\sin\omega_1 t\mathrm{d}(\omega_1 t)=U_m\left[\cos(\theta_i-\frac{\pi}{2n})-\cos(\theta_i+\frac{\pi}{2n})\right]=$$
$$2U_m\sin\frac{\pi}{2n}\sin\theta_i\approx U_m\frac{\pi}{n}\sin\theta_i$$

便有

$$\delta_i=\frac{\pi U_m}{nU_d}\sin\theta_i\tag{6.8}$$

也就是说,第 $i$ 个脉冲的宽度与该处正弦值近似成正比。因此,与半个周期正弦波等效的SPWM 波形必然是两侧窄、中间宽,脉宽是按正弦规律逐渐变化的序列脉冲波形。

将式(6.8)、式(6.2) 代入式(6.7),将得到

$$U_{1m}=\frac{4U_d}{\pi}\sum_{i=1}^{n}\left[\sin\frac{(2i-1)\pi}{2n}\right]\cdot\frac{\pi U_m}{2nU_d}\sin\frac{(2i-1)\pi}{2n}=$$
$$\frac{2U_m}{n}\sum_{i=1}^{n}\sin^2\left[\frac{(2i-1)\pi}{2n}\right]=\frac{2U_m}{n}\sum_{i=1}^{n}\frac{1}{2}\left[1-\cos\frac{(2i-1)\pi}{n}\right]=$$
$$U_m\left[1-\frac{1}{n}\sum_{i=1}^{n}\frac{1}{2}\cos\frac{(2i-1)\pi}{n}\right]\tag{6.9}$$

可以证明,除 $n=1$ 以外,有限项三角级数 $\sum_{i=1}^{n}\cos\frac{(2i-1)\pi}{n}=0$,而 $n=1$ 是没有意义的。因此由公式(6.9) 可得到

$$U_{1m}=U_m\tag{6.10}$$

也就是说,SPWM 逆变器输出脉冲序列波的基波电压正是调制时所要求的等效正弦波幅值。这个结论是在 $n$ 不太小、$\sin\pi/2n\approx\pi/2n$,且 $\sin\delta_i/2\approx\delta_i/2$ 条件下得到的。当这些条件成立时,SPWM 逆变器能很好地满足异步牵引电动机变压变频工作的要求。若从调节控制的角度来看,SPWM 逆变器是交流调速系统中一种很适用的变频电源。

也可由式(6.7) 与式(6.5) 计算出第 $k$ 次谐波与基波电压幅值之比：

$$\frac{U_{km}}{U_{1m}} = \frac{1}{k}\sum_{i=1}^{n}\frac{\sin\frac{(2i-1)k\pi}{2n}\sin k\frac{\delta_i}{2}}{\sin\left[\frac{(2i-1)\pi}{2n}\right]\frac{\delta_i}{2}} \tag{6.11}$$

计算结果表明,SPWM 逆变器能够有效地抑制或消除 $k = 2n - 1$ 次以下的低次谐波,但存在高次谐波。

据有关资料介绍,SPWM 逆变器输出相电压的基波幅值和常规六阶波的逆变器相比,低10%~14%,仅为六阶波的86%~90%,将影响牵引电动机额定电压的充分利用。

### 6.1.3 脉宽调制的约束条件

在 PWM 控制中,逆变器主电路的功率开关器件在其输出电压的半个周期内要开关 $n$ 次。从上面的数学分析可知,把期望的正弦波分段越多,则 $n$ 越大,脉冲序列波的脉宽 $\delta_i$ 越小,上述分析结论的准确性越高,SPWM 波的基波越接近期望的正弦波。但是,功率开关器件本身的开关能力是有限的,与主电路结构及换流能力有关。因此在应用脉宽调制技术时,必然会受到一定条件的制约。

1. 功率开关器件的频率限制

各种电力电子器件的开关频率受到其特有的开关时间和开关损耗的限制。普通晶闸管用于无源逆变器时须采用强迫换流电路,其开关频率一般为300 ~ 500 Hz,现在SPWM逆变器中已很少应用,取而代之的是全控型器件,如 GTO 开关频率为 1~2 kHz、功率场效应管(P-MOSFET) 开关频率可达50 kHz、IGBT(绝缘栅双极晶体管) 开关频率可达20 kHz等。IGBT是一种增强型电压控制复合器件,其通断是由门极电压来控制,可用非常高的输入阻抗进行电压控制。目前轨道列车牵引用 SPWM 逆变器,开关元件以 IGBT 为主,并逐步向以 IGBT 为基础的集成化、智能化元件 IPM 发展。

定义载波频率 $f_c$ 与参考调制波频率 $f_r$ 之比为载波比 $N$,即

$$N = \frac{f_c}{f_r} \tag{6.12}$$

相对于前述SPWM波形半个周期内的脉冲数 $n$ 来说,应有 $N = 2n$。为了使逆变器的输出波形尽量接近正弦波,应尽可能增大载波比,但若从功率开关器件本身的允许开关频率来看,载波比又不能太大。$N$ 值应受到下列条件的制约:

$$N \leqslant \frac{\text{功率器件允许的开关频率}}{\text{最高正弦调制信号频率}} \tag{6.13}$$

式(6.13) 中的最高正弦调制信号频率就是 SPWM 逆变器的最高输出频率。

2. 最小间歇时间和调制度限制

为保证主电路开关器件的安全工作,必须使调制成的脉冲波具有最小脉宽与最小脉冲间歇的限制,以保证最小脉冲宽度大于开关器件的导通时间 $t_{on}$,而最小脉冲间歇大于器件的关断时间 $t_{off}$。在脉宽调制时,若 $n$ 为偶数,调制信号的峰值 $U_{rm}$ 与三角载波相交的地方恰好是一个脉冲的间歇。

为了保证最小间歇时间大于 $t_{off}$,必须使 $U_{rm}$ 低于三角载波的峰值 $U_{cm}$,要求调制信号的幅值不能超过三角载波峰值的某一百分数(临界百分数)。为此定义 $U_{rm}$ 与 $U_{cm}$ 之比为调制度

(Modulation Index) $M$,即

$$M = \frac{U_{rm}}{U_{cm}} \tag{6.14}$$

在理想情况下,$M$值可在0 ~ 1之间变化,以调节逆变器输出电压的大小。实际上$M$值总是小于1的。当$N$较大时,一般取最高值,$M$ = 0.8 ~ 0.9。

当调制度超过最小脉宽的限制时,可以改为按固定的最小脉宽工作,而不再遵守正常的脉宽调制规律;但这样会使逆变器输出电压幅值不再是参考信号幅值的线性函数,而是其幅值偏低,并引起输出电压谐波增大。

由式(5.13)可知,SPWM整流器输出电压$U_d$与变压器牵引绕组输出电压$U_N$呈正比关系,与整流器的调制度M呈反比关系。

根据式(5.12),在牵引工况若保持交流电源电压$\dot{U}_N$与电流$\dot{I}_N$相位相同,则整流器调制电压$\dot{U}_s$将随电流$\dot{I}_N$而变化。当电流$\dot{I}_N = 0$,$\dot{U}_{s\,min} = \dot{U}_N$,此时的调制度为最小,即

$$M_{min} = \sqrt{2}U_{s\,min}/U_d = \sqrt{2}U_N/U_d \tag{6.15}$$

最大调制度$M_{max}$主要受开关器件允许的开关频率和载波比$N$的限制。为保证调节控制系统的安全可靠性,适应电源的工作特性,一般按照$M_{max}$ = 0.8 ~ 0.9进行调制控制。

### 6.1.4　SPWM的调制方法

在调制信号周期变化过程中,根据载波比是否变化,可分为同步调制与异步调制。载波比不变的调制称为同步调制,载波比相应变化的调制称为异步调制。

1. 同步调制

同步调制就是$N$ = 常数,在改变调制波频率的同时等比例同步改变载波频率,使载波频率与调制波频率的比值保持不变,逆变器输出电压半波内的矩形脉冲数是固定不变的。

对于三相系统,为保证三相之间对称且互差120°相位角,通常取载波比为3的整数倍。为了保证双极性调制时逆变器输出每相波形的正、负半波对称,载波比必须是奇数。这样在调制波的180°处,载波的正、负半周恰好分布在180°的左右两侧,能够严格保证三相输出波形之间互差120°电角度。由于波形左右对称,不会出现偶次谐波。

当逆变器输出频率很低时,相邻两脉冲之间的间距增大,谐波会显著增加,使牵引电动机产生较大的脉动转矩和噪声,影响其低速运行特性,这是同步调制的主要缺点。另外由于载波周期随调制波周期连续变化,在数字控制时难以实现。

2. 异步调制

为改善牵引电动机低速(低频)运行特性,必须要对低频时的最低次谐波进行抑制。可能存在的谐波为$6k \pm 1$次,5、7次谐波为低次谐波,幅值相对较大,对牵引电动机的影响较大。消除了5、7次谐波,必然会消除6倍频的谐波转矩。假定变频器的输出频率为50 Hz, 5、7次谐波被消除后,最低次谐波变为11次,此时产生的最低脉动转矩频率为12 ×50 Hz,它已超出牵引电动机的正常运行范围,几乎没有影响。如果采用同步调制方式,则当逆变器输出频率为3 Hz时,由于也存在11次及以上的谐波,这时相应产生的最低脉动转矩频率为12 × 3 Hz,此频率与一般被驱动机械的自振频率很接近,很容易引起传动系统的共振。

为了消除同步调制中存在的缺点,可以采用异步调制方式,即在异步调制的整个变频范围

内，载波比 $N$ 不等于常数。在改变调制波频率 $f_r$ 时保持三角载波频率 $f_c$ 不变，因而提高了低频时的载波比。这样输出电压的半波内矩形脉冲数可随输出频率的降低而增加，相应地可减少牵引电动机的转矩脉动与噪声，改善了系统的低频工作性能。但是，异步调制方式在改善低频工作性能的同时，也失去同步调制的优点。当载波比 $N$ 随着输出频率的降低而连续变化时，它不可能总是 3 的倍数，势必使输出电压波形及其相位都发生变化，难以保持三相输出电压间的对称关系，因而引起牵引电动机工作不平稳。

3. 分段同步调制

为了发挥同步、异步调制各自的优点，将同步调制和异步调制结合起来，构成分段同步调制，实际应用的 SPWM 逆变器多采用此调制方式。

在一定频率范围内采用同步调制，以保持输出波形对称的优点。当频率较低时使载波比分段有级增大，采纳异步调制的长处，这就是分段同步调制方式。具体地说，把整个变频范围划分成若干个频段，在每个频段内都维持载波比 $N$ 恒定，而对不同的频段取不同的 $N$ 值。在输出频率的高频段采用较低的载波比，以使载波频率不致过高，并能够控制在功率开关器件所允许的频率范围内。在输出频率的低频段采用较高的载波比，以使载波频率不致过低而对负载产生不利影响。各频段的载波比应该都取 3 的整数倍且为奇数。

图 6.9 给出了分段同步调制的一个例子，各频率段的载波比标在图中。为了防止载波频率在切换点附近产生来回跳动，在各频率切换点采用了滞后切换。图中切换点处的实线表示输出频率增高时的切换频率，虚线表示输出频率降低时的切换频率，前者略高于后者而形成滞后切换。在不同频率段内，载波频率 $f_c$ 的变化范围基本一致，在 1.4 ~ 2 kHz 之间。

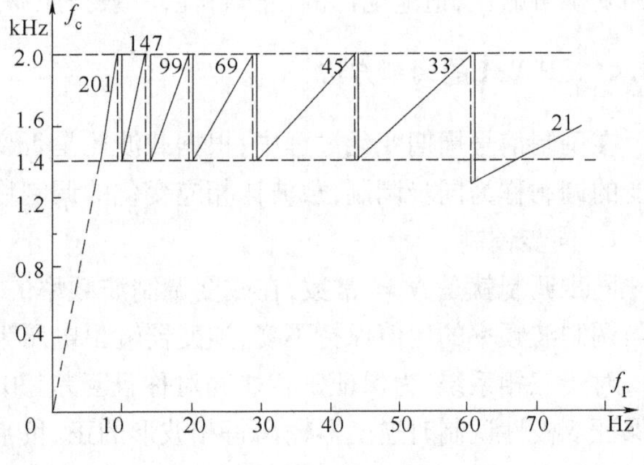


图 6.9 分段同步调制方式示例

提高载波频率可以使输出波形更接近正弦波，但载波频率的提高受到功率开关器件允许最高频率的限制。另外在采用计算机进行控制时，载波频率还受到计算机速度和控制算法计算量的限制，应注意使调制的最小脉冲宽度大于计算机的采样周期。

尽管采用分段同步调制要比异步调制复杂一些，但在计算机控制中还是能够实现的。有一些装置在低频时采用异步调制方式，而在高频时切换到同步调制方式，这样可将二者的优点结合起来，能够达到和分段同步控制方式相近的效果。

### 6.1.5 PWM 逆变器的基本控制方法

SPWM 逆变器基本采用数字或微处理器控制，以输出波形接近正弦波为目的，但其输出电压中仍然存在着谐波分量。在工程应用中，SPWM 波形的生成通常采用规则采样法或专用集成电路器件，这并不能保证脉宽调制序列波的波形面积与各段正弦波面积完全相等；在控制时，为了防止逆变器同一相上、下桥臂两开关元件同时导通而导致直流侧短路，当同一相上、下桥臂两开关元件互补工作时，设置了一个导通时滞环节，将不可避免地产生逆变器输出波形的失真。因此，采样方式与开关元件纵向时滞换流是谐波产生的主要原因。

1. SPWM 逆变器控制采样策略

SPWM 控制采用数字控制方法，通过计算机存储预先计算的 SPWM 数据表格，控制时根据指令调出，或者通过软件实时生成 SPWM 波形。常用的采样控制方法有等效面积算法、自然采样法、规则采样法等。

规则采样法的出发点是设法得到一系列等间距的 SPWM 脉冲，使各个脉冲对三角载波的中心线对称。由于中心线两侧的时间间隔相等，可减少大量的计算工作量。规则采样法的基本原则是：在三角载波每一周期内的固定时刻，找到参考正弦波上的对应电压值，并用此值对三角载波进行采样，来决定开关元件的导通与关断时刻，而不管在采样点上正弦波与三角载波是否相交。规则采样法虽然会产生一些误差，但在工程应用中仍是可行的。在规则采样法中，三角载波每个周期的采样时刻都是确定的，都在正峰值或负峰值处，不必作图就可计算出相应时刻的正弦波值，由此形成规则采样 Ⅰ、Ⅱ，其中规则采样 Ⅱ 为最有效的采样方式。规则采样法适合工程应用，是占用计算资源较少、应用较广泛的采样方法。

(1) 规则采样法Ⅰ

规则采样法Ⅰ 是在三角载波每一周期的正峰值时找到正弦调制波上的对应点 $D$ 点，求得电压值 $u_{rd}$。用此电压值对三角波进行采样，得到 $A$、$B$ 两点，并认为它们是 SPWM 波形中脉冲的生成时刻，$A$、$B$ 区间就是脉宽时间 $t_2$。规则采样法 Ⅰ 如图 6.10(a) 所示。

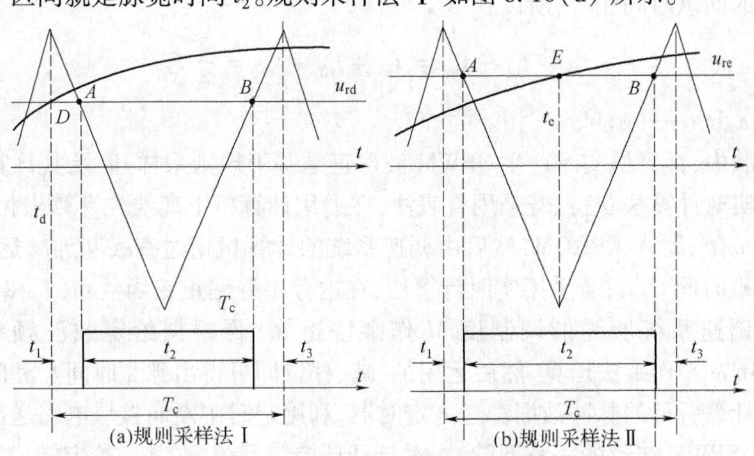


图 6.10 规则采样法生成 SPWM 波形

规则采样法 Ⅰ 的采样电压水平线与三角载波的交点都在正弦调制波的同一侧，计算比较简单，但所得到的脉冲宽度相对于实际宽度明显偏小，从而造成脉宽误差。

(2) 规则采样法 Ⅱ

规则采样法 Ⅱ 仍在三角载波的固定时刻找到正弦调制波上的采样电压值，与规则采样法 Ⅰ 不同，所取的不是三角载波的正峰值，而是其负峰值，如图 6.10(b) 中的 $E$ 点，采样电压为 $u_{re}$。在三角载波上由 $u_{re}$ 水平线截得 $A$、$B$ 两点，$A$、$B$ 区间距离就是脉宽时间 $t_2$。由于 $A$、$B$ 两点落在正弦调制波的内、外两侧，脉冲宽度相对于规则采样 Ⅰ 有所增加，与实际宽度比较接近，因此脉宽误差小，所得的 SPWM 波形也就更准确。

由图 6.10 可以看出，规则采样法的实质是用阶梯波来代替正弦波，简化了算法。只要载波比足够大，不同的阶梯波都逼近正弦波，所造成的误差可以忽略不计。

在规则采样法 Ⅱ 中，采样值依次为 $M\sin\omega_1 t_e$、$M\sin(\omega_1 t_e + T_c)$、$M\sin(\omega_1 t_e + 2T_c)$…… 因而，脉宽时间和间歇时间都可以很容易计算出来。由图 6.10(b) 可得规则采样法 Ⅱ 的计算

公式。

脉宽时间：

$$t_2 = \frac{T_c}{2}(1 + M\sin \omega_1 t_e) \tag{6.16}$$

间歇时间：

$$t_1 = t_3 = \frac{1}{2}(T_c - t_2) \tag{6.17}$$

三相正弦调制波在时间上互差2π/3，而三角载波是共用的，这样就可在同一个三角载波周期内获得如图6.11所示的三相SPWM脉冲波形。各相脉宽时间$t_{a2}$、$t_{b2}$、$t_{c2}$都可用式(6.16)计算。求三相脉宽时间的总和时，等式右边第一项相同，加起来是其3倍，第二项之和则为0。因此，三相脉宽时间总和为：

$$t_{a2} + t_{b2} + t_{c2} = \frac{3}{2}T_c \tag{6.18}$$

三相脉冲间歇时间总和为：

$$t_{a1} + t_{b1} + t_{c1} + t_{a3} + t_{b3} + t_{c3} = 3T_c - (t_{a2} + t_{b2} + t_{c2}) = \frac{3}{2}T_c \tag{6.19}$$

脉冲两侧的间歇时间相等，所以：

$$t_{a1} + t_{b1} + t_{c1} = t_{a3} + t_{b3} + t_{c3} = \frac{3}{4}T_C \tag{6.20}$$

式中　下角标a、b、c——a、b、c三相。

在数字控制中，计算机实时产生SPWM波形正是基于规则采样Ⅱ及其计算公式，一般可采用查表法或实时计算法获得。若采用查表法，在通用计算机上离线先计算出相应的脉宽$t_2$或$(T_c/2) \cdot M\sin \omega_1 t_e$，写入EPROM，然后由调速系统的计算机通过查表和加减运算求出各相脉宽时间$t_2$和间歇时间$t_1$、$t_3$；若采用实时计算法，在内存中存储正弦函数和$(T_c/2)$值，控制时先取出正弦值与调速系统所需的调制度$M$作乘法运算，再根据给定载波频率取出对应的$(T_c/2)$，与$M\sin \omega_1 t_e$作乘法运算，然后运用加、减、移位即可得出脉宽时间$t_2$和间歇时间$t_1$、$t_3$。按查表法实时计算所得的脉冲数据都送入定时器，利用定时中断向接口电路送出相应的高、低电平，实时产生SPWM波形的一系列脉冲。对于开环控制系统，在某一给定转速下，其调制度$M$与频率$\omega_1$都有确定值，宜采用查表法。对于闭环控制的调速系统，具有反馈控制的调节作用，在系统运行中调制度$M$、$\omega_1$值需随时被调节，采用实时计算法更为适宜。在闭环控制中，目前一般采用16位或32位CPU，不仅可以保证精度，充分发挥计算机的功能，而且还可以将富余的资源加以利用，完成系统的一些其他控制任务。

2. SPWM专用集成电路

三相SPWM型逆变器控制系统的关键和核心就是正弦波脉宽调制信号的产生。应用计算机产生SPWM波，其效果受到指令功能、运算速度、存储容量和兼顾其他算法功能的限制，有时难以有很好的实时性，特别是在高频电力电子器件被广泛应用后，完全依靠软件生成SPWM波的方法，实际上很难适应高开关频率的要求。

随着微电子技术的发展，开发出一些专门用于发生SPWM控制信号的大规模或超大规模集成电路芯片，应用这些专用芯片比采用计算机生成SPWM信号要方便得多，不仅可降低系统成本，而且提高了系统可靠性，对SPWM型逆变器的发展提供了良好的技术保障。

目前，已投入应用的专用PWM芯片主要有Siemens公司的SLE4520、日本Sanken公司的

MB63H110、三菱公司的 M57962L 等。8XC196MC、TMS320F204 等单片微处理器本身就带有直接输出 SPWM 信号的端口。

SLE4520 芯片是一个可编程器件,内部时钟频率为 12 MHz,可方便地与单片机结合构成数字化控制器,控制各种功率等级的逆变器。SLE4520 芯片内部设计采用数字式正弦合成法,产生对称三相六路高频正弦脉宽调制波,以控制三相异步电动机的转矩和转速。该芯片产生的高频脉宽调制波,可以直接驱动隔离控制电路和负载电路中的光电耦合器,可直接控制三相逆变器中的 6 个功率开关控制极。由 SLE4520 芯片构成的控制器对逆变器的波形(正弦波、三角波)范围和相位基本没有限制,输出 SPWM 脉冲波的开关频率最高达到 23.4 kHz,借助可编程分频器可获得较低的开关频率。逆变器输出频率最高达 2 600 Hz。

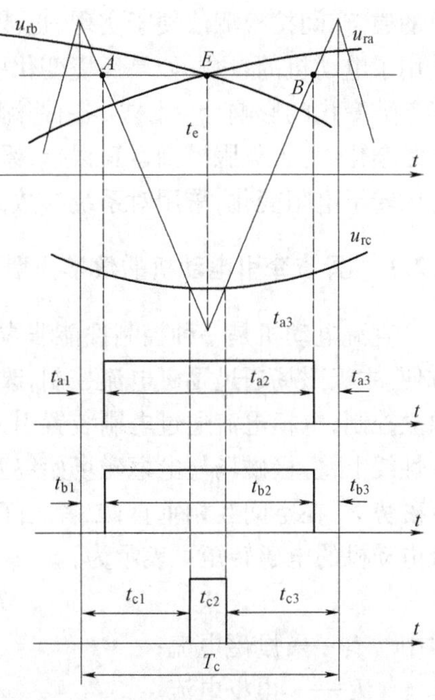


图 6.11 三相 SPWM 波形的产生

M57962L 驱动模块为混合式集成电路,将 IGBT 的驱动和过流保护集于一体,能驱动电压为 600 V 和 1 200 V 系列、电流容量不大于 400 A 的 IGBT。当芯片输入电压 $U_i$ 为高电平时 IGBT 导通,为低电平时 IGBT 关断。IGBT 集电极通态饱和压降与集电极电流成正比,集电极电流越大,则通态饱和压降也越大,因此,根据通态饱和电压的大小可以确定流过 IGBT 的电流的大小。驱动模块一旦检测到集电极电压大于规定值,则认为发生过流故障,立即关断 IGBT,同时给出过流故障信号。IGBT 在关断时,由于线路存在分布电感,因此会产生开关浪涌电压。在开关过程中,如果电压变化过大,将会产生擎柱现象,使 IGBT 失控,引起上下桥臂导通。因此,必须采用 RC 缓冲电路抑制过电压和 $dV/dt$。

## 6.2 矢量控制(VC)

1971 年,德国学者 F. Blaschke 提出了交流电动机的磁场定向矢量控制理论,标志着交流调速理论的重大突破。所谓矢量控制,就是将交流电动机模拟成直流电动机来控制,通过坐标变换实现电动机定子电流的励磁分量和转矩分量的解耦,使交流电动机能像直流电动机一样对其励磁分量和转矩分量进行独立控制,从而获得高性能的转矩和转速响应特性,这一控制思想给高性能的交流电动机调速技术奠定了理论基础。矢量控制调速系统主要是对转矩与转子磁链 $\Psi_2$ 的控制,转矩给定值由转差决定,磁通给定值根据速度给定,在基速以下磁通恒定,超过基速,则进行磁场削弱。

矢量控制主要有磁场定向矢量控制和转差频率矢量控制 2 种方式。无论采用哪种方式,转子磁链的准确检测是实现矢量控制的关键,直接关系到矢量控制系统性能的好坏。一般转子磁链检测可以采用直接法或间接法来实现。直接法就是通过在电动机内部埋设感应线圈以检测电动机磁链,这种方式会使简单的交流电动机结构复杂化,降低了系统的可靠性,磁链的检测精度也不能得到长期的保证。因此,实际应用中常采用间接法实现磁链检测。间接检测法通过检测电动机的定子电压、电流、转速等可以直接检测的参量,采用状态重构的方法来观测电动机的磁链。间接检测法便于实现，也能在一定程度上确保检测精度。但由于在状态重构过程中使用了电动机的参数，如果环境变化引起电动机参数变化，就会影响到磁链的准确观测。为补偿参数变化的影响，又引入了各种参数在线辨识和补偿算法，但补偿算法的引入也会使系统算法复杂化。为了克服模型运算误差，系统低速用电流模型而高速用电压模型控制；为了克服运行中转子电阻变化，采用对系统参数修正的方法等。

### 6.2.1 异步牵引电动机的数学模型

直流电动机是一种控制性能非常优越的双端励磁电动机，具有很好的可控性，控制调节很方便。主极磁场通过励磁电流控制，改变电枢电流可以改变转矩和转速，这两个电流可以各自独立控制；电枢电流通过电刷装置引入，电刷的位置相对于主磁极总是固定的，电刷处于几何中性线上，主极磁场与电枢磁场始终互相垂直（正交），可以产生最大的转矩。其主磁通 $\Phi$ 与电枢磁势 $F_a$ 在空间互相垂直，二者之间没有耦合关系，互不影响。若不考虑磁路饱和的影响，直流电动机的电磁转矩可表示为：

$$T_{em} = C_T \Phi I_a \propto K I_f I_a \tag{6.21}$$

式中 $I_f$—— 励磁电流；

$I_a$—— 电枢电流。

在直流电动机中，$I_f$ 和 $I_a$ 是控制标量，可以看作是正交的或解耦的矢量。正常运行时，励磁电流 $I_f$ 是维持电动机运转的磁场电流，控制电枢电流 $I_a$ 可改变电磁转矩。由于二者是相互解耦的，所以在静态、动态下，都能保持电磁转矩的调节具有很高的灵敏度，系统具有优良的动态特性。

异步牵引电动机为单端励磁的电动机，其电压、电流、转速、频率、磁通之间相互影响，是一个强耦合的多变量系统，电磁过程要比直流电动机复杂得多。电源只能从定子绕组输入，在定子绕组中产生电流。定子电流由励磁电流（无功电流）和有功电流耦合而成，无功电流建立旋转磁场，通过电磁感应将电能传递到转子并转换为机械能。转子电流依赖电磁感应作用而产生，是定子电流的有功分量。异步电动机的电磁转矩表示为 $T_{em} = C_T \Phi_m I'_2 \cos\varphi_2$，它是由气隙磁通 $\Phi_m$ 和转子电流的有功分量 $I'_2 \cos\varphi_2$ 相互作用而产生的。即使保持气隙磁场恒定，电动机的电磁转矩不仅与转子电流有关，而且与转子功率因数有关。

在三相异步牵引电动机中，电磁转矩是有功电流和磁通的乘积，磁通与转速的乘积是感应电势，它们都是同时变化的，系统中包含了 2 个变量的乘积，即使不考虑磁路饱和等因素，也是非线性的关系。定子、转子各对应三相绕组，每相绕组都有各自的电磁惯性，加上运动系统的机电惯性，即使不考虑变频电源的滞后因素，它也是一个七阶系统。

因此，异步牵引电动机的数学模型是一个强耦合、非线性、高阶的多变量系统。

对于多变量、强耦合的高阶非线性系统，要分析和求解这组非线性方程是十分困难的。在实际应用中必须设法予以简化，进行坐标变换是简化的基本方法。通过坐标变换，将异步电动机三相各量变换到旋转坐标系上的两相垂直量，实现磁通与有功电流解耦，按照直流电动机的控制规律来控制交流电动机，使系统具有良好的动态性能。

### 6.2.2 坐标变换

采用坐标变换的方法对数学模型进行改造，经变换后数学模型有所简化。坐标变换只是一种手段，应遵循等效原则，以产生同样的旋转磁动势为准则，即在不同坐标系下所产生的磁势完全相同。对于三相异步牵引电动机而言，其工作磁场为旋转磁场。产生旋转磁场的途径有 3

种:三相合成旋转磁场、二相合成旋转磁场和旋转直流磁场。若 3 种途径产生的旋转磁场的磁极对数、磁场强度、转速均相等,则认为此时的三相磁场系统、二相磁场系统和旋转直流磁场系统是等效的,它们之间可以进行等效变换。

1. 坐标变换原理

在异步牵引电动机的三相对称定子(静止) 绕组 $A$、$B$、$C$ 上,施加三相对称正弦波电压,必将产生三相对称电流 $i_A$、$i_B$、$i_C$,由此产生的基波合成磁势为旋转磁势 $F$,在空间呈正弦波分布,并以同步转速 $\omega_1$ 旋转,旋转方向与电流相序变化的方向一致。在空间互差 90° 的二相静止绕组 $\alpha$ 和 $\beta$ 中,通入时间上互差 90° 的两相对称电流 $i_\alpha$、$i_\beta$,也将产生旋转磁势。若其旋转磁势在大小、旋转方向、转速方面与三相绕组合成磁势相同时,即可认为二相静止绕组和三相静止绕组等效。

在 2 个匝数相等、互相垂直的绕组 $d$、$q$ 中,分别通入直流电流 $i_d$、$i_q$,产生合成磁势 $F$,其位置相对于绕组来说总是固定的。如果让包含 2 个绕组在内的整个铁心以同步转速 $\omega_1$ 旋转,则其磁势 $F$ 自然也随之旋转起来成为旋转磁势。若控制此磁势的大小、旋转方向及转速与二相、三相静止绕组中的磁势相同,那么该旋转绕组将与二相、三相静止绕组相等效。也就是说,直流电流 $i_d$、$i_q$ 与二相电流 $i_\alpha$、$i_\beta$,三相电流 $i_A$、$i_B$、$i_C$ 的作用彼此等效。

三相对称交流绕组产生的旋转磁场不能直接变换为旋转直流磁场,需要以二相对称交流绕组产生的旋转磁场为桥梁进行过渡。在三相交流绕组中,任何一相电流所产生的磁通,必然通过另外两相,各相之间存在着磁耦合与互感关系。而在二相交流绕组中,二相绕组轴线正交。任意一相绕组电流产生的磁通,并不穿过另一相绕组,不存在磁耦合关系。

对称三相、二相交流绕组所产生的旋转磁场都属于多相对称交变磁场的合成磁场,相互间容易变换。将三相变换为二相称为3/2 变换,将二相变换为三相称为2/3 变换。若进行3/2 变换时,可将存在磁耦合关系的三相交流绕组变换为没有耦合关系的二相交流绕组,绕组间的磁耦合关系被解除,实现了解耦。二相交流对称绕组产生的旋转磁场和直流旋转磁场都是由 2 个相互正交的磁场构成,绕组间没有磁耦合关系,容易进行变换,其变换过程称为交 — 直变换或直 — 交变换。

从二相静止坐标系变换到以同步转速旋转的二相旋转坐标系,称为二相静止 — 旋转变换(VR),简称$2s/2r$ 变换;相反,从以同步转速旋转的二相旋转坐标系变换到静止的二相坐标系,称为二相旋转 — 静止坐标变换,其为 $VR$ 变换的逆变换($\mathrm{VR}^{-1}$),简称 $2r/2s$ 变换。

三相交流对称绕组的变换解耦过程可描述为$3s/2s$、$2s/2r$ 变换,即三相静止 — 二相静止变换、二相静止 — 二相旋转变换。

由此可见,以产生相同的旋转磁势为基准,图 6. 12 中的三相、二相交流绕组和整体旋转的二相直流绕组彼此等效。也就是说,在三相静止坐标系下的电流 $i_A$、$i_B$、$i_C$,二相静止坐标系下的

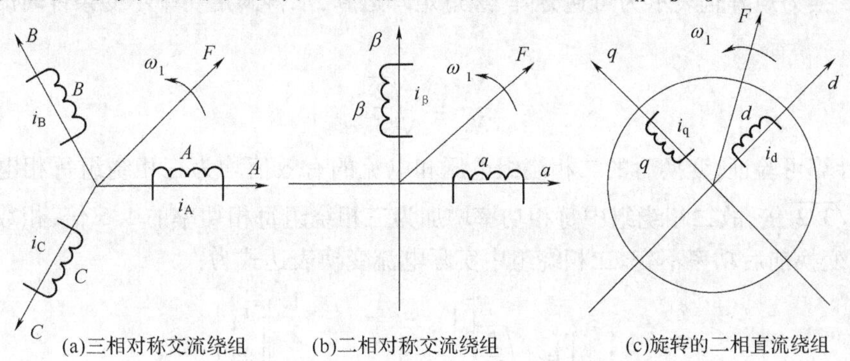


图 6. 12 彼此等效的静止交流绕组与旋转直流绕组

$i_\alpha$、$i_\beta$ 和二相旋转坐标系下的电流 $i_d$、$i_q$ 是等效的。这样通过坐标变换，可找到与异步牵引电动机等效的直流电动机模型。如何求出 $i_A$、$i_B$、$i_C$ 与 $i_\alpha$、$i_\beta$ 及 $i_d$、$i_q$ 之间准确的等效关系，这就是坐标变换的任务。

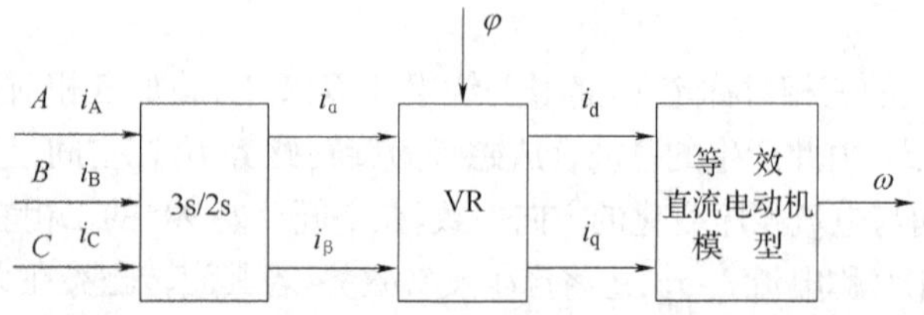


图 6.13　交流异步牵引电动机的坐标变换结构

若把上述等效关系用结构图的形式表示出来，可得到异步牵引电动机的坐标变换结构图，如图 6.13 所示。若从整体上看，是一台输入为 $A$、$B$、$C$ 三相对称交流电压、输出为转速 $\omega$ 的异步牵引电动机。若从内部看，经过 $3s/2s$ 变换和同步旋转变换后，变成了一台输入为 $i_d$ 和 $i_q$，输出为 $\omega$ 的直流电动机。$\varphi$ 为 $d$ 轴与 $\alpha$ 轴之间的夹角。

2. 坐标变换关系

(1) 静止三相／二相坐标变换(3s/2s)

在进行 3s/2s 坐标变换时，应保持功率不变，即三相坐标系中的功率要和变换后的二相坐标系中的功率相等。

在三相坐标 $A$、$B$、$C$ 和二相坐标 $\alpha$、$\beta$ 中，取 $A$ 轴与 $\alpha$ 轴重合，将 2 个坐标系统一到一个坐标系中，如图 6.14 所示。假设三相绕组中每相绕组匝数为 $N_3$，二相绕组中每相匝数为 $N_2$，各相磁势均为有效匝数与瞬时电流的乘积，其空间矢量均位于相关相的坐标轴上，交流电流产生的磁势随时间而变化。

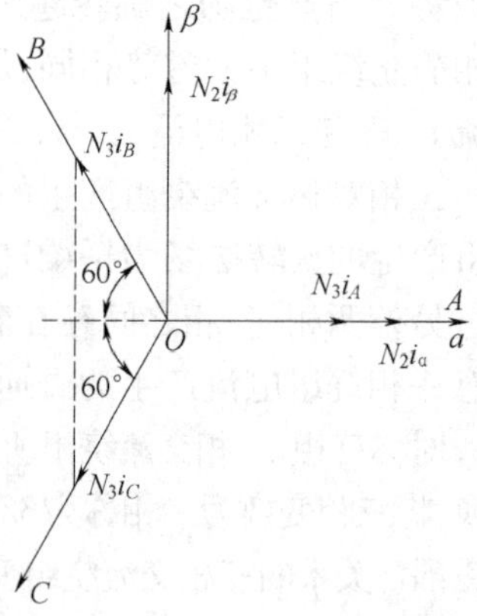


图 6.14　静止三相、二相绕组间的磁势矢量关系

若磁势波形按正弦分布，当三相总磁势与二相总磁势相等时，2 套绕组的瞬时磁势在 $\alpha$、$\beta$ 轴上的投影都应相等，即

$$
\begin{aligned}
N_2 i_\alpha &= N_3 i_A - N_3 i_B \cos 60° - N_3 i_C \cos 60° = N_3\left(i_A - \frac{1}{2}i_B - \frac{1}{2}i_C\right) \\
N_2 i_\beta &= N_3 i_B \sin 60° - N_3 i_C \sin 60° = \frac{\sqrt{3}}{2}N_3(i_B - i_C)
\end{aligned} \tag{6.22}
$$

将其变换为矩阵且表示为可逆方阵，经过矩阵运算，求得满足功率不变条件时的绕组匝数关系，即

$$\frac{N_3}{N_2} = \sqrt{\frac{2}{3}} \tag{6.23}$$

通过计算可验证，变换后的二相绕组电压和电流的有效值均为三相绕组每相电压和电流有效值的 $\sqrt{3/2}$ 倍，故二相绕组中每相功率增加为三相绕组每相功率的 1.5 倍，相数由三相变为二相，而变换前后功率不变。二相绕组中实际电流变换表达式为：

$$\begin{bmatrix} i_\alpha \\ i_\beta \end{bmatrix} = \sqrt{\frac{2}{3}}\begin{bmatrix} 1 & -\frac{1}{2} & -\frac{1}{2} \\ 0 & \frac{\sqrt{3}}{2} & -\frac{\sqrt{3}}{2} \end{bmatrix}\begin{bmatrix} i_A \\ i_B \\ i_C \end{bmatrix}$$

$$\begin{bmatrix} i_A \\ i_B \\ i_C \end{bmatrix} = \sqrt{\frac{2}{3}} \begin{bmatrix} 1 & 0 \\ -\frac{1}{2} & \frac{\sqrt{3}}{2} \\ -\frac{1}{2} & -\frac{\sqrt{3}}{2} \end{bmatrix} \begin{bmatrix} i_\alpha \\ i_\beta \end{bmatrix} \tag{6.24}$$

如果三相绕组采用Y形不带中性线接法，则有 $i_A + i_B + i_C = 0$ 或 $i_C = -i_A - i_B$，将其代入式(6.24)，经整理后可得到：

$$\begin{bmatrix} i_\alpha \\ i_\beta \end{bmatrix} = \begin{bmatrix} \sqrt{\frac{2}{3}} & 0 \\ \frac{1}{\sqrt{2}} & \sqrt{2} \end{bmatrix} \begin{bmatrix} i_A \\ i_B \end{bmatrix}$$

$$\begin{bmatrix} i_A \\ i_B \end{bmatrix} = \begin{bmatrix} \sqrt{\frac{2}{3}} & 0 \\ -\frac{1}{\sqrt{6}} & \frac{1}{\sqrt{2}} \end{bmatrix} \begin{bmatrix} i_\alpha \\ i_\beta \end{bmatrix} \tag{6.25}$$

(2) 静止二相/旋转二相坐标变换(2s/2r)

两相静止坐标系 $\alpha$、$\beta$ 和两相旋转坐标系 $d$、$q$ 之间的变换称为2s/2r变换。将2个坐标系原点叠放在一起，如图6.15所示。

静止坐标系中两相交流电流 $i_\alpha$、$i_\beta$ 与旋转坐标系中直流电流 $i_d$、$i_q$ 产生相同的磁势 $F$，并以同步转速 $\omega_1$ 旋转。由于各绕组匝数都相等，可以消去磁势中的匝数，其磁势直接用电流表示。但须注意，矢量电流 $i_1$ 及其分量 $i_\alpha$、$i_\beta$、$i_d$、$i_q$ 所表示的实际是空间磁势矢量，而不是电流的时间相量。

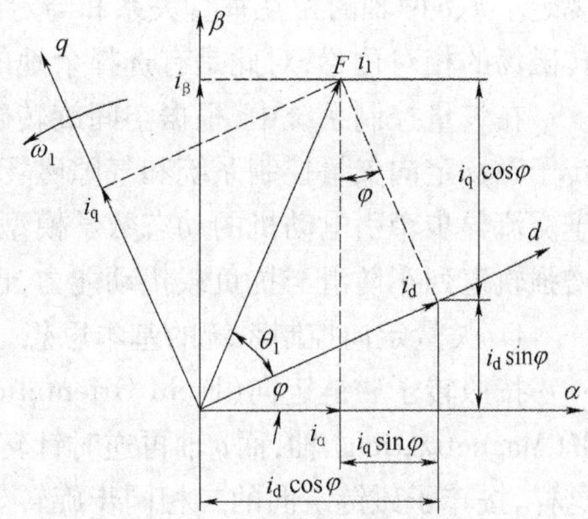

图6.15 二相静止与旋转坐标系间磁势矢量关系

在图6.15中，$d$、$q$ 轴和矢量 $F$(或 $i_1$)都以 $\omega_1$ 旋转，其分量 $i_d$、$i_q$ 的长度不变，相当于 $d$、$q$ 绕组产生的直流磁势。但 $\alpha$ 轴与 $\beta$ 轴是静止的，$\alpha$ 轴与 $d$ 轴间的夹角 $\varphi$ 随时间而变化，$\varphi = \int \omega_1 \mathrm{d}t$。因此在 $\alpha$ 轴与 $\beta$ 轴上的分量 $i_\alpha$、$i_\beta$ 的大小也随时间变化，相当于 $\alpha$、$\beta$ 绕组交流磁势的瞬时值。

从图6.15计算出 $i_\alpha$、$i_\beta$ 和 $i_d$、$i_q$ 之间的关系：

$$\begin{aligned} i_\alpha &= i_d \cos\varphi - i_q \sin\varphi \\ i_\beta &= i_d \sin\varphi + i_q \cos\varphi \end{aligned} \tag{6.26}$$

若用矩阵表示，则为：

$$\begin{bmatrix} i_\alpha \\ i_\beta \end{bmatrix} = \begin{bmatrix} \cos\varphi & -\sin\varphi \\ \sin\varphi & \cos\varphi \end{bmatrix} \begin{bmatrix} i_d \\ i_q \end{bmatrix} \tag{6.27}$$

$$\begin{bmatrix} i_d \\ i_q \end{bmatrix} = \begin{bmatrix} \cos\varphi & -\sin\varphi \\ \sin\varphi & \cos\varphi \end{bmatrix}^{-1} \begin{bmatrix} i_\alpha \\ i_\beta \end{bmatrix} = \begin{bmatrix} \cos\varphi & \sin\varphi \\ -\sin\varphi & \cos\varphi \end{bmatrix} \begin{bmatrix} i_\alpha \\ i_\beta \end{bmatrix} \tag{6.28}$$

(3) 直角坐标/极坐标变换(K/P)

在图6.15中,若令 $i_1$ 和 $d$ 轴之间的夹角为 $\theta_1$,已知 $i_d$、$i_q$,求 $i_1$ 和 $\theta_1$,就是直角/极坐标变换,变换关系表示为:

$$i_1 = \sqrt{i_d^2 + i_q^2} \qquad \theta_1 = \tan^{-1}\frac{i_q}{i_d} \tag{6.29}$$

由于 $\theta_1$ 在0° ~ 90°之间变化时,$\tan\theta_1$ 的变化范围为0 ~ ∞,这个变化幅值太大,在数字控制器中容易溢出,因此可改用下列表达式计算 $\theta_1$:

$$\tan\frac{\theta_1}{2} = \frac{\sin\dfrac{\theta_1}{2}}{\cos\dfrac{\theta_1}{2}} = \frac{\sin\theta_1}{1+\cos\theta_1} = \frac{i_q}{i_1 + i_d} \tag{6.30}$$

$$\theta_1 = 2\tan^{-1}\frac{i_q}{i_1 + i_d}$$

### 6.2.3 转子磁链定向的矢量控制

矢量变换包括静止三相/二相变换和同步旋转变换。在进行二相同步旋转坐标变换时,只规定了 $d$、$q$ 两轴的相互垂直关系和与定子频率同步的旋转速度,并未规定 $d$、$q$ 两轴与电动机旋转磁场的相对位置,对此是有选择余地的。

在矢量控制系统中,根据空间旋转磁场定向的不同,可分为定子磁场定向矢量控制系统、转子磁场定向矢量控制系统和气隙磁场定向矢量控制系统。由于转子磁场定向的矢量控制基于交流异步牵引电动机的动态数学模型,动态性能好,转矩响应速度快,磁链模型比较简单,可增强轨道列车防滑与抗负载扰动能力,已被广泛应用于机车、高速动车组传动领域。

1. 矢量定向控制系统的基本思想

按照转子磁链定向(Field Orientation),使d轴沿着转子总磁链矢量 $\Psi_2$ 的方向,并称之为 $M$(Magnetization)轴,而 $q$ 轴再逆时针转90°,即垂直于转子总磁链矢量,称之为 $T$(Torque)轴。这样,按转子磁链定向的二相同步旋转坐标系被规定为 $M$-$T$ 坐标系,即按转子磁链定向的坐标系。若 $M$-$T$ 坐标系同步旋转且三相静止坐标系中的电压、电流按交流正弦波变化时,就可保证变换到 $M$-$T$ 坐标系上就成为直流。因为 $\Psi_2$ 本身就是以同步转速旋转的矢量,同时 $M$-$T$ 坐标系按照磁链 $\Psi_2$ 定向,还可以减少同步旋转坐标系数学模型多变量之间的耦合,使数学模型进一步得到简化。$M$-$T$ 坐标系中的各空间矢量关系如图6.16所示。

当观察者也站到铁心上和绕组一起旋转时,在他看来,$M$、$T$ 是2个通以直流电流而相互垂直的静止绕组。如果控制磁通的位置在 $M$ 轴上,就和直流电动机物理模型没有本质上的区别了。这时,$M$ 绕组相当于励磁绕组,$T$ 绕组相当于伪静止的电枢绕组。$i_M$ 相当于励磁电流,$i_T$ 相当于与转矩成正比的电枢电流。由于励磁电流和转子电流矢量关系已经解耦,在调速时若保持定子电流的励磁分量 $i_M$ 恒定,控制转矩分量(转子电流)$i_T$,就能够像控制直流电动机一样,获得良好的动态特性。

若从异步牵引电动机内部电磁关系来看,转子磁链 $\Psi_2$ 和转子电流 $I_2'$ 在相位上互相垂直,且 $\Psi_2 = \Psi_m\cos\varphi_2 = \Psi_m\cos\theta_1$。此时电磁转矩关系可改写为 $T_{em} = C_T\Psi_2 I_2'$,此式在形式上与直流电动机的电磁转矩关系十分相似。异步牵引电动机的电磁矢量关系如图6.17所示。

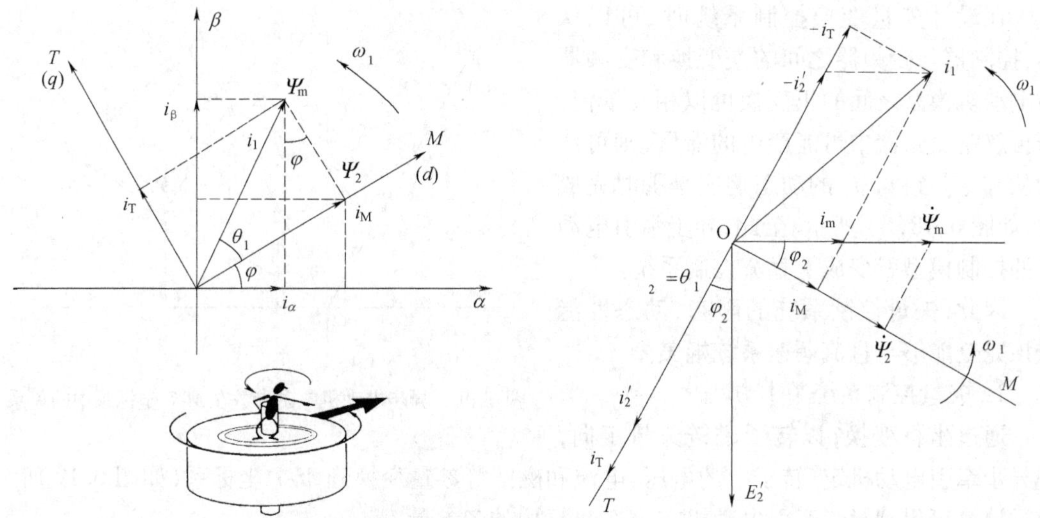


图 6.16 *M-T* 坐标系中各空间旋转矢量关系　　　　图 6.17 交流异步牵引电动机电磁矢量关系

综上所述，三相异步牵引电动机只要在转子磁场定向系统中建立 *M*、*T* 同步坐标系，并使励磁 *M* 轴定向在转子磁链 $\Psi_2$ 方向，就可实现励磁电流 $i_M$ 和转子电流 $i_T$ 的独立控制，使非线性耦合系统解耦。这就是转子磁链矢量定向控制的基本思想。

交流异步牵引电动机矢量控制系统的基本结构，如图 6.18 所示。

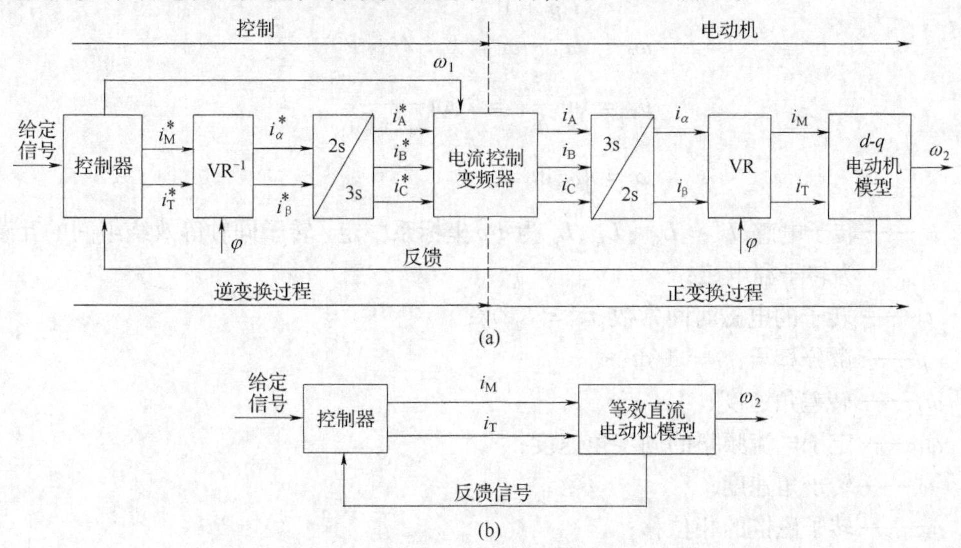


图 6.18 交流异步牵引电动机矢量控制系统基本结构

根据图 6.18(a) 可知，系统中的控制器综合了给定信号和反馈信号后，将产生励磁电流、转矩电流的给定信号 $i_M^*$、$i_T^*$，经过 *M-T* 坐标系到 $\alpha-\beta$ 静止坐标系的逆向旋转变换，得到 $i_\alpha^*$、$i_\beta^*$ 的给定信号，再经过静止二相／三相变换，得到三相电流 $i_A^*$、$i_B^*$、$i_C^*$ 给定信号。再将三相电流给定信号和来自于控制器的频率控制信号 $\omega_1$ 一起送到变频器上，便可输出异步牵引电动机调速所需的三相变频电流 $i_A$、$i_B$、$i_C$。变频器的右边是检测变换电路和电动机的模型。三相电流 $i_A$、$i_B$、$i_C$ 通过静止三相／二相变换，再经过旋转矢量变换 VR，便可得到 $i_M$、$i_T$。变频器构成了变换与反变换的两极，以便使控制参量 $i_M^*$、$i_T^*$ 分别与变量 $i_M$、$i_T$ 相对应。

在设计矢量变换控制系统时，可以认为，控制器与变频器之间的逆变换和变频器与电动机模型之间的正变换可以相互抵消，若再忽略变频器中可能产生的滞后，则可认为从 $i_M^*$、$i_T^*$ 到 $i_M$、$i_T$ 的动态响应是瞬时完成的，如图 6.18(b) 所示。至此，异步牵引电动机的控制模型就变成了直流控制系统。

因此，矢量控制系统的静态、动态性能应该完全能够与直流调速系统媲美。

2. 矢量控制系统基本方程

通过坐标变换，以转子磁链矢量定向，把异步牵引电动机定、转子上的电压、电流和磁链等参量变换到 $M$-$T$ 坐标系，如图 6.19 所示。通过计算可得到异步牵引电动机在 $M$-$T$ 坐标中的各参量。

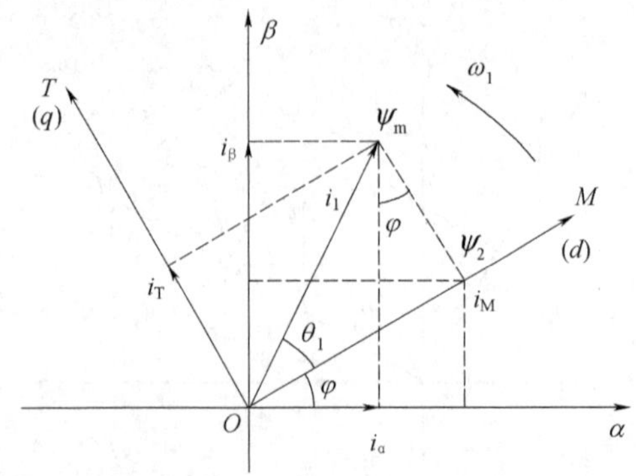


图 6.19　异步电动机电磁参数在 $M$-$T$ 坐标系中的关系

$$
\begin{aligned}
i_T &= i_1 \sin \theta_1 \\
i_M &= i_1 \cos \theta_1 \\
T_{em} &= n_p \frac{L_m}{L_2} \Psi_2 i_T \\
\Psi_2 &= \frac{L_m}{t_2 p + 1} i_M \\
\omega_2 &= \omega_1 - \omega = L_m i_T / (t_2 \Psi_2) \\
\theta_1 &= \tan \frac{i_T}{i_M} = 2\tan \frac{i_T}{i_1 + i_M} \\
\varphi &= \int \omega_1 \mathrm{d}t
\end{aligned}
\tag{6.31}
$$

式中　$L_2$——转子电感，$L_2 = L_m + L_{2\sigma}$，$L_m$ 为 $d$-$q$ 坐标系中定/转子同轴等效绕组间的互感，$L_{2\sigma}$ 为转子漏电感；

$t_2$——转子的电磁时间常数，$t_2 = L_2/r_2$；

$p$——微分算子，$p = \mathrm{d}/\mathrm{d}t$；

$\omega_2$——转差角速度；

$\omega_1$——定子电流频率的同步角速度；

$\omega$——转子角速度；

$\varphi$——转子磁链的相位移；

$\theta_1$——定子电流矢量与 $M$ 轴的夹角；

$n_p$——磁极对数。

从式(6.31)可看出，$M$-T 坐标按照转子磁链定向后，转子磁链 $\Psi_2$ 仅由定子电流励磁分量 $i_M$ 产生，与转矩分量 $i_T$ 无关。从这个意义上看，定子电流的励磁分量 $i_M$ 与转矩分量 $i_T$ 是解耦的。这与直流电动机中励磁电流和电枢电流相对应，极大简化了多变量强耦合的交流变频调速系统的控制，使之可按照直流电动机的模式进行控制。

$i_M$ 唯一决定磁链 $\Psi_2$，$i_T$ 只影响电磁转矩，因此异步牵引电动机的电磁转矩是由励磁电流 $i_M$ 与转矩电流 $i_T$ 之积所得。当励磁电流 $i_M$ 不变时，即 $\Psi_2$ 不变，若改变 $i_T$，电磁转矩与 $i_T$ 成正比关系变化，无论是正常控制还是过度控制，都能获得灵敏的转矩控制。

异步牵引电动机的励磁电感比漏电感大,在磁通(励磁电流)调节时需要大能量的进出,时间长。因此,对于要求反应快速的转矩控制来讲,在保持励磁电流稳定的情况下,调整转矩电流,调节过程及控制关系如图 6.20 所示。

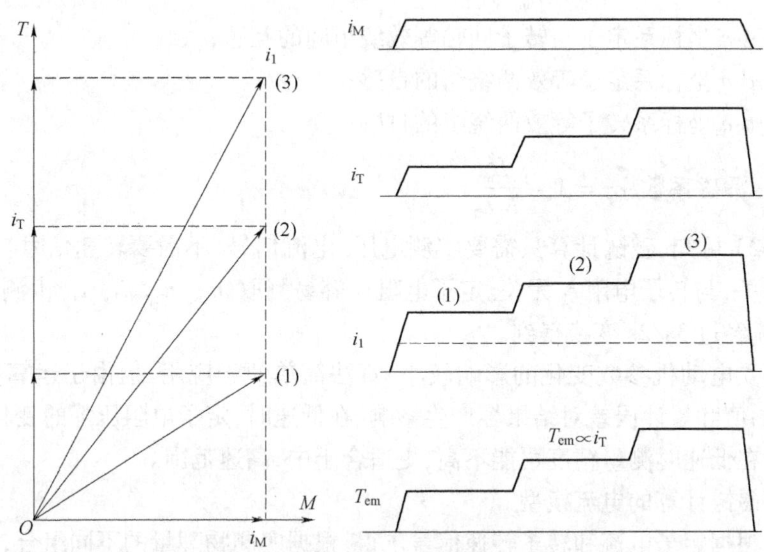


图 6.20　异步牵引电动机电流矢量与转矩控制关系

从转差角速度表达式

$$\omega_2 = \omega_1 - \omega = \frac{L_m i_T}{t_2 \Psi_2}$$

可得到频率控制与电流控制之间的协调关系,转差角频率与转矩电流 $i_T$ 成正比关系,与转子磁链 $\Psi_2$ 及转子电磁惯性 $t_2$ 大小均成反比关系。

## 6.2.4　转子磁链矢量的获取

矢量控制总是以转子磁链 $\Psi_2$ 定向,需要准确获取 $\Psi_2$ 的大小以及在静止坐标系 $\alpha-\beta$ 中的相位,这是矢量控制的前提。获得磁链矢量一般采用两种不同的方法。

1. 直接检测法

在提出矢量控制系统时,曾尝试过直接检测磁链法。直接检测法是在电动机铁芯槽内或定子内表面相差 90° 电角度的 $\alpha$、$\beta$ 轴线上,埋设探测线圈或粘贴霍尔元件,直接测量电动机的气隙磁场,然后通过计算推算出转子的总磁链。从理论上讲,直接检测法应比较准确,但实际上会遇到不少工艺和技术问题,而且由于齿槽影响,气隙中存在着谐波磁场,使得检测信号中含有较大的脉动分量,影响测量精度。转速越低误差越大,因此很少使用。

2. 转子磁链计算法

目前,在矢量控制系统中大多采用间接计算法。利用异步牵引电动机的电压、电流或转速信号,通过转子磁链模型,实时计算出转子磁链 $\Psi_2$ 的幅值与相位。转子磁链模型是建立在异步牵引电动机动态数学模型的基础上,分为电压模型和电流模型。

(1) 转子磁链计算的电压模型

电压模型是根据电压方程中电动势等于磁链变化率的关系,对电动机的反电动势进行积分而得到转子磁链。经推导可以得出:

$$\begin{aligned}\Psi_{2\alpha} &= \frac{L_2}{L_m}\left[\int(u_{1\alpha} - r_1 i_{1\alpha})\,\mathrm{d}t - \sigma L_1 i_{1\alpha}\right] \\ \Psi_{2\beta} &= \frac{L_2}{L_m}\left[\int(u_{1\beta} - r_1 i_{1\beta})\,\mathrm{d}t - \sigma L_1 i_{1\beta}\right]\end{aligned} \tag{6.32}$$

式中　$L_m$——$d$-$q$ 坐标系定子与转子同轴等效绕组间的互感；

$L_1$——$d$-$q$ 坐标系定子等效两绕组的自感；

$L_2$——$d$-$q$ 坐标系转子等效两绕组的自感；

$\sigma$——漏磁系数，$\sigma = 1 - \dfrac{L_m^2}{L_1 L_2}$。

由式(6.32)可知，磁链计算只需要实测电压、电流信号，不需要转速信号，计算过程只与定子电阻 $r_1$ 有关，与转子电阻 $r_2$ 无关。定子电阻 $r_1$ 容易测取。$u_{1\alpha}$、$u_{1\beta}$、$i_{1\alpha}$、$i_{1\beta}$ 由测量得到的定子三相电压、电流经过3s/2s变换得到。

电压模型受电动机参数变化的影响较小，算法简单便于应用。但由于运算中含有积分运算，积分的初始值和累计误差对结果会产生影响。在低速时，定子电阻压降的变化较大，因此电压模型计算法在低速时测量精度可能不高，更适合于中、高速范围。

(2) 转子磁链计算的电流模型

电流模型根据定子电流和转子转速信号求得。根据实测物理量的不同组合，可得到众多的转子磁链计算电流模型。

① 建立在二相静止坐标系 $\alpha-\beta$ 上的转子磁链模型

由实测的三相定子电流通过3s/2s变换，很容易得到二相静止坐标系上的电流 $i_{1\alpha}$ 和 $i_{1\beta}$，可导出转子磁链、电流在 $\alpha$、$\beta$ 轴上的分量为：

$$\begin{aligned}\Psi_{2\alpha} &= L_m i_{1\alpha} + L_2 i_{2\alpha} \\ \Psi_{2\beta} &= L_m i_{1\beta} + L_2 i_{2\beta} \\ i_{2\alpha} &= (\Psi_{2\alpha} - L_m i_{1\alpha})/L_2 \\ i_{2\beta} &= (\Psi_{2\beta} - L_m i_{1\beta})/L_2\end{aligned} \tag{6.33}$$

根据在 $\alpha-\beta$ 坐标系中的电压方程式

$$\begin{aligned}p\Psi_{2\alpha} + \omega\Psi_{2\beta} + \frac{1}{t_2}(\Psi_{2\alpha} - L_m i_{1\alpha}) &= 0 \\ p\Psi_{2\beta} - \omega\Psi_{2\alpha} + \frac{1}{t_2}(\Psi_{2\beta} - L_m i_{1\beta}) &= 0\end{aligned} \tag{6.34}$$

进一步推导出转子磁链模型

$$\begin{aligned}\Psi_{2\alpha} &= \frac{1}{t_2 p + 1}(L_m i_{1\alpha} - \omega t_2 \Psi_{2\beta}) \\ \Psi_{2\beta} &= \frac{1}{t_2 p + 1}(L_m i_{1\beta} + \omega t_2 \Psi_{2\alpha})\end{aligned} \tag{6.35}$$

式中　$t_2$——牵引电动机转子电磁时间常数，$t_2 = L_2/r_2$；

$p$——微分算子，$p = \mathrm{d}/\mathrm{d}t$；

$\omega$——转子角速度。

在二相静止坐标系上，得到了 $\Psi_{2\alpha}$ 和 $\Psi_{2\beta}$，欲计算 $\Psi_2$ 的幅值和相位就方便多了。由式(6.34)构成的转子磁链模型的运算框图如图6.21所示。

建立在二相静止坐标系上的转子磁链模型适合于模拟控制，通过运算放大器和乘法器即可实现。若采用计算机数字控制时，$\Psi_{2\alpha}$ 和 $\Psi_{2\beta}$ 之间存在交叉反馈关系，计算时可能会发生不收敛现象。

此模型不存在对电压积分环节，可以在全速范围内运用。由于转子电路对磁通具有阻碍作用，所以 $\Psi_2$ 是定子电流和转速的一阶惯性环节。

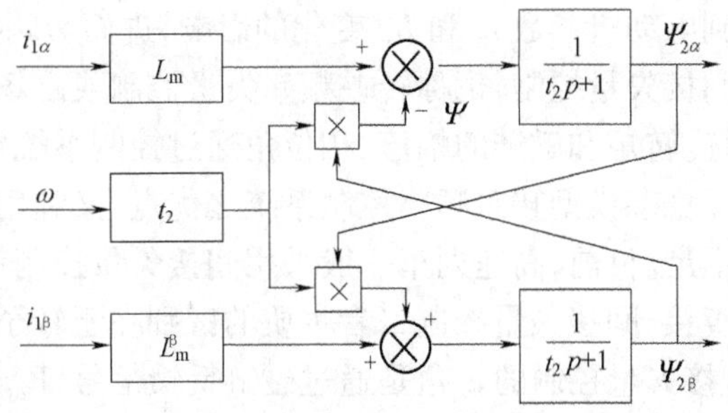


图 6.21　二相静止坐标系中转子磁链计算的电流模型

② 建立在二相旋转坐标系 *M-T* 上的转子磁链模型

在二相旋转坐标系 *M-T* 上，三相定子电流 $i_A$、$i_B$、$i_C$ 经 3s/2s 变换后，变成二相静止坐标系电流 $i_{1\alpha}$、$i_{1\beta}$，然后经同步旋转变换并按转子磁链定向，得到 *M-T* 坐标系上的电流 $i_M$、$i_T$。利用矢量控制方程式获得转子磁链 $\Psi_2$ 和转差角频率 $\omega_2$ 信号，通过 $\omega_2 + \omega = \omega_1$ 获得定子频率，经积分计算出转子磁链的相位移角 $\varphi$，即同步旋转变换的旋转相位角。

此模型更适合于计算机数字控制实时运算，计算收敛速度快，计算精度较高。按转子磁链定向在二相旋转坐标系 *M-T* 上的电流模型如图 6.22 所示。

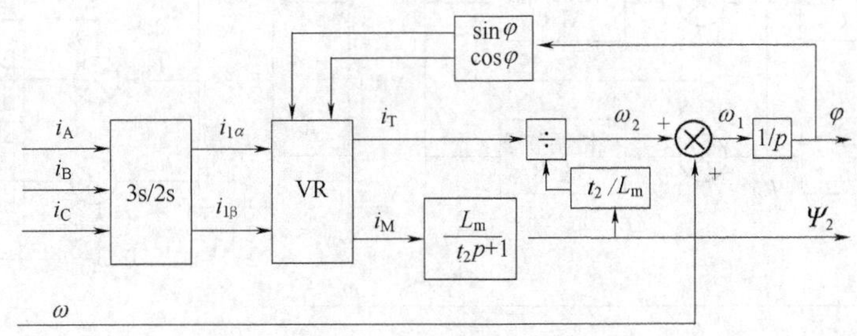


图 6.22　二相旋转坐标系 *M-T* 中转子磁链计算的电流模型

上述 2 种转子磁链计算电流模型的应用比较广泛，都需要实测定子电流和转速信号，受牵引电动机参数变化的影响，如电动机温升、频率变化都会影响转子电阻 $r_2$，进而影响时间常数 $t_2$；磁饱和程度将影响电感 $L_m$ 和 $L_2$，也将影响 $t_2$。这些影响都将导致磁链幅值和相位信号失真。对于磁链闭环系统，反馈信号的失真必然使磁链闭环控制系统的性能降低，这是电流模型的最大不足之处。尤其是当转子频率变化时，转子集肤效应将影响其电感 $L_2$ 和电阻 $r_2$ 朝着相反方向变化。转子频率升高，电阻 $r_2$ 增大、电感 $L_2$ 减小，$t_2$ 变化较大。为弥补这一缺陷，可采用参数实时在线辨识的方法，对 $t_2$ 进行实时测量，实时对参数加以校正。还可以将转子磁链的电压模型和电流模型组合，在低速段采用电流模型，在中、高速段采用电压模型，这样可提高整个运行速度范围内计算转子磁链的准确度。

### 6.2.5　异步牵引电动机的矢量控制系统

目前，矢量控制系统主要采用转子磁链定向的矢量控制。根据磁链是否采用闭环控制，可分为直接矢量控制系统和间接矢量控制系统。

直接矢量控制，也称为磁场反馈控制，在系统中有磁链闭环，需要获得磁链反馈信号才能实现。利用定子电压、电流或定子磁链 $\Psi_1$ 的实际值进行解算实现矢量控制，因此转速、磁链闭环控制的矢量系统称为直接矢量控制系统。转子磁链反馈信号由磁链模型获得，其幅值和相位

要受到电动机参数 $t_2$ 和 $L_m$ 变化的影响,进而影响控制系统的精度。

间接矢量控制,也称转差频率矢量控制或磁场前馈控制,系统中无磁链闭环,属于开环控制系统。转矩和磁链的幅值、相位角通过控制系统给定值计算出来,由矢量控制方程保证。它既保持了稳态模型转差频率控制系统之优点,又利用基于动态模型的矢量控制规律,克服了其大部分不足。目前,高速列车一般采用间接矢量控制策略。

直接、间接矢量控制二者本质的区别在于转子磁链 $\Psi_2$ 相对于 $\alpha$ 轴的相位角 $\varphi$ 是如何产生的。直接矢量控制的 $\varphi$ 角是通过磁链反馈信号 $\Psi_{2\alpha}$、$\Psi_{2\beta}$ 计算得到的。间接矢量控制除了 $\varphi$ 角以前馈方式产生外,与直接矢量控制没有本质区别。

1. 直接矢量控制系统

直接矢量控制也称为磁链闭环反馈矢量控制,转速、磁链闭环的矢量控制系统具有一定的代表性,如图 6.23 所示。

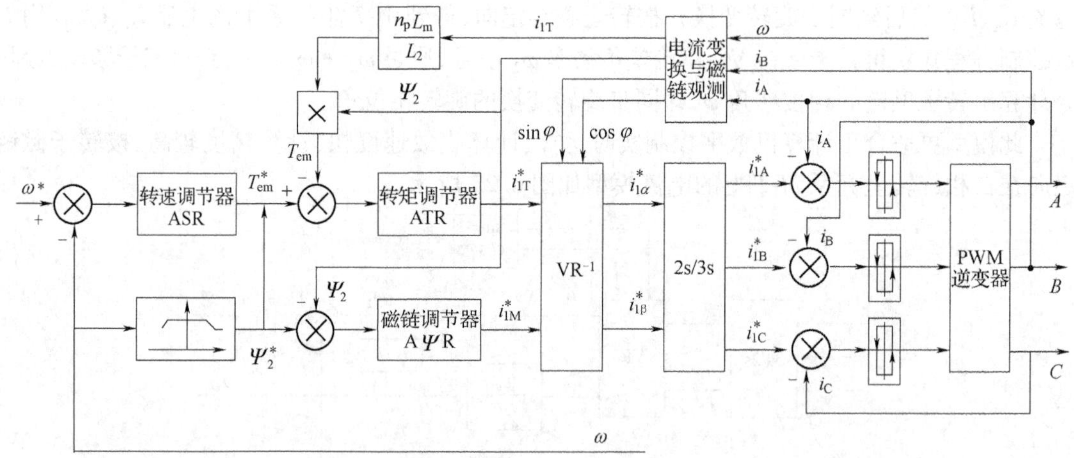


图 6.23　带转矩内环的转速、磁链闭环矢量控制系统

在转速、磁链闭环的矢量控制系统中,通过磁链观测模型可以得到转子磁链 $\Psi_2$ 在 $\alpha-\beta$ 坐标系中的分量 $\Psi_{2\alpha}$、$\Psi_{2\beta}$。转子磁链 $\Psi_2$ 定向在 $M$ 轴上,对 $\Psi_{2\alpha}$、$\Psi_{2\beta}$ 进行 K/P 变换,得到转子磁链 $\Psi_2$ 的大小以及 M 轴相对于 α 轴的相位移角等参数计算式,即

$$\Psi_2 = \sqrt{\Psi_{2\alpha}^2 + \Psi_{2\beta}^2}$$
$$\sin\varphi = \frac{\Psi_{2\beta}}{\Psi_2}, \qquad \cos\varphi = \frac{\Psi_{2\alpha}}{\Psi_2} \tag{6.36}$$

$$T_{em} = \frac{3n_p}{4}\frac{L_m}{L_2}(\Psi_{1\alpha} i_{1\beta} - \Psi_{1\beta} i_{1\alpha}) \tag{6.37}$$

在转速、磁链闭环控制系统中,转速控制作为外环,其内部设置了转矩控制环。转速给定值 $\omega^*$ 与牵引电动机转速实测值 $\omega$ 进行比较,其结果送入转速调节器 ASR,输出结果作为转矩给定值 $T_{em}^*$。同时电流变换与磁链观测单元接收转速、定子电流信号后,经运算处理输出定子电流转矩分量 $i_{1T}$、转子磁链 $\Psi_2$、$\sin\varphi$、$\cos\varphi$ 信号,$i_{1T}$ 再经变换运算后得到电磁转矩信号 $T_{em}$,为转矩闭环、磁链闭环及逆旋转变换提供控制信号。转矩控制作为附加内环,输入信号 $T_{em}^*$ 与 $T_{em}$ 经比较后输入到 ATR,其输出作为定子电流转矩分量的给定值 $i_{1T}^*$;转子磁链闭环为内环,函数发生器接收转子转速 $\omega$ 信号后,产生转子磁链的给定信号 $\Psi_2^*$,将输入信号 $\Psi_2^*$ 与 $\Psi_2$ 比较后输入到磁链调节器进行处理,处理结果作为定子电流励磁分量的给定值 $i_{1M}^*$。获得了定子电流励磁、转

矩分量的给定信号 $i_{1M}^*$、$i_{1T}^*$ 及 $\sin\varphi$、$\cos\varphi$ 信号后，就可进行 $VR^{-1}$ 变换，得到在静止坐标系 $\alpha-\beta$ 中定子电流给定值 $i_{1\alpha}^*$、$i_{1\beta}^*$，再经 2s/3s 变换，获得 $i_{1A}^*$、$i_{1B}^*$、$i_{1C}^*$ 信号送入电流滞环比较单元，产生 SPWM 控制脉冲，控制 PWM 逆变器工作。

该控制系统中，转速调节器 ASR 的输出作为转矩给定信号 $T_{em}^*$，恒功率运行时它还受磁链给定信号 $\Psi_2^*$ 的控制。磁链给定信号由函数发生器产生。在转速控制环内设置转矩控制内环，以提高转速与磁链闭合控制系统的解耦性能。在转矩内环中，磁链对控制对象的影响相当于一种扰动，受到转矩内环的抑制，从而改造了转速子系统，使其尽量少受磁链变化的影响。

2. 间接矢量控制系统

间接矢量控制系统也称为转差频率矢量控制，磁链采用开环控制。转速、电流闭环的矢量控制系统属于间接矢量控制，如图 6.24 所示。

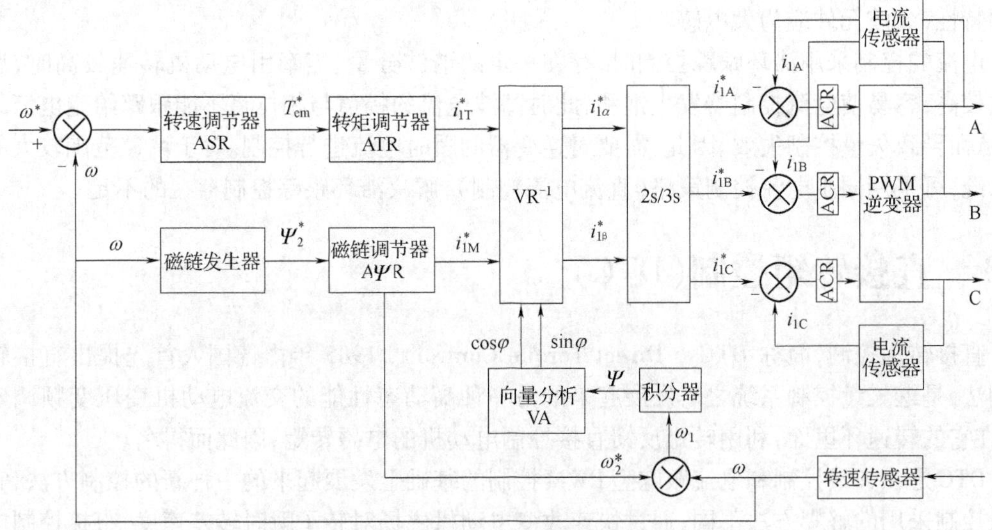


图 6.24 转速、电流闭环的矢量控制系统

在转速、电流闭环的矢量控制系统中，首先将速度偏差信号（$\omega^*-\omega$）送入速度调节器 ASR 处理，产生转矩给定信号 $T_{em}^*$。同时将转速信号 $\omega$ 输入到磁链发生器后，产生转子磁链给定信号 $\Psi_2^*$。磁链发生器在恒转矩区（基速以下）提供恒定磁通，在恒功率区（基速以上）按照磁削运行。然后将转矩、转子磁链的给定信号 $T_{em}^*$、$\Psi_2^*$ 分别送入转矩调节器、磁链调节器，计算出定子给定电流 $i_{1M}^*$、$i_{1T}^*$ 和转差角频率给定信号 $\omega_2^*$。$\omega_2^*$ 与测得的转速信号 $\omega$ 相加，得到转子磁链 $\Psi_2$ 的同步角速度 $\omega_1$。$\omega_1$ 经积分运算后，获得同步旋转坐标系 $M$-$T$ 中 $M$ 轴与静止坐标系 $\alpha-\beta$ 中 $\alpha$ 轴之间的相位移角 $\varphi$，将其送入相量分析单元，计算出 $\sin\varphi$、$\cos\varphi$ 信号。转矩、磁链调节器的输入信号采用 $T_{em}^*$、$\Psi_2^*$ 和实测转速信号 $\omega$，输出信号为 $i_{1M}^*$、$i_{1T}^*$、$\omega_2^*$ 和 $\varphi$，其运算调节过程可用公式表示为：

$$
\begin{aligned}
i_{1M}^* &= \frac{L_2}{n_p L_m \Psi_2^*} T_{em}^* \\
i_{1T}^* &= \frac{t_2 p + 1}{L_m} \Psi_2^* \\
\omega_2^* &= \omega_1 - \omega = \frac{L_m}{t_2 \Psi_2^*} i_{1T}^* \\
\varphi &= \int \omega_1 \mathrm{d}t = \int (\omega + \omega_2^*) \mathrm{d}t
\end{aligned}
\tag{6.38}
$$

经过转矩、磁链调节器处理后,得到 $i_{1M}^*$、$i_{1T}^*$ 和 $\sin\varphi$、$\cos\varphi$,全部送入逆旋转变换经相量变换后,获得二相静止坐标 $\alpha-\beta$ 中电流给定值 $i_{1\alpha}^*$、$i_{1\beta}^*$,再经过 2s/3s 坐标变换,产生三相定子给定电流 $i_{1A}^*$、$i_{1B}^*$、$i_{1C}^*$,以此作为 PWM 逆变器的三相电流控制信号。

综上所述,间接矢量控制系统的磁场定向由磁链、转矩给定信号 $T_{em}^*$、$\Psi_2^*$ 确定,并没有采用磁链模型计算转子磁链 $\Psi_2$,特别是相位移角 $\varphi$,而是由式(6.38)矢量方程保证。

矢量控制既适合电压型逆变器,也适合于电流型逆变器。在电压型、电流型逆变器中,是通过电流间接或直接进行控制。对于电压型逆变器,需要将电流控制信号转换为电压控制信号。采用电流内环控制,将给定电流 $i_{1A}^*$、$i_{1B}^*$、$i_{1C}^*$ 与对应实测电流进行比较,其偏差通过 PI 调节器、电流变换器 ACR 产生电压型逆变器的给定电压信号 $u_{1A}^*$、$u_{1B}^*$、$u_{1C}^*$,以此作为逆变器的控制信号;对于电流型逆变器,可以直接采用电流滞环跟踪控制,其直流环节(输入端)应该具有恒流源特性,滤波元件应为大电感。

电流的控制采用滞环跟踪控制时,存在一定的谐波分量。当牵引电动机转速较高时,反电势也较高,容易使电流控制器发生饱和,此时基波电流的幅值与相位将不能跟踪给定电流的变化,从而导致矢量控制失效。因此,需要对逆变器的瞬时电流进行控制。对于调速范围较大的传动系统,可采用同步电流控制策略(直流电流控制),解决滞环跟踪控制存在的不足。

## 6.3 直接转矩控制(DTC)

直接转矩控制,简称 DTC ( Direct Torque Control), 1985 年由德国人首先提出直接转矩控制法,是继矢量控制系统之后发展起来的另一种高动态性能的交流电动机变压变频调速系统。在它的转速环里面,利用转矩反馈直接控制电动机的电磁转矩,因此而得名。

DTC是在矢量控制和电流跟踪型PWM控制的基础上发展起来的一种新的控制方法,它与矢量控制采用的解耦方法不同,通过快速改变电动机磁场对转子瞬时转差速度,直接控制电动机的转矩和转矩增率。在直接转矩控制系统中,用电动机定子侧参数计算出磁通和转矩,并用两点式调节器产生 PWM 信号,直接控制逆变器的开关状态,对电动机磁通和转矩直接进行自调整控制。它不仅能够获得快速的动态响应,而且具有最佳的开关频率和最小的开关损耗。与矢量控制相比,它控制的是定子磁链而不是转子磁链,不受转子参数变化的影响,解决了矢量控制中复杂的坐标变换和控制性能易受电动机转子参数变化影响的问题,不需要进行复杂的坐标变换,也不需要将定子电流解耦成励磁分量与转矩分量,控制电路简单;但也存在着容易产生转矩脉动,低速区性能较差、调速范围较小等缺点。

直接转矩控制是在静止坐标下对异步电动机的定子磁链进行定向控制,直接控制电磁转矩,选择固定于定子绕组的坐标系,以空间矢量的概念建立逆变器输出电压与定子磁链定向控制、电磁转矩控制的策略。直接转矩控制是将逆变器的控制模式和电动机运行特性作为一个整体来考虑,它包含有两层意思:其一是保持定子总磁链基本恒定;其二是对电动机转矩进行直接控制。通过对逆变器的开关控制,既可实现磁链的幅值控制,又能实现对电动机的转矩控制,这二者可通过闭环控制实现。

异步电动机定子磁链的控制是通过控制电动机的输入电压来实现的。当在三相对称定子绕组上施加三相对称正弦波电压时,将在电动机气隙中产生圆形轨迹的旋转磁场。若牵引电动机通过三相逆变器供电时,利用空间矢量概念,建立逆变器开关模式及其输出电压与异步电动机磁链之间的关系,选择逆变器的开关模式,对电压矢量进行适当的切换控制,用尽可能多的多边形磁通轨迹来接近理想的磁通圆形轨迹。在空间矢量 PWM 控制下，异步电动机的输入电压完全取决于逆变器的开关动作模式，其磁通仅取决于电压模式。直接转矩控制的目标之一就是建立磁链和逆变器开关模式之间的联系，通过逆变器开关的电压空间矢量 PWM 控制，或称磁链跟踪控制技术，使异步电动机获得一个准圆形的气隙旋转磁场。通过空间电压矢量改变定子磁链的旋转速度，改变转差（磁通角 $\theta_1$）实现电磁转矩控制。

DTC 采用转矩、磁链 Band-Band 控制，其核心问题是如何根据 2 个 Band-Band 控制器的输出信号来选择电压空间矢量和逆变器的开关状态；如何确定定子磁链和转矩反馈信号的计算模型。

目前，交流牵引电动机与逆变器控制功能包括电动机闭环控制和逆变器的PWM控制2个部分。在轨道列车牵引传动领域，交流牵引电动机闭环控制策略主要有转差电流控制、磁场定向控制和直接转矩控制。在转差电流控制和磁场定向控制中，牵引电动机闭环控制和 PWM 控制是独立的。而在直接转矩控制中，逆变器的开关动作直接由磁链和转矩控制器产生，无须另外的 PWM 控制器。

### 6.3.1　电压空间矢量和定子磁链轨迹

异步牵引电动机采用两电平 PWM 逆变器供电时，电路原理如图 6.25 所示。

1. 电压空间矢量

异步牵引电动机的输入电压可由 3 个理想电子开关 $S_A$、$S_B$、$S_C$ 以不同的方式接入直流电源来实现。当电子开关 $S_{A/B/C}=1$ 时，逆变器上桥臂接通，开关接入正电源；当电子开关 $S_{A/B/C}=0$ 时，逆变器下桥臂接通，开关接入负电源。根据理想电子开关不同的导通模式，可产生 8 种开关状态。

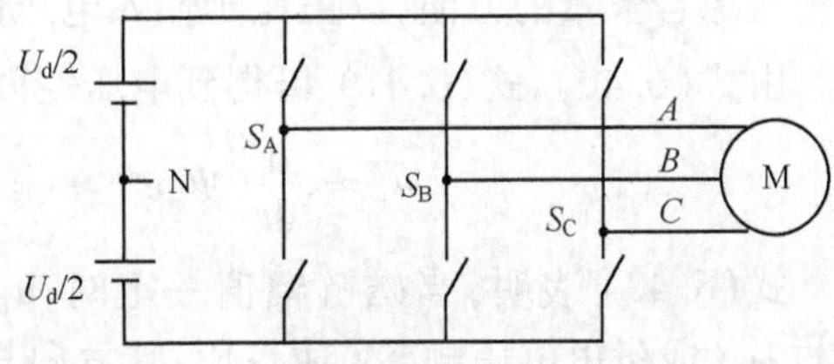

图 6.25　两电平 PWM 逆变器电路原理

根据 3 个理想电子开关取不同导通模式，牵引电动机输入相电压的综合矢量可表示为：

$$U_1(S_A,S_B,S_C)=\sqrt{\frac{2}{3}}U_d(S_A+S_Be^{j\frac{2\pi}{3}}+S_Ce^{j\frac{4\pi}{3}}) \tag{6.37}$$

式中　$e^{j\frac{2\pi}{3}}$—— 矢量按逆时针旋转的相位移。

理想电子开关 $S_A$、$S_B$、$S_C$ 有 8 种不同的配置模式，即 $U_0(000)$，$U_1(001)$，$U_2(010)$，$U_3(011)$，$U_4(100)$，$U_5(101)$，$U_6(110)$，$U_7(111)$。其中 $U_0(000)$ 表示同时接通下桥臂，$U_7(111)$ 表示同时接通上桥臂。在这 2 种情况下，电动机的输入电压实际为零，称之为零电压矢量。其余为非零电压矢量，所以系统只有 6 种非零电压模式。

对于每一个有效的工作状态，相电压都可用一个合成空间矢量表示，其幅值相等，只是相位不同而已。8 种综合电压矢量如图 6.26 所示。2 个零电压矢量位于坐标原点，$U_0(000)=U_7(111)=0$，6 个非零电压矢量依次相隔 60°电角度。除开关瞬间外，6 个非零电压矢量均为恒定值。

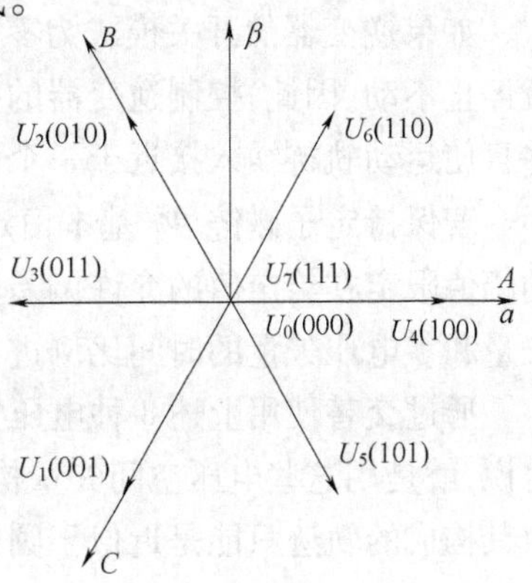

图 6.26　输入相电压矢量图

(1) 定子三相合成空间电压矢量 $u_1$ 及磁链矢量 $\Psi_1$

由三相定子电压空间矢量相加合成的空间矢量 $u_1$ 是一个旋转的空间矢量，其幅值不变，是每相电压值的 3/2 倍，即用合成空间矢量表示的定子电压方程式为：

$$u_1=r_1i_1+\frac{d\Psi_1}{dt} \tag{6.38}$$

定子绕组磁链和端电压的关系为：

$$\Psi_1 = \int (u_1 - r_1 i_1)\mathrm{d}t \tag{6.39}$$

当异步牵引电动机由三相对称正弦电压供电时，定子磁链幅值恒定，其空间矢量以恒速旋转，磁链矢量顶端的运动轨迹呈圆形（一般简称为磁链圆）。定子磁链旋转矢量可表示为：

$$\Psi_1 = \Psi_{\mathrm{m}} \mathrm{e}^{\mathrm{j}\omega_1 t} \tag{6.40}$$

式中　$\Psi_{\mathrm{m}}$——定子磁链 $\Psi_1$ 的幅值；

$\omega_1$——定子磁链旋转角速度。

当异步牵引电动机转速不是很低时，定子电阻压降很小，可忽略不计，则定子合成电压与合成磁链空间矢量的关系近似为：

$$\Psi_1 = \int_{t_0}^{t} u_1 \mathrm{d}t + \Psi_{1(t_0)} \tag{6.41}$$

式中　$\Psi_{1(t_0)}$——$\Psi_1$ 在 $t_0$ 时刻的矢量。

由式(6.41)可知，当输入电压为一个非零电压的综合矢量时，定子磁链的矢量将沿着输入电压综合矢量的方向，以正比于输入电压的速度移动，磁链变化量 $|\Delta\Psi_i| = U_i \Delta t, i = 1\sim 6$。

由式(6.40)、式(6.41)可得到电压空间矢量与磁链圆的关系为：

$$u_1 \approx \frac{\mathrm{d}}{\mathrm{d}t}(\Psi_{\mathrm{m}} \mathrm{e}^{\mathrm{j}\omega_1 t}) = \mathrm{j}\omega_1 \Psi_{\mathrm{m}} \mathrm{e}^{\mathrm{j}\omega_1 t} = \omega_1 \Psi_{\mathrm{m}} \mathrm{e}^{\mathrm{j}(\omega_1 t + \frac{\pi}{2})} \tag{6.42}$$

式(6.42)表明，当磁链幅值一定时，$u_1$ 的大小与 $\omega_1$（或供电电压频率）成正比，其方向与磁链矢量正交，即磁链圆的切线方向，如图6.27所示。当磁链矢量在空间旋转一周时，电压矢量也连续地按磁链圆的切线方向运动 $2\pi$ 弧度，其轨迹与磁链圆重合。这样，电动机旋转磁场的轨迹问题就可转化为电压空间矢量的运动轨迹问题。

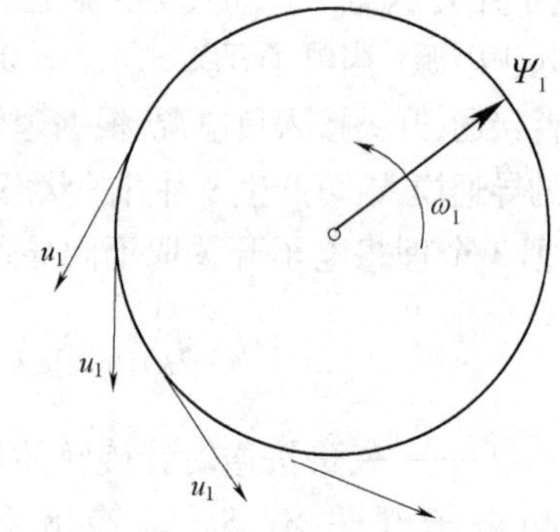

图6.27　旋转磁链与电压空间矢量的运动轨迹

当电动机上施加输入电压 $U_5$(101)时，则电动机的定子磁链矢量 $\Psi_1$ 的顶端就从开关切换瞬间的初始位置 $\Psi_{1(t_0)}$，逐渐沿着输入电压所指的方向（输入电压对应的磁链增量）移动，并改变定子磁链矢量 $\Psi_1$ 的大小和旋转速度。磁链运动轨迹如图6.28所示。

如果逆变器的开关模式为零电压状态 $U_0$(000)或 $U_7$(111)，则磁链的综合矢量 $\Psi_1$ 在空间就停止不动。因此，控制逆变器的开关模式就能够实现以一定速度运动的正多边形磁链轨迹，并且使运动轨迹纳入接近于一个圆的范围。

若保持定子磁链 $\Psi_1$ 基本恒定不变，可通过适当选择各段时间内的电压矢量，使磁链矢量的幅值限定在给定值的允许偏差范围内，并使其平均值不变，其转速可通过改变施加非零电压矢量和零电压矢量的时间比例进行控制。

通过交替使用上述8种电压空间矢量，使磁链空间矢量的端点沿着圆形轨迹运动。更形象地说，就是用这些电压空间矢量构成一个圆。但由于电压空间矢量的种类有限，在实际操作时，由其构成的轨迹只能是近似于圆的正 $N$ 边多边形。通过跟踪磁链轨迹，依次确定 $N$ 个三角形中所需的、应加到电动机上去的是哪个有效电压和零电压，以及施加次序和持续时间，从而也就确定了逆变器的开关模式和开关器件的通、断时刻，实现PWM控制。

(2) 电压空间矢量的选择与控制

根据对空间电压矢量的描述可知,在适当的时刻依次给出定子电压空间矢量,则可得到正六边形的定子磁链运动轨迹。异步电动机电磁转矩的大小不仅与定子磁链 $\Psi_1$ 的幅值、转子磁链 $\Psi_2$ 的幅值有关,还与它们之间的夹角$\theta_1$,即磁通角有关。磁通角$\theta_1$从0°到90°变化时,电磁转矩从零增加到最大值。在实际运行中,一般保持定子磁链幅值为额定值,以充分利用牵引电动机铁芯能力,而转子磁链幅值由负载决定。因此要改变牵引电动机电磁转矩的大小,可以通过改变磁通角 $\theta_1$ 的大小来实现。若要增大电磁转矩,就施加正向有效空间电压矢量,使电压的幅值足够大,定子磁链 $\Psi_1$ 的转速就会大于转子磁链 $\Psi_2$,磁通角 $\theta_1$ 增大,从而使电磁转矩增加;若要减小电磁转矩,则需施加零电压矢量,定子磁链 $\Psi_1$ 就会停止转动,磁通角 $\theta_1$ 减小使电磁转矩也减小;若要迅速减小电磁转矩,则施加反向有效空间电压矢量,定子磁链 $\Psi_1$ 就会向反方向旋转,磁通角 $\theta_1$ 迅速减小,从而使电磁转矩也迅速减小。

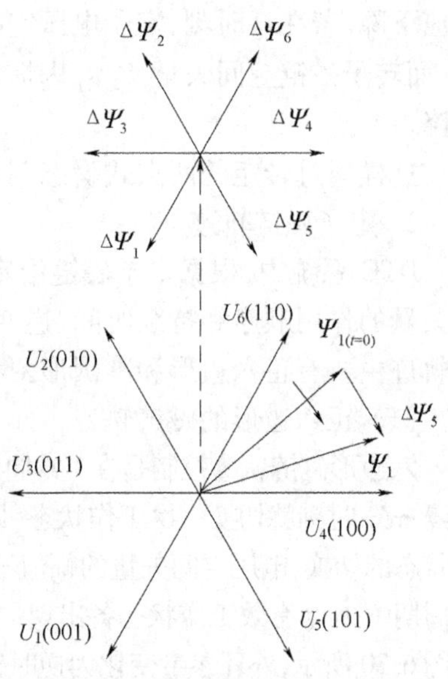


图 6.28　磁链矢量顶端的运动轨迹

由此可知,通过控制空间电压矢量的有效工作状态和零电压状态的交替出现,就能控制定子磁链 $\Psi_1$ 空间矢量平均角速度的大小,实现对电磁转矩的调节。

设在 $t_1$ 时刻,定子磁链 $\Psi_{1(t_1)}$、转子磁链 $\Psi_{2(t_1)}$ 及磁通角 $\theta_{1(t_1)}$,如图 6.29 所示。

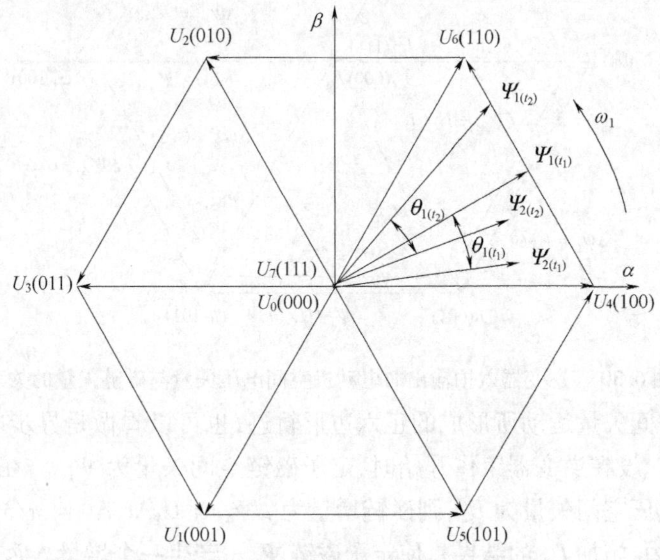


图 6.29　定子电压空间矢量的选择

从 $t_1$ 时刻到 $t_2$ 时刻,给牵引电动机定子施加电压空间矢量 $U_2$(010),则定子磁链空间矢量 $\Psi_{1(t_1)}$ 向 $\Psi_{1(t_2)}$ 旋转(逆时针)。根据异步电动机运行原理可知,转子磁链矢量 $\Psi_2$ 的转速要低于定子磁链矢量 $\Psi_1$,因此,从 $t_1$ 到 $t_2$ 时刻,$\theta_{1(t)}$ 增大,电磁转矩增加。

若在$t_2$时刻,给定子施加电压空间矢量为零电压 $U_0$(000)/$U_7$(111),则定子磁链空间矢量 $\Psi_{1(t_2)}$ 在此刻保持其位置不变,而转子磁链空间矢量 $\Psi_{2(t_2)}$ 继续旋转,将使 $\theta_{1(t)}$ 减小,电磁转矩相应下降。若在 $t_2$ 时刻，定子电压空间矢量变为 $U_5(101)$，定子磁链空间矢量 $\Psi_{1(t_2)}$ 将顺时针旋转，而转子磁链空间矢量 $\Psi_{2(t_2)}$ 因惯性继续逆时针旋转，致使 $\theta_{1(t)}$ 迅速减小，电磁转矩也将迅速下降。

这样通过转矩的两点式瞬态调节来控制 $\theta_{1(t)}$，可获得高性能的动态转矩特性。

2. 定子磁链轨迹

DTC 系统中，根据定子磁链给定和反馈信号进行Band-Band控制，按控制程序选取电压空间矢量的作用顺序和持续时间。逆变器开关器件的开关状态，决定了磁链轨迹的变化。定子磁链轨迹主要有正六边形和准圆形两种。

（1）正六边形的磁链轨迹

六边形磁链轨迹控制是在1/6周期中，只采用一个工作电压矢量，即一个开关工作状态。逆变器每隔 π/3 时刻就切换一次工作状态（即换相），而在这时刻内则保持不变。依此类推，随着逆变器工作状态的切换，电压空间矢量的幅值不变，而相位每次旋转 π/3 角度，直到一个周期结束。这样，在一个周期中，6 个有效工作状态各出现一次，电压空间矢量共转过 2π 弧度，形成一个封闭的正六边形。如图 6.30 所示，外环参量变化为逆时针旋转，内环参量变化为顺时针旋转。

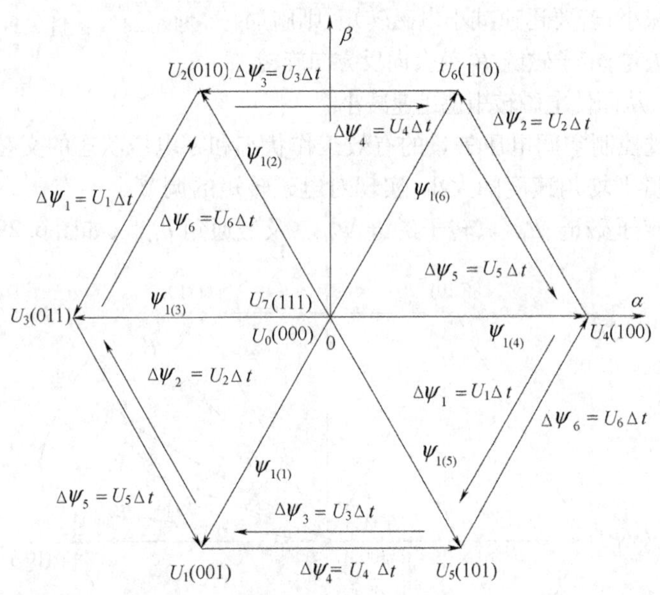


图 6.30　逆变器六拍输出时电动机空间电压矢量与磁链矢量的关系

一个由电压空间矢量运动所形成的正六边形轨迹，也可以看做是异步电动机定子磁链矢量端点的运动轨迹。设在逆变器工作开始时，定子磁链空间矢量为 $\Psi_{1(1)}$，在第一个 π/3 期间，电动机上施加的电压空间矢量为 $U_4$，则磁链增量为 $\Delta\Psi_4 = U_4\Delta t$，$\Delta t = \pi/3$。也就是说，在 π/3 所对应的时间 $\Delta t$ 内，施加 $U_4$ 的结果是使定子磁链 $\Psi_{1(1)}$ 产生一个增量 $\Delta\Psi_4$，其幅值与 $|U_4|$ 成正比，方向与 $U_4$ 一致，最后得到新的磁链为 $\Psi_{1(5)} = \Psi_{1(1)} + \Delta\Psi_4 = \Psi_{1(1)} + U_4\Delta t$。

如果 $U_4$ 的作用时间 Δt 小于 π/3，则 $\Delta\Psi_4$ 的幅值也按比例地减小。可见，在任何时刻，所产生的磁链增量的方向取决于所施加的电压矢量，其幅值则正比于施加电压的时间。

总之，在一个周期内，6 个磁链空间矢量呈放射状，矢量的尾部都在 0 点，其顶端的运动轨迹也就是 6 个电压空间矢量所围成的正六边形。

逆变器按六拍输出时，开关次数少，开关频率低。逆变器的控制程序简单，不需要实时计算磁链矢量的幅值与相位角,只需借助 2s/3s 坐标变换即可,将二相静止坐标系中的磁链模型输出$\Psi_{1\alpha}$、$\Psi_{1\beta}$ 变换为三相坐标系的磁链 $\Psi_{1A}$、$\Psi_{1B}$、$\Psi_{1C}$,变换关系为

$$\begin{aligned}\Psi_{1A} &= \Psi_{1\alpha} \\ \Psi_{1B} &= -\frac{1}{2}\Psi_{1\alpha} + \frac{\sqrt{3}}{2}\Psi_{1\beta} \\ \Psi_{1C} &= -\frac{1}{2}\Psi_{1\alpha} - \frac{\sqrt{3}}{2}\Psi_{1\beta}\end{aligned} \tag{6.43}$$

然后利用 3 个环宽为 2 倍磁链给定值的滞环比较器,就可实现六边形磁链控制。

如果只要求磁链轨迹为正六边形,逆变器主电路开关频率低,但定子磁链偏差较大。

如果交流异步电动机仅由常规的六拍阶梯波逆变器供电,磁链轨迹便是六边形的旋转磁场,这显然不像在正弦波供电时所产生的圆形旋转磁场那样,使电动机匀速运行。

如果想获得更多边形或逼近圆形的旋转磁场,就必须在每一个换向期间内出现多个工作状态,以形成更多相位不同的电压空间矢量。为此,必须对逆变器的控制模式进行改造。

(2) 准圆形磁链轨迹

若要获得准圆形磁链轨迹,就必须在每一个换相期间内出现多个工作状态,形成更多相位不同的电压空间矢量。PWM 控制显然可以适应上述要求,关键问题是怎样控制 PWM 的开关时间,才能逼近圆形旋转磁场,线性组合法就是有效的方法之一。

如果要逼近圆形,可以增加切换次数。设想磁链增量 $\Delta\Psi_4$ 由图 6.31 中所示的 $\Delta\Psi_{4(1)}$、$\Delta\Psi_{4(2)}$、$\Delta\Psi_{4(3)}$、$\Delta\Psi_{4(4)}$ 这 4 段组成。这时,每段施加的电压空间矢量的相位都不一样,可以用基本电压矢量线性组合的方法获得。

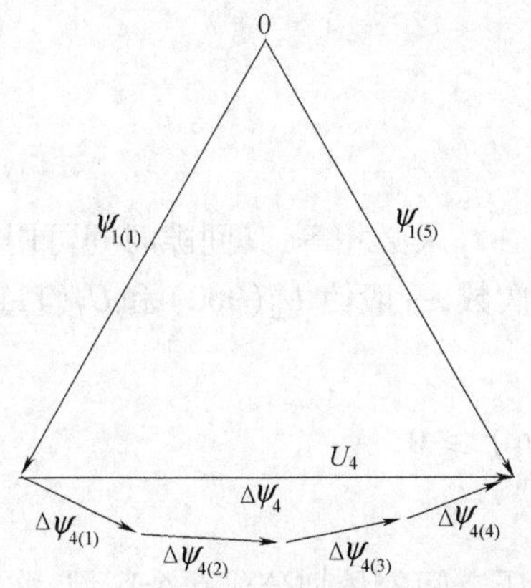


图 6.31 逼近圆形时的磁链增量轨迹

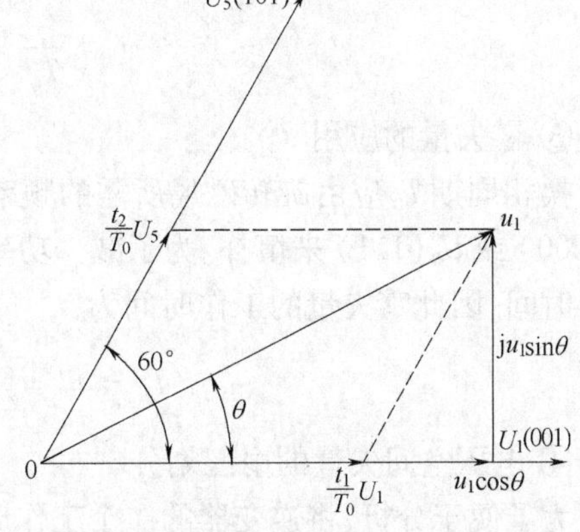


图 6.32 电压空间矢量的线性组合

设在一段换相周期时间 $T_0$ 中,可以用 2 个矢量之和表示由 2 个矢量线性组合后的定子电压矢量 $u_1$,新矢量的相位为 $\theta$,如图 6.32 所示。作用时间 $t_1$ 和 $t_2$ 可根据各段磁链增量的相位求出。

$$u_1 = \frac{t_1}{T_0}U_1 + \frac{t_2}{T_0}U_5 = u_1\cos\theta + ju_1\sin\theta \tag{6.44}$$

① 合成定子电压空间矢量的表示

根据相电压表示定子合成电压空间矢量的定义,即

$$u_1 = u_{A0} + u_{B0} + u_{C0}$$

把相电压的时间函数和空间相位分开表示，将得到

$$u_1 = u_{A0}(t) + u_{B0}(t)e^{j\frac{2\pi}{3}} + u_{C0}(t)e^{j\frac{4\pi}{3}}$$

若改用线电压表示，可得

$$u_1 = u_{AB}(t) - u_{BC}(t)e^{-j\frac{2\pi}{3}}$$

当各功率开关处于不同状态时，线电压可取值为 $U_d$、0 或 $-U_d$。定子合成电压矢量用线电压表示要比用相电压明确一些。这样，根据各开关状态的线电压表达式可以推出

$$\begin{aligned} u_1 &= \frac{t_1}{T_0}U_d + \frac{t_2}{T_0}U_d e^{j\frac{\pi}{3}} = U_d\left(\frac{t_1}{T_0} + \frac{t_2}{T_0}e^{j\frac{\pi}{3}}\right) = \\ &U_d\left[\frac{t_1}{T_0} + \frac{t_2}{T_0}\left(\cos\frac{\pi}{3} + j\sin\frac{\pi}{3}\right)\right] = U_d\left[\frac{t_1}{T_0} + \frac{t_2}{T_0}\left(\frac{1}{2} + j\frac{\sqrt{3}}{2}\right)\right] = \\ &U_d\left[\left(\frac{t_1}{T_0} + \frac{t_2}{2T_0}\right) + j\frac{\sqrt{3}t_2}{2T_0}\right] \end{aligned} \tag{6.45}$$

② 作用时间的确定

式(6.45) 与式(6.44) 相比较，令实数项与虚数项分别相等，则有

$$\begin{aligned} u_1\cos\theta &= \left(\frac{t_1}{T_0} + \frac{t_2}{2T_0}\right)U_d \\ i_1\sin\theta &= \frac{\sqrt{3}t_2}{2T_0}U_d \end{aligned} \tag{6.46}$$

由式(6.46) 可求得

$$\begin{aligned} \frac{t_1}{T_0} &= \frac{u_1\cos\theta}{U_d} - \frac{1}{\sqrt{3}} \\ \frac{t_2}{T_0} &= \frac{2}{\sqrt{3}}\cdot\frac{u_1\sin\theta}{U_d} \end{aligned} \tag{6.47}$$

③ 零矢量的应用

换相周期 $T_0$ 应由旋转磁场所需的频率决定，$T_0$ 与 $t_1 + t_2$ 未必相等，其间隙时间可用零矢量 $U_0(000)$ 或 $U_7(111)$ 来填补。为了减少功率器件的开关次数，一般使 $U_0(000)$ 和 $U_7(111)$ 各占一半时间，因此零矢量的工作时间为：

$$t_0 = t_7 = \frac{1}{2}(T_0 - t_1 - t_2) \geqslant 0$$

④ 电压空间矢量的扇区划分

为了便于分析，将逆变器的一个工作周期用 6 个电压空间矢量划分成 6 个区域，称为扇区(Sector)，分别表示为 $S_1$、$S_2$、$S_3$、$S_4$、$S_5$、$S_6$，每个扇区对应的时间均为 $\pi/3$。

由于逆变器在各扇区的工作状态都是对称的，分析一个扇区的方法可以推广到其他扇区。

在常规六拍逆变器中，一个扇区仅包含 2 个开关工作状态。实现 SVPWM 控制就是要把每一扇区再分成若干个对应于时间 $T_0$ 的小区间。按照上述方法插入若干个线性组合的新电压空间矢量 $u_1$，以获得优于正六边形的多边形(逼近圆形) 旋转磁场。

⑤ 开关状态顺序

在实际应用中，应尽量减少开关状态变化时引起的开关损耗，因此不同开关状态的顺序必须遵守下述原则：每次切换开关状态时，只切换一个功率开关器件，以满足最小开关损耗。

每一个 $T_0$ 相当于PWM电压波形中的一个脉冲波。现以0—$U_1$(001)—$U_5$(101)扇区为例，讨论开关状态顺序的选择问题。

若在0—$U_1$(001)—$U_5$(101)组成的扇区内，该区间包含 $t_1$、$t_2$、$t_0$ 和 $t_7$ 共4段，相应的电压空间矢量为 $U_1$(001)、$U_5$(101)、$U_0$(000)和 $U_7$(111)，对应的开关状态为001、101、000和111。为使电压波形对称，将每种状态的作用时间都一分为二，因而形成8个电压空间矢量，其作用序列为15077051，其中1代表 $U_1$(001)，5代表 $U_5$(101)，0、7分别代表 $U_0$(000)、$U_7$(111)。这样在这一个扇区时间内，逆变器三相的开关状态序列为001，101，000，111，111，000，101，001。按照最小开关损耗原则进行检查，发现上述1507的顺序是不合适的。

为此，应该把切换顺序改为01577510，即开关状态序列为000、001、101、111、111、101、001、000，这样就能满足每次只切换一个开关的要求了，即每个小区均以零电压开始，又以零电压结束，开关损耗最小。与此对应的逆变器输出电压波形如图6.33所示。

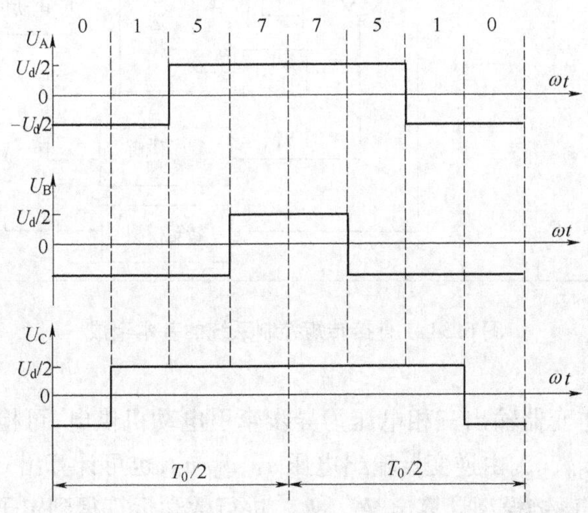


图6.33　0—$U_1$—$U_5$ 扇区内开关序列与逆变器输出三相电压波形

如果将一个扇区分成4个小区间，则一个周期中将出现24个脉冲波，而功率器件的开关次数还更多，须选用开关频率高的功率器件。当然，一个扇区内所分的小区间越多，就越能逼近圆形旋转磁场。

归纳上述分析，SVPWM控制模式具有以下特点：

逆变器的一个工作周期分成6个扇区，每个扇区相当于常规六拍输出逆变器中的一拍。为了使异步牵引电动机旋转磁场逼近圆形，将每个扇区再分成若干个小区间 $T_0$，$T_0$ 越短，旋转磁场越接近圆形，但 $T_0$ 的缩短受到功率开关器件允许开关频率的制约。

在每个小区间内虽有多次开关状态的切换，但每次切换都只涉及一个功率开关器件，因而开关损耗较小。

每个小区间均以零电压矢量开始，又以零矢量结束。

利用电压空间矢量直接生成三相PWM波，计算简便。

采用SVPWM控制时，逆变器输出线电压基波最大值为直流侧电压 $U_d$，这比一般的SPWM逆变器输出电压提高了15%。

SVPWM控制模式特别适合于重载低速牵引领域，充分利用电动机磁路能力。与正六边形磁链轨迹相比，在相同开关频率下，由圆形磁链轨迹得到的磁通基波含量提高10%。

### 6.3.2 直接转矩控制系统的基本组成

DTC 系统分别控制异步电动机的转速和磁链。采用转速、磁链双闭环控制，转速调节器 ASR 的输出作为电磁转矩的给定信号 $T_{em}^*$。在 $T_{em}^*$ 的后面设置了转矩控制内环，它可以抑制磁链变化对转速子系统的影响，从而使转速和磁链子系统实现了近似的解耦。

DTC 系统采用转矩和磁链控制器，用滞环控制器取代通常的 PI 调节器。DTC 系统组成如图 6.34 所示。

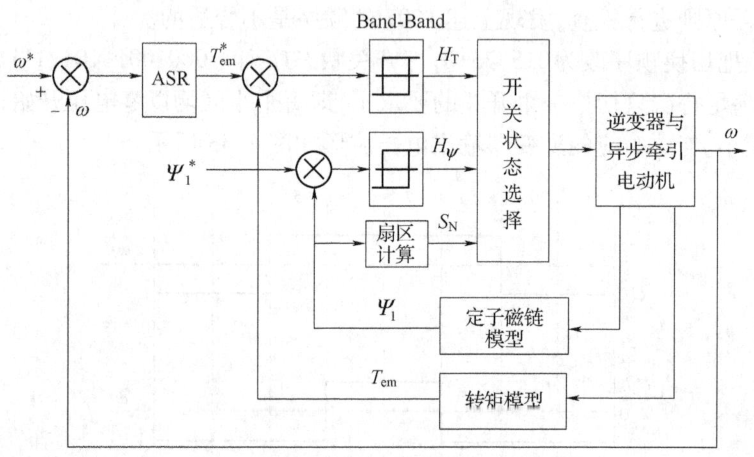


图 6.34 直接转矩控制系统的基本组成

1. 基本控制过程

在 DTC 控制中，逆变器输出三相电压为异步牵引电动机供电，可检测定子电流 $i_A$、$i_B$、$i_C$，通过 3s/2s 变换，得到 $i_{1\alpha}$、$i_{1\beta}$。由逆变器输出电压 $u_A$、$u_B$、$u_C$，也可计算出二相静止坐标系中的电压 $u_{1\alpha}$、$u_{1\beta}$。然后由定子磁链模型计算出 $\Psi_{1\alpha}$、$\Psi_{1\beta}$，进行数学运算得到定子磁链 $\Psi_1$ 的幅值，并与给定值 $\Psi_1^*$ 进行比较，为磁链调节器提供输入信号，经磁链调节器的 Band-Band 控制，输出状态量 $H_\Psi$；将检测到的 $i_{1\alpha}$、$i_{1\beta}$、$\Psi_{1\alpha}$、$\Psi_{1\beta}$ 送入转矩模型，将得到实际电磁转矩 $T_{em}$，与给定转矩 $T_{em}^*$ 进行比较，将比较结果送入转矩调节器，经转矩调节器的 Band-Band 控制，输出状态量 $H_T$；扇区计算是根据二相坐标定子磁链 $\Psi_{1\alpha}$、$\Psi_{1\beta}$ 在三相坐标系的投影 $\Psi_A$、$\Psi_B$、$\Psi_C$，计算出磁链所在的扇区 $S_N$。最后由 $H_\Psi$、$H_T$、$S_N$ 作为输入量，通过开关状态选择，采用查表方式，查找电压矢量表就可以为逆变器产生适当的控制电压矢量，控制开关器件的开关状态，最终得到逆变器所需要的 SVPWM 波形，实现对异步牵引电动机的直接转矩控制。

直接转矩控制系统其转矩和磁链采用了 2 个独立的闭环比较系统，直接控制异步牵引电动机的转矩和转矩增加率，使得转矩的瞬态跟踪能力很强。当系统给定转矩发生变化时，电动机的输出转矩能够很快跟随，而磁链基本不受影响，仍按照原来规律变化。这种自适应控制性能优于矢量控制，实际上实现了异步牵引电动机转矩与磁链的动态解耦控制。

2. DTC 系统的反馈模型

在 DTC 系统，如何确定定子磁链和转矩反馈信号的计算模型是其核心问题之一。定子磁链反馈计算模型实为电压模型，对电动机参数要求很低，只需定子电阻，但在低速时误差很大。

(1) 定子磁链反馈计算模型

DTC 系统采用二相静止坐标系 $\alpha-\beta$,为了简化数学模型,需要由静止三相坐标系变换到静止二相坐标系,不需要进行同步旋转变换。根据 3s/2s 变换可以推导出电压方程式:

$$u_{1\alpha} = r_1 i_{1\alpha} + L_1 p i_{1\alpha} + L_m p i_{2\alpha} = r_1 i_{1\alpha} + p\Psi_{1\alpha}$$

$$u_{1\beta} = r_1 i_{1\beta} + L_1 p i_{1\beta} + L_m p i_{2\beta} = r_1 i_{1\beta} + p\Psi_{1\beta}$$

对电压方程式经移项并积分后,可得到定子磁链计算式

$$\Psi_{1\alpha} = \int (u_{1\alpha} - r_1 i_{1\alpha})\,\mathrm{d}t$$

$$\Psi_{1\beta} = \int (u_{1\beta} - r_1 i_{1\beta})\,\mathrm{d}t \tag{6.48}$$

$$|\Psi_1| = \sqrt{\Psi_{1\alpha}^2 + \Psi_{1\beta}^2}$$

图 6.34 中所采用的定子磁链模型就是经过式(6.48)计算而来,其结构框图如图 6.35 所示。定子磁链模型显然是一个电压模型,具有电压模型的共性,它适合于以中、高速运行的系统,在低速时误差较大,甚至无法应用。随电动机输入频率和转速降低,因积分器存在漂移误差,将误差增大。同时 $u_1$ 矢量幅值减小,由定子电阻压降 $i_1 r_1$ 的影响增加所带来的误差增大;当电动机停转时,反电势 $E_1 = u_1 - i_1 r_1 \approx 0$,无法建立初始磁链。必要时,在低速范围区可切换到电流模型,这时能提高健壮性的优点就不复存在了。

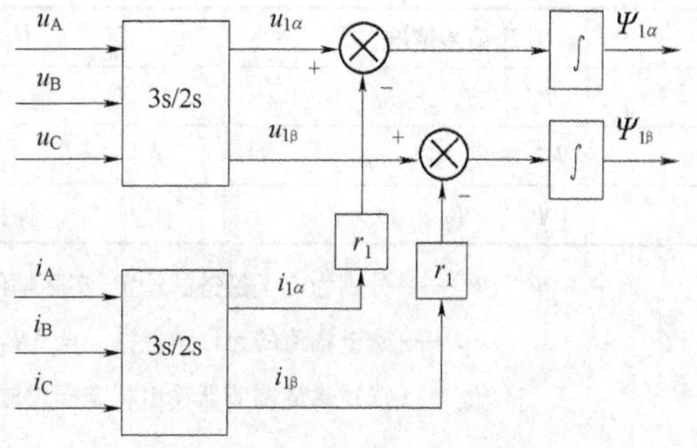


图 6.35 定子磁链计算模型结构图

(2) 转矩反馈计算模型

通过 3s/2s 坐标变换,在静止二相坐标系上,根据电流关系,可导出电磁转矩计算表达式,即

$$T_{em} = n_p L_m (i_{1\beta} i_{2\alpha} - i_{1\alpha} i_{2\beta})$$

$$i_{2\alpha} = \frac{\Psi_{1\alpha} - L_1 i_{1\alpha}}{L_m}$$

$$i_{2\beta} = \frac{\Psi_{1\beta} - L_1 i_{1\beta}}{L_m}$$

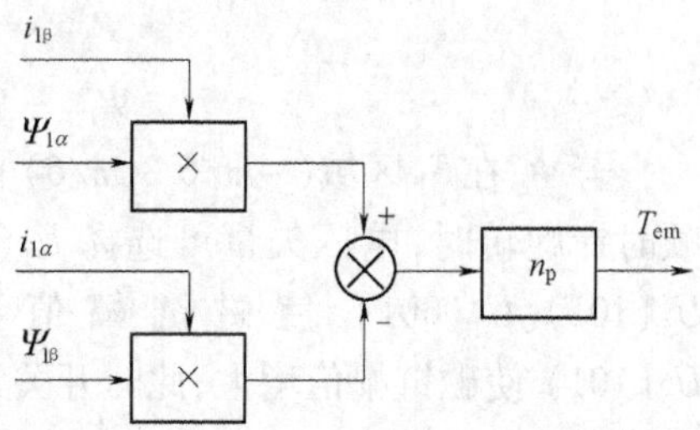


图 6.36 转矩计算模型结构

代入经整理,可得到转矩计算模型(电磁转矩计算表达式):

$$T_{em} = n_p (i_{1\beta}\Psi_{1\alpha} - i_{1\alpha}\Psi_{1\beta}) \tag{6.49}$$

其结构框图如图 6.36 所示。

### 6.3.3 DTC 系统的控制模式

DTC 控制主要由两点式磁链控制和转矩控制组成,根据 2 个 Band-Band 控制器的输出信号来选择电压空间矢量和逆变器的开关状态。

1. 两点式磁链 Band-Band 控制

准圆形磁链轨迹控制的基本思想是:实际定子磁链空间矢量 $\Psi_1$ 的端点轨迹限定在以给定磁链幅值为半径的圆形偏差带内,不允许超出限定范围,即应满足不等式

$$|\Psi_1^* - \Psi_1| \leqslant \varepsilon_\Psi \tag{6.50}$$

在磁链任意旋转过程中，对每一个区域内电压矢量的选择，不仅要考虑磁链偏差的大小，同时还要考虑磁链的方向。在选择电压矢量时，将空间分为6个区域，为此逆变器的输出电压矢量彼此相差60°，每个区域的范围应为：

$$(2N-3)\frac{\pi}{6} \leqslant S_N \leqslant (2N-1)\frac{\pi}{6} \tag{6.51}$$

式中 $N$ 为空间等分数，取值为1~6。根据不同的区域，可事先选定合适的电压矢量。

两点式磁链控制采用滞环比较，通过选择和切换合适的电压空间矢量输出，可减小或增大磁链，同时也构成定子磁链 $\Psi_1$ 的二维偏差带控制。实现磁链控制的装置称为滞环比较器，也称Band-Band调节器。

对于旋转速度的调节，需要在非零电压矢量控制的基础上，适当、适时地插入一些零电压矢量进行控制。磁链控制规则如表6.1所示。

**表6.1 定子磁链控制规则**

| 磁链偏差情况 | $H_\Psi$ 取值 | 输出电压矢量性质 |
|---|---|---|
| $\Psi_1^* - \Psi_1 \geqslant \varepsilon_\Psi$ | 1 | 使磁链模增大的电压矢量 |
| $\Psi_1^* - \Psi_1 \leqslant -\varepsilon_\Psi$ | -1 | 使磁链模减小的电压矢量 |
| $\lvert\Psi_1^* - \Psi_1\rvert < \varepsilon_\Psi$ | 保持不变 | 维持原状态不变 |

表中 $\Psi_1^*$、$\Psi_1$——分别为定子磁链的给定、实际幅值；

$\varepsilon_\Psi$——磁链幅值的允许偏差，$\varepsilon_\Psi = \Delta\Psi_1/2$；

$H_\Psi$——描述磁链调节器输出状态而设置的状态量。

若 $\Psi_1$ 在 $S_1$ 区域（$-\pi/6 \sim \pi/6$）内需要逆时针旋转时，电压矢量可选择 $U_2(010)$、$U_6(110)$。$U_2(010)$ 使磁链幅值减小，$U_6(110)$ 使磁链幅值增大，此时开关元件的切换规则为：

$\Psi_1^* - \Psi_1 \leqslant -\varepsilon_\Psi$　选用 $U_2(010)$

$\Psi_1^* - \Psi_1 \geqslant \varepsilon_\Psi$　选用 $U_6(110)$

若 $\Psi_1$ 在 $S_1$ 区域（$-\pi/6 \sim \pi/6$）内需要顺时针旋转时，电压矢量可选择 $U_1(001)$、$U_5(101)$。$U_1(001)$ 使磁链幅值减小，$U_5(101)$ 使磁链幅值增大，此时开关元件的切换规则为：

$\Psi_1^* - \Psi_1 \geqslant \varepsilon_\Psi$　选用 $U_5(101)$，

$\Psi_1^* - \Psi_1 \leqslant -\varepsilon_\Psi$　选用 $U_1(001)$。

适当选择各区域（时间段）内的电压空间矢量，使磁链空间矢量的 $\Psi_1$ 幅值变化被限定在给定值和允许偏差 $\pm\varepsilon_\Psi$ 的范围内，以保证其平均值不变，从而实现 $\Psi_1$ 的准圆形旋转磁场，如图6.37所示，其中，虚线圆代表定子磁链的给定值 $\Psi_1^*$。

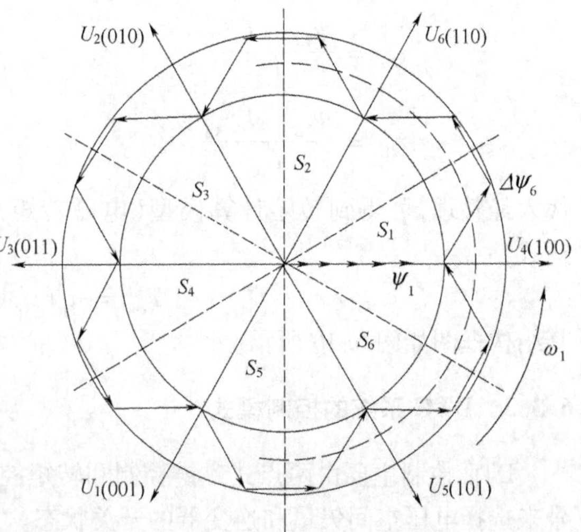


图6.37 DTC控制时定子磁链 $\Psi_1$ 的运行轨迹

2. 两点式转矩Band-Band控制

在直接转矩控制控制系统中，不需要考虑对定子电流解耦，而是直接对牵引电动机转矩实施控制。直接对异步牵引电动机输出转矩进行控制，是调速系统获得高动态性能的关键。

根据 SVPWM 控制原理，当磁链闭环时，定子磁链 $\Psi_1$ 的顶端轨迹为正多边形或准圆形。若不加入零电压矢量，定子磁链将以同步角速度 $\omega_1$ 旋转，且在 $t = t_0$ 时刻，转子旋转角速度为 $\omega$，则对异步牵引电动机而言，相当于有一个$(\omega_1 - \omega)$的转差变化，切割磁链使转矩增加。此时若不适时改变转矩变化规律，即$(\omega_1 - \omega)$变化规律，将导致转矩严重偏离给定值。因此，必须要引入闭环控制来修正磁链闭环对电压空间矢量的控制。

当实际转矩 $T_{em}$ 达到给定转矩 $T_{em}^*$ 允许偏差上限时，即 $T_{em} = T_{em}^* + \varepsilon_T$，不论磁链如何，应立即切换到零电压矢量来调整转矩，使定子磁链暂时静止不动，电动机进入回馈制动状态，转矩开始衰减而下降。

当实际转矩 $T_{em}$ 低于给定转矩 $T_{em}^*$ 的允许偏差下限时，即 $T_{em} = T_{em}^* - \varepsilon_T$，需要选用一个使定子磁链 $\Psi_1$ 以最大角速度旋转的电压矢量，使定子磁链向前旋转、转矩上升。

稳态时，不断重复上述过程，使转矩波动量被控制在允许范围之内。这样，在加、减速或负载变化的过程中，可以获得快速的转矩响应，提高转矩控制的动态性能。

零电压矢量 $U_0(000)$ 、$U_7(111)$ 的选择，按照功率开关器件状态变化次数最少原则来确定。因此，在电压空间矢量按照磁链控制的同时，也要接受转矩的 Band-Band 控制，如图 6.38 所示。

在具体选择控制定子输入电压矢量 $U_1(S_A, S_B, S_C)$ 时，要注意同时兼顾保持电磁转矩 $T_{em}$ 在偏差 $\pm\varepsilon_T$ 之内，并保持磁链在偏差 $\pm\varepsilon_\Psi$ 之内。在定子磁链圆周空间区域内，由磁链控制所输出的各电压矢量加到异步牵引电动机上时，定子磁链矢量将获得最大切向加速度，迫使牵引电动机输出转矩增加。

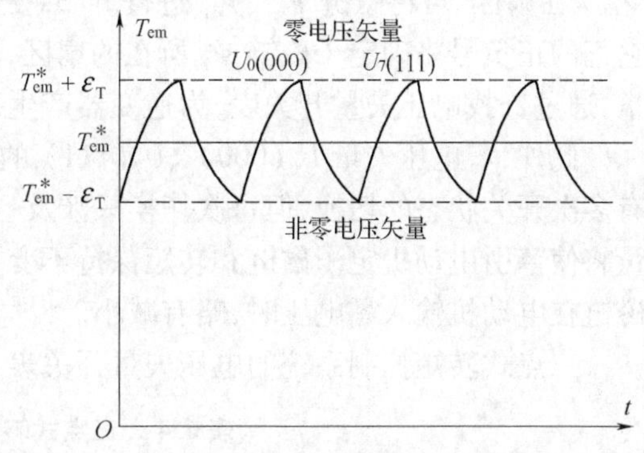


图 6.38 转矩 Band-Band 控制过程

当给定转矩 $T_{em}^*$ 与实际测得转矩 $T_{em}$ 之差大于允许偏差 $\varepsilon_T$ 时，让逆变器由磁链闭环来控制其输出状态；当 $T_{em}^*$ 与 $T_{em}$ 的偏差小于负的允许偏差 $-\varepsilon_T$ 时，让逆变器输出零电压矢量；当 $T_{em}^*$ 与 $T_{em}$ 偏差在允许偏差范围内时，维持控制原状态不变。转矩控制规则参见表 6.2。

**表 6.2 两点式转矩 Band-Band 控制规则**

| 磁链偏差情况 | $H_T$ 取值 | 输出电压矢量性质 |
|---|---|---|
| $T_{em}^* - T_{em} \geqslant \varepsilon_T$ | 1 | 由磁链环控制，磁链矢量获得最大切向速度 |
| $T_{em}^* - T_{em} \leqslant -\varepsilon_T$ | −1 | 输出零电压矢量 |
| $\lvert T_{em}^* - T_{em}\rvert < \varepsilon_T$ | 保持不变 | 维持原状态不变 |

表中 $T_{em}^*$、$T_{em}$——分别为电磁转矩的给定、实测值；

$\varepsilon_T$——转矩允许偏差；

$H_T$——描述转矩调节器输出状态设置的状态量。

因此，将磁链调节器和转矩调节器结合起来，共同控制逆变器的开关状态，既保证了异牵引步电动机定子旋转磁链轨迹近似为一个圆，又能使其输出转矩快速地跟随给定值而变化，调速系统获得很优良的动态性能。

近年来，经过不断研究与工程实践，产生了三点式的转矩控制闭环系统，控制规则参见表 6.3。

表 6.3 三点式转矩闭环控制规则

| 磁链偏差情况 | $H_T$ 取值 | 输出电压矢量性质 |
|---|---|---|
| $T_{em}^* - T_{em} \geqslant \varepsilon_T$ | 1 | 需要增加非零电压矢量增加转矩 |
| $T_{em}^* - T_{em} \leqslant -\varepsilon_T$ | -1 | 需要增加非零电压矢量减小转矩 |
| $\lvert T_{em}^* - T_{em} \rvert < \varepsilon_T$ | 0 | 需要零电压矢量改变转矩方向 |

3. 三电平逆变器电压矢量的选择

在三电平转矩控制闭环系统中,定子电压和定子磁链的关系与两电平系统相同。定子磁链矢量与逆变器的6个非零电压矢量之间存在一定对应关系,其增量等于电压矢量与时间增量的乘积,参见式(6.41)。

异步牵引电动机刚通电时,其定子磁链 $\Psi_1$ 将沿着图6.37所示扇区 $S_1$ 中多个箭头所指的轨迹,逐步建立起来并达到额定磁链。当额定磁链被建立起来以后,控制系统发出给定转矩命令,给定磁链 $\Psi_1^*$ 将以图中虚线圆的半径旋转,而实际磁链 $\Psi_1$ 可通过选择适当的电压矢量作用于系统,其电压矢量同时对转矩和磁链进行控制。

确定了 $H_\Psi$、$H_T$ 之后,在进行开关状态选择之前,还必须进行扇区计算,确定当前定子磁链 $\Psi_1$ 所在扇区。可将磁链 $\Psi_{1\alpha}$、$\Psi_{1\beta}$ 进行2s/3s变换,求出在静止三相坐标系中的 $\Psi_A$、$\Psi_B$、$\Psi_C$,根据它们的正负号来确定子磁链 $\Psi_1$ 所在的扇区,并计算出扇区编号 $S_N$,最终由 $H_\Psi$、$H_T$、$S_N$ 3个输入量,通过查找电压矢量开关表,为逆变器产生适当的控制电压矢量。

此外,零电压矢量 $U_0(000)$ 、$U_7(111)$ 的选择应以开关损耗最小为原则,即每个小区间虽有多次开关状态的切换,但每次切换只涉及一个功率开关器件,使得开关损耗较小。零电压矢量将使牵引电动机定子磁链和转矩保持不变,但由于存在一定的定子电阻 $r_1$ 压降损耗,转矩和磁链在电动机输入零电压时,略有减小。

三点式转矩控制系统的电压矢量开关表,参见表6.4。

表 6.4 三点式转矩控制电压矢量开关表

| $H_\Psi$ | $H_T$ | $S_1$ | $S_2$ | $S_3$ | $S_4$ | $S_5$ | $S_6$ |
|---|---|---|---|---|---|---|---|
| 1 | 1 | $U_6(110)$ | $U_2(010)$ | $U_3(011)$ | $U_1(001)$ | $U_5(101)$ | $U_4(100)$ |
| | 0 | $U_7(111)$ | $U_0(000)$ | $U_7(111)$ | $U_0(000)$ | $U_7(111)$ | $U_0(000)$ |
| | -1 | $U_5(101)$ | $U_4(100)$ | $U_6(110)$ | $U_2(010)$ | $U_3(011)$ | $U_1(001)$ |
| -1 | 1 | $U_2(010)$ | $U_3(011)$ | $U_1(001)$ | $U_5(101)$ | $U_4(100)$ | $U_6(110)$ |
| | 0 | $U_0(000)$ | $U_7(111)$ | $U_0(000)$ | $U_7(111)$ | $U_0(000)$ | $U_7(111)$ |
| | -1 | $U_1(001)$ | $U_5(101)$ | $U_4(100)$ | $U_6(110)$ | $U_2(010)$ | $U_3(011)$ |

## 6.4 VC与DTC控制策略特点

VC系统与DTC作为交流调速系统先进的控制策略,其数学模型本质相同,仅是所突出的状态变量不完全相同,各有特点。

1. 矢量控制(VC)特点

在矢量控制系统中,定子、转子三相绕组都需要通过坐标变换到等效的二相绕组上去,以简化模型结构。二相绕组轴线互相垂直,它们之间没有互感的耦合关系,不像三相绕组那样,在任意两相之间都有互感关系。等效二相模型可以建立在静止坐标系上,也可建立在旋转坐标系上。建立在二相同步旋转坐标系上的模型有一个最大优点，当原来三相绕组变量是正弦函数时，等效后的二相变量则是直流。在此基础上，若将二相同步旋转坐标系按照转子磁场定向，沿着转子总磁链 $\Psi_2$ 方向为 $M$ 轴，逆时针转过90° 与 $\Psi_2$ 垂直方向为 $T$ 轴。在按转子磁链定向的 $M$-$T$ 同步旋转坐标系上，定子电流的转矩分量与励磁分量已解耦，构成独立的转速子系统和转子磁链子系统，可分别采用 PI 调节器实施连续控制。异步电动机的转矩方程、动态模型简化得和直流电动机非常相似，其动态性能、调速范围可与直流调速媲美。

矢量控制注重转矩与磁链的解耦，这有利于分别设计转速和磁链调节器，可获得较宽的调速范围。但按转子磁链定向容易受电动机转子电阻参数变化的影响，将降低系统的调速性能，并且同步旋转坐标变换过程复杂。

2. 直接转矩控制的特点

直接转矩控制采用定子磁链定向，直接在定子坐标系中分析异步电动机的数学模型，控制电动机的磁链和转矩，无须旋转坐标变换，控制结构简单，可实现全数字化。按照定子磁链控制避免了转子参数变化的影响。采用离散的电压状态、六边形轨迹或近似圆形磁链轨迹的概念，将转矩直接作为被控制参量，直接对电动机转矩进行直接控制，并不极力获得理想的正弦波形，也不刻意追求磁场的圆形轨迹。

直接转矩控制系统中，转矩和磁链的控制一般采用二点式的 Band-Band 控制器。在 PWM 逆变器中直接用这 2 个控制信号产生电压的 SPWM 波形，避免了将定子电流分解成转矩和磁链分量，省去了旋转变换和电流控制，简化了控制器的结构。在采用 Band-Band 控制转矩的同时，又直接形成了 PWM 信号，可充分利用开关频率。Band-Band 控制属于 P 控制，可获得比 PI 控制更快的动态转矩响应；但 Band-Band 控制会引起转矩在上下限间脉动，并非完全恒定。

定子磁链的计算要受电动机定子电阻的影响，在实际应用中，定子参数容易测量、修正。

在恒功率弱磁工况下采用“动态弱磁控制”，其动态响应与恒磁通工况一样快速。直接转矩控制为完全的瞬态控制，反馈信号处理相当简便，无须特殊处理，可直接用于控制系统各环节的计算。直接转矩控制在加、减速或负载变化的动态过程中，可以获得快速的转矩响应，但必须要注意限制过大的冲击电流，以免损坏功率开关器件，因此实际的转矩响应的快速性也是有限的。

在起动或低速区域，由于受开关器件最小导通时间的限制，若只通过转矩的 Band-Band 控制来变换有效电压矢量和零电压矢量，不可能得到所希望的较小的平均输出电压；另外，由于受电动机定子电阻的影响，六边形定子磁链轨迹将产生较为严重的畸变，因此只能采用以圆形磁链定向的“间接定子参量控制”。

随着技术进步，开关速度更高的高电压大功率开关器件不断投入应用，控制系统微处理器速度有限，若在充分利用开关频率的前提下仍采用转矩 Band-Band 控制，将会影响控制精度。目前的处理方法是采用“间接定子参量控制”，这显示出直接转矩控制的多样性。

带有积分环节的电压型磁链模型在低速时误差较大，积分初始值、累积误差和定子电阻的变化都会影响磁链计算的准确度。在低速时，其影响尤为显著，使 DTC 系统的调速范围受到限制。在实际应用中，为了提高系统的调速性能，将电压型磁链模型与电流型磁链模型结合使用，在一定速度时进行切换。低速时采用电流磁链模型计算定子磁链，要比电压磁链模型准确，精度不受转速降低的影响，可减小磁链误差，但又会受转子参数变化的影响。

3. 直接转矩控制与矢量控制比较

从总体控制结构上看,直接转矩控制(DTC)系统与矢量控制(VC)系统一样,数学模型本质相同,也是分别对异步电动机的转速和磁链进行控制,都能获得较高的静、动态性能。但在具体控制方法以及状态变量方面存在一定差异。

DTC 与 VC 系统仅是在所突出的状态变量不完全相同。DTC 采用定子磁链、定子电流与转速作为状态变量,而 VC 采用转子磁链、定子电流与转速作为状态变量。DTC 选择定子磁链作为被控量,而不像 VC 系统中那样选择转子磁链,这样计算磁链的模型可以不受转子参数变化的影响,提高了控制系统的健壮性。如果从数学模型推导来看,显然按定子磁链定向要比按转子磁链定向时复杂,但是,由于采用了 Band-Band 控制,这种复杂性对控制器并没有影响。

DTC 和 VC 都采用对输出转速、磁链分别控制,都需要解耦。直接转矩控制为双闭环控制系统,其转矩控制环作为内环,转速控制为外环,这可抑制磁链变化对转速子系统的影响,使转速和磁链子系统近似解耦。矢量控制采用两相旋转坐标按转子磁链定向,使定子电流的转矩分量与励磁分量解耦。矢量控制一般具有 PWM 逆变器和定子电流闭环,而直接转矩控制则没有。这 2 种方案都适用于高性能异步牵引电动机的调速控制,都可用于现代轨道列车电力传动控制系统。矢量控制更适合于宽范围调速系统和伺服系统,直接转矩控制更适合于需要快速转矩响应的大惯性运动控制系统。

DTC 与 VC 正在不断地融合,取长补短,区别已经不太明显,主要差别体现在转矩脉动、转矩响应速度和对牵引电动机参数的依赖程度等方面。

(1) 转矩脉动问题

直观来看,直接转矩控制的转矩脉动来自其使用的滞环控制方式,即 Band-Band 控制方式。但实际上,滞环控制方式是利用有效电压空间矢量和零矢量交替使用来实现的。而目前实用的矢量控制也都是脉宽调制逆变方式,各种类型的交流脉宽调制技术,无一例外都使用了有效电压空间矢量和零矢量交替作用的规律。因此矢量控制虽然在控制部分采用了平滑调节,但到了逆变器部分仍然是一种开关状态切换的 Band-Band 控制。从这个角度来说,二者原理相同,都有转矩脉动问题。转矩脉动对于实际运行的影响,既与脉动幅度有关,又与频率有关,频率越低,系统转动惯量的机械滤波作用越小,危害越明显。

直接转矩控制采用滞环偏差控制,转矩偏差幅值固定,中速时脉动频率高,低速和高速时脉动频率都低。在设定滞环偏差时,中速时的频率需要保证不超出开关损耗的限制。矢量控制采用固定载波频率的方式,载波频率受开关损耗限制,应该与直接转矩控制的中速段相当,在高速段和低速段则相当于转矩脉动的频率不变,脉动幅值降低了。也就是说,直接转矩控制时,转矩脉动程度在中速段最轻微,而在低速和高速段比较严重。矢量控制时恰好相反,中速段与直接转矩控制差不多,而低速和高速段反倒要好些,转矩脉动平均情况比直接转矩控制好一些。

对于直接转矩控制产生的转矩脉动问题,若采用分段设定滞环偏差,或采用多电平技术增加有效电压矢量个数等措施,都可得到明显的改善。总的来说,直接转矩控制的转矩脉动问题的确比矢量控制严重,但脉动转矩大体上仍属于高频脉动,脉动幅值不大,对运行性能的影响不是特别明显。

(2) 转矩响应速度问题

直接转矩控制的转矩响应速度快于矢量控制,关键在于它不采用电流调节方式,而是采用电压矢量直接控制转矩。矢量控制的许多方案使用了转矩、电流闭环调节,为保证调节稳定,其时间常数不能太短,因此导致转矩响应速度慢。故直接转矩控制相对矢量控制,转矩响应速度优势明显。

(3) 对牵引电动机参数的依赖程度

无论是直接转矩控制还是矢量控制,其控制模型中都涉及牵引电动机的定子电阻或转子电阻参数。定子电阻参数容易测量与修正,转子电阻参数变化对于异步电动机性能的影响较大,不便测量与修正。两种控制方式对牵引电动机参数的依赖程度有所不同,直接转矩控制采用的电压模型只需要定子电阻,但电压模型在低速时误差很大,因此低速时需要改用电流模型,电流模型包含了转子磁链,涉及转子电阻,对牵引电动机参数的依赖较多;矢量控制按转子磁链定向,容易受牵引电动机转子电阻参数变化的影响而失真。在转矩控制精度方面,直接转矩控制要高于矢量控制,但仅指平均值精度,并且误差属于同一数量级。

总体而言,直接转矩控制的动态性能优于矢量控制,但差别并不大。其基本性能比较见表 6.5。

**表 6.5　直接转矩控制与矢量控制基本性能比较**

| 性能与特点 | 直接转矩控制系统 | 矢量控制系统 |
|---|---|---|
| 磁链控制 | 定子磁链 | 转子磁链 |
| 转矩控制 | Band-Band 控制,有转矩脉动 | 连续控制,比较平滑 |
| 坐标变换 | 静止坐标变换,较简单 | 静止、旋转坐标变换,较复杂 |
| 转子参数变化影响 | 无[注] | 有 |
| 转矩响应速度 | 快 | 慢 |
| 调速范围 | 不够宽 | 比较宽 |

[注]:有时为了提高调速范围,在低速时改用电流模型计算磁链,则转子参数变化对 DTC 系统也有影响。

DTC 与 VC 这两种控制策略都存在一些不足之处,研究和开发都朝着扬其长弃短的方向发展。DTC 控制策略自问世以来,已成功应用于大功率交 — 直 — 交流传动领域,ABB 公司已将该技术应用在列车电力牵引传动系统中。DTC 在列车电力牵引领域所表现出的发展态势是其他控制方法无法比拟的,必将成为轨道列车交流传动系统发展趋势,同时在高性能、需要广调速的工业装备系统也有广阔的应用前景。

1. 何谓 PWM 控制的基本原理?何谓 SPWM 波形?
2. 分析同步调制、异步调制的作用及特点。
3. 分析 SPWM 数字控制的最有效采样控制方法及特点。
4. 分析矢量控制的基本思想及实现方法。简述坐标变换的作用及原则。
5. 试分析转子磁链的电压模型与电流模型的基本工作原理及优缺点。
6. 分析直接矢量控制与间接矢量控制的控制过程与特点。
7. 分析直接转矩控制的基本思想及控制方法。
8. 分析空间电压矢量的选择与控制以及零电压的作用。
9. 分析定子磁链轨迹的产生与控制过程。
10. DTC 与 VC 在控制方法、性能上有何异同处?各有何特点?

# 7 电力机车、EMU 交流传动系统分析

## 7.1 交流传动控制系统发展现状

20 世纪 70 年代初，德国 DE2500 型内燃机车成功研制，揭开了现代交流传动技术发展的新篇章。经过了近 10 年的完善、发展，于 20 世纪 80 年代初开始批量应用于电力机车。随着大功率变流技术的发展、控制理论和计算机控制技术的完善，交流传动技术取得了突破性的进展，轨道列车电力传动步入了交流传动时代。

目前已有众多型号的交流传动机车、动车组广泛应用于铁路牵引，交—直—交流传动技术已成为轨道列车电力传动系统发展的主体与潮流。20 世纪 90 年代初，发达国家就已完成了直流传动向交流传动系统的过渡与跨越，轨道列车牵引全面采用交流传动技术，取得了可喜的业绩。Siemens、Alstom、Bomdardier、GE 等公司相继开发了大量的干线交流传动机车、动车组，日本在 1990 年开始也陆续研制成功了交—直—交电力机车和新干线 300、500、700、800 系及 E1 ~ E5 系高速 EMU。已投入商业运行的交流传动电力机车、EMU 充分展现了其优良的牵引性能与技术经济性能，具有牵引功率大、运行速度高、电网侧功率因数高、运行可靠等优点。交流传动系统正在轨道列车牵引传动领域发挥着重要作用。

### 7.1.1 电力机车交流传动系统的发展

自交流传动技术应用于电力机车以来，随着传动技术、工艺技术的不断发展以及新材料的不断应用，国际电力机车制造行业形成了以 Siemens、Alstom、Bomdardier 为代表的机车制造巨头，陆续开发出了当代最先进的交流传动电力机车。Siemens 的 189 系列、Alstom 的 Prima 系列、Bomdardier 的 TRAXX 系列电力机车代表了当代交流传动电力机车的最高技术水平。交流传动电力机车具有很多直流传动电力机车无法比拟优点，已成为现代铁路运输业的主要牵引动力型式。具有代表性的交流传动电力机车基本性能参数见表 7.1。

1. 交流传动电力机车的技术特征

交流传动电力机车经历了开发期、发展期和成熟期，在研发平台、变流器件、模块化程度、网络控制系统、冷却方式等方面都有了很大进展，目前已经发展到了第三代。各代主要以变流器所采用的变流元件来划分，第一代主要采用快速晶闸管，第二代主要采用 GTO，第三代主要采用以 IGBT 为基础的智能化模块。

在发展中，各知名公司很重视开发平台的建设，都已形成了各具特色的技术平台。Siemens 有 Eurosprinter 平台，Alstom 有 Prima 平台，Bombardier 有 TRAXX 平台。在计算机控制与通信系统方面，Siemens 有 SIBAS 系统、Alstom 有 AGATE 系统、Bombardier 有 MITRAC 系统。欧洲机车网络通信控制均采用了符合 IEC 61375 标准的 TCN 系统。

表 7.1 知名公司生产的交流传动电力机车基本性能参数

| 制造公司 | Siemens | | Alstom | | Bombardier | | 东 芝 |
|---|---|---|---|---|---|---|---|
| 技术平台 | Eurosprinter | | 36 000 | Prima | TRAXX | | |
| 机车型号 | EG3100 | 189 | 436 000 | 42 700 | 101 | 185 | EH500 |
| 用 户 | 丹麦 | 德国 | 法国 | 法国 | 德国 | 德国 | 日本 |
| 首付日期 | 1998 | 2003 | 1989 | 2001 | | | 1997 |
| 轴 列 式 | $C_0$-$C_0$ | $B_0$-$B_0$ | $B_0$-$B_0$ | $B_0$-$B_0$ | $B_0$-$B_0$ | $B_0$-$B_0$ | $B_0$-$B_0$ |
| 轴 重(t) | 22 | 21.5 | 22.5 | 22.5 | 22 | 22 | 16.8 |
| 机车功率(kW) | 6 600 | 6 400 | 6 000 | 4 200 | 6 400 | 5 600 | 4 000 |
| 单轴功率(kW) | 1 100 | 1 600 | 1 500 | 1 050 | 1 600 | 1 400 | 500 |
| 最高速度(km/h) | 140 | 140(货)<br>230(客) | 220 | 140 | 220 | 140 | 110 |
| 额定牵引力(kN) | 400 | 270(货)<br>250(客) | 252 | 250 | | | |
| 变流元件 | GTO | IGBT | GTO | IGBT | GTO | GTO | IGBT |
| 冷却方式 | 水冷 | 水冷 | 水冷 | 水冷 | 水冷 | 树脂油 | 风冷 |
| 计算机系统 | SIBAS | SIBAS | AGATE | AGATE | MITRAC | MITRAC | |
| 电动机悬挂 | 抱轴式 | 抱轴式(货)<br>空心轴(客) | 架悬式 | 抱轴式 | 空心轴 | 抱轴式 | 抱轴式 |

交流传动电力机车采用模块化结构、部件,除变流器和计算机控制系统已充分实现了模块化外,其他主要部件也在尽力实施模块化、通用化和系列化。DB189 型电力机车可通过更换转向架实现客货机车的通用,Bombardier 的 TRAXX 平台中,TRAXX-DE 内燃机车已有 70% 的部件可与 TRAXX-AC 电力机车通用。大功率牵引变流器采用了高效、环保的水冷方式。

在机械传动方面,牵引电动机与齿轮箱实现一体化设计,取消电动机传动端的端盖与轴承。高速客运电力机车转向充分借鉴了动力集中式高速 EMU 转向架的成功经验,使其动力学性能更佳,大修周期达到 400 万 km。

2. HXD 系列电力机车基本技术特征

在"引进、吸收消化、再创新"的技术政策指导下,中国铁路实施以市场换技术战略,株洲、大连和大同机车公司积极与国外电力机车主要制造商合作、引进技术,已签署了多份技术合作引进合同,相继生产了 HXD1、HXD2、HXD3 系列电力机车。HXD 系列电力机车基本性能参数见表 7.2。

表 7.2 HXD 系列电力机车基本技术性能参数

| 型 号 | HXD1 | HXD1B | HXD2 | HXD2B | HXD3 | HXD3B |
|---|---|---|---|---|---|---|
| 合作公司 | 西门子-株洲 | | 阿尔斯通-大同 | | 东芝-大连 | 庞巴迪-大连 |
| 技术平台 | Eurosprinter | | Prima 6000 | | | TRAXX |
| 机车功率(kW) | 9 600 | 9 600 | 10 000 | 9 600 | 7 200 | 9 600 |
| 轴列式 | 2($B_0$-$B_0$) | $C_0$-$C_0$ | 2($B_0$-$B_0$) | $C_0$-$C_0$ | $C_0$-$C_0$ | $C_0$-$C_0$ |
| 轴重(t) | 23/25 | 25 | 23/25 | 25 | 23/25 | 25 |
| 轴功率(kW) | 1 200 | 1 600 | 1 250 | 1 600 | 1 200 | 1 600 |
| 主变压器(kV·A) | 2×5 280 | | 2×5 800 | | 9 006 | 11 622 |

续上表

| 型　号 | | HXD1 | HXD1B | HXD2 | HXD2B | HXD3 | HXD3B |
|---|---|---|---|---|---|---|---|
| 控制方式 | | 架控 | | 轴控 | 轴控 | 轴控 | 轴控 |
| 最大起动牵引力(kN) | | 760 | 760 | 760 | | 520/570 | 570 |
| 持续牵引力(kN) | | 494/532 | | 514/554 | | 370/400 | 506 |
| 持续速度(km/h) | | 70/65 | 70/65 | 70/65 | | 70/65 | 68.2 |
| 最高运行速度(km/h) | | 120 | 120 | 120 | 120 | 120 | 120 |
| 电气制动方式 | | 再生制动 | 再生制动 | 再生制动 | 再生制动 | 再生制动 | 再生制动 |
| 电制动功率(kW) | | 9 600 | 9 600 | 10 000 | 9 600 | 7 200 | 9 600 |
| 最大电制动力(kN) | | 461 | | 514 | | 370/400 | 480 |
| 最大电制动范围(km/h) | | 5~75 | | 5~76.6/70.6 | | 15~65/75 | 5~72 |
| 电制动恒功范围(km/h) | | 75~120 | | 76.6/70.6~120 | | 70/65~120 | 72~120 |
| 功率因数 | | ≥0.97 | ≥0.97 | ≥0.98 | ≥0.98 | ≥0.98 | ≥0.98 |
| 变流器(集成) | 变流元件 | IGBT-3 300 V | IGBT-3 300 V | IGBT-3 300 V | IGBT-3 300 V | IGBT-4 500 V | IGBT-4 500 V |
| | 中间电压 | DC1 800 V | DC1 800 V | DC1 800~2 100 V | DC1 800~2 100 V | DC2 800 V | DC2 800 V |
| | $L_2$-$C_2$ | 有 | 有 | 有 | 有 | 无 | 有 |
| | 辅助变流 | CVCF/ VVVF | CVCF/ VVVF | CVCF/ VVVF | CVCF/ VVVF | CVCF/ VVVF | CVCF/ VVVF |
| 冷却方式 | | 水冷 | 水冷 | 水冷 | 水冷 | 水+乙二醇 | 水+乙二醇 |
| 网络控制系统 | | SIBAS32-TCN | | AGATE3 WORLDFIP | | TCMS | MITRAC-TCN |
| 机车控制 | | 恒力恒速定速 | | 恒力恒速定速 | | 恒力准恒速 | 恒力准恒速 |

通过合作、技术引进，对于铁路牵引动力制造业是一次难得的发展机遇，所有引进机车均采用先进的交流传动技术、网络控制技术，这对于提升我国铁路运输装备技术水平具有积极意义，为自主研发提供技术参考，也决定了我国铁路牵引动力必然是要走交流传动之路。随着对引进技术的逐步消化、吸收，株洲、大连机车公司相继开发了具有自主知识产权的新一代交流传动电力机车，提升了我国主型电力机车的研发水平，为HXD系列增加了新成员。

HXD系列大功率干线电力机车的轴式为2($B_0$-$B_0$)和$C_0$-$C_0$，轴功率为1 200、1 600 kW，机车功率为9 600、7 200 kW，最高运行速度为120 km/h，供电制式为单相AC 25 kV/50 Hz。

纵观交流传动电力机车的技术性能指标，采用交流传动技术、计算机网络控制和现代转向架技术已成为基本配置，是衡量现代电力机车性能的主要技术标志。牵引变流器采用二电平、主辅集成水冷式变流器，变流开关元件采用IGBT，一般选用3 300 V、1 200 A或4 500 V、900 A系列。异步牵引电动机轴功率基本为1 200~1 600 kW，一般采用轴控方式。电气制动采用再生制动，将制动能量变换回送到接触网上再利用。当整台机车各轴的轮径差、轴重转移及空转等可能引起负载分配不均匀时，均可以通过牵引变流器的控制进行适当的补偿，以实现最大限度地发挥机车牵引能力。牵引控制系统采用基于TCN标准的分布式网络控制，MVB车辆总线联接机车上各相关设备，重联机车之间采用WTB列车总线联接，形成列车级、机车级和驱动(设备)级控制。

### 7.1.2 交流传动EMU技术的发展

1964年10月1日,日本东海岸新干线的开通运营,在世界铁路运输史上写下了光辉的一页,开创了高速铁路的新纪元。随着高速列车投入运行,其安全、快捷、舒适、节能、环保等优点等到充分的体现,使曾一度被贬为"夕阳产业"的铁路运输业由此得以重生。动车组技术随着科学技术的进步,在交流传动、网络控制、诊断技术及动力学等方面有了重大突破,在新工艺、新材料和信息技术的应用方面也已取得了骄人的业绩。

动车组是城际、市郊铁路实现小编组、高密度运输的高效运输工具,以其编组灵活、方便、快捷、安全可靠、舒适为特点,备受世界各国铁路运输和城市轨道交通运输的青睐。目前,各国大城市近郊客运基本上都倾向于采用动车组,向着地面铁路与地下铁路相结合、互相过轨的方向发展。动车使用比重日本最大,占87%,荷兰、英国次之,分别占83%和61%。

目前已开行200 km/h以上高速列车的国家有日本、法国、德国、英国、意大利、西班牙、芬兰、瑞典、美国、俄罗斯、韩国、中国。在高速动车组领域,至今已掌握了300 km/h及以上高速动车组制造技术的国家只有日本、法国、德国、韩国、中国等少数几个国家,真正掌握原创技术的国家只有日本、法国和德国,其水平代表着世界高速列车发展的技术水准,已形成了3种不同的技术平台。其他已开行或正在建设即将开通高速列车的国家和地区,其所采用的技术不外乎是这3种技术平台的引进与和改良。我国正在引进消化的基础上,吸收各先进技术平台之优点,构建自主创新的高速动车组研发平台。

动车组传动系统作为轨道列车牵引传动系统的一个重要组成部分,自诞生至今,经历了交—直流传动和交—直—交流传动两个阶段,交—直—交流传动已成为主流传动方式。随着电力电子技术、控制策略及控制手段的不断进步,已发展到了以IGBT元件为基础、以矢量控制或直接转矩控制为代表的新一代传动系统。在动力配置方面,一直存在着动力分散、动力集中2种模式。速度200 km/h等级的动车组,动力集中模式可以成为主要客运牵引动力模式之一。速度在250~300 km/h之间,2种模式均可应用,速度300 km/h及以上动力分散模式明显优于动力集中模式。

1. 交流传动在高速动车组中的应用

交流传动系统在新干线、TGV、ICE、G7、CRH等列车中得到了广泛应用。2007年4月3日13点(法国时间),TGVEst高速列车在巴黎东南部的一段经过特别加固的线路上进行了一次测试运行,最高运行速度速度达到了574.8 km/h,创造了新的轮轨列车试验速度记录。2009年12月以来,随着我国武广、郑西客运专线,沪宁、沪杭高铁的相继开通,CRH系列动车组不断地在创造并刷新世界最高运营速度记录,引领世界高速铁路运营速度。

新干线EMU从300系开始采用交流传动,主要有300系、500系、700系、800系以及E1~E5,最高运营速度基本在275 km/h左右。E5已于2009年12月开始试验运行,设计最高速度为360 km/h,最高运行速度为320 km/h,是不久将来日本新干线运行速度最高的列车。

法国高速铁路网供电制式采用DC 1 500 V、AC 25 kV/50 Hz。300 km/h的新建高速铁路总长1 540 km,法国境内的加来至马赛区段是世界上超过1 000 km的高速铁路运营线路之一。TGV列车经历了交-直流传动、交—直—交流传动阶段。从第二代TGV开始采用交—直—交流传动,牵引电动机采用了交流同步、异步牵引电动机。TGV技术具有延续性,铰接式车体连接是最明显的技术特征。TGV一直坚持动力集中配置模式,但从第三代开始采用动力分散模式,最高运行速度为360 km/h,命名为AGV(Automotrice Grande Vitesse)。

AGV 列车在继承 TGV 传统技术的基础上,采用了动力分散模式,商业运行时速可达 360 km/h。车厢内创新的多单元设计让乘客有更多的空间。更加注重节能环保,采用许多新技术减少噪声污染,使用可重复利用的高级材料。采用再生制动将制动能量回馈到电网并循环利用,采用永磁体同步牵引电动机,比目前列车耗能低 15% 。假如换算成石油消耗量,AGV 乘客的人均能源消耗仅相当于公共汽车的 1/3,小客车的 1/8,飞机的 1/15。AGV 的设计灵感源于战斗机,在重要性和创新方面可以跟空中客车 A380 相比,是目前世界上速度最快、空间最宽敞、最环保的列车。

正在研制的下一代高速列车,运行速度 330 ~ 350 km/h。列车防护设备有了新的改进,安装在新一代列车头车上的防护设备,可以吸收 6 MJ 以上的能量。

德国现代高速列车一开始就采用交流异步电动机驱动,ICE 一直坚持动力集中配置模式,变流器元件经历了快速晶闸管、GTO 和 IGBT 3 个阶段,相应的动车组也相继发展了三代。从 ICE3 开始,放弃了动力集中模式,采用动力分散模式。ICE1、ICE2 采用 15 kV/16(2/3) Hz 供电制式。ICE3 供电制式分单流制和多流制,改进、派生车型主要以 IGBT 元件为主。为西班牙生产的 Velaro-E 为 8 辆编组 4M4T。设计速度 350 km/h,运营速度 350 km/h,代表了西门子最先进的动车组技术,也是国际上运营速度最高、性能最稳定的动车组之一。

2. CRH 系列 EMU 的基本技术特征

CRH 系列 EMU 由 CRH1、CRH2、CRH3、CRH5 4 个基本车型组成,其中 CRH1、CRH2、CRH5 最高运行速度均为 200 km/h,CRH3 最高运行速度为 350 km/h。由于各原型车技术平台不同,在技术特征上存在着一定的差异。4 种不同技术平台的动车组均采用交流传动,变流器为四象限变流器,变流元件均采用 IGBT 元件,牵引电动机均为异步牵引电动机,控制采用 WTB、MVB 两级网络控制。

CRH 系列 EMU 基本性能见表 7.3。

**表 7.3 CRH 系列 EMU 基本性能**

| 车型 | CRH1 | CRH2 | CRH3 | CRH5 |
|---|---|---|---|---|
| 原型车 | 瑞典 AB-Regina | 新干线 E2-1000 | ICE3- Velaro-E | 芬兰 SM3 |
| 适用范围 | 城际/卧铺 | 城际/卧铺 | 城际 | 高速座车 |
| 国外技术提供方 | Bomdardier | 川崎重工 | Siemens | Alstom |
| 国内合作厂商 | BST | 四方客车 | 唐山客车 | 长春客车 |
| 编组型式 | 8 辆编组,可两编组连挂运行 | | | |
| 动力配置 | 2 × (2M + 1T) + (1M + 1T) | 4M + 4T | 4M + 4T | (3M + 1T) + (2M + 2T) |
| 动轴数 | 20 | 16 | 16 | 10 |
| 车种 | 一等车、二等车、酒吧座车合造车 | | | |
| 定员(人) | 670 | 610 | 556 | 622 |
| 运营速度(km/h) | 200 | 200 | 300 | 200 |
| 试验速度(km/h) | 250 | 250 | 330 | 250 |
| 牵引功率(kW) | 5 300 | 4 800 | 8 800 | 5 500 |
| 车体型式 | 不锈钢车体 | 大型中空型材铝合金车体 | | |
| 转向架 | H 形无摇枕、转臂式定位、空气弹簧 | | | |

续上表

| 车型 | CRH1 | CRH2 | CRH3 | CRH5 |
|---|---|---|---|---|
| 轴重(t) | ≤16 | ≤14 | ≤17 | ≤17(动)/16(拖) |
| 受流电压制式 | AC25 kV/50 Hz | | | |
| TM 功率(kW) | 265 | 300 | 562 | 550 |
| 制动方式 | 直通式电空制动+再生制动 | | | |
| 辅助供电制式 | 3AC380 V50 Hz<br>DC110 V | DC100 V、3AC400 V<br>单相 AC100 V/220 V | 3AC440 V<br>DC110 V | 3AC380 V50 Hz<br>DC24 V |
| 列车网络控制 | 车载分布式计算机网络系统 | | | |

## 7.2 HXD 系列电力机车交流传动系统分析

HXD 系列电力机车已有 9 种车型,来自于 4 个不同技术平台,按照轴功率分为 1 200 kW 和 1 600 kW 2 个类别,按照轴列式分为 2($B_0$-$B_0$)和 $C_0$-$C_0$ 两种,机车功率为 7 200、9 600 kW,最高运营速度为 120 km/h。其中 HXD1C、HXD2C、HXD3C 是在吸收消化基础上自主研发的新车型,采用 $C_0$-$C_0$ 轴式、轴功率 1 200 kW,机车功率为 7 200 kW。HXD 系列电力机车采用二电平变流器与异步牵引电动机组合的交流传动系统、主变流器采用集成水冷 IGBT 机组,动力制动采用再生制动,控制系统采用网络控制。

### 7.2.1 HXD1、HXD2 型电力机车交流传动系统

HXD1、HXD2 型电力机车为大功率干线货运机车,采用分布式网络控制、再生制动技术,代表了世界重载快捷货运牵引机车的先进水平。它由 2 节完全相同的四轴电力机车通过重联组成八轴重载货运电力机车,总功率为 9 600 kW,最高运营速度为 120 km/h,单节轴式为 $B_0$-$B_0$,轴重为 23 t/25 t 可调,可满足 2 万 t 重载列车的牵引。每节车为一完整系统,设有一个司机室。HXD1 型电力机车技术来自于西门子的 Eurosprinter 技术平台,HXD2 型电力机车技术源自于阿尔斯通的 Prima 6000 平台。

1. HXD1、HXD2 型电力机车变流器

HXD1、HXD2 型电力机车变流器采用集成结构,将主变流器和辅助变流器集成在一起。主变流器采用两电平变流器,变流元件采用额定电压为 3 300 V 的 IGBT 变流模块,中间直流电压为 1 800 V,采用 LC 谐振电路消除 2 倍频谐波电流。

(1)HXD1 型电力机车变流器

HXD1 型电力机车采用架控方式,每节机车有一套完整的电力传动系统,由 1 台主变压器、二套四象限变流器组成。主变压器拥有 1 个原边绕组、4 个副边牵引绕组和 2 个二次谐振电抗器。变流器由四象限斩波器(4QC)、独立的中间直流环节和 PWM 逆变器组成。变流器性能参数为:额定输入电压 970 V/50 Hz,额定输入电流 1 510 A。中间直流电压 1 800 V。额定输出电压 3AC 1 285 V,额定/最大输出电流 1 260/1 628 A。每台转向架上的 2 台三相异步牵引电动机作为一组负载,由 1 个 PWM 逆变器供电。两路中间直流环节相互独立,整车牵引力有 75% 的冗余,从而提高机车的可利用率。中间直流电路环节还连接有 2 倍频谐波吸收电路、过压保护电路、接地检测电路。其动力制动采用再生制动。

四象限变流器采用 Siemens AG、A&D 生产的水冷 IGBT 模块 SIBAC BB SP1500WL,额定电

压 1 800 V,额定电流 2 000 A,最大电流 3 800 A,模块电压等级为 3.3 kV。四象限斩波器与逆变器的 IGBT 模块允许互换。每节机车有 1 个变流器柜,每柜含 2 个主变流单元(2 组四象限整流器 +1 组主逆变器)和 1 个辅助逆变单元。HXD1 型电力机车主电路如图 7.1 所示。

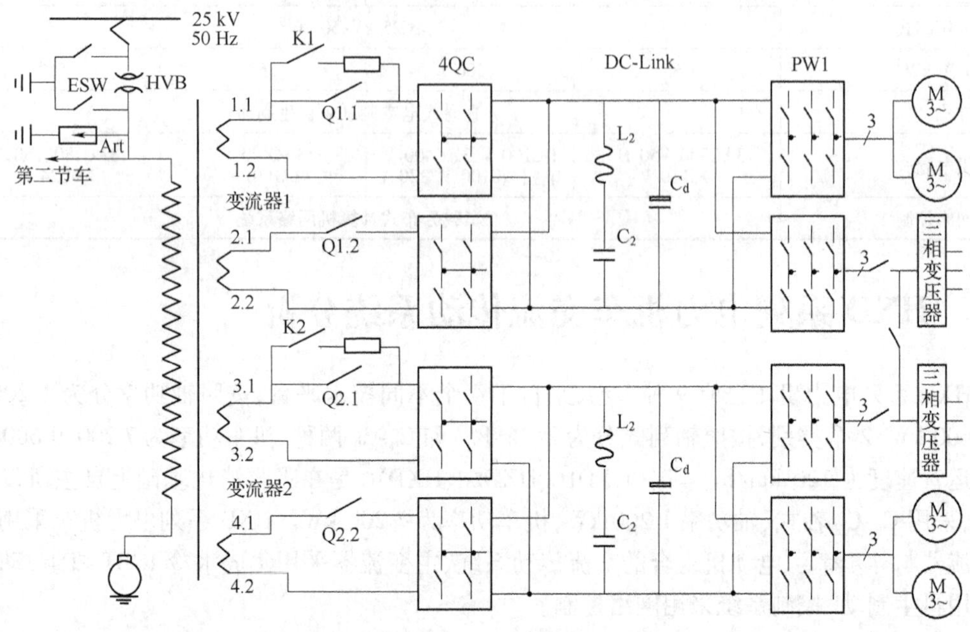


图 7.1　HXD1 型电力机车主电路原理

HXD1 型辅助电源采用中间直流环节供电,经辅助逆变器和辅助变压器变为 3AC440 V、60 Hz,供给辅机使用。主变压器无单独的辅助绕组,辅助 PWM 逆变电源集成在牵引逆变器中。辅助电源系统提供 CVCF、VVVF 两种三相交流电源,供给不同的负载。三相交流辅助供电采用冗余设计,两个辅助逆变器输出可进行转换。当一个辅助逆变器模块出现故障,另一个将承担所有负载,此时所有辅助设备都以 CVCF 方式工作,将自动重新配置负载,并通过显示器通知司机。为改善辅助电源品质,增加了辅助变压器及滤波环节。牵引电动机、牵引变流器、主变压器通风量根据实际需要自动调节,达到节能之目的。辅助电源输出电压等级为 3AC440 V/60 Hz,3AC80 ~440 V、10 ~60 Hz,3AC230 V/60 Hz,AC230 V/60 Hz。

过分相区时辅助电源无间断,改善了辅助电动机工作条件,改善了司乘环境。

控制电源采用多模块组合电源,具有高冗余度。

(2)HXD2 型电力机车变流器

HXD2 型电力机车采用轴控方式,每节机车有 4 套相互独立的牵引变流器,每套变流器为 1 台牵引电动机供电。每套牵引变流电路由四象限整流器、中间直流电路、三相逆变器组成。功率元件采用水冷 IGBT,通过 FIP 网络与控制电路交换信息。每节机车有 2 个变流器柜,每柜含 2 套牵引变流单元,辅助变流器含在主变流柜内。

HXD2 型电力机车牵引变流器主要技术参数:额定输入电压 AC900 V、额定输入电流 1 660 A。中间直流电压 1 800 V。额定输出电压 3AC1 390 V、额定/最大输出电流 620/1 900 A,输出频率 0 ~141 Hz。

HXD2 辅助变流器由 2、3 轴主变流器中间直流环节供电,提供 DC1 800 V 电源。通过降压斩波器将其变换为 DC504 V,经过滤波环节,由辅助逆变器变换为 3AC380 V,通过电抗器滤波后供给辅机使用。每节机车具有 CVCF、VVVF 输出的2 套辅助变流装置,CVCF 输出主要为泵类负载供电, VVVF 输出主要为风机类负载供电。每套辅助变流器包括降压斩波器、电压型逆变器、中间直流电路。2 套辅助变流器具有冗余功能,当其中一套辅助变流器发生故障时,其负载可自动转至另一套辅助变流器上,机车仍能保持满功率正常运行。

HXD2 辅助电源为 3AC380 V/50 Hz,额定功率 150 kW,采用由 IGBT 元件组成的辅助逆变机组,机车控制电源为 DC110 V。

2. 网络控制系统

HXD1 采用 SIBAS 计算机网络控制、TCN 列车总线结构,每节机车内部采用 MVB 车辆总线,2 节机车间采用 WTB 列车总线。HXD2 采用 PRIMA FIP 计算机网络控制系统。

(1)HXD1 型电力机车网络控制系统

HXD1 型电力机车控制系统是基于西门子铁路自动化系统 SIBAS32 和 TCN 列车通信网络技术的成熟产品,每节车内由 MVB 总线把所有的 SIBAS 系统、分散动力设备(LOCOTROL)和制动控制单元(CCBII)连接在一起。制动系统的显示屏和制动控制单元由其内部的总线系统连接。整个系统集成了机车重要的开环/闭环控制及故障诊断功能,结构清晰,部件可靠耐用。

HXD1 型电力机车控制系统由 CCU、TCU、I/O 和 MMI 等几部分组成。CCU 中央控制单元就是管理机车控制系统,车辆控制系统中更高级的控制与监控功能由 CCU 直接执行;TCU 牵引控制单元负责电力传动设备的开环/闭环控制,同时集成了对 PWM 辅助逆变器的控制。I/O离散式输入输出系统减少了车辆配线的数量,从而提高了机车控制与诊断系统的性能。对于不直接与 MVB 连接的设备和部件,它们发出的信号可以被离散地检测和控制;MMI 列车司机的人机界面由一个显示器组成,该显示器是 SIBAS 控制与轨道车辆诊断设备的人机界面,为司机提供功能检测信息或机车故障信息,并提供可能的解决措施。HXD1 型电力机车控制系统拓扑结构如图 7.2 所示。

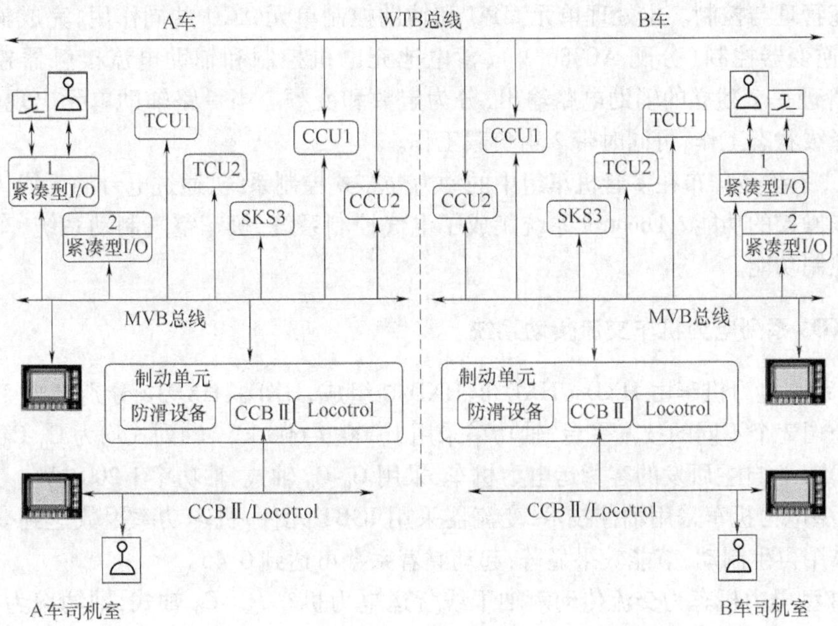


图 7.2 HXD1 型电力机车网络控制系统拓扑结构

HXD1 型电力机车控制系统能够对机车各部分进行控制，主要完成如下控制功能：恒力矩、恒速和定速控制功能，机车重联控制，主断路器自动闭合功能，空转、滑行保护，黏着利用控制，轴重转移补偿控制，牵引电机在牵引和制动条件下的最大电流限制控制，自动过电分相控制等。

(2)HXD2 型电力机车控制系统

HXD2 型电力机车采用 PRIMA FIP 计算机网络控制系统，网络控制结构如图 7.3 所示。控制系统由主处理单元 MPU、远程输入/输出单元 RIOM、显示单元 DDU、牵引控制单元 TCU、制动控制单元 BCU、Locotrol 系统等组成。

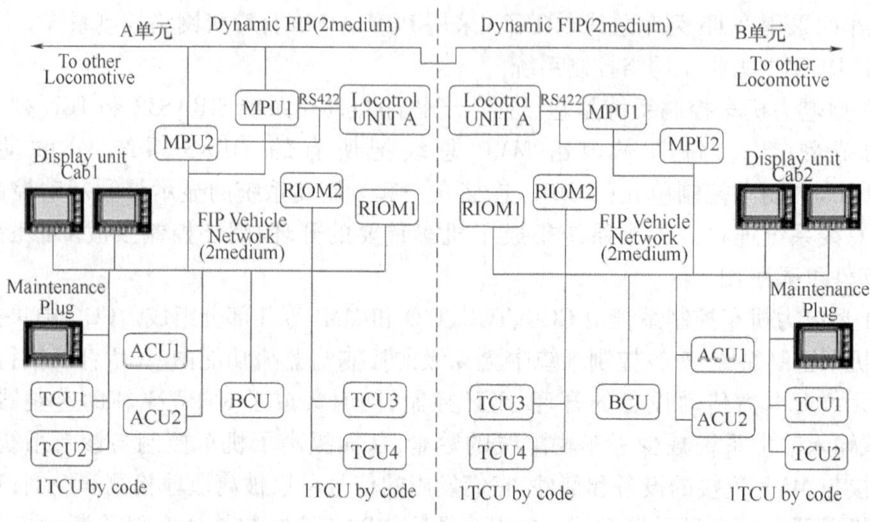


图 7.3 HXD2 型电力机车网络控制系统拓扑结构

主处理单元 MPU 和牵引控制单元 TCU 一起主要完成牵引控制功能，对动力主回路中的各部件实施管理与控制。主处理单元 MPU 和辅助控制单元 ACU 共同作用，完成辅助斩波器控制、辅助逆变器控制(分配 AC380 V)、蓄电池充电机控制和辅助电流接触器控制。每个 ACU 单元管理一个独立的辅助电路输出，分为定频和变频。当一路辅助单元出现故障时，另一路可为降级状态工作，可同时带 2 组负载工作。

Locotrol 系统是分布在多台机车组中的动力分布式控制系统，通过电台的无线传输达到多台机车同步操控的功能。Locotrol 系统集成了电气控制系统、机车空气制动系统、车辆空气制动系统的控制功能。

### 7.2.2 HXD3 系列电力机车交流传动系统

HXD3 系列电力机车由 HXD3、HXD3B、HXD3C 组成，HXD3、HXD3B 分别来自于东芝公司和庞巴迪公司 2 个不同的技术平台，轴功率采用 1 200、1 600 kW，轴列式均为 $C_0$-$C_0$，采用轴控方式。HXD3C 为自主研发的客货运电力机车，采用 $C_0$-$C_0$ 轴式、轴功率 1 200 kW。

HXD3 型电力机车采用轴控技术，变流器采用 IGBT 元件，机车功率因数达到 0.98 以上。动力制动采用再生制动，节能效果显著，起动黏着系数可达到 0.45。

HXD3B 型电力机车为交流传动六轴干线货运电力机车，$C_0$-$C_0$ 轴式，轴功率为1 600 kW，采用大功率水冷 IGBT 变流器，最高运行速度为 120 km/h。牵引变流器由 3 组 IGBT 水冷变流器组成，每组变流器内集成 1 台由中间直流回路供电的辅助变流器，分别提供 2 组 VVVF 和 1

组 CVCF 三相辅助电源,对辅助机组进行分类供电,该系统冗余性强,在机车通过电分相区时辅助系统可以维持供电。采用单轴控制技术对 1 632 kW 大转矩异步牵引电动机实施控制,具有起动牵引力大、恒功率速度范围宽、黏着性能好、功率因数高等特点。机车控制系统采用分布式计算机网络控制系统,实现了逻辑控制、自诊断功能。采用基于 TCN 网络标准的结构形式,通过 TCN 车辆总线连接各相关设备,重联机车之间采用 WTB 列车总线连接,实现了机车的网络重联功能。HXD3B 型电力机车是目前世界上单机功率最大、技术水平高、性能指标先进的交流传动电力机车。

HXD3 系列电力机车交流传动系统除轴功率不同外基本相同,变流器都采用 IGBT 元件构成的二电平电路,采用矢量控制模式对牵引电动机转矩进行控制,使异步牵引电动机具有快速反应的动态性能,实现了对机车每台牵引电动机的独立控制。但也存在一些差异,主要体现在中间直流环节中对 2 倍频谐波的处理方式不同,HXD3B 型电力机车沿用欧美技术风格,采用 LC 谐振电路,而 HXD3 型电力机车传承日本技术传统,取消 LC 谐振电路,改用软件控制逆变器的方式进行 2 倍频谐波消除,具有一定的特色。

下面将以 HXD3 型电力机车为样本,围绕主电路、辅助电路和控制电路对其交流传动系统进行详细分析。

### 7.2.3 HXD3 型电力机车主电路分析

主电路由原边网侧电路、主变压器、牵引变流器、牵引电动机、主电路保护电路及库内动车电路等组成。HXD3 型电力机车主电路原理如图 7.4 所示。

1. 原边网侧电路

网侧电路由 2 台受电弓 AP1、AP2、2 台高压隔离开关 QS1、QS2、1 台高压电流互感器 TA1、1 台高压电压互感器 TV1、1 台主断路器 QF1、1 台高压接地开关 QS10、1 台避雷器 F1、主变压器原边绕组 1U-1 V、1 个低压电流互感器 TA2 和接地回流装置 EB1 ~6 等组成。接触网电流通过受电弓 AP1 或 AP2 引入机车,经高压隔离开关 QS1 或 QS2 和主断路器 QF1,通过大 A 端子进入车内,经 25 kV 高压电缆由车内至车下,穿过 TA1 与主变压器原边 1U 端子相连,经过主变压器原边,从 1 V 端子流出,穿过 TA2 与车体“地”相连,通过 6 个并联的接地装置 EB1 ~ EB6 从轮对流向钢轨,最后沿着钢轨及回流线流入牵引变电所变压器中性点,形成网侧高压电路的闭合回路。

(1)电能计量电路

通过采集原边低压电流互感器 TA2 和高压电压互感器 TV1 提供的电流和电压信号来实现电能的计量。电能计量选用了爱尔斯特(ELSTER)公司生产的智能型电度表,可用于机车牵引、再生电能的计量,电度表设有屏显窗口和切换按钮,通过按钮切换,可以进入不同的状态模式(滚动模式、标准模式、ABL 模式),进行信息量的查询,电度表既可查询近期每天的电能消耗及能量的反馈,还可查询当时的原边电压、电流及功率因数等。

(2)高压电气连锁保护电路

司乘人员上、下顶盖时要打开或关闭机械室天窗,或者对高压电器进行检查时需要打开柜门,为了确保安全,设置了高压互锁功能。高压接地开关 QS10 上配有 1 把蓝色钥匙和 2 把黄色钥匙,其中蓝色钥匙可以控制受电弓的升弓气路,黄色钥匙可以打开机械室天窗或高压电器柜门,通过它们与接地开关的连锁控制,实现机车的高压电气安全互锁功能。机车正常运行时,高压接地开关 QS10 置运行位,此时蓝色钥匙可以拔出,插入管路柜上的升弓气路阀,保

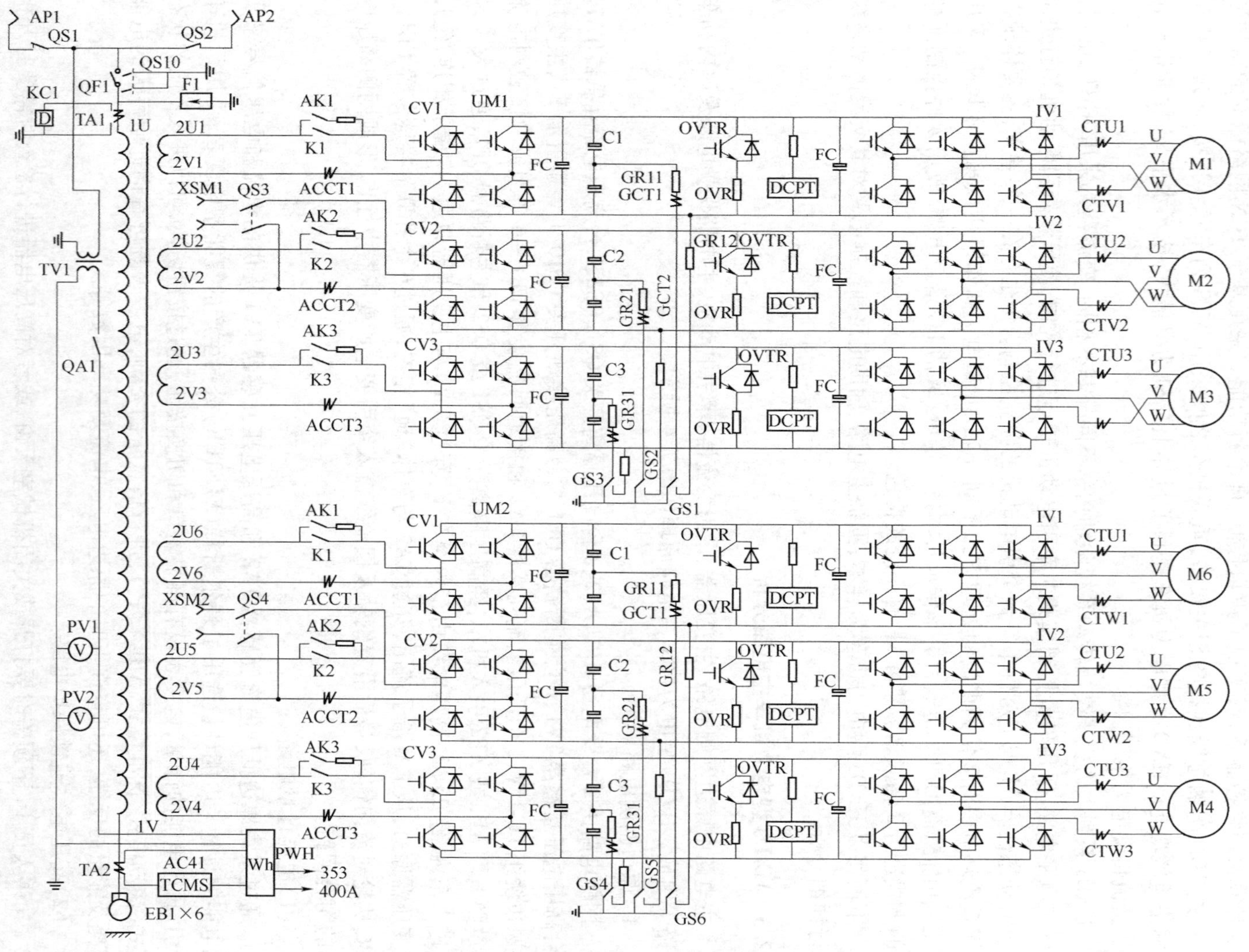


图 7.4 HXD3 型电力机车主电路原理

证受电弓的气路连通,同时 QS10 的辅助连锁触点闭合(信号 425 得电),为主断路器闭合提供了必要条件。

机车需要打开顶盖或电器柜柜门进行检修时,首先断开主断路器并降弓,然后将空气管路柜上的蓝色钥匙旋转拔除,切断升弓气路;将蓝色钥匙插入接地开关 QS10 并向右旋转,然后将接地开关旋至接地位,保证车顶设备可靠接地,此时旋转黄色钥匙并拔出,可以打开车顶盖或高压电器柜门。

2. 主变压器

HXD3 型电力机车主变压器采用轴向分裂、心式卧放、下悬式安装的一体化多绕组变压器,具有高阻抗、质量轻等特点。采用真空注油、强油风冷、氮气密封等特殊的工艺措施,延长变压器的绝缘寿命。

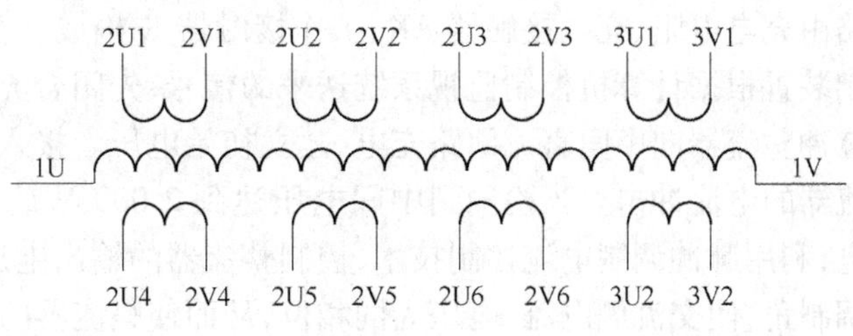

图 7.5　主变压器绕组结构示意图

主变压器的 6 个 1 450 V 牵引绕组分别用于 2 套主变流器的供电。2 个 399 V 辅助绕组分别用于辅助变流器的供电。辅助变流器的中间直流回路还同时给 110 V 电源充电模块供电,辅助变流器 APU2 的输出还经过隔离变压器,给司机室各加热设备及低温预热回路提供 AC220 V 和 AC110 V 电源。主变压器主要技术参数见表 7.4、表 7.5。变压器绕组结构如图 7.5 所示。

**表 7.4　主变压器技术参数(一)**

| 型　号 | FPWR1 | 额定频率(Hz) | 50 | 网压范围(kV) | 17.5 ~31 |
|---|---|---|---|---|---|
| 空载电流 | 0.26% | 空载损耗(W) | 2 600 | 负载损耗(kW) | 224 |
| 冷却方式 | 强迫油循环风冷 | 通风量($m^3$/h) | 234 000 | 油流量($m^3$/h) | 48 |

**表 7.5　主变压器技术参数(二)**

| 参　数 | 高压绕组(1U-1V) | 牵引绕组(2U-2V) | 辅助绕组(3U-3V) |
|---|---|---|---|
| 额定电压(V) | 25 000 | 1 450 | 399 |
| 额定电流(A) | 360 | 966 ×6 | 759 ×2 |
| 标称容量(kV · A) | 9 006 | 1 400 ×6 | 303 ×2 |
| 短路阻抗(%) | | 46 | 18.5 |

3. 牵引变流器

HXD3 型电力机车采用集成变流器,装于 2 个变流器箱内构成 2 套变流器 UM1 和 UM2。每套变流器含有 3 组牵引变流器和 1 组辅助变流器,3 组牵引变流器为 1 台转向架上的牵引电动机供电。UM1 和 UM2 分别由主变压器的牵引绕组 2U1-2V1、2U2-2V2、2U3-2V3 和 2U4-2V4、2U5-2V5、2U6-2V6 供电。6 组牵引变流器经过整流、逆变后,分别为牵引电动机 M1、M2、M3、M4、M5、M6 供电。当任何一组或几组牵引变流器电路出现故障时,均可通过故障隔离开关进行隔离,实现整车的冗余控制。

HXD3 型电力机车每组牵引变流器主要由四象限整流器、中间直流电路和牵引逆变器组成。变流器开关元件选用 IGBT,采用强制循环水冷技术,具有冷却效果好、无污染、质量轻、结构上维修方便等特点。冷却液采用亚乙基二醇纯水溶液,确保在 -40℃时不冻结。牵引变流器的冷却液和主变压器的冷却油经过复合冷却器循环，依靠复合冷却器风机进行强制风冷。牵引变流器结构紧凑，便于设备安装，其性能适应货运电力机车大牵引力的特点。

(1)四象限脉冲整流器

四象限脉冲整流器的作用是向牵引电动侧的逆变器提供一个相匹配的恒定直流电压源，采用 PWM 方式，通过对开关元件 IGBT 的 PWM 控制，将变压器牵引输出的 AC1 450 V/50 Hz 的单相交流电整流为 DC2 800 V。它由前级电路和四象限脉冲整流电路 2 部分组成。前级电路由充电电阻、充电接触器 AK、工作接触器 K 构成。在牵引变流器工作前，牵引变流器的控制装置根据计算机控制监视系统送来的信号，先闭合充电接触器，经过充电电阻限流，四象限脉冲整流器向中间直流回路充电，建立初始电压。接入充电电阻的目的是减少四象限脉冲整流器的电流冲击。当检测到中间电压达到 2 000 V 后，闭合线路接触器，继续向直流环节充电，利用脉冲调制电流控制技术，控制整流器的输出电压稳定在直流 2 800 V。通过调整脉冲调制角，使交流侧电流、电压为同相位，从而使整流器的功率因数接近于 1。

HXD3 型电力机车中，6 组四象限整流器的调制波相位是一致的，但载波的相位不一致，依次相差 30°、60°…180°，从而达到消除谐波和提高功率因数之目的，使机车的基波功率因数接近于 1，还可以保证等效干扰电流 $J_p \leqslant 2.5$ A。

(2)中间直流环节

中间直流电路是介于四象限脉冲整流器和牵引电动机侧逆变器之间的中间环节，由支撑电容、电压检测单元、瞬时过电压限制电路和主接地保护电路组成。中间电压支撑电容主要稳定中间回路电压，同时可对四象限脉冲整流器和逆变器产生的高次谐波进行滤波。电压检测单元由 DCPT 和分压电阻组成，实时检测中间电压，按变换比将输出模拟电压信号接入控制单元，正确反映主回路直流电压。DCPT 是一直流电压传感器，输入电流 10 mA、输入电压 25 V、输入阻抗 2.5 kΩ，输出 10 V/2 kΩ、隔离电压 AC10 kV。瞬时过电压限制电路由 IGBT 和限流电阻 OVR 组成。当电压传感器检测到中间电路过电压时，使 IGBT 导通，通过限流电阻构成放电回路，以降低电压、保护电路元件。主接地保护电路由跨接在中间回路的 2 个串联电容和 1 个接地电流传感器组成，由中性点引线经限流电阻接地。使用电流传感器可以检测到交流输入侧、直流侧以及三相交流输出侧的接地短路故障电流。每套变流器机组分别含 3 组接地保护电路，可以分别对 3 组交—直—交流牵引电路进行监测和保护，接地检测信号送 TCMS，进行故障显示。接地保护开关 GS1 ~ GS6 设在控制电器柜上，可进行故障切换运行。

网侧变流器输入为单相工频交流电，功率因数接近于 1，在中间直流回路中将产生 2 倍于(100 Hz)输入电源频率的脉动电流，必须要设法消除它。对于 2 倍频谐波可采用硬件谐振电路或软件控制的方法都能消除。通过二次谐振回路可以滤除二次谐波电压的影响，实现电动机侧变流器与网侧变流器的解耦，可大幅度抑制电动机电流脉动和转矩脉动现象，降低电动机损耗。软件控制消除是通过逆变器的软件控制，调节逆变器频率，使逆变器输出电压在正负周期的电压时间乘积趋于相等，来消除二次谐波电压的影响，大幅度抑制电动机电流脉动和转矩脉动。欧美国家生产的电力机车一般是通过设置 LC 滤波器来消除 2 倍频谐波，而日本生产的电力机车及 EMU 都不采用硬件谐振电路，采用软件控制逆变器的输出电压来消除。HXD3 型电力机车未设置中间二次滤波回路环节，HXD3B 型电力机车采用了 LC 谐振电路来消除 2 倍频谐波电流，谐振电抗器的电感为 0.55mH。

(3)PWM 逆变器

HXD3 型电力机车采用轴控方式，牵引逆变器采用 IGBT 元件组成的 PWM 逆变单元，整车的6个牵引逆变器分别向6台牵引电动机供电。采用矢量控制模式对牵引电动机转矩进行控制,使异步牵引电动机具有快速反应的动态性能,实现了每台牵引电动机的独立控制。当各轴因轮径差、轴重转移以及空转等可能引起负载分配不均匀时,均可以通过控制牵引变流器进行适当的补偿,提高黏着利用率和实现空转滑行保护控制,以实现最大限度地发挥机车牵引力。

HXD3型电力机车牵引逆变器基本技术参数为:输入电压DC2 800 V,额定输出电压3AC2 000 V、额定输出电流382 A、输出频率0~120 Hz。

HXD3型电力机车采用东芝公司生产的IGBT功率模块,由上、下桥臂的2组IGBT元件和反并联二极管构成,包括冷却元件的水冷散热片和控制IGBT栅极电压的门放大器基板。四象限整流器是由U相、V相2个功率模块构成,逆变器是由U相、V相、W相3个功率模块构成。四象限整流器和逆变器的电流值不同,四象限整流器模块是由2个IGBT元件并联后组成,逆变器模块则是由单个IGBT元件构成,因此四象限整流器和逆变器的功率模块不能互换,但是它们都采用额定值为4 500 V/900 A的IGBT元件,因此模块内的元件是可以互换的。

运用、检修、维护时,都是以模块形式进行更换,然后送专业厂家进行维护检修。

4. 牵引电动机

HXD3型电力机车采用东芝公司设计的异步牵引电动机,根据电压型PWM逆变器供电的特点进行特殊设计,以保证在PWM逆变器的整个输出电压、频率范围内电动机的脉动转矩、损耗和噪声均能满足铁路牵引运用要求。牵引电动机基本技术参数见表7.6。

**表7.6 HXD3型电力机车牵引电动机性能参数**

| 型　号 | SEA-107/YJ85A | 额定功率 | 1 250 kW | 额定电压 | 3AC2 150 V |
|---|---|---|---|---|---|
| 额定电流 | 390 A | 额定频率 | 46 Hz | 额定转速 | 1 365 r/min |
| 最高运行转速 | 2 662 r/min | 最高转速 | 3 195 r/min | 极数 | 4 |
| 额定转差率 | 1.4% | 额定功率因数 | 0.91 | 绝缘等级 | 200级 |
| 冷却风量 | 96 $m^3$/min | 齿轮传动比 | 4.81(101/21) | 总质量 | 2 600 kg |

5. 主电路保护电路

主电路保护除原边过流保护、瞬时过电压保护及接地保护外,在牵引变流器内,还设立了多种保护功能,以保证牵引变流器和整车的安全运行。

(1)水冷却系统保护

牵引变流器的冷却系统是由复合冷却器的水—空气热交换器、联管、阀门、储水箱、水泵、塞门、流量计、冷却介质等组成。利用去离子水和乙二醇的混合冷却介质通过热交换器,对IGBT器件进行冷却,具有很好的冷却效果。在冷却系统中,通过流量计监测冷却水的流速,实现牵引变流器进口水压监测和失压保护;通过监测水—空气热交换器风速,实现牵引变流器水冷却保护;通过热敏电阻温度继电器对元件监测,实现牵引变流器进出口水温的监视和保护;通过水位计,对储水箱的水位进行监视和低于最低许用水位保护。

(2)过电流保护及牵引电动机过载保护

在每一组牵引变流器的输入回路中,设有输入电流互感器ACCT,起控制和监视变流器充电电流及牵引绕组短路电流的作用,其动作保护值为1 960 A(10 μs或1 ms)。

在每一组牵引变流器的输出回路中,设有输出电流互感器CTU、CTW,对牵引电动机过载以及三相负载不平衡起控制和监视保护作用,牵引电动机过载保护的动作值为1 400 A(10 μs或1 ms)。

当每一组牵引变流器的输入、输出回路中的电流达到或超过各自保护动作值时,保护系统将四象限脉冲整流器和逆变器的门极封锁,输入回路中的工作接触器断开,同时向计算机控制系统发出跳主断的信号。通过按复位开关恢复;每种故障如果在 3 min 内连续发生 2 次,此故障将被锁定,必须切断 CI 的控制电源,才能恢复正常。

(3)牵引变流器接地保护

牵引变流器的接地保护系统由跨接在中间回路的 2 个串联电容和 1 个接地信号检测传感器组成。当主牵引回路工作正常时,由于只有一点接地,接地保护电路中流过的电流为零,接地信号检测传感器无信号输出。

当主电路在某一点接地时则形成回路,接地检测回路有故障电流流过,传感器输出电流信号,使保护装置动作,其动作保护值为 10 A(1 ms 和 150 ms)。保护发生时,四象限脉冲整流器和逆变器的门极均被封锁,输入回路中的工作接触器断开,同时向计算机控制系统发出跳主断的信号。此时司机可将故障支路的变流器切除,机车还剩 5/6 的牵引动力,继续维持机车运行,回段后再处理,或者确认只有一点接地,也可将控制电器柜上对应的接地开关打至中立位,继续维持机车运行,回段后再作处理。

(4)原边过压、欠压保护

当原边网压高于 32 kV 且持续 10 ms 或者是高于 35 kV 且持续 1 ms 时,CI 被保护,四象限脉冲整流器和逆变器的门极均被封锁,输入回路中的工作接触器断开,同时向计算机控制系统发送原边过压的信息。

当原边网压低于 16 kV 且持续 10 ms 时,CI 被保护,四象限脉冲整流器和逆变器的门极均被封锁,输入回路中的工作接触器断开,同时向计算机控制系统发送原边欠压的信息。

(5)瞬时过电压保护

当机车出现空转、滑行或者因受电弓离线造成网压中断时,牵引变流器的中间回路上可能会出现瞬时过电压。为了防止这种过电压对变流器造成损坏,在中间直流回路设有瞬时过电压限制电路,由 IGBT 元件 OVTR 和限流电阻组成。这是一种多次重复方式的保护方法。当过电压出现时,该 IGBT 将导通,直流回路能量经限流电阻放电和释放,消除过电压。

(6)牵引变流器中间直流回路电压保护

监测牵引变流器中间直流回路电压传感器 DCPT 的输出,当牵引变流器的中间直流回路电压大于等于 3 200 V 或小于等于 2 000 V 时,中间回路瞬时过电压保护环节动作,四象限脉冲整流器和逆变器的门极均被封锁,输入回路中的工作接触器断开(库内动车除外)。

牵引变流器内部的控制电源发生故障时,通过计算机系统内部检测实施保护,四象限脉冲整流器和逆变器的门极均被封锁,输入回路中的工作接触器被断开。

(7)对牵引变流器元件的保护

通过监测牵引变流器元件门极放大器的工作状态,进行短路保护 CFDC/CFDI。当门极电压出现不一致时,说明器件短路,四象限脉冲整流器和逆变器的门极均被封锁,输入回路中的工作接触器断开,同时向计算机控制系统发出跳主断的信号。

(8)牵引变流器的检修安全联锁保护

在检查或操作牵引变流器之前,必须要断开真空主断路器、降下受电弓,然后闭合主变流器的试验开关,通过司机台上的计算机显示屏确认设备内的电容器已放电完毕后(电压小于 36 V),才能进行检查操作,否则中间回路的支撑电容上有很高的电压,若没有及时放电,会危及人身安全。

6. 库内动车电路

HXD3 型电力机车共设置 2 个主电路入库插座和主电路入库转换开关,方便机车库内动车的需要。库内电源通过单相插座送到第 2 位或第 5 位牵引电动机的主变流器环节,进行库内动车作业。此时,主变流器的整流部分工作在相控工况。该库内电源设备采用与辅助回路共用一套电源的模式,设计容量为 300 kV · A,输出为 600 V 直流电源,考虑到单相 380 V 会造成系统供电不平衡,因此采用三相 380 V 的供电模式。当需要用第 2 位牵引电动机 M2 动车时,在主电路入库插座 XSM1 处接入库内动车电源引线,转换主电路入库转换开关 QS3,再闭合地面电源,通过操纵司机控制器,机车便可以向前、后移动。当需要用第 5 位牵引电动机 M5 动车时,在主电路入库插座 XSM2 处接入库内动车电源引线,转换主电路入库转换开关 QS4,再闭合地面电源,通过操纵司机控制器,机车便可以向前、后移动。

### 7.2.4 HXD3 型电力机车辅助电路分析

电力机车辅助系统是为机车牵引、制动工况提供保障条件,包括通风、冷却、空调等。辅助变流系统属于机车自用电部分,为机车辅助系统提供三相交流电源。HXD3 型电力机车的辅助电路由辅助变流器供电电路、110 V 充电电源模块电路、辅助加热装置电路和辅助电路的保护电路等 4 部分组成。辅助电路如图 7.6 所示。

1. 辅助变流器及供电电路

HXD3 型电力机车辅助变流系统采用二电平交—直—交流变流器,将来自于主变压器辅助绕组的单相交流电能变换为三相 PWM 电压输出,通过滤波电感和滤波电容的平波整形作用,获得准三相正弦波电压,供给辅助电动机驱动辅助装置运转。辅助变流器供电电路主要由辅助变流器、滤波装置和负载电路 3 部分组成。

(1)辅助变流器(APU)

HXD3 型电力机车辅助变流器由四象限脉冲整流器、中间直流回路和二电平 PWM 逆变器组成。变流元件采用 IGBT 元件。UA11、UA12 的脉冲整流器由主变压器二次侧 3U1-3V1 和 3U2-3V2 线圈供电,将单相交流电转换为电压恒定的直流电,供给逆变器单元将其转换为三相交流电,对辅助电动机分类按 CVCF 或 VVVF 供电。APU 基本性能参数为:额定输入电压 AC399 V/50 Hz,额定容量 230 kV · A/每套,功率因数 PF 0.85;CVCF 输出电压 380 V/50 Hz;VVVF 输出电压 2 ~ 380 V、输出频率 0.2 ~ 50 Hz。

在正常情况下,辅助变流器 UA11、UA12 全部工作,基本上以 50% 的额定容量工作。UA11 以 VVVF 方式工作,UA12 以 CVCF 方式工作,分别为机车辅助电动机供电。UA11、UA12 分别同 2 套主变流器安装在一起,组成功率变流柜。辅助变流器单独采用强制风冷方式。当某一套辅助变流器发生故障时,不需要切除任何辅助电动机,另一套辅助变流器可以承担机车全部的辅助电动机负载。此时,该辅助变流器按照 CVCF 方式工作,确保机车辅助电动机供电系统的可靠性。

(2)交流滤波装置

交流滤波装置是由滤波电感、电容组成的三相低通滤波器,其作用就是将辅助变流器输出的三相 PWM 电压波形整形成准正弦三相电压波形。低通滤波电抗器采用 60 Hz、380 μH、350 A电感;滤波电容采用 3AC380 V,3 × 300 μF 交流电容器。滤波器输入、输出电压均为(2 ~ 380)V/(0.2 ~ 50)Hz,输入、输出电压波形分别为 PWM 正弦波、正弦波。

(3)辅助变流器的负载电路

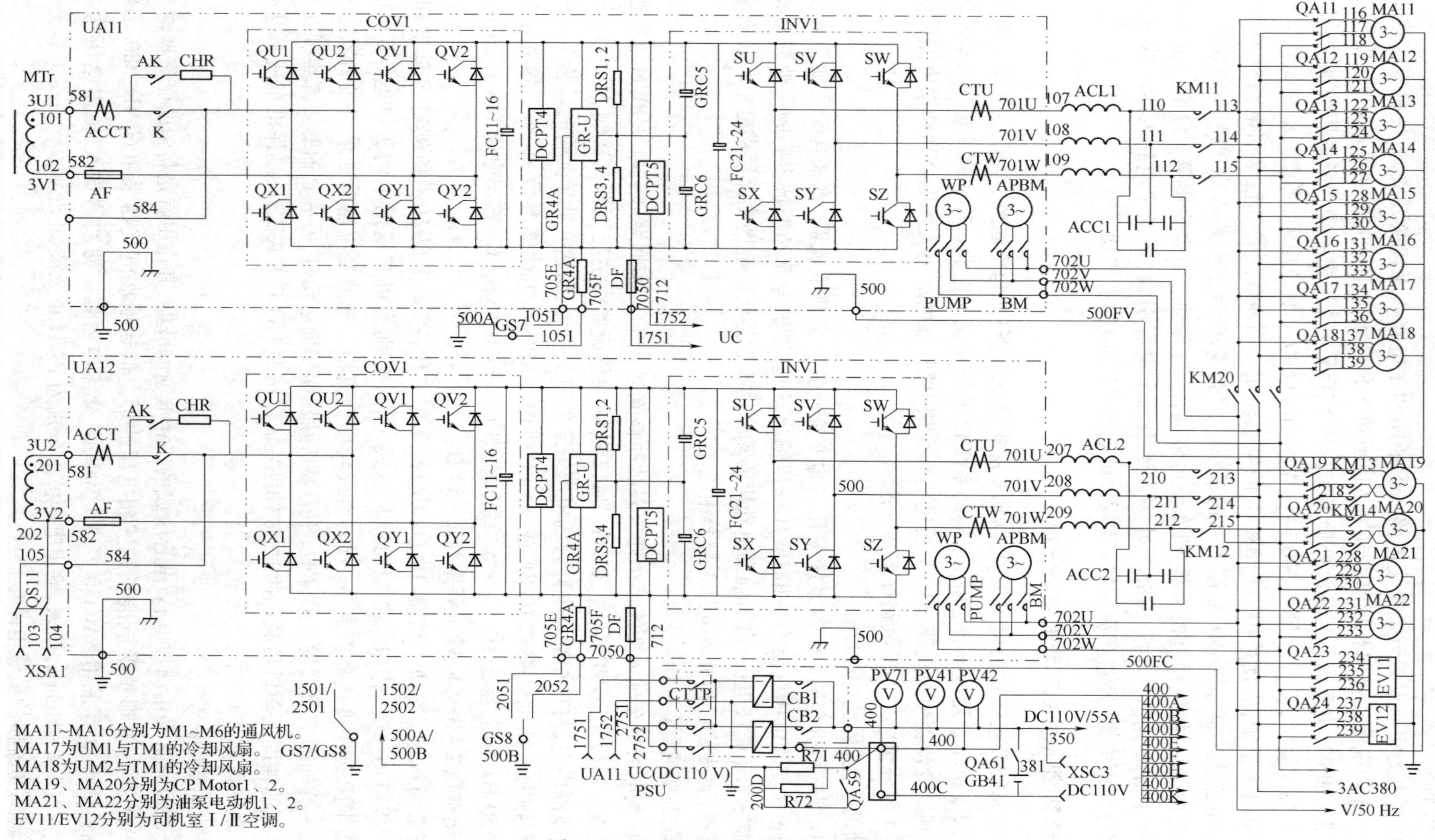


图 7.6 HXD3 型电力机车辅助电路原理

辅助变流器 UA11 按照 VVVF 和 CVCF 2 种控制模式设定,正常状态下按 VVVF 模式运行,可确保适应机车运行状态的冷却风量和降低噪音;在备用冗余状态下按照 CVCF 模式运行,为辅助系统所有电动机提供应急供电。UA11 的输出电压被送入辅助滤波装置 LC 中,经由 ACL1 和 ACC1 组成的交流滤波器滤波,将 PWM 电压波形变为近似正弦波电压,通过输出接触器 KM11 给牵引风机电动机 MA11、MA12、MA13、MA14、MA15、MA16 和冷却塔风机电动机 MA17、MA18 供电。

辅助变流器 UA12 按照 CVCF 控制模式运行,其输出同样经过辅助滤波装置 LC 中对应滤波器滤波,通过输出接触器 KM12,为空气压缩机电动机 MA19、MA20、主变压器油泵 MA21、MA22、司机室空调 EV11、EV12、主变流器内部的水泵 WP1、WP2、辅助变流器风机 APBM1、APBM2 供电,同时 UA12 还经过 AT1 隔离变压器,向司机室内的辅助加热设备和低温预热设备、卫生间及压缩机加热回路提供交流电源。

正常工作情况下,UA11、UA12 处于互为备用状态。

2. 110 V 充电电源模块电路

DC 110 V 充电电源模块 PSU 含 2 组电源,通常只有一组电源工作。发生故障时另外一组电源将自动启动,为负载供电。DC 110 V 电源电路原理如图 7.7 所示。

DC 110 V 充电电源采用高频电源模块,其基本性能参数见表 7.7。

**表 7.7 DC 110 V 充电电源模块基本技术性能参数**

| 额定输入电压 | DC750 V | 额定输出电压 | DC110(1 ±2% )V | 额定输出电流 | 55 A |
|---|---|---|---|---|---|
| 额定输出功率 | 6 050 W(25 ℃) | 控制电压 | DC750 V | 冷却方式 | 自冷 |

控制电源的核心是 DC 110 V 充电电源模块 PSU,高频电源模块输出的 110 V 控制电源要与蓄电池并联,共同向各负载回路供电。通过自动开关将 DC 110 V 分别送到计算机控制、机车控制、主变流器、辅助变流器、车内照明、车外照明等支路。

PSU 的输入电源来自 UA11 或 UA12 的中间回路电源,当 UA11 和 UA12 均正常时,由 UA12 向 PSU 输入 DC 750 V 电源,当 UA12 故障时,转由 UA11 向 PSU 输入 DC 750 V 电源。

电源屏上设有 2 个转换开关 SW1 和 SW2,SW1 设有"TCMS"和"手动控制"2 挡,SW2 也有 2 挡,即"电源 1"和"电源 2"。其中"TCMS"挡由计算机自动控制,奇数日电源 1 工作,偶数日电源 2 工作,如果其中一组电源出现故障,可自动切换;"手动控制"表示人为设定,如果 SW2 置"电源 1",表示电源 1 工作,如果 SW2 置"电源 2",表示电源 2 工作。如果在手动状态下,电源出现故障,不能自动切换。

3. 辅助供电系统的保护电路

辅助供电系统的保护电路由接地保护、过电流保护、中间直流环节电压保护、输入电压保护、110 V 充电模块输入电源的短路过载保护组成。

(1)辅助变流器电路的接地保护

辅助变流器的接地保护系统通过跨接在中间直流环节中串联的分压电阻与串联的稳压电容的中点,由中性点引出经限流电阻和一个接地信号检测传感器接地组成。辅助回路正常时,只有一点接地,接地保护电路中流过的电流为零,接地信号检测传感器无信号输出。使用电流传感器可以检测到交流输入侧、直流侧以及三相交流输出侧的接地短路故障电流。

当辅助电路某一点接地时,接地检测回路有故障电流流过,传感器输出电流信号,使保护装置动作,脉冲整流器和逆变器的门极均被封锁,同时向计算机控制系统发出主断跳闸信号。

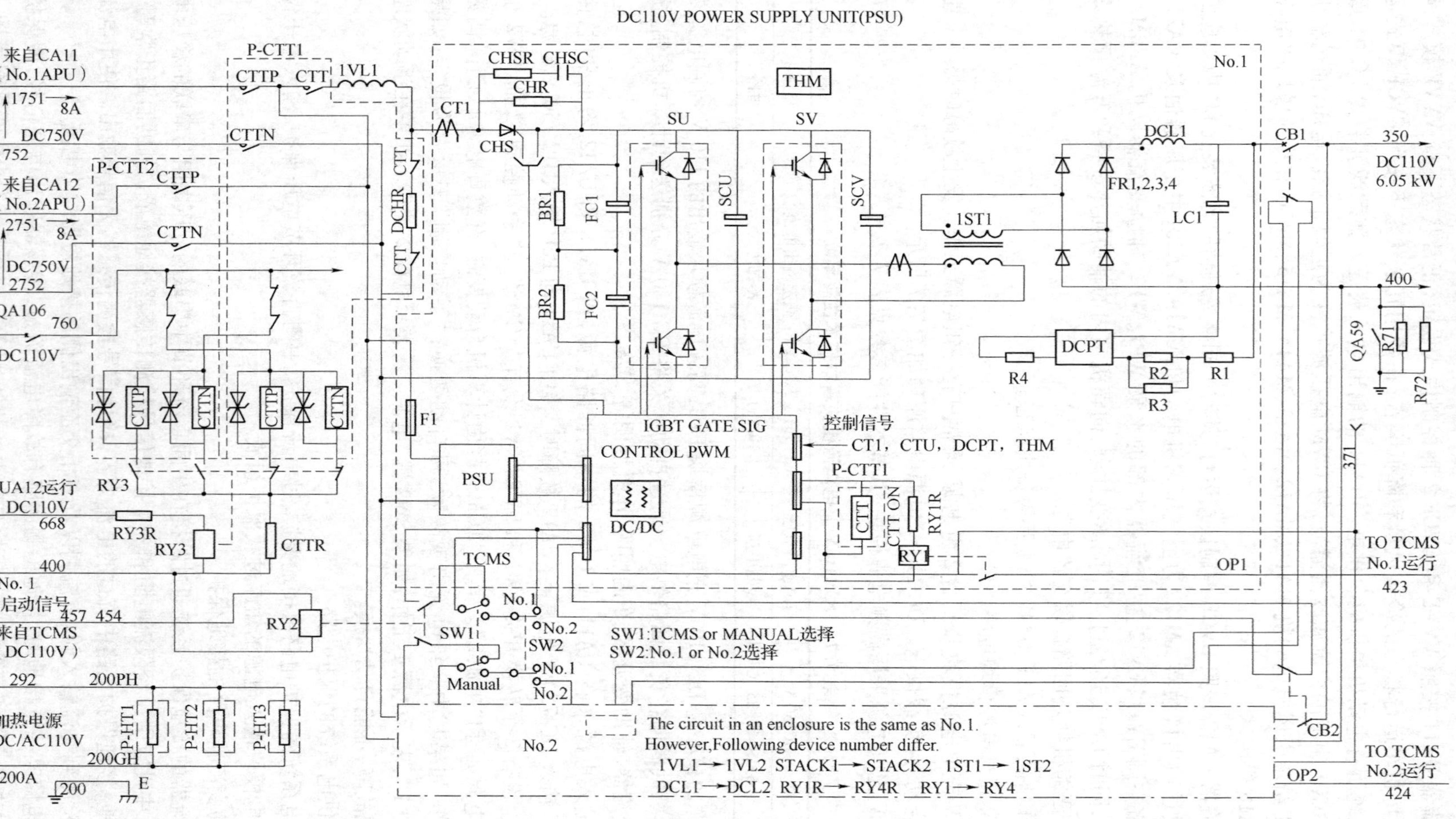


图 7.7 HXD3 型电力机车 DC110 V 电源电路原理

(2)辅助变流器的过流和过载保护

在每一组辅助变流器的输入回路中,设有输入电流互感器ACCT,控制和监视辅助变流器充电电流及辅助绕组短路电流,其动作保护值设定为1 600 A。保护发生时,四象限整流器的门极均被封锁,工作接触器K、AK均断开,同时向计算机控制系统发出跳主断的信号,该故障消除后10 s内自动复位,如果此故障在2 min内连续发生2次,该辅助变流器将被锁死,必须切断辅助变流器的控制电源,才可解锁。

在每一组辅助变流器的输出回路中,设有输出电流互感器CTU和CTW,对辅助电动机回路过载及辅助电动机三相电流不平衡起控制和监视保护作用,辅助电动机回路过载保护的动作值为850 A。保护发生时,逆变器开关元件的门极均被封锁,同时向计算机控制系统发出跳主断的信号。该故障消除后10 s内自动复位,如果此故障在2 min内连续发生6次,该辅助变流器将被锁死,必须切断辅助变流器的控制电源,才可解锁。

(3)辅助变流器中间直流回路电压保护

辅助变流器中间直流回路设有2组电压监测环节,其中DCPT4是用于四象限整流器的控制,DCPT5是用于逆变器的控制。当DCPT5监测到中间直流回路电压大于等于825 V或小于等于580 V时,中间回路过电压保护环节动作,逆变器的门极均被封锁,逆变器停止输出;当DCPT4监测到中间直流回路电压大于等于825 V或小于等于270 V时,中间回路过电压保护环节动作,四象限整流器的门极被封锁,工作接触器K断开,四象限整流器停止输出。

(4)辅助变流器输入电压的保护

当网压低于17.5 kV时,辅助变流器的输入电压(辅助绕组输出电压)将低于283 V,低压保护环节将动作,四象限整流器的门极被封锁,工作接触器K、AK断开,四象限整流器停止输出。当网压高于31.5 kV时,辅助变流器的输入电压将高于502 V,过压保护环节动作,四象限整流器器的门极被封锁,工作接触器K、AK断开,四象限整流器停止输出。

(5)110 V充电模块输入电源的短路过载保护

每组辅助变流器均可向110 V充电模块提供DC750 V电源,输出电源回路通过熔断器DF进行短路、过载保护,熔丝额定值为32 A。当DF出现熔断后,辅助变流器将通知计算机控制系统TCMS,进行110 V充电模块输入电源的转换,由非故障的辅助变流器向110 V充电模块提供直流电源,同时计算机显示屏也进行相应故障显示和记录。

### 7.2.5 HXD3型电力机车控制电路

控制电路是机车的主令电路,主要完成司机控制意图并对机车各部分进行监视和控制的电路。HXD3型电力机车控制系统是以日本东芝公司的机车计算机控制监视系统(简称TCMS)为核心,结合了LKJ2000和CCBⅡ电控制动系统以及机车外围电路。TCMS主要功能是实现机车特性控制、逻辑控制、故障监视和诊断,并将有关信息送到司机操纵台上的计算机显示屏。TCMS包括1个主控制装置和2个显示单元,主CPU采用冗余设计,设有2套控制环节,一套为主控制环节(Master),一套为热备控制环节(Slave)。当主控制装置发生故障时,备用控制装置立即自动投入工作。HXD3型机车控制系统框图如7.8所示。

控制电路主要由TCMS计算机控制监视系统、司机指令与信息显示电路、机车逻辑控制和保护电路、主变流器控制电路、辅助变流器控制电路、机车重联控制电路、空调机组控制电路、自动过分相控制电路和弓网故障保护控制电路等部分电路组成。

1. TCMS计算机控制监视系统

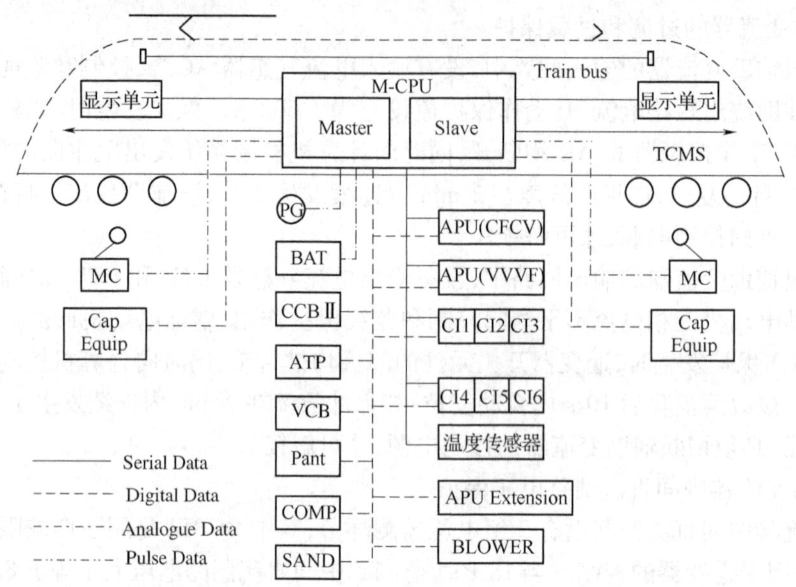


图 7.8 HXD3 型电力机车控制系统原理

在机车控制中,计算机控制监视系统 TCMS 起主导作用,其工作状态直接决定了机车的安全、正常运行。在配置上采取了双机冗余、双机热备措施,以提高系统的可靠性。

TCMS 完成机车顺序逻辑控制、机车牵引和制动特性控制、定速控制、冗余控制、自动过分相控制、主变流器控制、辅助变流器控制和重联控制,并实现智能故障诊断、显示和机车保护控制等功能。顺序逻辑控制就是通过逻辑控制单元按照一定条件,完成对控制对象的顺序控制,诸如受电弓的升、降控制,主断路器分、合控制,司机控制器的换相、牵引、制动工况转换控制,辅助电动机的逻辑控制,机车库内动车逻辑控制,主辅变流器库内试验逻辑控制等;机车特性控制就是按照控制要求,对牵引电动机实施恒转矩准恒转速控制,满足机车恒牵引力/制动力、准恒速特性控制的要求;定速控制是根据机车运行速度,可以实现牵引工况下机车恒定速度运行控制;CCBⅡ型制动机是基于网络控制的电空制动系统,它与机车计算机系统一起来完成制动系统的诊断、自检、校准、故障记录等;机车黏着控制包括防空转、防滑行控制、轴重转移补偿控制;故障诊断、显示与保护功能是通过设在司机室的计算机屏显示机车正常运行的状态信息,显示包括网压、原边电流、机车工况、级位、机车牵引力、机车速度等信息,显示正常的设备工作状态,显示机车实时发生的故障信息、发生故障的设备、故障处理的方法等,并记录故障发生时的有关数据。

2. 机车逻辑控制和保护电路

机车逻辑控制和保护电路主要是将各辅助电动机自动开关、各风速继电器、高压故障隔离开关、压缩机接触器状态、主断路器状态、辅助变流器的库内试验开关、主变流器试验开关、变压器温度过高保护开关、空气管路系统压力继电器等的状态指令送入计算机柜 TCMS,用于机车的各种工作逻辑控制、保护逻辑控制,并通过 TCMS 与主变流器和辅助变流器之间的通信,将有关控制指令信息送到主变流器和辅助变流器,达到整车联控的目的。

逻辑控制还包括了计算机系统 TCMS 对受电弓、主断路器、压缩机、干燥器、踏面清扫、高压隔离开关等的控制指令输出。

3. 主、辅变流器控制电路

主变流器控制系统的核心任务是根据微机控制系统的指令,完成对四象限整流器的实时控制,对逆变器及异步牵引电动机进行矢量控制和黏着控制,同时具备完整的故障保护、故障诊断功能和轻微故障的自恢复功能。

每一组辅助变流器设有独立的微机控制系统,实现辅助变流器的整流控制、逆变控制和外围接口信息的控制,并实现辅助变流器与微机控制监视系统的网络信息传递,完成辅助变流系统的故障诊断、保护与内部管理。

4. 机车重联控制电路

重联控制就是通过网络系统实现多台机车之间的重联,由本务机车对他车进行控制,采用以太网形式最多可以实施同型号的 4 台机车的重联控制。多机重联时,微机控制系统发出的扭矩指令是由头车按照预置的牵引、制动特性曲线,根据司机发出的牵引(制动)指令、级位指令及头车的速度,最终确定转矩指令,该转矩指令信息既控制头车,也控制其他重联机车,被重联机车的速度不参与计算,只接收头车的转矩信息。机车的空转滑行保护、轴重转移控制等不参与重联控制。

多机重联半自动过分相时,进入电分相区头车与重联他车的主断路器要同时断开。越出分相区时主断路器闭合时,各车的微机控制系统需要监测网压,自行控制主断路器闭合。

多机重联时,全自动过分相的控制是由每个重联机车自己单独控制。

5. 自动过分相控制电路

HXD3 型电力机车装有全自动过分相检测装置 EV33,该装置设有 4 个信号感应接收器 T1、T2、T3 和 T4,用于进入分相区前后的信号检测。EV33 与微机 TCMS 之间传输五路开关信号:

信号 497 表示 EV33 状态正常;

信号 498 表示机车通过分相区前的强迫信号;

信号 499 表示机车通过分相区前的预告信号或者是通过分相区后的恢复信号;

信号 491 是 TCMS 送给 EV33 的机车Ⅰ端向前运行指令;

信号 492 是 TCMS 送给 EV33 的机车Ⅱ端向前运行指令。

当机车运行的线路区段在分相区前后装有地面感应器时,机车全自动过分相检测装置将起作用。该装置通过向微机控制系统提供过分相区的信息:预告信号、恢复信号 499、强迫信号 498,保证机车每次通过分相区时,司机不需要做任何操纵,机车微机控制系统即可自动跳主断,待通过分相区后,又能自动合主断,并保证机车恢复到通过分相区前的运行状态。

6. 弓网故障保护控制电路

HXD3 型电力机车装有弓网自动保护装置 PDU1 和 PDU2,其中受电弓 AP1 受 PDU1 保护,受电弓 AP2 受 PDU2 保护。当机车运行中突然出现弓网故障时,弓网自动保护装置 PDU1 或 PDU2 将会动作,首先发出跳主断信号 448 或 449 给 TCMS,使真空断路器断开,同时切断机车受电弓主气路和升弓阀电源,使受电弓快速降弓,从而避免了带负载降弓时弓网间产生严重拉弧而损坏受电弓和接触网。

## 7.3 CRH 系列 EMU 交流传动系统分析

CRH 系列 EMU 目前有 CRH1 ~ CRH3、CHR5 4 个基本车型。CRH1、CRH2、CRH5 型动车组最高运营速度均为 200 km/h,CRH3 最高运行速度 350 km/h。在电力传动方面,各型动车

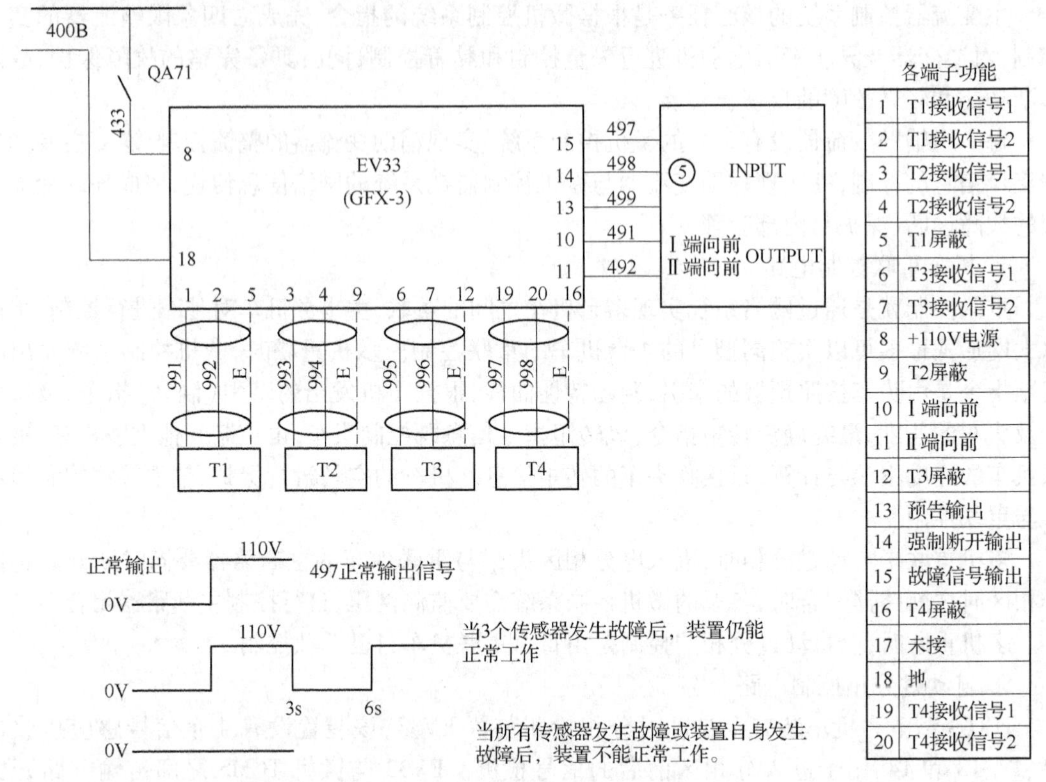


图 7.9 自动控制过电分相电路

组基本性能相同。CRH 系列 EMU 传动系统基本技术性能参数见表 7.8。

**表 7.8 CRH 系列 EMU 传动系统基本技术参数**

| 项 | 目 | CRH1 | CRH2 | CRH3 | CRH5 |
|---|---|---|---|---|---|
| 主变压器 | 容量 | 2 100 kV · A | 3 060 kV · A | 5 640 kV · A | 5 262 kV · A |
| | 牵引绕组 | 4 - 900 V/585 A | 2 570 kV · A1 500 V - 875A ×2 | 1 550 V - 1 410 kV · A ×4 | 1 770 V - 495 ×6 |
| | 辅助绕组 | 无 | 490 kV · A400 V1 225 A | 无 | 无 |
| 四象限脉冲整流器 | 电路结构 | 两电平 | 三电平 | 两电平 | 两电平 |
| | 输入 | AC900 V/800 A | AC1 500 V - 857A | AC1 550 V - 910A | AC1 770 V |
| | 输出 | DC1 650 V | DC2 600 ~ 3 000 V - 432 A | DC3 600 V | DC3 600 V540 A |
| | 开关频率 | 450 Hz | 1 250 Hz(载波) | | 250 Hz |
| 中间直流环节 | 电压 | DC1 650 V | DC3 000 V | 2 700/2 800 ~ 3 600 V | DC3 600 V |
| | $L_2 - C_2$ | 无 | 无 | 4. 42 mF、0. 603 mH | 无 |
| | 支撑电容 | 4 mF | 1. 25 mF | 3. 0 mF | 9. 01 mF |
| 电压型逆变器 | 电路结构 | 两电平 | 三电平 | 两电平 | 两电平 |
| | DC 输入 | DC1 650 V | DC3 000 V - 432A | 2 700 ~ 3 600 V | DC3 600 V |
| | AC 输出 | 0 ~ 1 287 V800A(相) | 2 300 V - 424 A | 2 700 V - 2 383/ 1 843 kW | 2 462 V - 161 A |
| | 开关频率 | 900 Hz | 1 250 Hz(载波) | 0 ~ 200 Hz(输出) | 84 Hz(额定) |

续上表

| | | CRH1 | CRH2 | CRH3 | CRH5 |
|---|---|---|---|---|---|
| 异步牵引电动机 | 型号 | MJA220－8 4 极 | MT205 4 极 | 1TB2019－4 极 | 6FJA3257A－6 极 |
| | 额定功率 | 265 kW | 300 kW | 562 kW | 568 kW |
| | 额定电压 | 1 287 V | 2 000 V | 2 700 V | 2 089 V |
| | 额定电流 | 158 A | 106 A | 145 A | 211 A |
| | 额定频率 | 92 Hz | 140 Hz | 139 Hz | 59. 8 Hz |
| | 额定转速 | 2 725 r/min | 4 140 r/min | 4 100 r/min | 1 177 r/min |
| | 最高转速 | 4 727 r/min | 6 120 r/min | 5 900 r/min | 3 121 r/min |

### 7. 3. 1 CRH 系列 EMU 的技术特征及主要差异

CRH 系列动车组的原型车在国外都是运行比较成熟的车型，具有如下基本技术特征：动力配置模式均为动力分散型，采用交—直—交流传动，变流装置采用四象限 IGBT/IPM 变流器，牵引电动机采用三相异步电动机；控制系统采用网络控制技术；制动系统采用再生制动与空气制动的组合模式，以再生制动为主。车体材料应用大型中空铝合金挤压型材或不锈钢材料，车体结构采用高强度轻量化的铝合金或不锈钢双面焊接结构。

CRH 系列动车组在变流器结构与中间直流环节对 2 倍频谐波的处理方面存在着较大差异；同时在控制方式也存在不同，致使各型动车组的牵引特性出现细小的差别。

1. 变流器电路结构差异

CRH 系列动车组都采用四象限脉冲变流器，但其电路结构不同。CRH1、CRH3、CRH5 采用二电平脉冲变流器，CRH2 采用三电平脉冲变流器。

2. 中间直流环节差异

单相交流供电系统中，脉冲整流器输出中总是含有二次谐波，将引起中间直流环节电压脉动，需要采取措施予以消除，保持直流电压稳定。

CRH2 型动车组沿用日本技术习惯，在中间直流环节不设置谐振电路，而是通过逆变器的软件控制，调节逆变器频率，使逆变器输出电压在正负周期的电压与时间乘积趋于相等，来消除二次谐波电压的影响，大幅度抑制牵引电动机电流脉动现象和转矩脉动现象。

CRH3 型动车组继承了欧洲技术特征，设置了二次谐波吸收回路，通过 LC 串联谐振电路来消除二次谐波，电感为 0. 603 mH，电容量为 4. 42 mF。

CRH1、CRH5 没有设置二次吸收回路，通过增大直流侧支撑电容的电容值，以达到减少二次谐波电压的目的。CRH1 支撑电容为 4 mF，CRH5 中间支撑电容器由 4 个 1 mF、3 个 1. 67 mF 的电容器并联，实际容量为 9. 01 mF。

3. 牵引特性差异

CRH 系列动车组牵引电动机均采用 PWM 控制，但在额定频率与恒功率开始点及恒功率范围方面存在差异，详细情况参见第 4 章相关内容。

### 7. 3. 2 CRH2 型 EMU 发展渊源

CRH2 型 EMU 是以日本新干线 E2-1000 为原型车，由四方客车公司与川崎重工合作引进生产的 200 km/h 级动车组。E2-1000 是东北新干线专用车辆，供电为 25 kV/50 Hz。基本编组为8M2T、10辆编组，由2个动力单元组成。定员814人，最高运营速度275 km/h，最高试验速度为315 km/h，总功率达9 600 kW。CRH2型动车组采用动力分散模式，基本编组为8辆(4M4T)，动轴功率为300 kW，列车总功率4 800 kW。制动系统采用再生制动与空气制动结合的复合制动，以再生制动为主。控制系统采用WTB、MVB两级网络控制。交流传动系统采用四象限变流器与三相交流异步牵引电动机，变流器件采用IGBT/IPM功率模块。

CRH2型EMU是在原型车E2-1000基础上，对编组、牵引功率、振动控制等方面做了许多适应性改造设计，以满足200 km/h运行需要，主要改动情况为：编组从原型车10辆(8M2T)变更为8辆(4M4T)，对动力配置进行了调整，牵引总功率降为4 800 kW；通过增加供热设备容量、设置防冻结加热器等以适应环境-25℃的要求；更改侧面下部两侧的车体断面形状，以适应中国铁路限界的下部要求；受电弓改用DSA250型；取消原型车上使用的主动式控制防摇控制装置、半主动式控制防摇控制装置、车体间减振器，保留安装位置，具备不需改造即可安装的条件。在原型车基础上做了上述改造，性能更适合我国铁路技术条件，近几年的运行实践也证明了这一点。

在CRH系列200 km/h动车组中，CRH2型具备提升到300 km/h的潜力。自运营以来，总体性能良好，为我国动车组技术研发及运营管理积累了宝贵经验，在此以CRH2型动车组为样本，围绕主电路、辅助电路及控制电路对其交流传动控制系统进行分析。

### 7.3.3 CRH2型EMU电力传动系统主电路

CRH2型EMU基本编组形式如图7.10所示。CRH2动车组由2个相同的基本动力单元组成。一个基本动力单元构成独立的牵引传动系统，主要由网侧高压电气设备、1台牵引变压器、2组牵引变流器、8台三相交流异步牵引电动机等组成。全列车共有2个受电弓、2台牵引变压器、4组牵引变流器、16台牵引电动机。列车正常时升单弓运行，另一个受电弓作为备用。CRH2型EMU主电路结构示意图如图7.11所示。

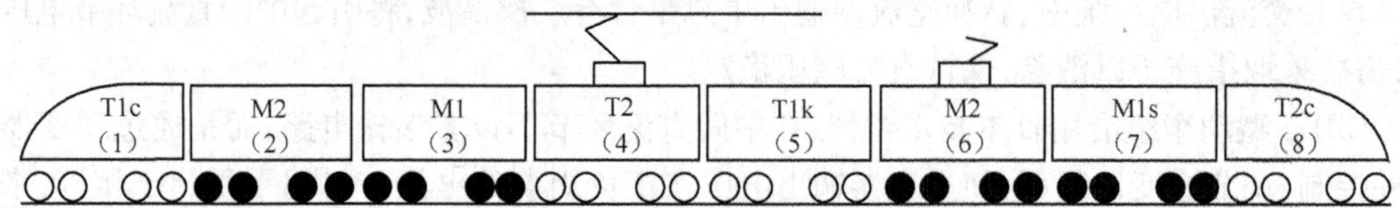


图7.10 CRH2型EMU基本编组

1. 网侧高压电路

网侧高压电路由高压电气设备连接电路和保护电路2部分组成。

(1)网侧高压电气设备连接电路

通过搭载在4、6号车上的受电弓其中一个(2个受电弓中的1个通常处在下降状态)，从接触网上接受25 kV/50 Hz单相交流电。M2车(2、6号车)上搭载有牵引变压器，25 kV高压电源通过高压电缆经由各车的高压接头、真空断路器VCB，连接到牵引变压器MTr的一次侧(高压侧)绕组。

受电弓升起后从接触网线上获得单相高压交流电，通过高压电器引入2(6)号车载主变压器高压绕组，其末端通过接地装置连接与钢轨及回流线形成回路，电流流向变电所变压器公共端，形成高压供电闭合回路。CRH2型动车组一个动力单元的动力配置如图7.12所示。

(2)网侧高压保护电路

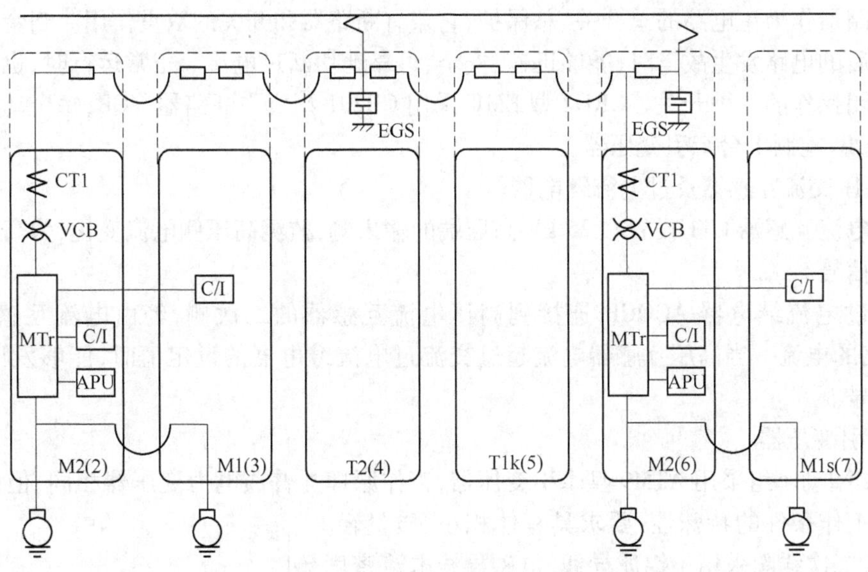


图 7.11 CRH2 型 EMU 主电路结构

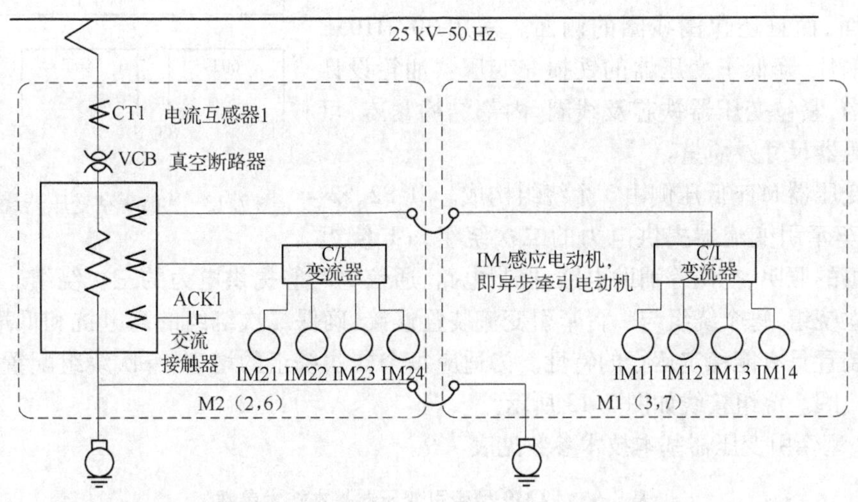


图 7.12 CRH2 型 EMU 主电路结构(一个动力单元)

网侧高压保护电路由保护接地开关、主断路器、高压电流互感器和过流继电器等组成。

① 保护接地开关 EGS

接地开关用于确保所有安装在车顶的设备都能接地,以防止对车体施加高电压,以便进行维修。接地开关可以用钥匙锁闭,可以从列车内部进行操作。当主断路器 VCB 发生故障不能分断主电路的事故电流时或在接触网电压异常时,强制性地操作保护接地开关 EGS 将接触网接地,使接触网电流通过地及回流线流向变电所,让变电所的隔离开关跳闸,将使接触网断电处于无电压的状态。操作接地开关时,必须关闭受电弓绝缘阀 PIC。PIC 是一种钥匙操作开关,此开关通过隔离并排放受电弓气动系统中的压缩空气,使受电弓下降。将钥匙从 PIC 上拔下,然后插入接地锁闭开关,这样维修人员可以移动开关把手,关闭接地开关,从而有效地将车顶的所有高压设备接地。维修人员拔下接地锁闭开关的钥匙,该钥匙可插入接地锁闭开关来锁定 PIC。在维修人员工作时,可以防止其他人员向车顶设备恢复供电。

② 主断路器

主断路器作为主电路的总开关、总保护，它兼有断路器和开关的双重作用。当牵引变压器二次侧以后的电路发生故障时，能够迅速、安全、可靠地切断过电流。正常运行时，也是对主电路进行开闭操作的一种开关。CRH2 型 EMU 采用 CB201 型真空断路器 VCB，每个动力单元配置 1 台 VCB，控制 1 台牵引变压器。

③ 高压交流互感器及过电流继电器

高压电流互感器 CT1 设置在 25 kV 高压端的输入侧，监测高压侧电流变化，为高压侧过流保护提供信号。

交流过电流继电器 ACOCR 连接到高压电流互感器的二次侧，经由电流互感器，监视 25 kV电路的电流。当高压互感器电流超过交流过电流继电器的设定值时，能够发出让 VCB 跳闸的信号。

2. 牵引变压器

CRH2 型动车组采用 ATM9 型牵引变压器，工作原理与普通电力变压器相同，但由于动车组变压器工作条件的特殊性，要求具有体积小、质量轻。为此一次、二次线圈采用了铝质导线，电磁导线电流密度大。ATM9 型变压器采用壳式铁芯，铁轭不仅包围线圈的顶面和底面，而且还包围线圈的侧面。采用 30ZH105E 低损耗硅钢片，降低了变压器的铁损。变压器油箱设计成适形结构，紧包变压器铁芯及线圈，内部结构紧凑，可以减小变压器尺寸及质量。

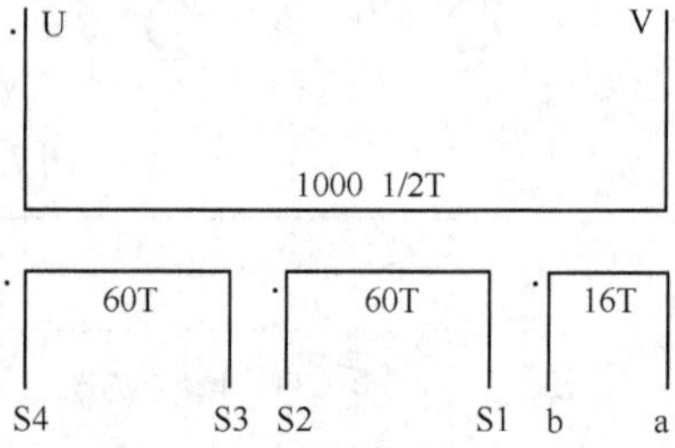

图 7.13　ATM9 型变压器绕组接线

牵引变压器 MTr 低压侧由 3 个绕组构成。S1-S2、S3-S4 是向动车牵引变流器提供电力的二次绕组，a-b 绕组是向动车组的照明、空调等辅助电路、控制电路、通信电路等提供电力的三次绕组。二次绕组为 2 个独立绕组，每个绕组与一台牵引变流装置连接，确保二次绕组的高电抗和低耦合性，使牵引变流装置具有能稳定运行的特性。为适应每个二次绕组的增容，一次绕组配置了 2 个并联结构的线圈。绕组接线如图 7.13 所示。

ATM9 型牵引变压器基本技术参数见表 7.9。

**表 7.9　ATM9 型牵引变压器基本技术参数**

| 项　目 | 容量(kV·A) | 额定电压(V) | 额定电流(A) | 阻抗电压(%) | | 材　质 |
|---|---|---|---|---|---|---|
| | | | | 设　计 | 实　测 | |
| 原边绕组(一次) | 3 060 | 25 000 | 122 | 21.4 | 21.16 | 铝 |
| 牵引绕组(二次) | 2 570 | 1 500 | 857×2 | 21.4 | 21.87 | 铝 |
| 辅助绕组(三次) | 490 | 400 | 1 225 | | 5.44 | 铜 |

3. 牵引变流器

CRH2 型动车组牵引变流器(Converter&Inverter，简称 CI)由 PWM 三电平单相脉冲整流器、三相逆变器组成，功率开关器件为 IGBT/IPM，动力单元主电路框图如图 7.14 所示。

二次绕组中的一个绕组与 M2 车的牵引变流器连接，另一个绕组经由 M1 车、M2 车之间的连接器连接到 M1 车的牵引变流器上。牵引运行时变流器为牵引电动机提供电力。再生制动时，牵引变流器将电机的制动能量转换为单相交流电，经变压器升压后回送到接触网。

(1)C/I 电路结构

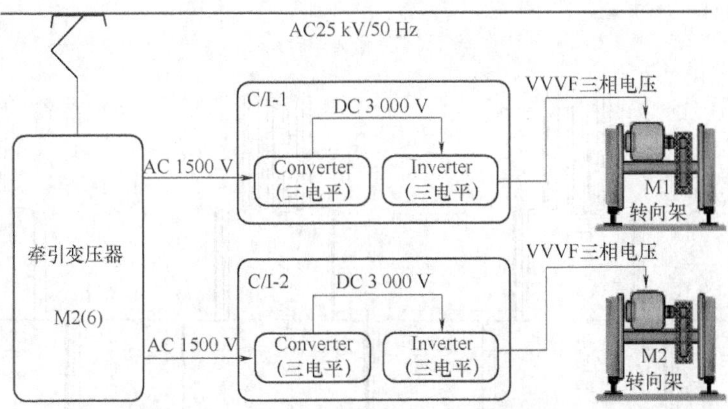


图 7.14 CRH2 型 EMU 动力单元变流器构成

牵引变流器由脉冲整流器、中间直流环节和逆变器 3 部分组成。脉冲整流器把单相 1 500 V交流电变换成直流 3 000 V。中间直流环节主要依靠大容量电容器对整流电压进行滤波及消除谐波处理,使其以恒压源方式工作,获得电压恒定的直流电。在中间直流电路设置了由电阻和半导体开关构成的过电压保护电路。逆变器将中间环节稳定的直流电压变换成电压频率可变的三相等效正弦波电压,供给异步牵引电动机。变流器电路原理图如图 7.15 所示。

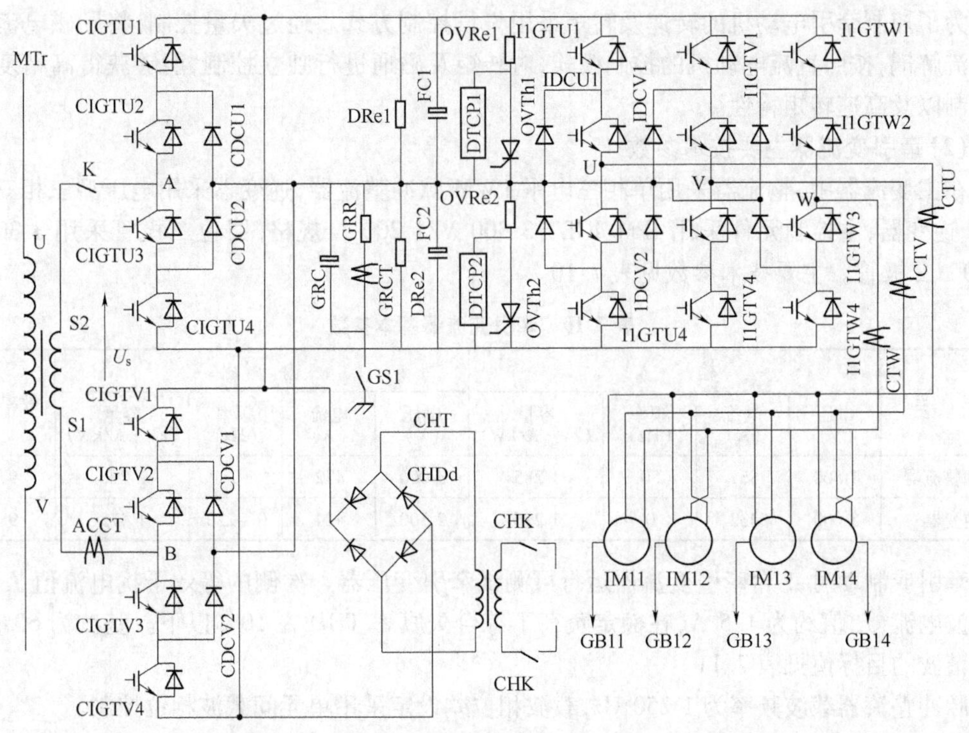


图 7.15 CRH2 型 EMU 牵引变流器电路原理(一组 C/I)

脉冲整流器通过 PWM 控制将电源侧的基波功率因数控制到接近 1,以减低对接触网电源的影响,提高电能的利用率。整流器 A、B 输入端调制电压 $U_s$ 波形如图 7.16 所示。

在牵引运行时逆变器输入直流中间电压,根据控制指令将其变换成三相电压、频率可调的交流电,向并联的 4 台异步牵引电动机提供电力,对其转速、转矩进行控制。再生制动时,逆变器变为整

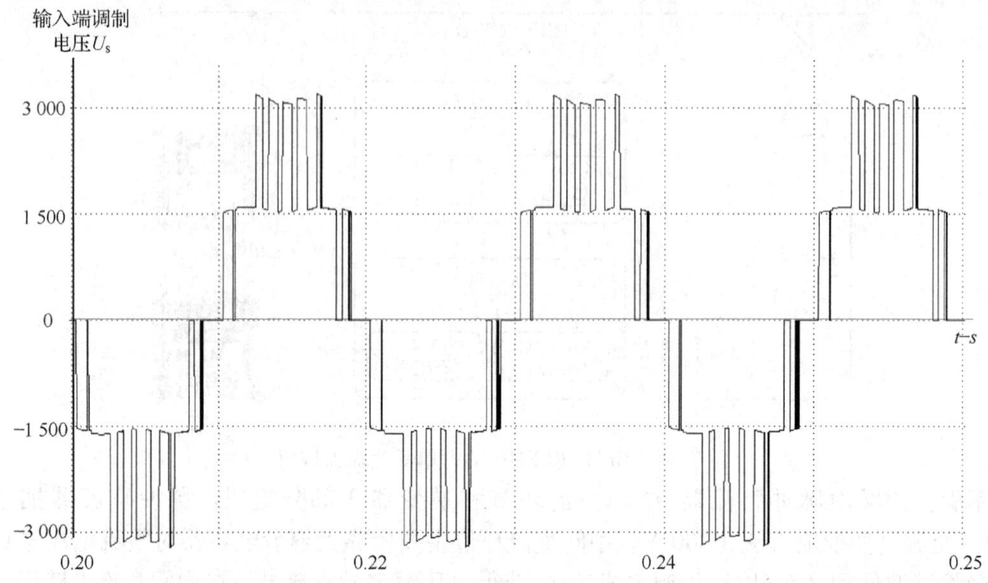


图 7.16 三电平脉冲整流器输入端调制电压 $U_s$ 的波形

流器方式工作,将异步电机输出的三相交流电变换为直流,向直流中间电路输出直流电能。

为了控制牵引电动机的转速及转矩采用矢量控制方式。通过矢量控制,将励磁电流与转矩电流解耦,按照直流电动机的控制模式,对转矩及磁通进行独立控制,能够获得高精度的转矩控制以及高速转矩特性。

(2)牵引变流器主要技术参数

在主变流器中,整流器采用单相三电平 PWM 脉冲整流器,逆变器采用电压型三相三电平 PWM 逆变器,主控制元件采用 IPM/IGBT 3 300 V/1 200 A 规格,钳位二极管采用 3 300 V/1 200 A二极管。主要技术参数见表 7.10。

**表 7.10 牵引变流器基本参数**

| 项　目 | 输　入 | | | | 输　出 | | | | 效率(%) |
|---|---|---|---|---|---|---|---|---|---|
| | 电压(V) | 电流(A) | 频率(Hz) | 容量(kV·A/kW) | 电压(V) | 电流(A) | 频率(Hz) | 容量(kV·A/kW) | |
| 脉冲整流器 | 1 500 | 857 | 50 | 1 285 | 3 000 | 432 | 0 | 1 296 | 97.5 |
| 逆变器 | 3 000 | 432 | 0 | 1 296 | 2 300 | 424 | 0 ~ 220 | 1 475 | 98.5 |

牵引或制动时,1 台牵引变流器运行可测试牵引变压器一次侧的等效干扰电流值 $J_p$ 和高次谐波电流,$J_p$ 值约为 1.5 A,在额定负荷下综合失真率 THD 在 10% 以下。基波为 60 Hz 时高次谐波的目标值见表 7.11。

脉冲整流器载波频率为 1 250 Hz,载波相位差设定采用单元间载波相位控制。

**表 7.11 高次谐波的目标值**

| 频率(Hz) | 5 次 | 7 次 | 11 次 | 13 次 | 17 次 | 19 次 | 23 次 | 23 ~ 40 次 | 41 ~ 50 次 |
|---|---|---|---|---|---|---|---|---|---|
| 牵引时(A) | 0.062 | 0.067 | 0.064 | 0.095 | 0.038 | 0.038 | 0.051 | 0.451 | 0.797 |
| 制动时(A) | 0.420 | 0.096 | 0.079 | 0.116 | 0.105 | 0.072 | 0.054 | 0.908 | 0.773 |

逆变器在非同步脉冲状态下,载波频率为 1 000 Hz。牵引电动机采用矢量控制计算电流

瞬时值的控制方式,工作频率范围为 0 ~ 150 Hz。在恒 V/F 控制区,牵引时采用 2 300 V/116 Hz,制动时为 2 300 V/130 Hz。

(3) C/I 控制输出关系

牵引变流器采用了三电平结构,可进行精密的电压控制。主电路的功率开关采用 IGBT 或 IPM 高性能元器件,能减少交流电压波形的失真,降低牵引电动机的电磁噪声和转矩波动。

主电路元件的导通状态与输出相电压的关系如表 7.12 所示。

**表 7.12 主电路元件的导通状态与输出相电压的关系**

| 输出状态 | | 高电位点电位输出 | 中性点电位输出 | 低电位点电位输出 |
|---|---|---|---|---|
| PWM 信号 $G_{SW}$ | | $G_{SW}=+1$ | $G_{SW}=0$ | $G_{SW}=-1$ |
| 控制极信号 | 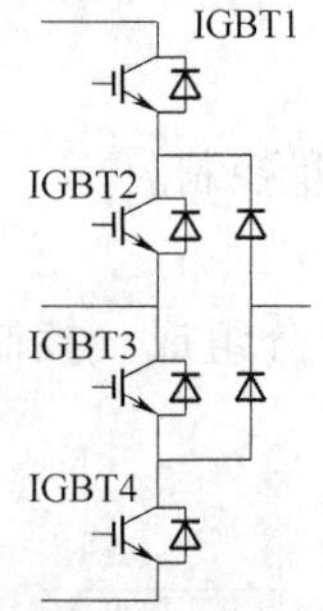 IGBT1 | ON | OFF | OFF |
| | IGBT2 | ON | ON | OFF |
| | IGBT3 | OFF | ON | ON |
| | IGBT4 | OFF | OFF | ON |
| 输出电压 | | $+E_d/2$ | 0 | $-E_d/2$ |
| 等效电路 | | 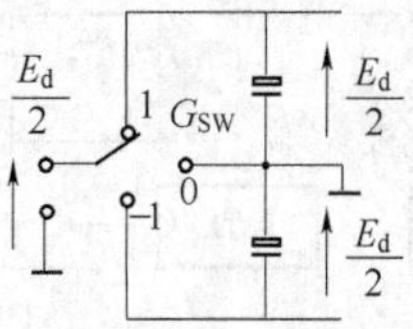 $\frac{E_d}{2}$, 1, $G_{SW}$, 0, −1, $\frac{E_d}{2}$, $\frac{E_d}{2}$ | 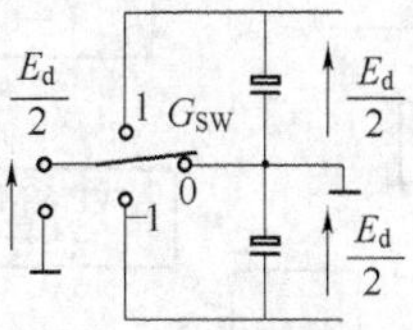 $\frac{E_d}{2}$, 1, $G_{SW}$, 0, −1, $\frac{E_d}{2}$, $\frac{E_d}{2}$ | 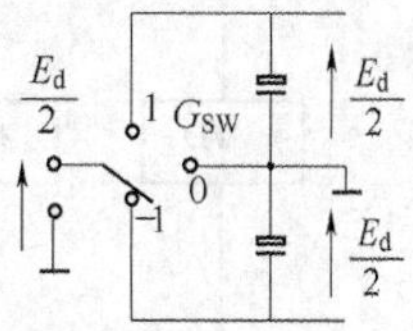 $\frac{E_d}{2}$, 1, $G_{SW}$, 0, −1, $\frac{E_d}{2}$, $\frac{E_d}{2}$ |

4. 牵引电动机

CRH2 型动车组采用 MT205 或 MB-5120-A 型三相异步牵引电动机,在构造设计方面不仅最大限度地追求轻量化,而且还追求维护时的简易性。

为了追求轻量化,定子框采用以连接板连接铁芯的无框架结构,设有安装转向架的凸头和安装座。定子框的两侧采用铝合金铸造托架,实现了定子框整体轻量化。定子铁芯采用厚度 0.5 mm的硅钢片和 1.6 mm 的端板层压而成。定子线圈由 U、V、W 三相绕组组成,每相由 3 个线圈串行连接。为了防止温升过高,在定子线圈上增加线圈并列根数,使线圈导体的断面形状呈偏平形状。线圈之间的连接全部实施银焊,并缠绕绝缘胶带后,实施 200 级无溶剂浸漆处理。

转子结构采用牢固的鼠笼形状,转子铁芯采用厚度 0.5 mm 的硅钢片和 1.6 mm 的端板层压而成,热套在转子轴上。转轴材料为铬钼钢,与齿轮联轴器配合时,直径大的一侧为 $\phi$68 mm、锥度 1/10,锥长 75 mm。转子铁芯上设有 8 个 $\phi$24 mm 的冷却通风孔,提高了冷却效率,使转子轻量化;转子导条从转子铁芯外周固定在槽内,为了确保转差率,转子导条采用电阻系数较大,强度足够的铜锌合金(红铜)。转子导条为矩形形状,插入在转子铁芯的 46 个槽中,转子导条的两端通过银焊接合在短路环上。短路环采用电阻系数较小的纯铜,尽量减小运转过程中因温度上升而产生的热膨胀。为了应对高速转动,在短路环的外围设置了保持环。

非驱动侧使用 6311C4P6 轴承,驱动侧使用 NU214C4P6 轴承。为了防止轴承受到电腐蚀,驱动侧和非驱动侧都采用在轴承外圈上喷镀陶瓷，以形成一层绝缘外膜的绝缘轴承。

CRH2 型 EMU 牵引电动机基本技术参数见表 7.13。

表 7.13　CRH2 型 EMU 牵引电动机基本技术参数

| 型　　号 | MT205/MB-5120A | 额定功率 | 300 kW | 额定电流 | 106A(相) |
|---|---|---|---|---|---|
| 结构形式 | 三相鼠笼异步电动机四极 | 额定电压 | 2 000 V | 额定频率 | 140 Hz |
| 动力传输方式 | 平行齿形挠性联轴器 | 额定转速 | 4 140 r/min | 最高运行转速 | 6 120 r/min |
| 最高试验转速 | 7 040 r/min2 min | 额定转差率 | 1.4% | 额定效率 | 94% |
| 额定功率因数 | 0.87 | 工作定额 | 连续 | 绝缘等级 | 200 级(定子) |
| 冷却方式 | 强制风冷 | 冷却风量 | 20 $m^3$/min | 总质量 | 440 kg |

## 7.3.4　C/I 控制策略

CRH2 型动车组脉冲整流器采用恒电压控制，牵引逆变器采用矢量控制。

1. 脉冲整流器控制原理

脉冲整流器的控制由恒电压控制、恒电流控制和移相设定 3 部分组成。控制原理如图 7.17 所示。

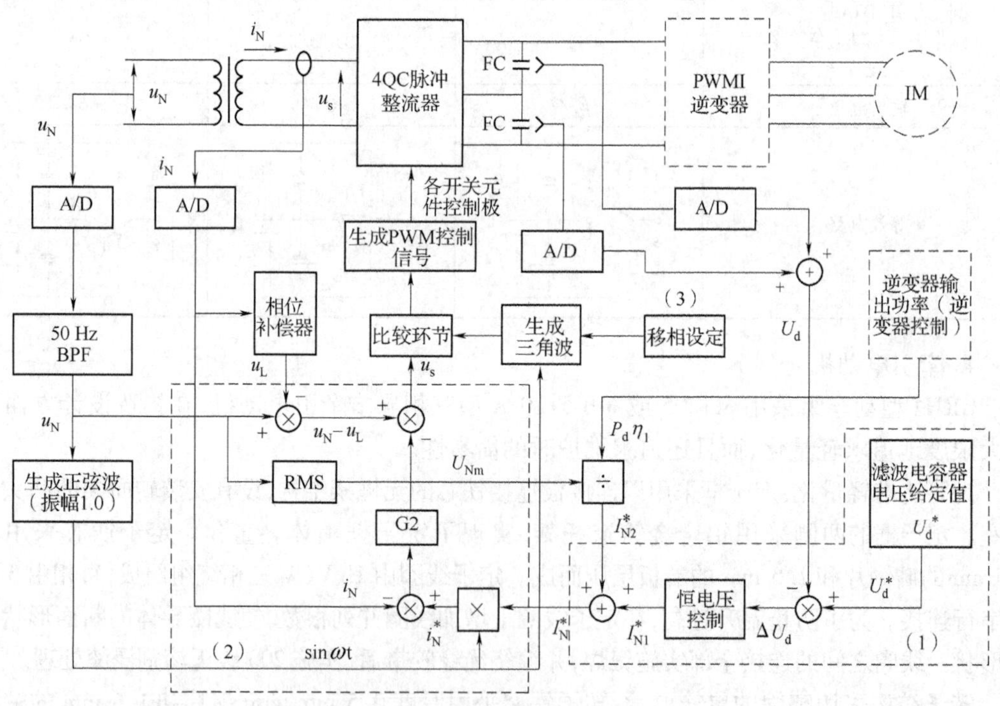


图 7.17　脉冲整流器控制原理

(1)恒电压控制

为了使脉冲整流器的输出电压 $U_d$ 与目标值 $U_d^*$ 相一致，需要计算出二者的电压偏差 $\Delta U_d = U_d^* - U_d$，并将其偏差值反馈到恒电压控制单元，进行恒电压控制。将恒电压控制单元的输出值 $I_{N1}^*$ 与来自逆变器输出功率计算所得到的二次电流 $I_{N2}^*$（脉冲整流器输入电流的一部分）电流相加，其结果作为脉冲整流器输入电流 $I_N^*$。如图 7.17 中(1)所示。

(2)恒电流控制

恒电流控制就是要实现功率因数达到 1，恒电流控制时脉冲整流器各向量关系如图 7.18 所示。恒电流控制单元需要计算出与 $u_N$ 同相位、幅值与 $I_N^*$ 相同的正弦波瞬时电流给定 $i_N^*$。然后，还要计算脉冲整流器输入瞬时电流 $i_N$ 与瞬时电流给定 $i_N^*$ 之间的偏差值，以此偏差为基础，结合相位滞后补偿的瞬时电压 $u_L$ 这一因素，可得到脉冲整流器输入端调制电压 $u_s$，实现功率因数为 1 的控制。其计算式可表示为：

$$u_s = u_N - u_L - (i_N^* - i_N) G_2 \tag{7.1}$$

$u_s$ 是牵引变流器输入电压 $u_N$ 相对于相位滞后的漏电抗电压的瞬时电压。

(3)移相设定

在脉冲整流器控制中，通过改变每组脉冲整流器的 PWM 载波的相位，相应提高了开关频率，可有效地抑制高次谐波。若移相 90°时的各载波信号的相位变化，如图 7.19 所示。

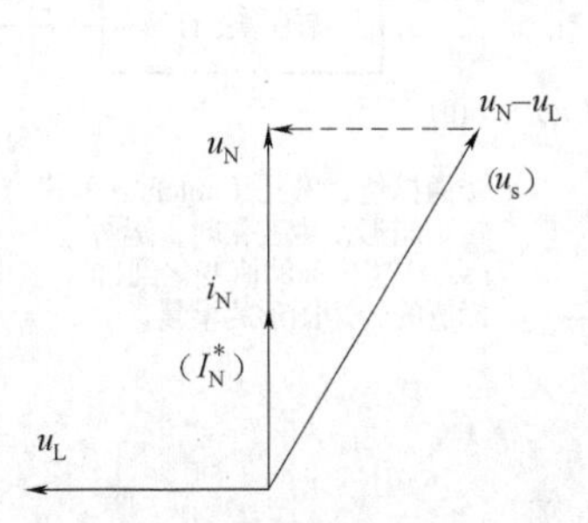


图 7.18　恒电流控制时的向量

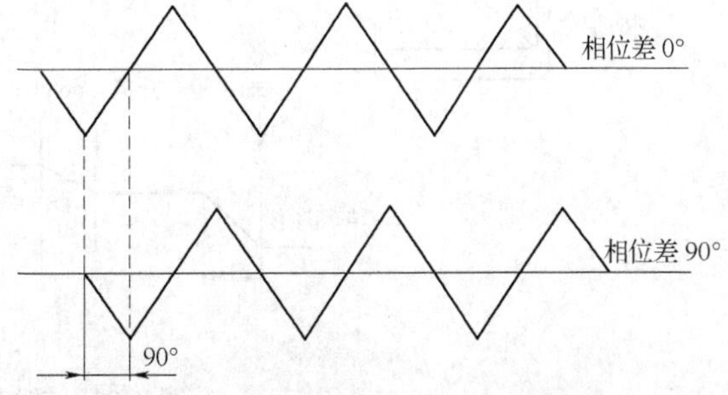


图 7.19　载波相位移相设定

2. 逆变器的控制原理

逆变器的控制采用矢量控制，主要由转矩图形运算、速度控制、二次磁通指令运算、矢量控制运算、电压前馈运算、恒电流控制、差频控制及黏着恢复控制等组成。逆变器的控制框图如图 7.20 所示。

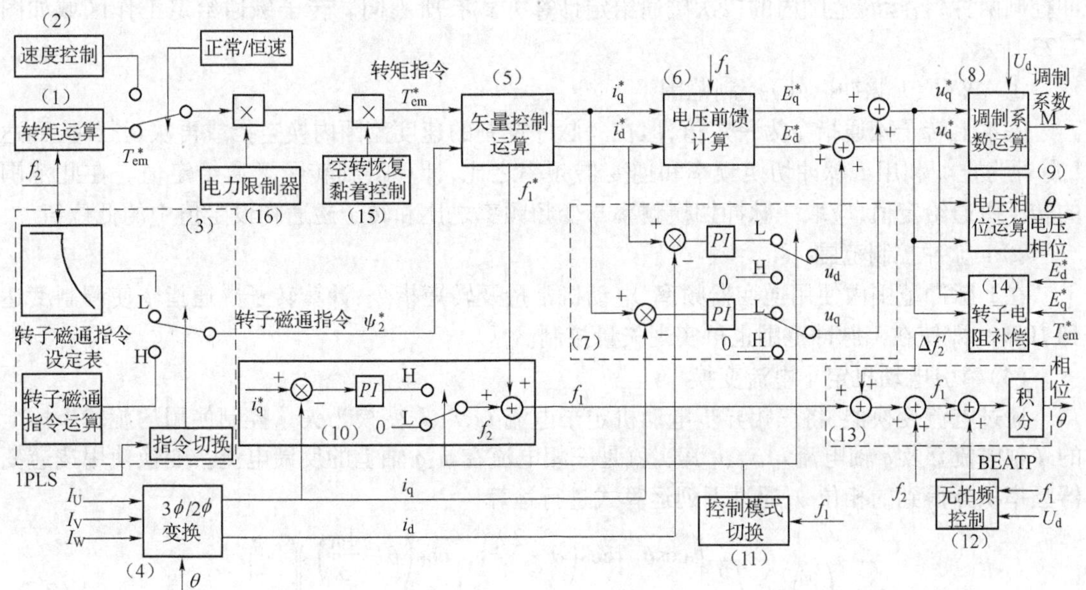


图 7.20　逆变器控制原理

(1)转矩控制单元

牵引时按照换挡(notch)指令及电动机频率设定转矩图形。制动时参照图表按制动力指令设定转矩图形。逆变器闸控开始时利用斜坡函数升到目标值。换空挡(notch off)时转矩图形会从 0 利用斜坡函数降到目标。转矩控制单元框图如图 7.21 所示。

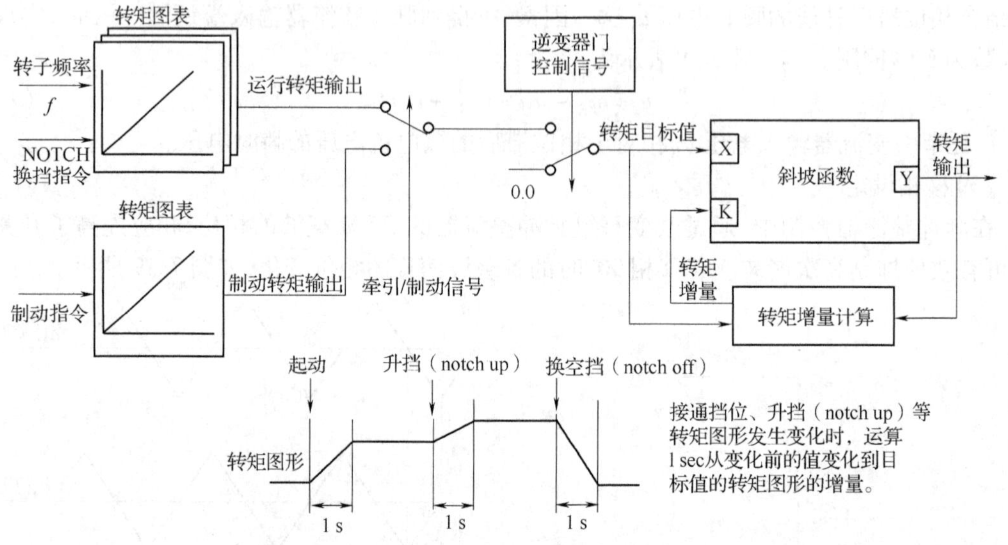


图 7.21　转矩控制单元框图

(2)恒速控制

被输入恒速指令时,将当时的速度作为设定速度,为保持此速度,根据转矩图形按照速度偏差进行恒速控制。恒速度控制策略如图 7.22 所示。

(3)转子磁通给定值计算

转子磁通给定值根据运转范围按下图进行设定。逆变器的运转范围可分为 VVVF 和 1 脉冲控制两种,各运转范围内的二次磁通给定计算方式有所不同。转子磁通给定工作区域如图 7.23 所示。

① VVVF(1 脉冲以外)控制范围

基本上转子磁通指令为一定值,但在一脉冲控制的速度范围内换空挡或再次运行时,到达 1 脉冲为止。利用 1 脉冲切换频率和逆变器频率之比,计算得到转子磁通给定值。在此范围的转子磁通给定值,应取一脉冲切换频率与变频频率之比和转子磁通初设定值中的低位值。

② 1 脉冲控制范围

在 1 脉冲范围内使用逆变器频率、电动机常量及转矩指令,计算转子磁通指令使调制度达到 100% ,即使在 1 脉冲范围也可实现矢量控制。

(4)牵引电动机定子电流变换

通过电流变换器,将三相异步电动机定子电流 $I_u$、$I_v$、$I_w$ 变换为矢量控制使用的旋转坐标上的 $d$ 轴电流 $i_d$ 及 $q$ 轴电流 $i_q$,$i_d$、$i_q$ 其实就是三相电流在 $d$、$q$ 轴上的反馈电流。变换使用按逆变器频率积分得到的相位 $\theta$,通过下列运算式进行运算

$$\begin{pmatrix} i_q \\ i_d \end{pmatrix} = \sqrt{\frac{2}{3}} \begin{pmatrix} \cos\theta & \cos\left(\theta - \frac{2\pi}{3}\right) & \cos\left(\theta - \frac{4\pi}{3}\right) \\ \sin\theta & \sin\left(\theta - \frac{2\pi}{3}\right) & \sin\left(\theta - \frac{4\pi}{3}\right) \end{pmatrix} \begin{pmatrix} i_u \\ i_v \\ i_w \end{pmatrix} \tag{7.2}$$

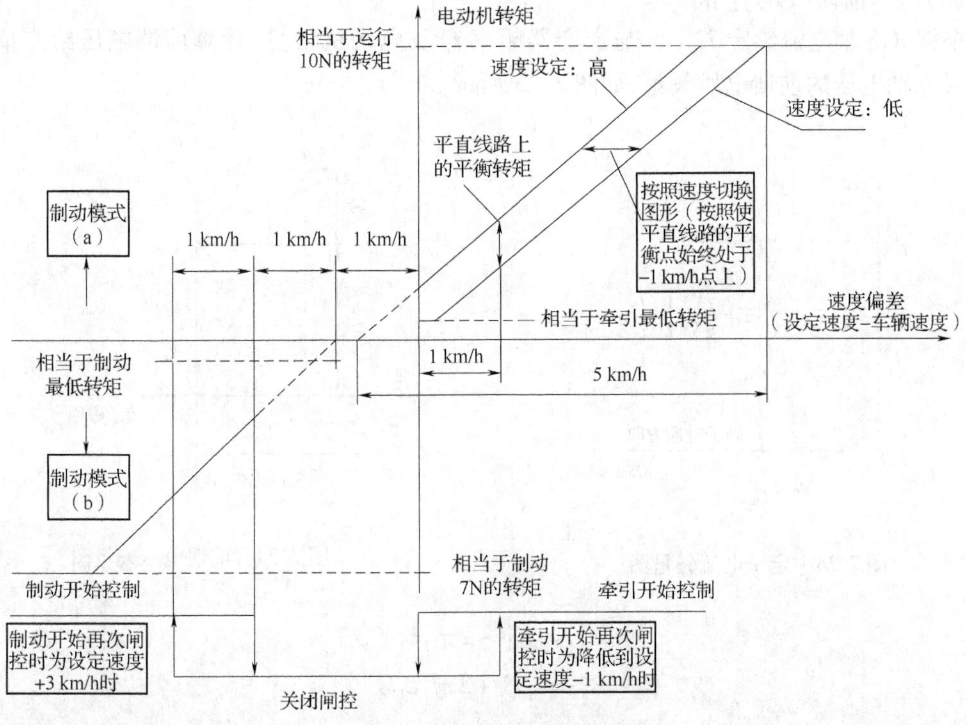


图7.22 恒速度控制策略

(5)矢量控制运算

通过矢量控制，把牵引电动机定子电流I分解到$d-q$坐标系中的$d$、$q$轴上，$d$轴电流分量相当于励磁电流，$q$轴电流分量相当于产生转矩所需的电流，实现定子电流的解耦，可按照直流电动机的控制思路，对异步牵引电动机的转矩和磁场分别独立控制。

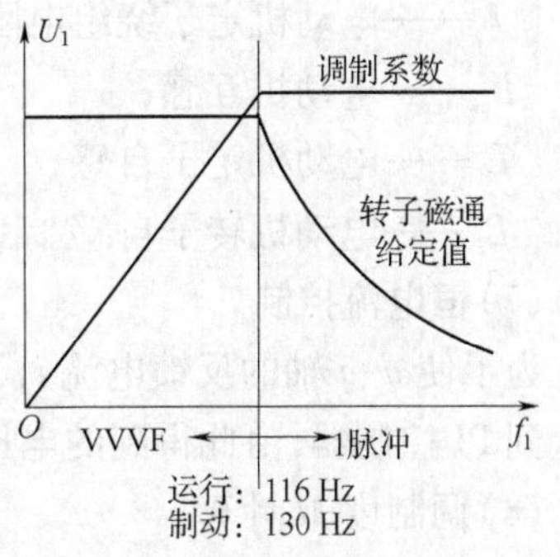


图7.23 转子磁通给定工作区域

实际上，利用给定转矩$T_{em}^*$和给定转子磁通$\Psi_2^*$及电动机电感参量，使用下面的运算公式，计算同步旋转坐标系$d-q$上的电流给定值$i_d^*$、$i_q^*$。

$$\begin{aligned} i_q^* &= \frac{T_{em}^*}{\Psi_2^*} \cdot \frac{1}{n_p} \cdot \frac{L_2}{L_m} \\ i_d^* &= \frac{\Psi_2^*}{L_m} \end{aligned} \tag{7.3}$$

式中 $L_m$——电动机的互感；

$L_2$——电动机转子自感；

$n_p$——极对数。

若将电流表示在$d-q$轴旋转坐标上，利用$d$、$q$轴给定电流$i_d^*$、$i_q^*$及电动机转子参数$r_2$、$L_2$，可计算差频给定$f_2^*$。定子电流矢量如图7.24所示。

$$f_2^* = \frac{i_q^*}{i_d^*} \cdot \frac{r_2}{L_2} \tag{7.4}$$

(6)电压前馈(FF)计算

根据 $d$、$q$ 轴电流给定 $i_d^*$、$i_q^*$ 与逆变器频率 $f_1$ 及电动机常量,计算前馈电压给定值 $E_d^*$、$E_q^*$。$d$、$q$ 轴电压的前馈电压矢量,如图 7.25 所示。

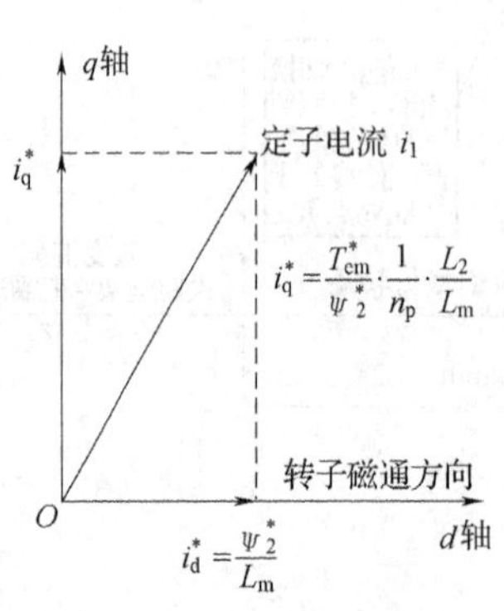


图 7.24 定子电流矢量图

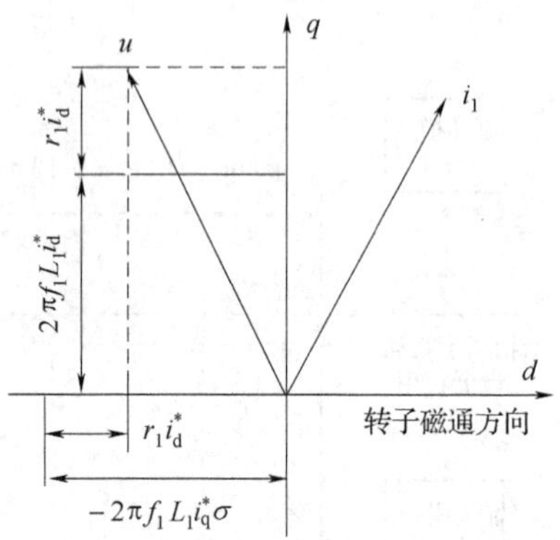


图 7.25 前馈电压矢量图

$$
\begin{aligned}
E_d^* &= r_1 i_d^* - 2\pi f_1 L_1 i_q^* \sigma \\
E_q^* &= r_1 i_q^* + 2\pi f_1 L_1 i_d^* \\
\sigma &= 1 - \frac{L_m^2}{L_1 L_2}
\end{aligned}
\tag{7.5}
$$

式中 $r_1$——电动机定子绕组电阻值;

$L_m$——电动机互感;

$L_1$——电动机定子自感;

$L_2$——电动机转子自感。

(7)恒电流控制

为了使 $d$、$q$ 轴的反馈电流 $i_d$、$i_q$ 分别追随于 $d$、$q$ 轴的电流给定 $i_d^*$、$i_q^*$,将各自的电流偏差输入到 PI 控制器,由此得到的电压分别作为 $d$、$q$ 轴的反馈电压 $u_d$、$u_q$。

(8)调制度 $M$ 计算

应用 $d$、$q$ 轴电压给定值 $u_d^*$、$u_q^*$ 和滤波电容器的电压 $U_d$,可计算调制度 $M$:

$$
M = \frac{\sqrt{u_d^{*2} + u_q^{*2}}}{\frac{\sqrt{6}}{\pi} U_d}
\tag{7.6}
$$

(9)电压相位计算

采用 $d$、$q$ 轴电压给定 $u_d^*$、$u_q^*$,按下面公式计算旋转坐标上电压矢量的相位角 $\gamma$。电压矢量的相位角如图 7.26 所示。

$$
\gamma = \tan^{-1} \frac{u_d^*}{u_q^*}
\tag{7.7}
$$

(10)转差频率控制

为了让 $q$ 轴的反馈电流追随于 $q$ 轴电流给定 $i_q^*$,将各自的电流偏差输入到 PI 控制器,由此得到转差频率补偿值 $\Delta f_2$。控制系统在不能进行电压控制的 1 脉冲范围实施。在此范围,转差频率给定值$f_2^*$加上差频补偿值$\Delta f_2$，作为转差频率$f_2$，即$f_2 = f_2^* + \Delta f_2$。

(11)控制模式切换

为了在 VVVF 范围内实施电压控制，在输出电压固定的 1 脉冲区域实施差频控制，需要根据逆变器的频率来切换控制器的动作。

(12)逆变器频率计算

在转差频率$f_2$上加上转子电阻补偿转差频率值$\Delta f_2'$、转子频率$f$、无拍频控制补偿 BEATP，计算出逆变器频率。并且对逆变器的频率进行积分运算，计算出电动机电流从三相变换到二相所使用的相位$\theta$。

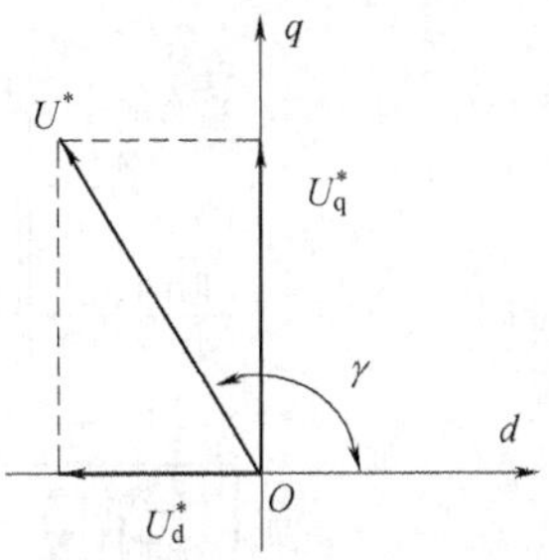

图 7.26 电压矢量相位角

(13)无拍频控制

为了抑制由于接触网频率与变频频率干扰而产生的脉动，根据 BPF 抽取滤波电容器电压上呈现的脉动特定频率(50 Hz 或 60 Hz，按接触网频率切换)，在其输出值上加上与逆变器频率相应的增益，计算出无拍频控制补偿 BEATP。

(14)二次电阻补偿

电动机运转中，转子电阻值随着绕组温度的变化而变化，需要对电阻值的变化做出预测，并进行补偿。

将$d$、$q$轴上的电压给定$u_d^*$、$u_q^*$与对应轴上的前馈电压给定$E_d^*$、$E_q^*$相比较，计算出偏差值。按照偏差为 0 的补偿原则，确定转差频率补偿值$\Delta f_2'$。转子电阻补偿原理框图如图 7.27 所示。

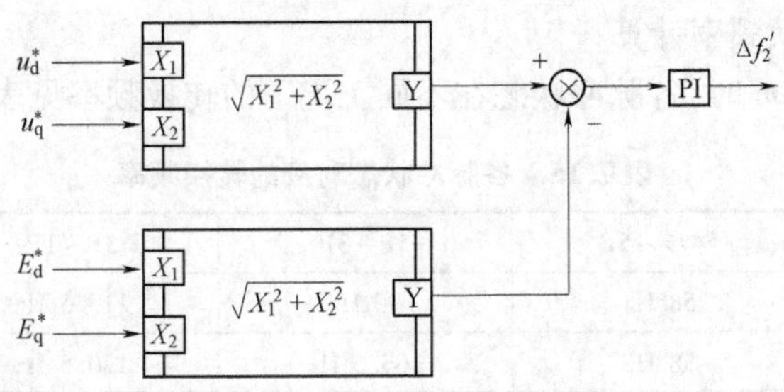


图 7.27 转子电阻补偿原理

(15)空转恢复黏着控制

根据各轴的速度偏差$\Delta v$、加速度偏差$\Delta a$，计算出适合路面状态的黏着系数$\mu$，将此值乘以转矩值，从而实施空转恢复黏着控制。

(16)电力限制

在接触网电压下降时，为使主变压器不发生二次过电流，根据二次电流实际值进行电力限制，由整流器计算二次电流实际值与限制值的偏差。根据偏差大小计算出增益值，将该增益值与转矩值相乘，便得到电力限制值。

(17)车上试验

车上试验时的 S/W 框图如图 7.28 所示。

车上试验分数据(数字→模拟)传输试验和数据判定与保持试验 2 个阶段。

① 数据(数字→模拟)传输

各试验项目数据表按 50 ms 一个周期输出数据。

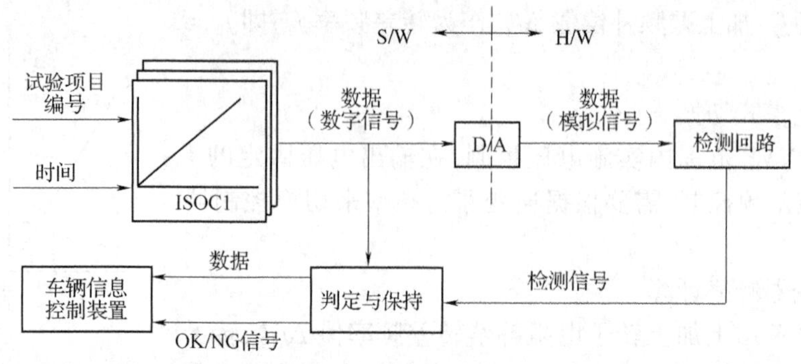


图 7.28　车上试验时的试验框图

② 判定 & 保持数据

输入检测信号的情况下，检查数据。如当前数据在标准值以内，输出当前数据值和 OK 信号。当数据超出标准值时，输出 NG 信号和当前数据值。未输入检测信号的情况下，输出 NG 信号和当前数据值（表上的最大值）。试验项目及试验要求见表 7.14。

**表 7.14　试验项目及试验要求**

| 试验项目 | 初期值 | 增减量 | 最大值 | 分辨率 |
|---|---|---|---|---|
| 二次过电流 1 | 24 A | 25 A/50 ms | 2 999 A | 3 000 A/2 048 |
| 直流过电压 2 | 2 160 V | 10 V/50 ms | 3 560 V | 4 000 V/2 048 |
| 电机过电流 1（U 相 +） | 726 A | 10 A/50 ms | 2 320 A | 3 000A/2 048 |

（18）脉冲状态转换频率计算

动轮直径为 820 mm 时，各脉冲状态在不同工况下的转换频率见表 7.15。

**表 7.15　各脉冲状态对应的转换频率**

| 脉冲状态 | 异步 ~5P | 5P ~3P | 3P ~1P | $U_d$ |
|---|---|---|---|---|
| 牵引工况 | 58 Hz | 90 Hz | 113.5 Hz | 2 600 V |
| 再生制动工况 | 58 Hz | 103.5 Hz | 130.5 Hz | 3 000 V |

### 7.3.5　CRH2 型动车组辅助电源电路

CRH2 型动车组辅助供电系统采用干线供电方式，为冷却通风机、空调装置、照明、网络控制系统、制动装置、旅客信息、列车无线电等辅助设备提供电源。辅助电源装置 APU 的基本单元是由逆变器箱及辅助整流器箱构成，安装在 T1c、T2c 车体的底下。

辅助电源装置 APU 的供电电路结构如图 7.29 所示。

1. 辅助电源电路

辅助电源由辅助电源装置 APU 和辅助整流器 ARf 2 部分组成，输出电压的规格有稳压交流 3AC400V、AC220V、AC100V 和直流 DC100V，非稳压 AC100V。

（1）三相电源供电

辅助变流器作为辅助供电的核心电路部分，为列车提供三相交流电源。辅助变流器电路由输入变压器、输入滤波元件、辅助变流器和输出滤波元件组成。将牵引变压器辅助（3 次）绕组提供的单相 400 V 交流电源，经输入变压器 TR1 升压至 470 V，通过输入滤波电容器 ACFC

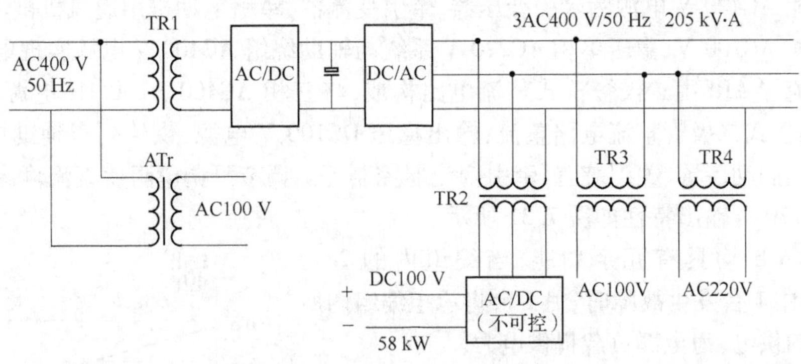


图 7.29 辅助电源供电电路原理

和滤波电抗器 ACL 滤波处理，供给辅助变流器。辅助变流器采用交—直—交流变换，由单相脉冲整流器、直流中间环节和二电平逆变器组成，输出 CVCF 的 3AC400V、50 Hz 电源，为三相、单相负载和辅助整流器供电。单相脉冲整流器与二电平逆变器的控制采用 PWM 方式。逆变器控制采用三菱公司独创的三相单独瞬时波形控制方式，相对于变动的输入电压及负荷，供给稳定的输出电压。输入滤波回路是降低从接触网流入到脉冲整流器/逆变器上的高频电流。中间直流回路滤波电容器将稳定的直流电压供给后端的逆变器。APU 停止工作时，滤波电容的放电由 DCHK 进行。AC 滤波回路降低逆变器输出电压中的由于切换所产生的高频电压，使其输出畸变很小的正弦波。输出接触器 3phMK 断开，可将辅助整流器的负荷从三相辅助电源中切除。辅助电源电路原理如图 7.30 所示。

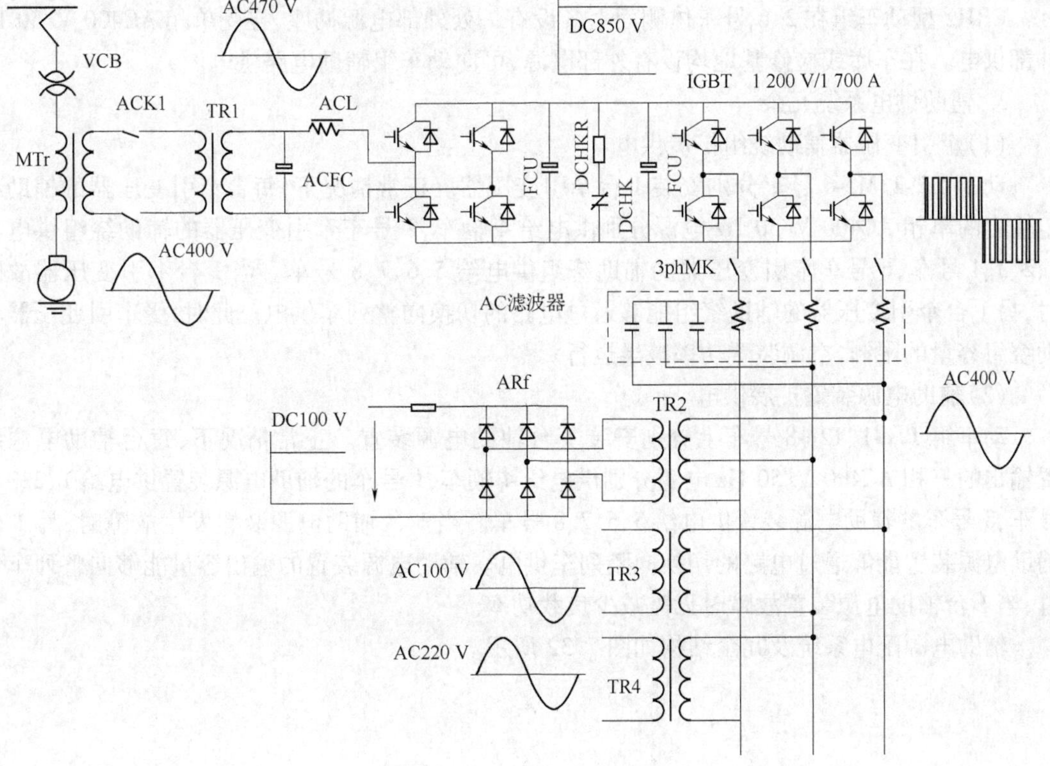


图 7.30 辅助电流电路原理

稳压三相 AC400 V 电源为牵引变压器、牵引变流器、牵引电动机用通风机供电。

稳压单相 AC100 V、稳压单相 AC220 V 系统与辅助绕组 AC400 V 电压实现电气隔离。

辅助整流器 ARf 由二极管桥式整流电路构成,将三相 AC400 V、50 Hz 电源经 TR2 降压后,通过三相桥式二极管整流电路整流,输出稳压 DC100 V 电源,供给列车辅助电路、监视装置、车厢照明、制动装置、关门装置、牵引变流器控制等。调节可调电阻使直流输出电压具有下降特性。DC110 V 输出特性如图 7. 31 所示。

APU 和 ARf 均具有冗余功能,当编组内的 2 台 APU/ARf,其中 1 台发生故障时,另 1 台将承担编组内所有辅助设备的供电,为全部负载提供电力。

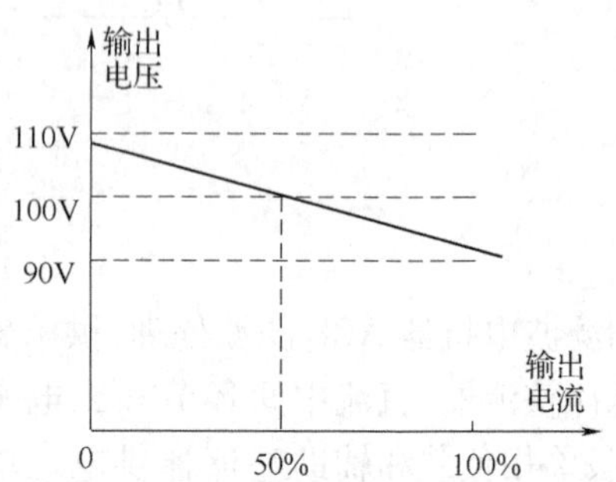


图 7. 31 DC100 V 电源输出特性

(2)非稳压单相 AC100 V 系统

由辅助变压器 ATr 将牵引变压器辅助绕组的 AC400 V 电压直接降压至 AC100 V,向允许电压波动范围较大的负载供电,如电热水器等。

2. 辅助电源电路的保护

辅助电源装置的故障保护包括输入过流、输出过压、输出欠压、变流器过压、变流器过载、检测接地、输出短路等,在列车信息控制系统和辅助电源装置之间设有自诊断功能接口,由列车信息控制系统对其实施检测。

动车组设有蓄电池组,供紧急时使用。应急用电量(含应急照明、列车无线系统、广播联络装置、标志灯)最少可维持 2 h。运行中,蓄电池组可通过 DC100 V 线路充电。

CRH2 型动车组在 2、6 号车体侧面上各设有一处外部电源插座,接受单相 AC400 V/50 Hz 外部供电。在车库或检修基地均设有外部电源,可向动车组辅助电路供电。

3. 辅助供电系统冗余

(1)牵引变压器辅助绕组扩展供电

动车 M2-2、M2-6 号车分别安装 1 台牵引变压器。正常情况下,每台牵引变压器的辅助绕组输出的单相 AC400 V/50 Hz 电源分别供电给 4 辆车,2 号车牵引变压器的辅助绕组供电给 1、2、3、4 号车,6 号车牵引变压器的辅助绕组供电给 5、6、7、8 号车。当 1 台牵引变压器故障时,另 1 台牵引变压器的辅助绕组能够通过电路的切换向整列车供电。此时,受牵引变压器辅助绕组容量的限制,空调装置功率减半运行。

(2)辅助电源装置扩展供电

动车组 T1c-1、T2c-8 号车上分别安装 1 台辅助电源装置。正常情况下,每台辅助电源装置输出的三相 AC400 V/50 Hz 电源分别供电给 4 辆车,1 号车的辅助电源装置供电给 1、2、3、4 号车,8 号车的辅助电源装置供电给 5、6、7、8 号车。当 1 台辅助电源装置发生故障时,另 1 台辅助电源装置能够通过电路的切换向整列车供电。辅助电源装置的输出容量能够向整列车供电,当 1 台辅助电源装置故障时无需减少负载功率。

辅助电源配电系统及冗余结构如图 7. 32 所示。

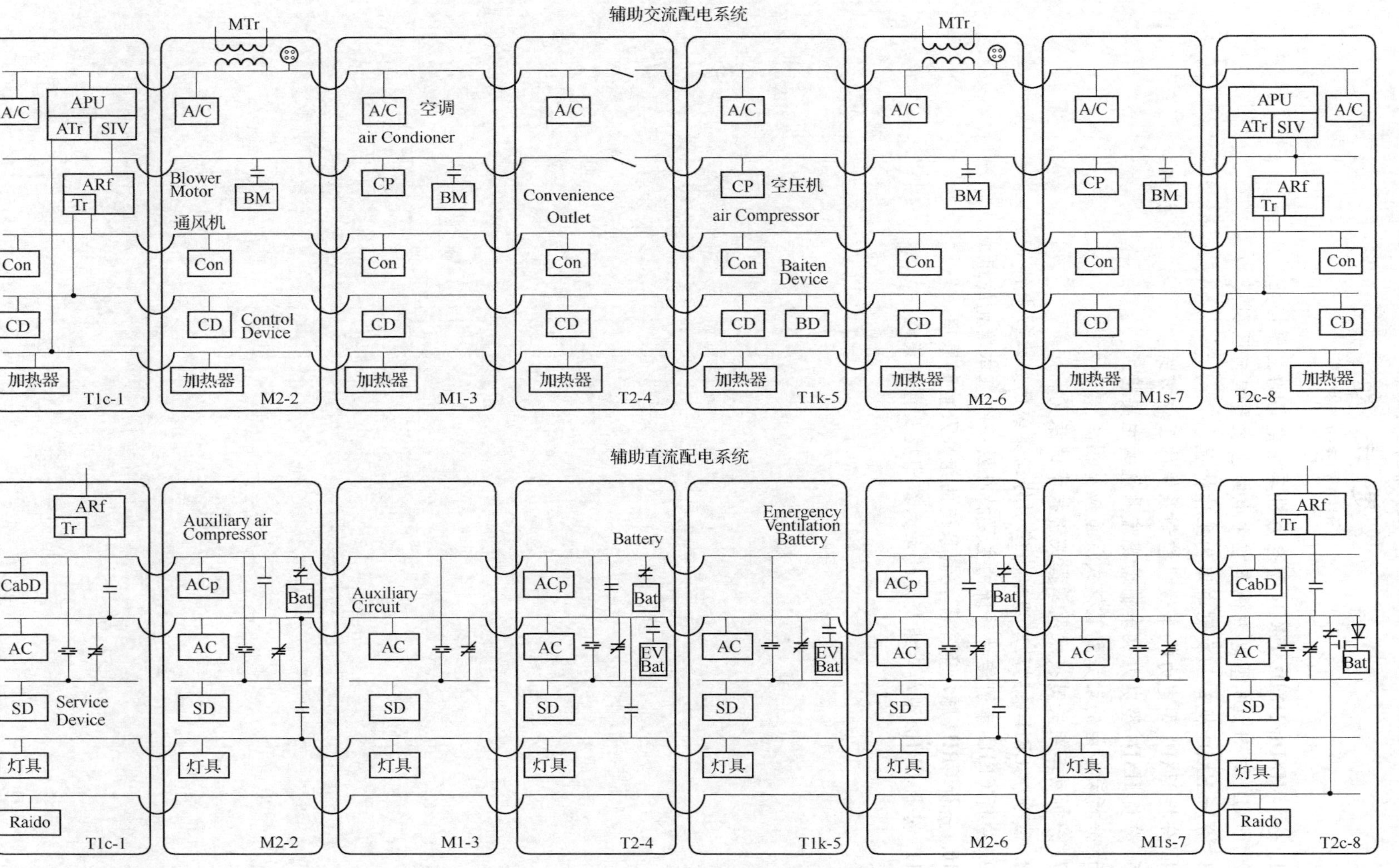


图 7.32　CRH2 型 EMU 辅助电源配电系统结构

## 思 考 题

1. 分析 HXD1/HXD2/HXD3 型电力机车主电路的主要特征。
2. HXD1 与 HXD3 型电力机车在主电路上主要有何区别?
3. 分析 HXD3 机车一次侧电路的工作情况。
4. 分析 HXD3 型电力机车微机控制系统的工作方式。
5. 分析 HXD3 型电力机车辅助变流系统的主要特征。
6. 分析动车组的动力配置模式及适应范围。
7. 分析动车组关键技术及掌握关键技术的意义。
8. 试分析 CRH 系列动车组电力牵引传动系统的基本技术特征。
9. 分析 CRH2 牵引传动系统的主要特征及一个基本单元的组成。
10. 分析 CRH2 脉冲整流器控制系统的组成及控制原理。
11. 分析 CRH2 型动车组交流传动系统组成及控制策略。

# 参考文献

[1] 张喜全.列车电力传动与控制[M]. 成都:西南交通大学出版社,2010.
[2] 连级三. 电力牵引控制系统[M]. 北京:中国铁道出版社,2003.
[3] 陈伯时. 电力拖动自动控制系统—运动控制系统[M].3 版. 北京:机械工业出版社,2005.
[4] 沈本荫. 现代交流传动及其控制系统[M]. 北京:中国铁道出版社,1997.
[5] 汤蕴璆. 电机学[M]. 北京:机械工业出版社,1999.
[6] 顾绳谷. 电机及拖动基础[M].3 版. 北京:机械工业出版社,2003.
[7] 宋雷鸣. 动车组传动与控制[M]. 北京:中国铁道出版社,2007.
[8] 钱立新. 世界高速铁路技术[M]. 北京:中国铁道出版社,2003.
[9] 刘友梅. 韶山$_3$ 型 4000 系电力机车[M]. 北京:中国铁道出版社,1996.
[10] 王兆安. 电力电子技术[M].4 版. 北京:电子工业出版社,2000.
[11] 黄济荣. 电力牵引交流传动与控制[M]. 北京:机械工业出版社,1999.
[12] 郑树选.8K 电力机车[M]. 北京:中国铁道出版社,1994.
[13] 余卫斌,朱龙驹. 韶山$_9$ 型电力机车[M]. 北京:中国铁道出版社,2005.
[14] 赵书东. 韶山$_8$ 型电力机车[M]. 北京:中国铁道出版社,1999.
[15] 电气工程师手册编辑委员会. 电气工程师手册[M]. 北京:机械工业出版社,1987.